非常规油气藏水平井体积压裂技术新进展

余维初　周　丰　蒋廷学　张士诚　等编著

石油工业出版社

内 容 提 要

本书主要介绍了非常规油气藏水平井体积压裂技术的新进展，包括"三均衡"压裂施工模式、水平井体积压裂主控参数优化及工艺技术、高抗盐纳米复合减阻剂的研发与应用、多功能变黏滑溜水压裂液体系的研发与应用等，系统地总结了我国非常规油气资源现状、生产实践和技术发展需求，提供了非常规油气藏水平井体积压裂技术的应用经验，推动该技术的应用。

本书可为从事储层改造和油气田开发的科研人员、工程技术人员、管理人员以及相关专业院校师生提供参考和借鉴。

图书在版编目（CIP）数据

非常规油气藏水平井体积压裂技术新进展 / 余维初
等编著 . —北京：石油工业出版社，2023.6
ISBN 978-7-5183-6062-8

Ⅰ. ①非… Ⅱ. ①余… Ⅲ. ①油气藏 – 水平井 – 压裂
– 技术 Ⅳ. ① TE355.6

中国国家版本馆 CIP 数据核字（2023）第 106499 号

出版发行：石油工业出版社
（北京安定门外安华里 2 区 1 号　100011）
网　　址：www.petropub.com
编辑部：（010）64523760
图书营销中心：（010）64523633
经　　销：全国新华书店
印　　刷：北京中石油彩色印刷有限责任公司

2023 年 6 月第 1 版　2023 年 6 月第 1 次印刷
787×1092 毫米　开本：1/16　印张：27.75
字数：640 千字

定价：160.00 元
（如出现印装质量问题，我社图书营销中心负责调换）

《非常规油气藏水平井体积压裂技术新进展》
编 写 组

组　　长：余维初

副组长：周　丰　蒋廷学　张士诚　佘朝毅　李　嘉

成　员：樊平天　夏泊洢　张　颖　李　平　周　五

　　　　周东魁　范宇恒　杨　鹏

序

　　非常规油气资源已成为当今石油行业的一个重要发展领域，对提高我国能源自给能力、保障能源安全起到不可替代的作用。我国非常规油气油资源非常丰富，资源评价大约为 $131.89×10^{12}m^3$，其中可采资源量 $45.2×10^{12}m^3$。且分布范围广，目前在准噶尔盆地、鄂尔多斯盆地、四川盆地、渤海湾盆地、柴达木盆地、松辽盆地等均发现了非常规油气藏。

　　近年来长水平井体积压裂改造配套技术的快速发展，提高了非常规油气经济、工业化开采水平，极大地推动了全球范围内的能源革命。非常规油气往往存在于致密和超低渗储层中，储层的渗透率一般在微达西一级至纳达西一级，多数情况下无自然产量，必须进行大规模体积压裂改造，以实现"人造油气藏"进而获得理想产量。因此，要提高非常规油气资源的经济效益，必须依靠以水平井体积压裂技术为代表的开采技术的大发展和大突破。换言之，非常规油气藏提产技术、稳产技术、高产技术是决定非常规油气资源前景及发展趋势的关键因素。

　　为进一步促进我国非常规油气产业的高速发展，厘清非常规油气藏体积压裂技术发展脉络，故此系统地梳理了近年来余维初教授研究团队在非常规油气储层水平井体积压裂技术的创新成果，认真筛选了其中具有代表性的论文。编撰出版《非常规油气藏水平井体积压裂技术新进展》一书。该书的主要内容包括：水平井"三均衡"压裂施工模式研究、水平井体积压裂主控参数优化及工艺技术研究、高抗盐纳米复合减阻剂的研发与应用、多功能变黏滑溜水压裂液体系的研发与应用等，系统地总结了我国非常规油气资源的现状、生产实践和技术发展需求，提供了非常规油气藏体积压裂技术的应用经验，旨在推动该技术在更广泛的领域应用。

　　余维初作为长江大学二级教授，长期致力于油气田储层保护与非常规油气压裂液领域的研究，对我国非常规油气藏水平井体积压裂技术做了大量的研究工作，取得显著成效。相信该书对从事储层改造以及油气田开发的科研人员、工程技术人员、管理人员以及相关专业院校师生都具有一定的参考价值和借鉴意义。

前言

非常规油气资源的有效开发使得全球油气供给格局发生改变，其中页岩油气和致密油气是开发的资源主体。我国非常规油气勘探开发起步较晚，但初步的勘探实践与研究证明，我国非常规油气具有良好的资源前景，它也是未来常规油气资源重要的战略接替。但非常规油气用传统技术无法获得自然工业产能，需用应用新技术来改造储层以实现"人造油气藏"的目标，才能够实现经济开采。针对非常规油气勘探开发面临的理论与技术困难，国家油气重大专项进行了全面规划和部署，从"十一五"开始对鄂尔多斯盆地致密油和致密气地质理论与勘探开发进行的技术攻关，"十二五"开始部署了页岩气地质理论与勘探开发技术研究项目，"十三五"针对页岩油气和致密油气进行重点部署。通过长时间的努力攻关，对地质认识的不断深化，工程技术取得重大突破，形成了系列特色理论技术。非常规油气开发技术将持续不断地飞速发展，为国内原油稳产增产、天然气的快速上产和保障国家油气能源安全作出了新的重要贡献。

非常规油气资源量巨大，发展前景广阔，作为我国未来剩余油气资源主体"深层、深水、非常规"的重要组成部分，是未来勘探开发的主要领域之一。非常规油气储层渗透率一般小于 0.1mD，多数情况下无法自然生产，使用常规方式开采，很难使水力裂缝将较远基质中的油气开采出来。因此，可以通过水平井"三均衡"压裂施工技术形成密集有效的裂缝网络来提高致密油储集层压裂改造效果，在扩大储层泄油面积的同时，确保缝网具有相对较高的导流能力。同时，非常规油气生产初期的产量递减严重，难以实现稳产。在水力压裂施工过程中，数以万方的压裂液以大排量被注入储层以形成人工裂缝网络。如果可以充分发挥压裂液在储层基质中的渗吸作用，提高其波及体积与油气的动用程度，则可有效缓解产量急剧衰减的现象。因此，通过"大液量 + 大排量 + 大前置液 + 低砂比"，"压裂 + 三采一体化"等技术来提高非常规油气储层的开发效果。

为进一步探索非常规油气藏水平井体积压裂技术新进展，促进非常规油气技术交流，助力我国非常规油气产业高质量发展，作者系统梳理了近年来研究团队在非常规油气体积压裂技术的创新成果，特别是认真筛选了具有代表性的研究论文，组织编著并公开发行。本书就是对以上创新成果的全面介绍全书共分为四个部分：水平井"三均衡"压裂施工模式研究、水平井体积压裂主控参数优化及工艺技术研究、高抗盐纳米复合减阻剂的研发与应用、多功能变黏滑溜水压裂液体系的研发与应用。全书由余维初教授整体统筹，得到笔者研究团队张颖、周五等成员及中国石油大学（北京）杨鹏博士、中国石油集团长城钻探工程有限公司周丰总经理、中国石油西南油气田佘朝毅副总经理、中国石油集团川庆钻探工程有限公司李嘉高级工程师、延长石油（集团）南泥湾采油厂樊平天总工程师、李平副所长的鼎力相助，同时中国石油大学（北京）张士诚教授、中国石化集团公司首席专家蒋廷学正高级工程师等为本书的出版提供了大力支持，在此深表感谢。

　　本书涉及非常规油气藏开发的地质、工程和管理等方面，仍需持续攻关，加之编著者水平有限，书中难免存在不足或错漏之处，敬请读者斧正。

目录

第一部分　水平井"三均衡"压裂施工模式研究

第二部分　水平井体积压裂主控参数优化及工艺技术研究

第三部分　高抗盐纳米复合减阻剂的研发与应用

第四部分　多功能变黏滑溜水压裂液体系的研发与应用

第一部分　水平井"三均衡"压裂施工模式研究

　　所谓"三均衡"，包括多簇裂缝的均衡起裂、均衡延伸和均衡加砂。在具体实施技术中，裂缝均衡起裂主要为多簇裂缝均匀布酸、变参数射孔、部分限流及极限限流等；裂缝均衡延伸技术主要包括多级双暂堵技术；裂缝均衡加砂技术主要包括加砂模式（段塞式、低砂液比长段塞及连续加砂等）及支撑剂浓度及粒径的一体化优化等。同时，建立了地质—工程动态一体化反演技术，即基于压裂施工数据及压力曲线等，可实时反演远井储层关键参数，包括地应力、岩石力学、天然裂缝等，进而可实现裂缝形态及几何尺寸等与储层参数的全程实时动态匹配。此外，以控制起始缝高、控制压裂液滤失、控制敏感砂液比、控制近井多裂缝和防止缝口导流能力损失为重点的所谓"四控一防"实施控制技术，也为保障将优化的压裂设计转化为优化的压裂施工提供了可能。

　　本章从裂缝扩展、裂缝形态与支撑剂分布特征、多簇裂缝均衡延展及多尺度人工裂缝网络、水力裂缝与天然裂缝相互作用的力学分析模型、耦合孔眼动态磨蚀模型、裂缝起裂、裂缝调控模拟、多级迂回暂堵压裂、三维多裂缝扩展模型、二氧化碳压裂、"W"型分段压裂布缝模式等方面开展了研究。

CO_2—水—岩作用对致密砂岩性质与裂缝扩展的影响

李四海，马新仿，张士诚，邹雨时，李　宁，张兆鹏，曹　桐

（中国石油大学（北京）石油工程学院）

摘　要： 基于 CO_2 水溶液浸泡致密砂岩实验和室内压裂模拟实验，研究了 CO_2—水—岩作用对致密砂岩性质和裂缝扩展的影响，并通过 CO_2 水溶液浸泡试样裸眼段考察 CO_2 在压裂过程中的化学作用。研究结果表明：CO_2 水溶液浸泡后，方解石和白云石含量显著降低，钾长石和斜长石被溶蚀生成高岭石；石英和黏土矿物含量升高，但伊利石和绿泥石含量降低；溶蚀孔隙数量增多，孔径变大，孔隙度和渗透率增大；抗张强度降低，且平行层理降低幅度大于垂直层理；相比于滑溜水压裂，超临界 CO_2 压裂的破裂压力降低 14.98%，形成的水力裂缝数量增多，裂缝形态更复杂；CO_2 水溶液浸泡裸眼段后，超临界 CO_2 压裂的破裂压力相比于未浸泡情况降低 21.61%，且水力裂缝多点起裂，裂缝复杂程度进一步提高。实验证明 CO_2 的物理和化学特性能有效提高 CO_2 压裂裂缝的复杂性。

关键词： 鄂尔多斯盆地；延长组；长 7 致密砂岩；CO_2—水—岩作用；岩石性质；CO_2 压裂；裂缝扩展

目前，致密砂岩储集层压裂主要采用滑溜水、线性胶等低黏度水基压裂液。滑溜水黏度较低，易于渗入并开启天然裂缝和层理，从而提高水力裂缝复杂程度[1]，但水基压裂液不适用于水敏性、水相圈闭地层，且存在耗水量巨大、化学试剂污染环境等问题。CO_2 压裂作为一种无水压裂技术，具有节约水资源、降低地层伤害、提高采收率、实现 CO_2 埋存等优点，是致密储集层压裂的重要技术[2-3]。20 世纪 80 年代初开始，国内外进行了大量的 CO_2 压裂矿场实践，并取得了良好的增产效果[4-7]。目前针对 CO_2 压裂技术的研究，主要集中在研发施工设备、增加 CO_2 压裂液黏度、降低管柱摩阻等方面[2-8]。此外，诸多学者对 CO_2 压裂裂缝起裂和扩展规律进行了研究。通过花岗岩超临界 CO_2 和水压裂实验发现，超临界 CO_2 的破裂压力低于水的破裂压力；相较于水压裂产生的简单垂直裂缝，超临界 CO_2 压裂形成的裂缝形态更复杂，但在相对均质的花岗岩中产生的裂缝数量较少[9-10]。采用立方体页岩试样开展的超临界 CO_2 压裂实验研究发现，超临界 CO_2 压裂的破裂压力比水压裂的破裂压力更低，且形成的裂缝数量更多[11-13]。有学者研究了层状致密砂岩超临界 CO_2 压裂裂缝扩展规律，指出即使在高水平应力差条件下，超临界 CO_2 压裂仍可以促进层理和天然裂缝的张开和剪切破裂，从而形成复杂的裂缝网络[14]。此外，一些学者通过数值模拟研究也证实了超临界 CO_2 压裂具有降低破裂压力和造复杂缝的能力[15-17]。以上关于 CO_2 压裂的研究主要针对 CO_2 的物理特性，如超低黏度、高扩散性和高压缩性。然而，CO_2 注入地层后还具有独特的化学特性（CO_2—水—岩作用），其对压裂效果的影响

尚不清楚，不利于 CO_2 压裂设计和应用。

为此，针对 CO_2 在压裂过程中的化学和物理作用，研究了 CO_2—水—岩作用对致密砂岩性质和裂缝扩展的影响。首先，通过开展 CO_2 水溶液浸泡致密砂岩实验，测试分析浸泡前后致密砂岩的矿物组成、微观孔隙结构、孔隙度、渗透率和抗张强度的变化，明确 CO_2—水—岩作用对致密砂岩性质的影响。其次，开展 CO_2 压裂物理模拟实验，通过 CO_2 水溶液浸泡试样裸眼段模拟 CO_2 在压裂过程中的化学作用，压裂后根据染色剂分布观测裂缝的形态，研究 CO_2—水—岩作用对裂缝扩展的影响。

1 CO_2 水溶液浸泡致密砂岩实验

1.1 实验装置与试样制备

CO_2 水溶液浸泡致密砂岩实验装置主要由 CO_2 反应罐、烘干箱、加热盘管、中间容器、低温浴槽和恒速恒压泵组成（图1）。CO_2 反应罐为哈氏合金材质，具有很强的耐酸蚀性能，腔体内径为 5cm，深度为 8cm，容积为 157cm³，最高工作压力为 50MPa。低温浴槽可将 CO_2 转变为液态，从而增大 CO_2 的增压速率。加热盘管将注入反应罐内的 CO_2 加热，使其转变为超临界态。恒速恒压泵可实时跟踪反应罐内压力，保证反应罐内压力恒定。

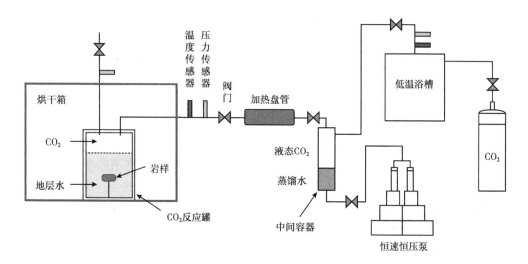

图1 CO_2 水溶液浸泡致密砂岩实验装置

试样取自鄂尔多斯盆地东部三叠系上统延长组第7段的致密砂岩露头。为了便于测试 CO_2 水溶液浸泡前后致密砂岩的矿物组成变化，采用一定粒径（0.85~1.18mm）的致密砂岩颗粒开展 CO_2 水溶液浸泡实验，以增大 CO_2 水溶液与致密砂岩的接触面积。此外，将致密砂岩加工为直径 2.5cm、长度 0.75~0.80cm 的岩心（图2），用于测试 CO_2 水溶液浸泡前后致密砂岩的孔隙结构、孔隙度、渗透率和抗张强度变化。相同条件下不同参数测试采用相同的岩心，此外，为了尽可能减小非均质性对实验结果的影响，致密砂岩颗粒和岩心取自邻近位置。

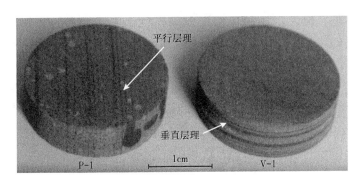

图 2　鄂尔多斯盆地长 7 致密砂岩岩心

P 字头岩心为沿平行层理方向钻取；V 字头岩心为沿垂直层理方向钻取

1.2　实验方法

根据鄂尔多斯盆地东部长 7 储层地层水水质分析报告，用蒸馏水配制浸泡液体，其组成为：$2.00\%KCl+1.56\%NaCl+0.05\%MgCl_2+0.22\%CaCl_2$。在 CO_2 水溶液浸泡致密砂岩颗粒和岩心过程中，反应罐内浸泡液体的体积为 100mL。为模拟地层实际条件，设定浸泡压力为 20MPa，浸泡温度为 80℃。根据现场 CO_2 压裂施工时间，设定浸泡时间为 24h，CO_2 水溶液浸泡。

致密砂岩颗粒的重量为 6.000g。由于长 7 致密砂岩层理发育，不同层理方向岩石性质（如渗透率、抗张强度等）不同，因此考虑层理方向的影响，制定 CO_2 水溶液浸泡致密砂岩岩心方案如表 1 所示，其中，未被 CO_2 水溶液浸泡的岩心用于测试致密砂岩原始的抗张强度。

表 1　鄂尔多斯盆地东部长 7 致密砂岩岩心 CO_2 水溶液浸泡方案

岩心编号	浸泡情况	岩心编号	浸泡情况
P-1	浸泡	V-1	浸泡
P-2	浸泡	V-2	浸泡
P-3	不浸泡	V-3	不浸泡
P-4	不浸泡	V-4	不浸泡

利用 X 射线衍射仪测试 CO_2 水溶液浸泡前后致密砂岩颗粒的全岩矿物组成和黏土矿物相对含量；利用场发射扫描电镜观察浸泡前后致密砂岩岩心的微观孔隙结构；利用氦气孔隙度测定仪测试浸泡前后岩心的孔隙度；利用脉冲衰减法气体渗透率测量仪测试浸泡前后岩心的渗透率；利用三轴应力仪测试浸泡前后岩心的抗张强度。

2　CO_2 压裂物理模拟实验

2.1　实验装置与试样制备

实验采用中国石油大学（北京）研制的真三轴压裂模拟实验系统，该系统主要由应力加载系统、岩心室、恒速恒压泵、温度控制系统、中间容器、数据采集系统、辅助装置等部分组成（图3）。由于采用常规岩心切割仪器加工的物模试样难以满足应力均匀加载的要求，故先用岩心切样机将致密砂岩切割成稍小于80mm×80mm×100mm的岩块。然后，采用高强度环氧树脂胶冷铸的方式将岩块加工成标准尺寸的长方体（横截面80mm×80mm，高度100mm），并在岩样横截面中心用外径为15mm的钻头钻取深度为53mm的孔眼。最后，采用高强度环氧树脂胶将外径为13mm、内径为6mm、长度为58mm的模拟井筒封固在孔眼内，在井底形成长度为10mm的裸眼段。物理模拟试样及其完井示意图如图4所示。

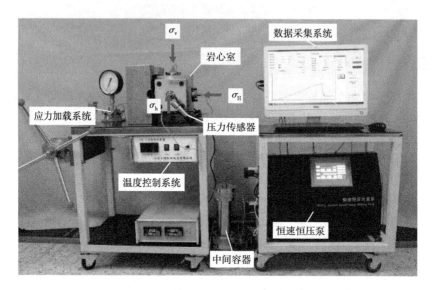

图3　真三轴压裂模拟实验系统

（a）物理模拟试样

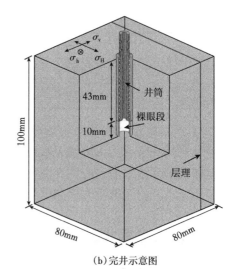

（b）完井示意图

图4　鄂尔多斯盆地东部长7致密砂岩试样及其完井示意图

2.2　实验方法

为了模拟水平井的三向应力环境，采用三轴液压加载方式，沿井筒方向施加最小水平主应力（σ_h），沿垂直于层理方向施加垂向应力（σ_v）（图4）。考虑到鄂尔多斯盆地东部长7储层的水平应力差为3~8MPa，设定水平应力差3MPa，采用滑溜水和超临界CO_2两种液体开展压裂模拟实验，其中滑溜水作为对比。为了考察CO_2压裂的化学作用，在一定温度和压力条件下，采用CO_2水溶液浸泡试样裸眼段一段时间。由于浸泡压力太大可能导致试样被压裂，温度过高会使高强度环氧树脂胶的强度降低，同时，考虑到压力5MPa、温度50℃条件下CO_2溶于地层水后的pH值与地层条件（20MPa，80℃）下的pH值相当[18]，因此，在压力5MPa、温度50℃条件下用CO_2水溶液浸泡试样

制定压裂模拟实验方案如表2所示。压裂后维持三向应力不变，在低排量下将染色液注入试样井筒，并根据试样表面和内部染色剂分布确定水力裂缝形态。

CO_2的相态易于转变，能够以气态、液态或超临界态的形式存在。当温度超过31.1℃、压力超过7.38MPa时，CO_2处于超临界态[19]。在超临界CO_2压裂过程中，注入CO_2和试样的温度均控制在50℃。

表2　鄂尔多斯盆地东部长7致密砂岩试样压裂模拟实验方案

试样编号	垂向应力/MPa	最小水平主应力/MPa	最大水平主应力/MPa	CO_2水溶液浸泡情况	排量/mL/min	压裂液类型	压裂液黏度/mPa·s	温度/℃
长7-1	15	7	10	不浸泡	0.1	滑溜水	2.50	20
长7-2	15	7	10	不浸泡	10.0	超临界CO_2	0.02	50
长7-3	15	7	10	浸泡	10.0	超临界CO_2	0.02	50

3 实验结果与分析

3.1　CO_2—水—岩作用对岩石性质的影响

基于特定粒子相互作用理论和高度精确状态方程的CO_2溶解模型，计算CO_2在盐水中的溶解度[20]，并采用PHREEQC软件计算CO_2水溶液pH值[18]。计算结果表明，在20MPa，80℃条件下，CO_2在浸泡液体中溶解度为1.04mol/kg，CO_2水溶液pH值为3.07。说明在地层温度压力条件下，CO_2溶解于地层水形成的CO_2水溶液具有较强酸性，可溶解致密砂岩中的不稳定矿物。

（1）矿物组成由表3可知，CO_2水溶液浸泡后，方解石和白云石含量显著降低，分别降低1.5%和3.1%；钾长石和斜长石含量降低幅度较小，分别降低1.3%和0.5%。同时，由于黏土矿物和石英与CO_2水溶液基本不发生反应，且浸泡后矿物总质量降低，导致黏土矿物和石英的含量升高，分别升高3.8%和2.6%。此外，高岭石含量由浸泡前的7.0%增加到12.0%；而绿泥石和伊利石的含量分别降低3.0%和2.0%。高岭石含量升高的原因有两个方面：①钾长石和斜长石被溶蚀后转化成高岭石[21]；②CO_2水溶液溶蚀绿泥石和伊利石。此实验结果与前人研究结果一致[22-24]。

表3　鄂尔多斯盆地东部长7致密砂岩在CO_2水溶液浸泡前后的矿物组成

浸泡条件	全岩矿物组成/%					黏土矿物相对含量/%			
	石英	钾长石	斜长石	方解石	白云石	黏土矿物	伊利石	高岭石	绿泥石
浸泡前	43.3	4.8	11.8	3.3	16.3	20.5	16.0	7.0	16.0
浸泡后	45.9	3.5	11.3	1.8	13.2	24.3	14.0	12.0	13.0

（2）微观孔隙结构由图5可知，原始致密砂岩表面较平整，孔隙类型主要有残余粒间孔、晶间孔、溶蚀孔和微裂缝[25-26]，且孔隙极小；CO_2水溶液浸泡后，由于方解石、白云石和长石等矿物被溶蚀，导致溶蚀孔隙数量增多，孔径变大。

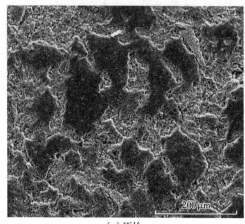

（a）原始　　　　　　　　　　（b）CO_2水溶液浸泡后

图5　鄂尔多斯盆地东部长7致密砂岩在CO_2水溶液
浸泡前后扫描电镜照片

（3）孔隙度和渗透率由表4可知，致密砂岩原始孔隙度平均为5.86%，平行层理和垂直层理方向的原始渗透率分别为10.87×10^{-3}mD和2.57×10^{-3}mD。CO_2水溶液浸泡后，致密砂岩孔隙度和渗透率增大，孔隙度增大幅度平均为12.72%，平行层理和垂直层理方向渗透率增大幅度分别为133.30%和69.65%，其原因是在高温高压条件下，CO_2水溶液溶蚀致密砂岩中的方解石、白云石、长石等矿物，使溶蚀孔隙数量增多，孔径增大，所以CO_2水溶液浸泡后致密砂岩的孔隙度和渗透率增大。

表4　鄂尔多斯盆地东部长7致密砂岩在CO_2水溶液浸泡前后的孔隙度和渗透率

岩心编号	孔隙度/%		增幅/%	渗透率/10^{-3}mD		增幅/%
	浸泡前	浸泡后		浸泡前	浸泡后	
P-1	6.09	7.01	15.11	10.96	26.33	140.24
P-2	5.92	6.89	16.39	10.78	24.39	126.25
V-1	5.63	6.17	9.59	2.51	4.33	72.51
V-2	5.81	6.38	9.81	2.63	4.39	66.92

（4）抗张强度由表5可知，平行层理方向原始抗张强度平均为6.19MPa，CO_2 水溶液浸泡后降低为4.89MPa，降低幅度为21.00%；垂直层理方向原始抗张强度平均为12.41MPa，CO_2 水溶液浸泡后降低为11.92MPa，降低幅度为3.95%。说明 CO_2 水溶液浸泡后，致密砂岩抗张强度降低，且平行层理方向降低幅度大于垂直层理方向。其原因是 CO_2 水溶液溶蚀致密砂岩中的碳酸盐岩和长石等矿物，导致岩石胶结强度降低，而岩石的抗张强度主要取决于胶结强度[27]，因而 CO_2 水溶液浸泡后岩石抗张强度降低。

表5　鄂尔多斯盆地东部长7致密砂岩原始抗张强度和 CO_2 水溶液浸泡后的抗张强度对比

原始状态			CO_2 水溶液浸泡后		
岩心编号	抗张强度 /MPa	平均值 /MPa	岩心编号	抗张强度 /MPa	平均值 /MPa
P–3	6.05	6.19	P–1	4.96	5.09
P–4	6.32		P–2	5.22	
V–3	12.63	12.41	V–1	11.99	11.92
V–4	12.19		V–2	11.85	

综上所述，在高温高压条件下，CO_2 水溶液可以溶蚀致密砂岩中方解石、白云石、长石等矿物，导致其含量降低；同时生成黏土矿物（如高岭石），且石英基本不被溶蚀，使得黏土矿物和石英含量升高。CO_2—水—岩作用使致密砂岩溶蚀孔隙数量增多，孔径变大；相应地，致密砂岩孔隙度和渗透率也增大。此外，由于 CO_2—水—岩作用溶蚀了致密砂岩的胶结矿物，降低了矿物颗粒之间的胶结强度，导致致密砂岩抗张强度降低。

3.2　CO_2—水—岩作用对破裂压力的影响

CO_2 水溶液浸泡后，致密砂岩性质发生变化，而岩石性质的变化会对裂缝起裂和扩展产生影响[24]。

由图6可知，未经 CO_2 水溶液浸泡的长7-1试样滑溜水压裂的增压速率较大，开始压裂后注入压力线性增大。当注入压力达到17.69MPa时，试样破裂产生宏观裂缝，注入压力急剧降低。

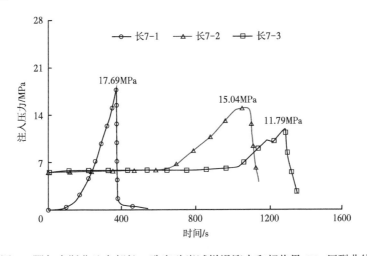

图6　鄂尔多斯盆地东部长7致密砂岩试样滑溜水和超临界 CO_2 压裂曲线

长 7-2 试样超临界 CO_2 压裂的增压速率较小，注入前期 CO_2 压力升高缓慢，当注入压力大于 6.0MPa 时增压速率增大。当注入压力达到 15.00MPa 时有微裂隙产生，导致注入压力在 15.00MPa 左右波动。50s 后试样破裂，注入压力急剧降低，破裂压力为 15.04MPa。相比于滑溜水压裂，长 7-2 试样超临界 CO_2 压裂破裂压力降低 2.65MPa，降低幅度为 14.98%。其原因是超临界 CO_2 分子间作用力很小，表面张力接近 0，流动性极强，具有类似气体的超低黏度（0.02mPa·s）[28]，能进入微小的孔隙和微裂缝中，增大孔隙压力。根据孔弹性力学理论，孔隙压力升高使井壁周向应力增大，从而使岩石容易发生破坏[29-30]。所以，超临界 CO_2 压裂的破裂压力低于滑溜水压裂。

CO_2 水溶液浸泡后的长 7-3 试样超临界 CO_2 压裂的注入压力有 2 个峰值：第一个峰值对应起裂压力（10.15MPa），此时试样开始破裂，但裂缝未扩展至边界；第二个峰值为破裂压力（11.79MPa），此时裂缝扩展至试样边界。长 7-3 试样超临界 CO_2 压裂破裂压力比长 7-2 试样降低 3.25MPa，降低幅度为 21.61%。其原因为 CO_2 水溶液浸泡试样裸眼段后，方解石、长石等矿物被溶蚀，裸眼段力学强度降低，导致破裂压力降低。

3.3 CO_2—水—岩作用对裂缝形态的影响

长 7-1 试样滑溜水压裂形成的裂缝形态如图 7 所示，水力裂缝沿最大水平主应力方向起裂，当水力裂缝遇到抗张强度较低的层理面时，先沿层理面扩展，后穿过层理沿应力控制的方向扩展，形成一条阶梯状的横切缝，同时开启两个层理面。长 7-2 试样超临界 CO_2 压裂形成的裂缝形态如图 8 所示。由图 8 可知，超临界 CO_2 压裂产生 2 条水力裂缝，并开启 2 个层理面，水力裂缝和层理相互沟通，增大了裂缝的复杂程度。其中，水力裂缝 1 在裸眼段起裂，沿垂直于最小水平主应力方向扩展形成一条斜交缝；水力裂缝 2 通过一个层理面与裸眼段沟通，由于沙质纹层渗透率较高，超临界 CO_2 渗滤到层理中，当达到破裂压力时产生一条沿最大水平主应力方向的横切缝。此外，由于层理面的抗张强度较低，超临界 CO_2 进入层理孔隙后增大孔隙压力，使得层理容易被开启。

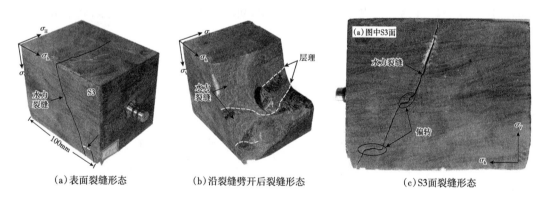

（a）表面裂缝形态　　　（b）沿裂缝劈开后裂缝形态　　　（c）S3 面裂缝形态

图 7　长 7-1 试样滑溜水压裂形成阶梯状横切缝照片（岩样横截面 80mm×80mm）

长 7-3 试样超临界 CO_2 压裂形成的裂缝形态如图 9 所示。由图 9（a）和图 9（b）可知，CO_2 水溶液浸泡试样裸眼段后，超临界 CO_2 压裂形成多条水力裂缝并开启多个层理面，水力裂缝和层理相互沟通，构成了一个复杂的裂缝网络。由图 9（c）可知，3 条水力裂缝在裸眼段起裂，其中 2 条水力裂缝沿最大水平主应力方向扩展形成 2 条横切缝，另一条水力裂缝沿最小水平主应力方向扩展，在遇到层理时转向进入层理面继续扩展至边界。综上所述，相比于滑溜水压裂形成一条简单的阶梯状横切缝，长 7-2 试样超临界 CO_2 压裂形成的裂缝条数增多，裂缝形态更复杂。其原因有两个方面：（1）超临界 CO_2 具有超低黏度的物理特性，可以进入微小孔隙和微裂缝，并开启微裂缝，从而增加水力裂缝的数量；（2）超临界 CO_2 具有高压缩性，试样破裂时超临界 CO_2 弹性能瞬间释放，有助于裂缝的不稳定扩展和层理的开启，从而增大裂缝的复杂程度。此外，CO_2 水溶液浸泡试样裸眼段后，由于化学溶蚀作用导致试样裸眼段的力学强度降低，有利于水力裂缝多点起裂，从而进一步增大水力裂缝的复杂程度。说明 CO_2 的物理特性和化学特性均能有效提高裂缝的复杂性。

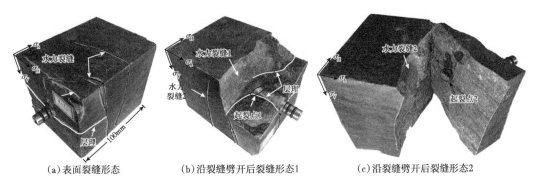

（a）表面裂缝形态　　　　（b）沿裂缝劈开后裂缝形态1　　　　（c）沿裂缝劈开后裂缝形态2

图 8　长 7-2 试样超临界 CO_2 压裂形成 2 条水力裂缝及开启 2 个层理面（岩样横截面 80mm×80mm）

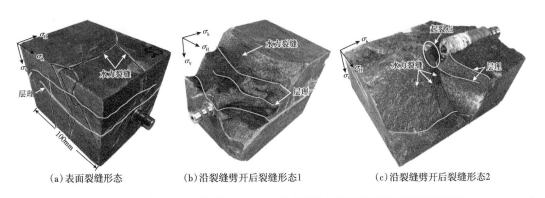

（a）表面裂缝形态　　　　（b）沿裂缝劈开后裂缝形态1　　　　（c）沿裂缝劈开后裂缝形态2

图 9　长 7-3 试样在 CO_2 水溶液浸泡后超临界 CO_2 压裂形成复杂的裂缝网络（岩样横截面 80mm×80mm）

4　结论

通过对鄂尔多斯盆地东部长 7 致密砂岩开展 CO_2 水溶液浸泡岩石实验和室内压裂物理模拟实验，研究了 CO_2—水—岩作用对致密砂岩性质以及裂缝扩展的影响，得出如下结论。

（1）CO_2 水溶液溶蚀使得致密砂岩性质发生改变，主要表现在以下 4 个方面：（1）方解石、白云石、钾长石和斜长石含量降低，其中方解石和白云石含量显著降低，伊利石和绿泥石含量降低，高岭石含量升高；（2）溶蚀孔隙数量增多，孔径变大；（3）孔隙度和渗透率增大；（4）抗张强度降低，且平行层理降低幅度大于垂直层理。

（2）超临界 CO_2 具有超低黏度的物理特性。相比于滑溜水压裂，超临界 CO_2 压裂的破裂压力降低 14.98%，形成的水力裂缝数量增多，裂缝形态更复杂。

（3）高温高压条件下，CO_2 溶于水后具有溶蚀致密砂岩的化学特性。CO_2 水溶液浸泡试样裸眼段后，裸眼段矿物被溶蚀，导致裸眼段岩石的胶结强度和力学强度降低。在此基础上采用超临界 CO_2 压裂的破裂压力相比于未浸泡情况降低 21.61%，且水力裂缝多点起裂，裂缝复杂程度进一步提高。

参 考 文 献

[1] Zou Y S, Zhang S C, Zhou T, et al. Experimental in vestigation into hydraulic fracture network propagation in gas shales using CT scanning technology[J]. Rock Mechanics and Rock Engineering, 2016, 49（1）: 33-45.

[2] Sinal M L, Lancaster G. Liquid CO_2 fracturing: advantages and limitations[J]. Journal of Canadian Petroleum Technology, 1987, 26（5）: 26-30.

[3] Middleton R S, Carey J W, Currier R P, et al. Shale gas and nonaqueous fracturing fluids: opportunities and challenges for supercritical CO_2[J]. Applied Energy, 2015, 147: 500-509.

[4] Yost II A B, Gehr J B. CO_2/sand fracturing in devonian shales[R]. SPE 26925, 1993.

[5] Gupta D V S, Bobier D M. The history and success of liquid CO_2 and CO /N fracturing system[R]. SPE 40016, 1998.

[6] 宋振云, 苏卫东, 杨延增, 等 .CO_2 干法加砂压裂技术研究与实践 [J]. 天然气工业, 2014, 34（6）: 55-59.

[7] 王香增, 吴金桥, 张军涛. 陆相页岩气层的 CO_2 压裂技术应用探讨 [J]. 天然气工业, 2014, 34（1）: 64-67.

[8] 刘合, 王峰, 张劲, 等 . 二氧化碳干法压裂技术——应用现状与发展趋势 [J]. 石油勘探与开发, 2014, 41（4）: 466-472.

[9] Ishida T, Aoyagi K, Niwa T, et al. Acoustic emission monitoring of hydraulic fracturing laboratory experiment with supercritical and liquid CO_2[J]. Geophysical Research Letters, 2012, 39（16）: L16309.

[10] Kizaki A, Tanaka H, Ohashi K, et al. Hydraulic fracturing in Inada granite and Ogino tuff with super critical carbon dioxide[R]. Seoul, Korea: ISRM Regional Symposium 7th Asian Rock Mechanics Symposium, 2012.

[11] Zhang X W, Lu Y Y, Tang J R, et al. Experimental study on fracture initiation and propagation in shale using supercritical carbon dioxide fracturing[J]. Fuel, 2017, 190: 370-378.

[12] Wang L, Yao B W, Xie H J, et al. CO_2 injection induced fracturing in naturally fractured shale rocks[J]. Energy, 2017, 139: 1094-1110.

[13] Deng B Z, Yin G Z, Li M H, et al. Feature of fractures induced by hydrofracturing treatment using water and L CO_2 as fracturing fluids in laboratory experiments[J]. Fuel, 2018, 226: 35-46.

[14] Zou Y S, Li N, Ma X F, et al. Experimental study on the growth behavior of supercritical CO_2 induced fractures in a layered tight sandstone formation[J]. Journal of Natural Gas Science and Engineering, 2018, 49: 145-156.

[15] Peng P H, Ju Y, Wang Y L, et al. Numerical analysis of the effect of natural microcracks on the supercritical CO_2 fracturing crack network of shale rock based on bonded particle models[J]. International

Journal for Numerical & Analytical Methods in Geomechanics，2017，41（18）：1992-2013.

[16] Zhang X X，Wang J G，Gao F，et al. Impact of water，nitrogen and CO_2 fracturing fluids on fracturing initiation pressure and flow pattern in anisotropic shale reservoirs[J]. Journal of Natural Gas Science and Engineering，2017，45（3）：291-306.

[17] Liu L Y，Zhu W C，Wei C H，et al. Microcrack-based geomechanical modeling of rock gas interaction during supercritical CO_2 fracturing[J]. Journal of Petroleum Science and Engineering，2018，164：91-102.

[18] 马瑾.地质封存条件下超临界二氧化碳运移规律研究[D].北京：清华大学，2013.

[19] Li S H，Zhang S C，Zou Y S，et al. Experimental study on the features of hydraulic fracture created by slickwater，liquid carbon dioxide，and supercritical carbon dioxide in tight sandstone reservoirs[R]. Washington，USA：52nd US Rock Mechanics/Geo mechanics Symposium，2018.

[20] Duan Z H，Sun R. An improved model calculating CO_2 solubility in pure water and aqueous NaCl solutions from 273 to 533 K and from 0 to 2000 bar[J]. Chemical Geology，2003，193（3-4）：257-271.

[21] Prashanth M，Milind D，Joseph M. Gas compositional effects on mineralogical reactions carbon dioxide sequestration[J]. SPE Journal，2011，16（4）：1-10.

[22] 高玉巧，刘立，曲希玉.CO_2与砂岩相互作用机理与形成的自生矿物组合[J].新疆石油地质，2007，28（5）：579-584.

[23] 肖娜，李实，林梅钦，等.CO_2—水—岩石相互作用对砂岩储层润湿性影响机理[J].新疆石油地质，2017，38（4）：460-465.

[24] Zou Y S，Li S H，Ma X F，et al. Effects of CO_2—brine—rock interaction on porosity/permeability and mechanical properties during supercritical CO_2 fracturing in shale reservoirs[J]. Journal of Natural Gas Science and Engineering，2018，49：157-168.

[25] Zhao H W，Ning Z F，Wang Q，et al. Petrophysical characterization of tight oil reservoirs using pressure-controlled porosimetry combined with rate controlled porosimetry[J]. Fuel，2015，154：233-242.

[26] Liu C H，Ning Z F，Wang Q，et al. Application of NMR T2 to pore size distribution and movable fluid distribution in tight sandstones[J]. Energy & Fuels，2018，32（2）：1395-1405.

[27] 杜玉昆.超临界二氧化碳射流破岩机理研究[D].青岛：中国石油大学（华东），2012.

[28] Tudor R，Vozniak C，Peters W，et al. Technical advances in liquid CO_2 fracturing[C]. Calgary，Alberta：Annual Technical Meeting，1994.

[29] Ito T. Effect of pore pressure gradient on fracture initiation in flu- id saturated porous media：rock[J]. Engineering Fracture Mechanics，2008，75（7）：1753-1762.

[30] 赵凯，赵文龙，石林，等.断块油气藏开采对地应力和破裂压力的影响规律[J].新疆石油地质，2017，38（6）：723-728.

薄互层型页岩油储层水力裂缝形态与支撑剂分布特征

邹雨时 [1]，石善志 [2]，张士诚 [1]，李建民 [2]，王 飞 [1]，王俊超 [2]，张啸寰 [1]

（1.中国石油大学（北京）油气资源与探测国家重点实验室；

2.中国石油新疆油田公司工程技术研究院）

基金项目：国家自然科学基金面上项目（51974332）；中国石油—中国石油大学（北京）战略合作项目（ZLZX2020-07）

摘 要：选用准噶尔盆地吉木萨尔凹陷二叠系芦草沟组页岩油储层井下岩心制备薄互层状页岩岩样，开展小尺度真三轴携砂压裂实验，结合高精度CT扫描数字岩心模型重构技术，研究了薄互层型页岩油储层水力裂缝形态与支撑剂分布特征。研究表明：薄互层型页岩油储层中近井筒处层间岩石力学差异及界面对缝高的延伸无明显遮挡作用，但对缝高方向上缝宽的分布有显著影响，水力裂缝趋于以"阶梯"形式穿层扩展，在界面偏折处缝宽较窄，阻碍支撑剂垂向运移，穿层有效性差；如泥页岩纹层发育，则易于形成"丰"或"井"字形裂缝。射孔层段岩石强度大，破裂压力高，则主缝起裂充分，缝宽较大，整体加砂较好；射孔层段强度低且纹层较为发育，则压裂液滤失量较大，破裂压力较低，主缝起裂不充分，缝宽较窄，易出现砂堵。支撑剂主要铺置在射孔层段附近缝宽较大的人工裂缝的主缝内，分支缝、邻层缝、开启的纹层缝内仅含有少量（或不含）支撑剂，整体上支撑剂铺置范围有限；支撑剂可进入裂缝的极限宽度约为支撑剂粒径的2.7倍。

关键词：页岩油；薄互层型储层；岩石力学；岩性界面；水力压裂；裂缝形态；支撑剂分布

中国页岩油资源较为丰富，可采资源量达（30~60）×10^8t，是最具战略性、现实性的石油接替资源[1]，但其普遍存在压裂后单井初始产量低、产量递减快、采出程度低等问题，效益开发面临巨大挑战[2-3]。如准噶尔盆地吉木萨尔凹陷二叠系芦草沟组页岩油储层纵向岩性变化快，呈薄互层状，且纹层（或层理）发育，是典型的陆相薄互层型页岩油储集层[4]。认识该类型页岩油储层人工裂缝扩展规律及支撑剂分布，对提升压裂工艺参数适应性、实现多层系"甜点"整体动用具有重要意义。

国内外学者针对多层状地层水力裂缝形态、缝体、延伸高度及裂缝与层理/界面的相互作用开展了大量研究[5-11]，发现多层状地层中水力裂缝遇到层理（或界面）后可能有穿过、转向、终止或阶梯式延伸等几种行为，且垂向延伸易受到限制，整体形态存在不确定性[5-8]。总体而言，受层间力学性质差异、层间应力差、界面性质等的控制，垂向均质岩石易形成简单缝，而薄互层易形成复杂缝[9-11]。层状页岩（或砂岩）发育纹层（或层理）时，通常具有显著的力学各向异性，在高压流体或诱导应力作用下极易发生破裂，纹层（或层理）对缝高及整体裂缝形态的影响非常显著[12-13]。然而目前针对中国陆相页岩油储集层人工裂缝扩展规律的研究较为不足[14]，制约压裂施工参数的优化设计。同时，与常规单一缝相比，复杂裂缝体系内压裂液流场更为复杂，支撑剂的分布情况直接决定压后裂缝的有效性[15-16]。目前，裂缝内支撑剂运移室内模拟主要采用预先设定恒定裂缝尺寸形态法，无法考虑储层裂缝形态实时变化对支撑剂分布的影响[17-18]。而室内压裂实验通常不加支撑剂，地应力条件下裂缝内支撑剂的展布规律及裂缝的有效性不明[19-22]。因此，有必要进一步研究压裂时支撑剂的动态运移分布规律。

　　本文选用吉木萨尔凹陷芦草沟组页岩油储层井下岩心，开展小尺寸真三轴携砂压裂物理模拟实验，基于 CT 扫描技术综合分析地层岩性层序组合条件下人工裂缝的穿层性与支撑剂垂向分布特征，探讨页岩油储集层压裂施工参数改进方法。

1　实验设计

1.1　岩样制备

　　岩样取自吉木萨尔凹陷芦草沟组 J10X 井的 6 段全直径岩心，取心深度 3450~3667m，岩心直径 10~11cm，长度 10~35cm（图 1）。R1 岩心的岩性为泥页岩，R2 岩心的岩性为白云质泥岩，R3 岩心的岩性为白云质粉砂岩，R4 岩心的岩性为粉砂质泥岩，R5 岩心的岩性为泥质粉砂岩，R6 岩心的岩性为灰质泥岩。岩心 R1、R2 和 R3 纹层较为发育，其关键岩石力学参数如表 1 所示（测试围压 35MPa）。岩样平行纹层、垂直纹层方向的参数值差异均较大，各向异性显著。弹性模量各向异性系数（平行纹层方向弹性模量与垂直纹层方向弹性模量的比值）为 1.14~1.38，抗拉强度各向异性系数（平行纹层方向抗拉强度与垂直纹层方向抗拉强度的比值）为 1.05~2.26。

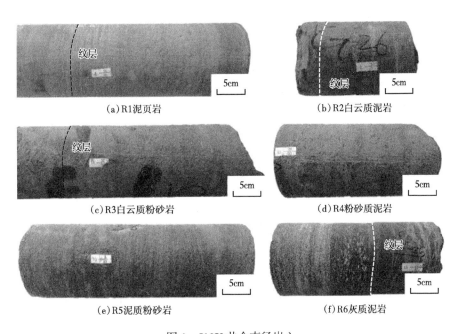

（a）R1泥页岩　　　　　　　　　　　　　　（b）R2白云质泥岩

（c）R3白云质粉砂岩　　　　　　　　　　　（d）R4粉砂质泥岩

（e）R5泥质粉砂岩　　　　　　　　　　　　（f）R6灰质泥岩

图 1　J10X 井全直径岩心

表 1　岩心岩石力学参数测试数据

岩心编号	岩性	弹性模量 /GPa			弹性模量各向异性系数	抗拉强度 /MPa			抗拉强度各向异性系数
		平行纹层方向	垂直纹层方向	平均		平行纹层方向	垂直纹层方向	平均	
R1	泥页岩	13.9	10.1	12.0	1.376	5.4	6.6	6.0	1.222
R2	白云质泥岩	31.4	25.2	28.3	1.246	7.1	8.1	7.6	1.141
R3	白云质粉砂岩	40.2	31.8	36.0	1.264	9.5	11.9	10.7	1.253
R4	粉砂质泥岩	30.3	26.7	28.5	1.135	11.0	11.5	11.2	1.045
R5	泥质粉砂岩	26.5	21.0	25.1	1.262	3.9	8.8	7.2	2.256
R6	灰质泥岩	12.9	9.9	12.1	1.303	3.8	4.8	4.0	1.263

为考察不同岩性组合条件下水力裂缝的穿层性与并根据真实地层岩性层序用高强度环氧树脂胶黏结成支撑剂的分布情况，将全直径岩心沿径向切成薄板，薄互层状岩样［图 2（a）］。上下邻层岩性相同，厚度均为 2cm，中间层为射孔层，厚度为 6cm。共制备 3 块薄互层压裂岩样，其中岩心 R1、R3 和 R5 设置为射孔层，岩心 R2、R4 和 R6 设置为邻层。1# 试样中邻层为白云质泥岩，射孔层为泥页岩，邻层与射孔层弹性模量差为 16.3GPa，抗拉强度差为 1.6MPa，邻层属于较高强度的遮挡层；2# 试样中邻层为粉砂质泥岩，射孔层为白云质粉砂岩，邻层与射孔层弹性模量差为 −7.5GPa，抗拉强度差为 0.5MPa，邻层强度较低；3# 试样中邻层为灰质泥岩，射孔层为泥质粉砂岩，邻层与射孔层弹性模量差为 −13.0GPa，抗拉强度差为 −3.2MPa，邻层强度低。

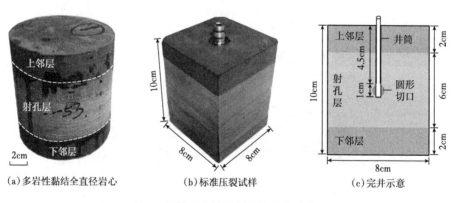

（a）多岩性黏结全直径岩心　　　（b）标准压裂试样　　　（c）完井示意

图 2　岩性组合试样制备及完井示意

将薄互层状全直径岩心切割成 8cm×8cm×10cm 的长方体试样［图 2（b）］。在方形平面中心垂向钻取直径为 1.5cm、深度为 5.5cm 的孔眼以模拟直井；在井眼底部沿径向刻蚀出半径 0.2~0.3cm 的垂向圆形切口并割缝以模拟射孔；将外径 1.2cm、长 5.0cm 的钢管下放至距孔眼底部 1.0cm 处以模拟套管，使用高强度环氧树脂胶固结井筒［图 2（c）］。实验过程中向井筒内泵注压裂液和支撑剂，建立高压后诱导水力裂缝在圆形切口处起裂。

1.2　实验装置及步骤

实验采用小尺寸真三轴加砂压裂一体化模拟装置[19]。目前吉木萨尔页岩油水平井压裂排量为14~18m³/min，簇数为6~8簇。施工中初期起裂与主压裂阶段的排量存在差异，这里考虑单簇最大排量为3m³/min，压裂液黏度为50~70mPa·s（变黏度滑溜水体系）。为模拟现场黏性主导裂缝扩展过程，使用相似准则[23-26]［式（1）和式（2）］计算实验主要注入参数。考虑储层裂缝扩展特征半径约为18.00m（即评估半缝高），而实验裂缝扩展特征半径为0.05m（试样长度的一半），则计算实验排量最大为50mL/min，压裂液黏度100mPa·s。现场与室内实验参数计算结果见表2。

$$\mu_l = \alpha\mu_f \left[\frac{t_{max,1}}{t_{max,f}} \left(\frac{Q_f}{Q_l} \right)^{\frac{3}{2}} \left(\frac{E_t'}{E_l'} \right)^{\frac{13}{2}} \left(\frac{K_l'}{K_l'} \right)^9 \right]^{\frac{2}{5}} \tag{1}$$

$$t_{max} = \frac{R^{\frac{5}{2}} K'}{QE'} \tag{2}$$

表2　压裂实验主要施工参数

施工参数	弹性模量 / GPa	断裂韧性 / MPa·m$^{\frac{1}{2}}$	裂缝特征半径 /m	单簇排量 / m³·min⁻¹	压裂液黏度 / mPa·s
现场	24.2	3.60	18.00	3.000 00	50~70
实验	12.0~36.0	1.54	0.05	0.000 05	100

受限于设备性能，根据储层应力相对值设定实验应力参数，即吉木萨尔芦草沟组页岩油储层现场水平主应力差为13MPa，垂向应力差为15MPa[4]，则实验最大水平主应力为18MPa，最小水平主应力为5MPa，垂向应力为20MPa。支撑剂为白色石英砂，粒径分别为75μm（200目，简称"200型支撑剂"）、106~140μm（120~140目，简称"1214型支撑剂"），加砂浓度15~20g/100mL。具体实验方案见表3。

表3　压裂模拟实验方案

试样编号	岩性组合（射孔层＋邻层）	排量 / mL/min	支撑剂类型
1#	R1+R2	20~50	200型
2#	R3+R4	20~50	200型，1214型
3#	R5+R6	5~50	200型，1214型

实验步骤：（1）将岩样置于岩心室内，按前述设定参数加载最小水平主应力、最大水平主应力和垂向应力[19]。（2）开启泵注系统，以较低排量（5~20mL/min）将混有荧光剂的压裂液注入井筒内，记录井口压力变化；岩石破裂后，井口压力将迅速降低，即前置液注

入阶段结束；随后提升至较大排量（50mL/min），开启装有支撑剂的砂罐出砂口阀门，支撑剂与压裂液混合后进入压裂管线，进入携砂液注入阶段；持续注入混砂浆，直至井口压力急剧上升再下降后停泵。其中 1[#] 试样携砂液注入阶段全程用 200 型支撑剂，考察纹层发育时小粒径支撑剂充填情况，2[#] 和 3[#] 试样携砂液注入阶段的前约 120s 使用 200 型支撑剂，而后使用 1214 型支撑剂。单组实验累计泵注液量最大为 500mL，支撑剂最大用量为 50g。（3）采用微米 CT 扫描仪扫描试样灰度图像，通过高精度 CT 数据重构岩心，结合示踪剂分布数据与岩样剖分结果综合分析识别岩样表面、内部的裂缝形态以及支撑剂分布情况。

利用 VOLUMEGRAPHICSSTUDIOMAX 软件对试样灰度图像进行分类处理，分析其结构形态特征（包括裂缝面积、支撑剂体积等），随后进行三维数字岩心模型构建，并采用盒维数方法计算裂缝空间复杂程度[27-28]：

$$D_{\mathrm{f}} = \lim_{\delta \to 0} \frac{\lg M}{\lg(1/\delta)} \tag{3}$$

2 人工裂缝形态特征

1[#] 试样中射孔层段岩性为泥页岩，上、下邻层为白云质泥岩，人工裂缝形态垂向上呈"丰"或"井"字形（图 3），裂缝总面积为 38010mm²，其中人工裂缝面积和纹层缝面积分别占 24.1% 和 75.9%，纹层缝占主导，裂缝复杂程度约 2.48。2[#] 试样射孔层段为白云质粉砂岩，上、下邻层为粉砂质泥岩，人工裂缝整体垂向形态近似于"十"字形（图 4），裂缝总面积 14093mm²，其中人工裂缝面积和纹层缝面积分别占 58.7% 和 41.3%，裂缝复杂程度约 2.13。3[#] 试样射孔层段为泥质粉砂岩，上、下邻层为灰质泥岩，一侧形成 3 条分支裂缝，在另一侧交叉在一起（图 5），裂缝总面积 17475mm²，其中人工裂缝面积、纹层缝面积分别占 96.4%，3.6%，垂直人工裂缝为主体，裂缝复杂程度约 2.28。相比之下，泥页岩中人工裂缝最为复杂，泥质粉砂岩中裂缝相对复杂，白云质粉砂岩中形成的裂缝较为简单。

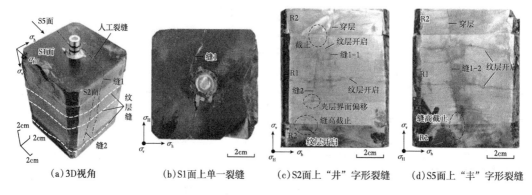

（a）3D视角　　（b）S1面上单一裂缝　　（c）S2面上"井"字形裂缝　　（d）S5面上"丰"字形裂缝

图 3　1[#] 试样表面人工裂缝形态

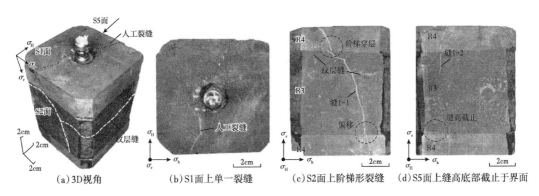

图 4 2# 试样表面人工裂缝形态

（a）3D视角　　（b）S1面上单一裂缝　　（c）S2面上阶梯形裂缝　　（d）S5面上缝高底部截止于界面

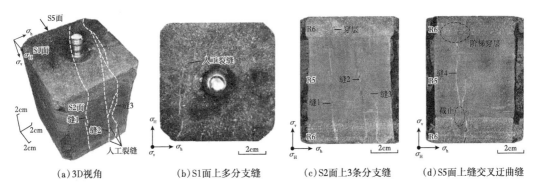

图 5 3# 试样表面人工裂缝形态

（a）3D视角　　（b）S1面上多分支缝　　（c）S2面上3条分支缝　　（d）S5面上缝交叉迂曲缝

2.1 纹层开启及穿层情况

不同岩性试样中纹层开启情况差异较大。1# 试样射孔层一侧形成一条人工裂缝（缝1），另一侧形成两条人工裂缝（缝1、缝2），并开启射孔段上下部多条纹层，其中缝1顶部穿透整个上邻层，缝2顶部截止于岩性界面，并在射孔层下部遇薄夹层界面发生偏移［图6（a）］，而缝1底部、缝2底部均截止于下邻层内靠近岩性界面的一条纹层带（图3）。2# 试样的射孔层形成一条贯穿上下邻层的人工裂缝，并诱导射孔段上部的多条纹层局部开启，人工裂缝遇到开启纹层、岩性界面后均发生水平向偏移，导致缝高方向裂缝成阶梯式延伸（图4）。3# 试样的射孔层形成 3 条近间距交叉的水力裂缝，整体缝高贯穿上下邻层，但存在局部分支缝截止于或偏移穿过层间界面（图5）。在实验条件下，较高强度邻层（1# 试样）、较低强度邻层（2# 试样）及低强度邻层（3# 试样）均未对缝高的延伸有明显遮挡作用，仅局部缝高延伸时在岩性界面截止。同时实验结果也表明使用高黏度压裂液（100mPa·s）有利于近井人工裂缝穿层扩展。

2.2 垂向缝宽变化与支撑剂分布

垂向上，人工裂缝由射孔层到邻层的缝宽变化较大，一般在纹层、层间界面开启处缝宽变窄（图6），显著影响支撑剂的运移、铺置。

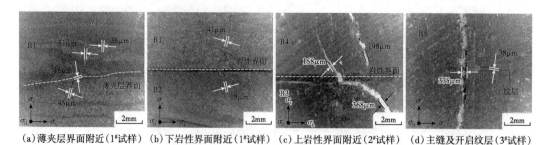

（a）薄夹层界面附近（1#试样）　（b）下岩性界面附近（1#试样）　（c）上岩性界面附近（2#试样）　（d）主缝及开启纹层（3#试样）

图6　试样表面人工裂缝典型局部形态及缝宽变化

2.2.1　泥页岩与白云质泥岩组合

图7为1#试样缝1沿着缝高方向统计的缝宽结果。1#试样中人工裂缝在射孔位置附近（缝高方向坐标$z=0$）平均缝宽约为69.5μm（两翼缝宽均值）。向上延伸过程中，缝宽先逐渐增大后逐渐变窄，两翼裂缝（缝1-1、缝1-2）在$z=2.5$cm附近缝宽达到最大值，缝1-1缝宽215.0μm，缝1-2缝宽175.0μm；当人工裂缝穿过上岩性界面进入上邻层（R2）后，缝宽急剧变窄，上邻层内缝1-1平均缝宽为173.8μm，缝1-2平均缝宽为147.4μm。向下延伸过程中，缝宽整体呈变窄趋势，在$z=-1.5$cm附近出现薄夹层，缝宽衰减显著，缝1-1缝宽由34μm减小到21μm，缝1-2缝宽由37μm减小到19μm；进入下邻层后缝宽进一步变窄，在下邻层内缝1-1平均缝宽仅为14.0μm，缝1-2平均缝宽仅为13μm；在$z=0$、$z=2$cm、$z=-4$cm附近分别存在开启的纹层缝，宽度分别约为57mm，45mm，18μm，远小于垂直人工裂缝的宽度。1#试样中形成的裂缝总体积为3877.5mm³，其中支撑剂充填体积为481.6mm³，占12.4%。支撑剂主要堆积在试样的中上部（z为$-1.0\sim4.0$cm），即缝宽较大的人工裂缝的主缝中。下部靠近主缝附近的开启纹层缝内存在少量支撑剂，整体支撑剂铺置范围有限（图8）。同时大部分支撑剂运移、铺置于射孔层段内，仅有少量进入上邻层。人工裂缝高9.0cm，支撑缝高5.2cm，占57.8%；人工裂缝长8.0cm，支撑缝长6.1cm，占76.3%。

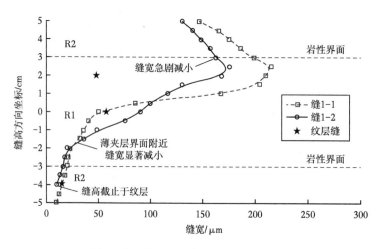

图7　1#试样缝1缝高方向缝宽统计结果

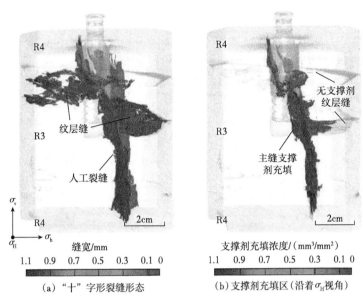

（a）"十"字形裂缝形态　　　（b）支撑剂充填区（沿着σ_H视角）

图 8　$1^{\#}$试样人工裂缝形态三维重构

2.2.2　白云质粉砂岩与粉砂质泥岩组合

$2^{\#}$试样缝宽统计结果如果图 9 所示。$2^{\#}$试样中人工裂缝在射孔位置附近（$z=0$）两翼平均缝宽差异较大，缝 1-1 平均缝宽约 525.0μm，缝 1-2 平均缝宽为 115.0μm。向上延伸过程中，缝宽先逐渐增大后逐渐变窄，两翼裂缝在 $z=1.5$cm 附近缝宽达到最大值，缝 1-1 缝宽为 537.0μm，缝 1-2 缝宽为 291.0μm；当人工裂缝穿过上岩性界面进入上邻层（R4）后，缝宽急剧变窄，上邻层内缝 1-1 平均缝宽为 330.8μm，缝 1-2 平均缝宽为 173.8μm。向下延伸过程中，缝宽整体呈变窄趋势，而进入下邻层后缝宽进一步变窄，下邻层内缝 1-1 平均缝宽为 226.2μm，缝 1-2 平均缝宽为 13.6μm。在 $z=0.5$cm 附近存在开启的纹层，其宽度为 114.0μm，远小于垂直人工裂缝的宽度。$2^{\#}$试样中形成裂缝的总体积为

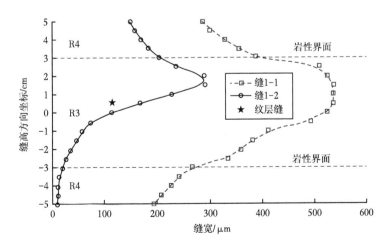

图 9　$2^{\#}$试样缝高方向缝宽统计结果

2339.4mm³，其中支撑剂充填体积为 923.1mm³，占 39.5%。支撑剂主要堆积在试样中上部（z 为 –1.0~4.0cm）宽度较大的缝 1-1 内，纹层缝内几乎不存在支撑剂（图 10）。仅少量支撑剂运移至上邻层内，下邻层几乎不存在支撑剂。人工裂缝高 10.0cm，支撑缝高 5.2cm，占 52.0%；人工裂缝长 8.0cm，支撑缝长 5.3cm，占 66.3%。

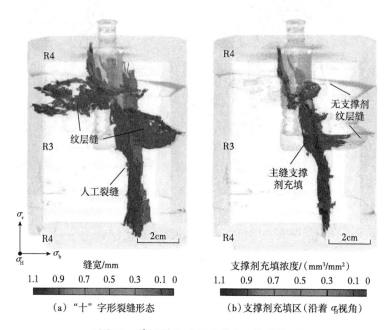

（a）"十"字形裂缝形态 　　（b）支撑剂充填区（沿着 σ_{H} 视角）

图 10　2# 试样人工裂缝形态三维重构

2.2.3　泥质粉砂岩与灰质泥岩组合

3# 试样内形成了多分支垂直人工裂缝，因此在垂向上缝宽变化较为复杂（图 11）。整体上由上邻层、射孔层到下邻层，缝宽呈逐渐增大趋势，但局部存在波动。试样一侧形成的 3 条近间距分支裂缝（缝 1、缝 2 和缝 3）的宽度明显小于另一侧形成的单一缝（缝 4），射孔位置附近（$z=0$）的 3 条分支裂缝平均宽度为 137.3μm，而缝 4 的宽度为 416.0μm。3 条分支裂缝在图 10 的 2# 试样人工裂缝形态三维重构图 11 的 3# 试样缝高方向缝宽统计结果 $z=$ –3.0cm 附近平均宽度达到最大值 244.0μm，而缝 4 在 $z=$ –1.0cm 附近宽度达到最大值 425.0μm。3 条分支缝在上邻层内平均宽度为 56.7μm，缝 4 在上邻层内宽度为 161.4μm；3 条分支缝在下邻层内平均宽度为 265.8μm，缝 4 在下邻层内宽度为 527.0μm。3# 试样中形成的人工裂缝总体积为 4378.3mm³，而支撑剂充填体积为 777.7mm³，占 17.8%。3 条分支缝内仅含有少量支撑剂，大部分支撑剂堆积在缝 4 内（图 12）。支撑剂主要堆积在射孔层井筒附近的人工裂缝内，没有运移至上邻层。人工裂缝高 10.0cm，支撑缝高 4.7cm，占 47%；人工裂缝长 8.0cm，支撑缝长 5.5cm，占 68.9%。基于压裂裂缝形态与缝宽，结合支撑剂的展布情况，可以看出 200 型支撑剂进入压裂裂缝的极限宽度约为 200μm，1214 型支撑剂进入压裂裂缝的极限宽度约为 350μm。支撑剂可进入裂缝的极限宽度约为支撑剂粒径的 2.7 倍，结果略大于 Cipolla 等人[29] 得出的 2.5 倍，略小于根据 Gruesbeck 等[30] 实验结果得到的 3 倍。

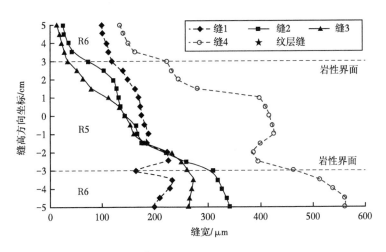

图 11 3# 试样缝高方向缝宽统计结果

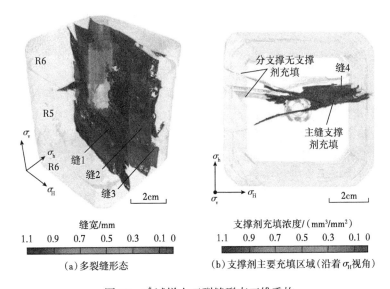

图 12 3# 试样人工裂缝形态三维重构

3 压裂施工曲线特征

3 块试样的压裂曲线特征差异较大（图 13）：（1）1 试样 0~512s 为前置液注入阶段，排量为 20mL/min，505s 达破裂压力 18.3MPa［图 13（a）］，破裂前压力上升速率为 0.045MPa/s。513~749s 为携砂液注入阶段，排量提升至 50mL/min，全程使用 200 型支撑剂，施工初期压力快速上升，随着支撑剂在裂缝内运移、堆积，压力出现 2 次较大波动，说明有砂堵迹象，导致最高压力达到 48.1MPa（679s），远高于破裂压力，人工裂缝宽度增大，而后压力快速下降，749s 停泵。（2）2# 试样 0~559s 为前置液注入阶段，排量为 20mL/min，521s 达破裂压力 23.6MPa［图 13（b）］，破裂前压力上升速率为 0.063MPa/s。

560~801s 为携砂液注入阶段，排量提升至 50mL/min，其中 560~680s 使用 200 型支撑剂，681~801s 使用 1214 型支撑剂，560s 后压力快速上升，617s 达到最大压力 33.1MPa，高于破裂压力，随后压力快速下降并维持在 10.2MPa 上下，801s 停泵。（3）3# 试样 0~1173s 为前置液注入阶段，排量为 5mL/min，1131s 达破裂压力 15.9MPa［图 13（c）］，破裂前压力上升速率仅为 0.017MPa/s，低于 1# 和 2# 试样。1174~1418s 为携砂液注入阶段，排量提升至 50mL/s，其中 1174~1296s 使用 200 型支撑剂，1297~1418s 使用 1214 型支撑剂，期间压力快速上升，1248s 达到最大压力 45.9MPa，高于破裂压力，随后压力快速下降并在 9.2~32.3MPa 内波动，1418s 停泵。

对比 3 块试样的压力曲线可知，2# 试样射孔层段岩石强度最大（E=36.0GPa，T=10.7MPa），故破裂压力最高，携砂液注入阶段压力整体相对较低且平稳，主缝起裂充分，缝宽较大，整体加砂较好；1# 试样射孔层段强度最低（E=12.0GPa，T=6.0MPa），且纹层较为发育，压裂液滤失量大，因此破裂压力较低，主缝起裂不充分，缝宽较窄，携砂液注入阶段压力较高，出现明显砂堵现象。3# 试样射孔层段强度中等（E=25.1GPa，T=7.2MPa），破裂压力最低，前置液注入阶段排量较低，裂缝起裂不充分，携砂液注入阶段，因裂缝多且宽度较窄，导致压力高且波动频繁，不易加砂。

4 结论

薄互层型页岩油储层中近井筒处层间岩石力学差异及界面对缝高的延伸无明显遮挡作用，但对缝高方向上缝宽的分布有显著影响，水力裂缝趋于以"阶梯"形式穿层扩展，在界面偏折处缝宽较窄，阻碍支撑剂垂向运移，穿层有效性差；如泥页岩纹层发育，则易于形成"丰"或"井"字形裂缝。

射孔层段岩石强度大，破裂压力高，则主缝起裂充分，缝宽较大，整体加砂较好；射孔层段强度低且纹层较为发育，则压裂液滤失量较大，破裂压力较低，主缝起裂不充分，缝宽较窄，易出现砂堵。

支撑剂主要铺置在射孔层段附近缝宽较大的人工裂缝的主缝内，分支缝、邻层缝、开启的纹层缝内仅含有少量（或不含）支撑剂，整体上支撑剂铺置范围有限；支撑剂可进入裂缝的极限宽度约为支撑剂粒径的 2.7 倍。

符号注释

D_f 为裂缝空间复杂程度；E 为岩石弹性模量，GPa；E_t 为平面应变弹性模量，GPa；K 为修正断裂韧性，MPa·m$^{1/2}$；M 为以直径为 δ 的立方体（盒子）覆盖目标物体所需的最小数量，个；Q 为排量，m^3/min；R 为裂缝特征半径，m；t 为裂缝扩展时间，s；T 为抗拉强度，MPa；z 为缝高方向坐标，cm；α 为相似系数，取值约为 0.85；δ 为立方体（盒子）直径，m；μ 为压裂液黏度，mPa·s；σ_h 为最小水平主应力，MPa；σ_H 为最大水平主应力，MPa；σ_v 为垂向应力，MPa。下标：f 为现场参数；l 为实验室参数；max 为最大值。

参考文献

[1] 邹才能，杨智，崔景伟，等. 页岩油形成机制、地质特征及发展对策［J］. 石油勘探与开发，2013，40

（1）：14-26.

[2] 雷群, 胥云, 才博, 等. 页岩油气水平井压裂技术进展与展望 [J]. 石油勘探与开发, 2022, 49（1）: 166-172, 182.

[3] 吴宝成, 李建民, 邬元月, 等. 准噶尔盆地吉木萨尔凹陷芦草沟组页岩油上甜点地质工程一体化开发实践 [J]. 中国石油勘探, 2019, 24（5）: 679-690.

[4] 焦方正, 邹才能, 杨智. 陆相源内石油聚集地质理论认识及勘探开发实践 [J]. 石油勘探与开发, 2020, 47（6）: 1067-1078.

[5] Warpinski N R, Branagan P T, Peterson R E, et al. An interpretation of M-site hydraulic fracture diagnostic results [R]. SPE 39950-MS, 1998.

[6] Barree R D, Conway M W, Gilbert J V, et al. Evidence of strong fracture height containment based on complex shear failure and formation anisotropy [R]. SPE 134142-MS, 2010.

[7] Fisher K, Warpinski N. Hydraulic-fracture-height growth: Real data [J]. SPE Production & Operations, 2012, 27（1）: 8-19.

[8] Daneshy A A. Hydraulic fracture propagation in layered formations [J]. SPE Journal, 1978, 18（1）: 33-41.

[9] Anderson G D. Effects of friction on hydraulic fracture growth near unbonded interfaces in rocks [J]. SPE Journal, 1981, 21（1）: 21-29.

[10] Teufel L W, Clark J A. Hydraulic fracture propagation in layered rock: Experimental studies of fracture containment [J]. SPE Journal, 1984, 24（1）: 19-32.

[11] Altammar M J, Sharma M M. Effect of geological layer properties on hydraulic fracture initiation and propagation: An experimental study [R]. SPE 184871-MS, 2017.

[12] Zou Y S, Zhang S C, Zhou T, et al. Experimental investigation into hydraulic fracture network propagation in gas shales using CT scanning technology [J]. Rock Mechanics and Rock Engineering, 2016, 49（1）: 33-45.

[13] Zou Y S, Ma X F, Zhou T, et al. Hydraulic fracture growth in a layered formation based on fracturing experiments and discrete element modeling [J]. Rock Mechanics and Rock Engineering, 2017, 50（9）: 2381-2395.

[14] 张士诚, 李四海, 邹雨时, 等. 页岩油水平井多段压裂裂缝高度扩展试验 [J]. 中国石油大学学报（自然科学版）, 2021, 45（1）: 77-86.

[15] 潘林华, 王海波, 贺甲元, 等. 水力压裂支撑剂运移与展布模拟研究进展 [J]. 天然气工业, 2020, 40（10）: 54-65.

[16] 潘林华, 张烨, 程礼军, 等. 页岩储层体积压裂复杂裂缝支撑剂的运移与展布规律 [J]. 天然气工业, 2018, 38（5）: 61-70.

[17] Alotaibi M A, Miskimins J L. Slickwater proppant transport in complex fractures: New experimental findings & scalable correlation [R]. SPE 174828-MS, 2015.

[18] 郭天魁, 曲占庆, 李明忠, 等. 大型复杂裂缝支撑剂运移铺置虚拟仿真装置的开发 [J]. 实验室研究与探索, 2018, 37（10）: 242-246, 261.

[19] 邹雨时, 石善志, 张士诚, 等. 致密砾岩加砂压裂与裂缝导流能力实验: 以准噶尔盆地玛湖致密砾岩为例 [J]. 石油勘探与开发, 2021, 48（6）: 1202-1209.

[20] Raterman K T, Farrell H E, Mora O S, et al. Sampling a stimulated rock volume: An Eagle Ford example [R]. URTEC2670034-MS, 2017.

[21] Ciezobka J, Courtier J, Wicker J. Hydraulic fracturing test site（HFTS）: Project overview and summary of results [R]. URTEC 2937168-MS, 2018.

[22] Maity D, Ciezobka J, Eisenlord S. Assessment of in-situ proppant placement in SRV using through-

fracture core sampling at HFTS[R]. URTEC 2902364-MS, 2018.

[23] Detournay E. Mechanics of hydraulic fractures[J]. Annual Review of Fluid Mechanics, 2016, 48 (1): 311-339.

[24] Dontsov E V. An approximate solution for a plane strain hydraulic fracture that accounts for fracture toughness, fluid viscosity, and leak-off[J]. International Journal of Fracture, 2017, 205 (2): 221-237.

[25] Madyarov A, Prioul R, Zutshi A, et al. Understanding the impact of completion designs on multi-stage fracturing via block test experiments[R]. 2021.ARMA 1309-2021.

[26] Bunger A P, Jeffrey R G, Detournay E. Application of scaling laws to laboratory-scale hydraulic fractures[R]. ARMA 5-818, 2005.

[27] Li S H, Zhang S C, Ma X F, et al. Hydraulic fractures induced by water-/carbon dioxide-based fluids in tight sandstones[J]. Rock Mechanics and Rock Engineering, 2019, 52 (9): 3323-3340.

[28] Mandelbrot B B, Wheeler J A. The fractal geometry of Nature[J]. American Journal of Physics, 1983, 51 (3): 286-287.

[29] Cipolla C, Weng X, Mack M, et al. Integrating microseismic mapping and complex fracture modeling to characterize fracture complexity[R]. SPE 140185-MS, 2011.

[30] Gruesbeck C, Collins R E. Particle transport through perforations[J]. SPE Journal, 1982, 22 (6): 857-865.

常压页岩气水平井低成本高密度
缝网压裂技术研究

蒋廷学[1,2]，苏　瑗[1,2]，卞晓冰[1,2]，梅宗清[3]

（1. 页岩油气富集机理与有效开发国家重点实验室；2. 中国石化石油
工程技术研究院；3. 四川华宇石油钻采装备有限公司）

摘　要：随着能源需求量的不断增加，页岩气作为一种新型的非常规天然气资源，越来越受到关注。现阶段我国高压页岩气藏已成功实现了商业开发，但是深层页岩及常压页岩的高效开发技术仍处在探索阶段。我国的常压页岩储层主要位于盆外残留向斜，构造变形程度较强，地层压力系数为 0.9~1.3，埋深普遍较浅，地层能量不足，单井压后日产量为（1~5）×10⁴m³，至今未形成商业突破。高压页岩气藏的压裂工艺措施在常压页岩改造过程中收效甚微，基于常压页岩气井改造中的难题，从射孔方式、人工裂缝控制及支撑技术、现场施工工艺及压裂材料等多方面进行优化，研究探索了配套的高密度缝网压裂工艺方案，初步实现了多簇裂缝均衡延展及多尺度人工裂缝网络。该方案在渝东南某页岩气区块一口常压页岩气井中进行了试验，压后取得了良好的改造效果。

关键词：常压页岩气；水平井；高密度；低成本；缝网压裂

焦页 1HF 井实现页岩气井的商业突破开启了中国页岩气的勘探开发。近几年，水平井分段压裂技术不断提升，页岩气井产量也在逐年突增，成为中国油气勘探开发的主力军[1-5]。但页岩气井的商业突破目前仍局限在中浅层高压页岩气藏中，地层压力系数低于 1.3 的常压页岩气藏尚未实现经济有效地开发。美国 Marcellus、Fayetteville 和 Barnett 等区块的常压页岩气储层已获得商业化开发，主要采用井工厂式水平井射孔＋桥塞一体化大规模分段压裂设计模式，辅之以低伤害、低成本的滑溜水压裂液体系，其水平井平均单段长度 120~150m，单段 3~7 簇，主施工排量 16m³/min，平均单段液量 1900~2900m³，单段砂量 80~110m³，且粉砂比大于 50%，压裂后初产达（4.2~9.6）×10⁴m³/d，单井成本为 1100万元 ~1900 万元[6-9]。我国常压页岩气资源量丰富，四川盆地及周缘的常压页岩气资源面积达 6.2×10⁴km²。但是相对于高压页岩气藏，常压页岩气藏含气具有丰度低、吸附气占比高的主要地质特征，以及压后产量低、递减快的生产特征，目前现有的开发技术尚不具经济动用常压页岩气资源的能力[4-8]，主要采用电缆泵送桥塞射孔联作工艺，并结合 "W"布缝、"预处理盐酸＋滑溜水＋胶液" 组合注入、变黏度混合压裂液体系（滑溜水黏度 1~3mPa·s 和 9~12mPa·s，胶液黏度 25~35mPa·s 和 40~60mPa·s），增加胶液加砂段塞（最高砂比 16%）等多项辅助工艺充分沟通天然裂缝及形成高导流主裂缝。施工规模上平均段长 33.5~147m，单段 2~4 簇，主体施工排量 14m³/min，平均单段液量 1350~1833m³，单段砂量 68~96m³，但是已经施工的常压页岩气井压裂后日产量仅为（1~3.36）×10⁴m³，远低于北美地区常压页岩气井的压后产量。对此，提出了针对常压页岩气特征的低成本高密度缝网压裂技术，包括平面射孔、多簇裂缝均衡起裂扩展、多尺度造缝及填充技术以及配套的低成本压裂液等技术措施，以提升常压页岩气井的产能，为其经济有效开发奠定基础。

1 高密度缝网压裂工艺技术

与目前已成功开发的高压页岩气藏相比，常压页岩气藏具有地层能量弱、储层品质差、三向应力复杂、原始裂缝尺度小等难题，目前成熟应用的页岩储层压裂改造技术在常压页岩气储层中收效甚微，已压井的压后评估显示：压裂改造后，常压页岩气井人工裂缝的改造范围、复杂程度和导流能力均无法使其形成较好的工业气流。因此，为了经济有效地开发，需要更大的改造强度和更低的成本。在已压裂井评估分析的基础上，采用数值模拟方法利用 Eclipse 软件，考虑页岩储层吸附剂扩散、不均质等特征，模拟常压页岩气井人工裂缝的扩展规律，并基于数值模拟的最优人工裂缝形态，利用 Meyer 优选了实现高密度缝网压裂施工的均衡起裂及有效多尺度延展、高效支撑所需的射孔方式、加砂模式及液体组合等多项关键工艺技术。以高效减阻剂、新合成的交联剂和前期研发的稠化剂为基础，通过配方体系优选及性能评价，优选并形成适合目标区的低成本压裂液体系。将上述研究成果应用在目标区域的常压页岩气井施工中，并在施工过程中，进一步完善及优化各项技术，初步形成一套适用于目标区域的低成本压裂增产增效技术，为常压页岩气井的商业突破提供技术支撑。

1.1 平面射孔技术

射孔方式的选择对于人工裂缝的起裂延伸极为重要。在页岩气井压裂施工中，常选用螺旋式射孔方式，射孔密度一般 16~20 孔 /m。该射孔方式虽然可沿水平井筒方向打开较长的页岩地层，但由于受到簇内孔间距较小，孔间裂缝的应力干扰、液体及支撑剂的重力指向等多种问题影响，使得在运用该射孔方式时，人工裂缝不能得到充分的起裂及扩展，从而降低整体的改造体积[10]。

平面周向射孔技术只在井筒周向设置 4 个孔眼，有效地规避了孔间及簇间裂缝的应力干扰，同时，增加了单孔的进液量，提高了单簇净压力，使每簇裂缝都能充分地扩展，从缝高、缝宽、复杂度和有效支撑等多个方面提高改造效果。螺旋及平面周向射孔对裂缝扩展的影响如图 1 和图 2 所示。

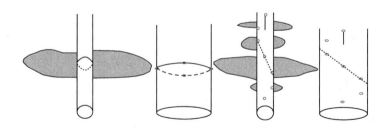

图 1　螺旋及平面周向射孔对裂缝扩展的影响

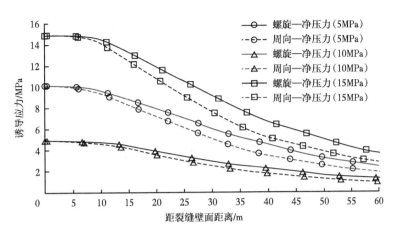

图 2 平面射孔诱导应力模拟

对于常规螺旋射孔模式，以每段 3 簇为例，设置每簇 20 孔，每段共 60 孔，按 18m³/min 的排量，则平均单孔排量为 0.3m³/min。而对于平面射孔模式，以每段 5 簇为例，每簇 4 孔，则每段共 20 孔，同样达到每孔排量 0.3m³/min 只需 6m³/min 的施工排量；若采用 12m³/min 的施工排量，则每孔排量可达到螺旋射孔的两倍。

模拟结果表明，在总液量 2200m³，排量 14m³/min，5 簇 / 段的条件下，采用平面射孔 4 孔 / 周与螺旋射孔射孔密度 20 孔 /m 对比，平面射孔可使缝高提高 6.3%，缝宽提高 4.6%，缝长提高 7.2%，有效改造体积提高 19.8%。

因此，采用平面射孔技术可在不增加套管破坏风险及施工规模的前提下，实现单段多簇密切割压裂施工，降低破裂压力 30% 以上，施工车组减少 50%，裂缝有效改造体积及产量增加 20%。

1.2 裂缝均衡起裂延伸控制技术

结合平面射孔技术，在常压页岩气井段簇优化中可在段长及段间距不变的前提下，增加段内射孔簇数，进一步缩小簇间距，实现段内高密度充分改造。以渝东南地区常压页岩气井为例，考虑页岩储层吸附与扩散特性、非均质特性等，建立了该区块常压页岩气井的压裂数值模型[11-12]，模拟在 1800m 水平段条件下，单段压裂 2~9 簇，不同压裂段数下的产量变化情况（图 3）。模拟结果显示，产量随压裂段数增加而增大，但压裂段数大于 18 时累计产量递增减缓，综合考虑推荐 18~22 段压裂，单段射孔簇数为 4~6 簇。

在 ANSYS 平台上选用 Fluent 模块，建立水平井筒多簇射孔物理模型，选用 DPM 模型，模拟有限数量暂堵球在井筒内的封堵规律，基于分析，采用低排量、高黏度携带液的方法，以及投入与压裂液流动跟随性好的低密度或等密度暂堵球，可以有效改进暂堵球在各簇位置的封堵效果。

此外，由于压裂液和支撑剂在长距离施工时具有会受到重力分选的影响，在优化的段簇基础上，需在单段压裂过程中，利用变参数限流射孔方法、多级增排量替酸预处理技术、控制早期加砂排量等多项辅助技术，实现多簇裂缝的均衡起裂与均衡延伸，大幅度增加了段内复杂裂缝形成的概率，同时，也降低了段间的应力干扰效应，综合提升水平井筒的利用率 20% 以上。

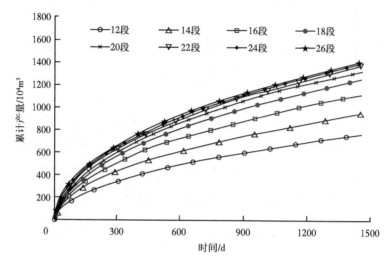

图 3　压裂段数对产量的影响

1.3　多尺度造缝及缝高控制技术

常压页岩气储层上覆应力相对居中，水平层理缝易于吸液，从而导致主裂缝垂向缝高大幅度受限。模拟主裂缝在五峰—龙马溪组页岩①至④号小层垂向延展情况，设置①至②界面和③至④界面内聚力为 6.07MPa，内摩擦角 30°，②至③界面内聚力为 0MPa，内摩擦角 5°。当缝内流体压力为 90MPa 时，裂缝仅沿着②至③号小层界面扩展（图 4），随着缝内流体压力增加至 100MPa，人工主裂缝可穿透②至③号小层界面（图 5）。

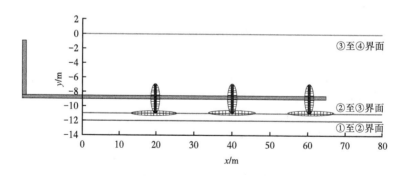

图 4　裂缝扩展形态剖面（缝内流体压力 90MPa）

为实现垂向缝高的有效扩展，在穿层界面的模拟基础上，又进一步对不同黏度滑溜水的配比、前置胶液的用量及注入排量组合进行了模拟，寻求最佳的液体及注入组合模式。从模拟结果来看，不同黏度滑溜水对不同尺寸人工裂缝的开启、延展及支撑情况影响效果有明显区别。对于主缝支撑缝宽，中黏度滑溜水在不同施工排量下，形成的人工裂缝的支撑缝宽无明显变化，但使用低黏度滑溜水，在不同的施工排量下所形成的主缝缝宽有明显的起伏，在排量为 14m³/min 时，主缝支撑缝宽最大。对于分支缝支撑缝宽，使用 2 种不同黏度的滑溜水所形成的支撑缝宽均是与施工排量呈正相关关系（表 1）。因此，结合 2 种黏度滑溜水及施工排量对支撑缝宽的影响结果，在造缝初期利用高黏度液体及高排量组合注入模式，可快速提升井底压力，利于主裂缝大幅度劈开纵向多个层理缝，穿透小层界面实现垂向缝高的充分延展，有利于促进裂缝整体改造体积的提升。

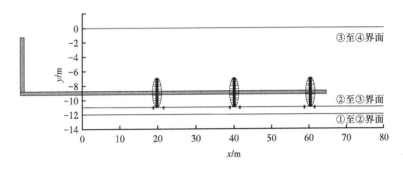

图 5 裂缝扩展形态剖面（缝内流体压力 100 MPa）

表 1 不同黏度滑溜水对主缝及次级裂缝支撑缝宽的影响

黏度 / mPa·s	排量 / m³/min	主缝最大缝宽 / mm	主缝平均缝宽 / mm	次级缝最大缝宽 / mm	次级缝平均缝宽 / mm
3	10	4.20	2.21	0.57	0.28
3	12	4.60	2.42	0.66	0.32
3	14	4.64	2.44	0.68	0.33
3	16	4.52	2.38	0.74	0.36
3	18	4.50	2.37	0.78	0.38
10	10	4.31	2.27	0.78	0.38
10	12	4.37	2.30	0.80	0.39
10	14	4.39	2.31	0.82	0.40
10	16	4.37	2.30	0.84	0.41
10	18	4.28	2.25	0.86	0.42

1.4 主裂缝净压力控制技术

考虑到常压页岩气的脆性指数相对较高，易于出现多尺度裂缝等复杂裂缝形态，为防止过早出现复杂裂缝导致主裂缝缝长方向延伸受限[13-14]，在主裂缝长度未达设计预期值之前，组合使用高黏度液体、提高砂比、连续加砂等施工模式，控制并保持使主裂缝沿缝长方向延展的净压力，确保主裂缝在达到设计长度，提高裂缝复杂性与改造体积等目标（图 6 ）。

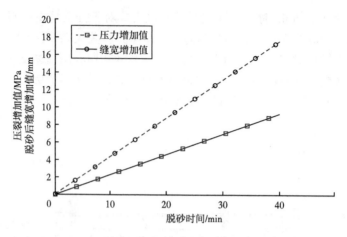

图 6　采用提高砂比措施后压力及缝宽增加情况

1.5　多尺度裂缝有效充填技术

在页岩气井压裂中，结合不同排量、不同黏度的压裂液进行施工，可在地层中形成不同尺度的人工裂缝网络[15]，依据室内试验结果，多尺度造缝形成的

主缝体积和分支缝体积比为 2.24∶1。为了使形成的不同尺寸人工裂缝得到有效支撑，需配套建立变黏度、变排量、多粒径组合支撑剂的施工技术。通过支撑剂平板实验，设置包含 4 个不同尺寸的人工裂缝网络，即主缝宽 6.35mm，二级缝宽 3.18mm，三级和四级缝宽 1.59mm，选用 20/40 目和 100 目两种不同粒径的支撑剂实施充填。实验结果显示，100目支撑剂能够进入二级、三级和四级缝，20/40 目的较难进入分支缝，验证了多尺度造缝需配合小粒径支撑剂充填技术。结合不同尺寸裂缝的占比，小粒径支撑剂在施工中应占比31% 较为合适，适当增加小粒径支撑剂的占比可将裂缝的改造体积更大限度地转化为裂缝有效充填的改造体积（ 表 2 ）。

表 2　优化粒径组合加砂条件下各级裂缝支撑情况

簇	主缝				分支缝			
	缝长 / m	最大缝宽 / mm	平均缝宽 / mm	裂缝体积 / m³	缝长 / m	最大缝宽 / mm	平均缝宽 / mm	裂缝体积 / m³
第 1 簇	520	4.1	2.3	45	2 222	0.7	0.4	21
第 2 簇	480	4.2	2.3	48	1 797	0.8	0.5	20
第 3 簇	520	4.1	2.2	44	2 190	0.7	0.4	20
合计	137							61

1.6　滑溜水—胶液一体化体系

为降低页岩气大规模压裂施工成本，在保障液体性能的前提下，研发了滑溜水胶液一体化体系，降阻剂和增稠剂使用一种产品，低浓度可做滑溜水降阻剂、高浓度可做胶液增稠剂，体系性能见表3。该液体体系分子结构设计上引入了易交联基团，采用多点位交联，同时，减少价格较高的部分功能性单体用量，具有低伤害、高携砂性、高降阻性特点。优化后的低浓度滑溜水体系使用浓度在 0.01%~0.10% 可配，体系黏度（2~15）mPa·s 可调，室内降阻率达到 70%，最高砂比可达 20% 不沉降，成本在 30 元 /m³ 以下。滑溜水—胶液一体化液体体系极大地方便了现场施工，降低常压页岩气井压裂施工成本。

表 3　低浓度滑溜水体系基本性能

体系配方	表观黏度 / mPa·s	降阻率 / %	表面张力 / mN/m	防膨率 / %
0.01% 降阻剂 +0.1% 助排剂 +0.3% 防膨剂	2.3	70.0	22.8	75.0
0.03 % 降阻剂 +0.1% 助排剂 +0.3% 防膨剂	6.6	69.3	22.6	78.0
0.07% 降阻剂 +0.1% 助排剂 +0.3% 防膨剂	11.5	67.2	24.3	79.0
0.10% 降阻剂 +0.1% 助排剂 +0.3% 防膨剂	14.5	66.5	25.3	78.0

2　现场应用

研究成果在四川盆地以及渝东南的部分常压页岩气井进行了应用，使用低成本高密度改造工艺后，单井压后均获得了较为理想的改造效果，主体施工参数及改造效果见表 4。

表 4　四川盆地以及渝东南的部分常压页岩气井试验效果

井名	压裂段长 / m	压裂 段数	单段 簇数	总液量 / m³	总砂 / m³	排量 / m³/min	平均日产量 / 10⁴m³
A	1 920	20	4~6	45 719	2 576	12~18	10
B	1 280	20	3~5	46 542	2 108	12~18	3.7
C	1 400	19	2~5	21 388	814	12~16	3.3

A 井是渝东南某页岩气区块的一口常压页岩气水平井，其目的层位上奥陶统五峰组—下志留统龙马溪组下部，该井试气段长 1920m。采用提出的针对常压页岩气井的密切割压裂技术，优化主体簇间距在 12~15m，主体单段压裂簇数加密为 4~6 簇，提升滑溜水用量，配合多粒径组合加砂，使人工裂缝能得到高效延展及支撑，保持长效的导流能力。该井共压裂 20 段 92 簇，压后产量高达 10×10⁴m³/d，为常压页岩气井的经济有效开发奠定了基础（图 7）。

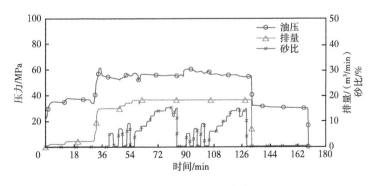

图 7　A 井典型施工曲线

在压裂施工成本方面，与同区的 D 井相比（表 5），排除 A 井与 D 井压裂规模等因素的影响，从对比表可以看出，采用提出的压裂改造措施后，平均单段压裂费用从 189.18 万元下降为 127.55 万元，平均单段压裂费用降低 61.63 万元，节约成本 32.6%。

表 5　D 井与 A 井工程投资费用对比

井名	井深/m	水平段长/m	总砂量/m³	总液量/m³	压裂段数/段	压裂主车/台	6000 电动泵/台	压裂总费用/万元	平均单段费用/万元
D（17 段）	4378	1317	2008.2	34139.0	17	18	0	3216.00	189.18
A（20 段）	4573	1800	2576.0	45719.3	20	6	8	2551.00	127.55
A 与 D 差值	195	483	567.8	11580.3	3	-12	8	-665.00	-61.63

3　结论与建议

（1）基于常压页岩气储层含气丰度低、地层能量不足、吸附气占比高及垂向应力与最小主应力差小等多项难点和挑战，提出了平面射孔、多簇裂缝均衡起裂扩展、多尺度造缝及填充技术及配套的低成本压裂液等措施。

（2）渝东南某页岩气区块常压页岩气部分井进行试验，其中 A 井的现场试验，获得了 $10 \times 10^4 m^3/d$ 的测试产量，提升了常压页岩气井的压后改造效果。

（3）以增效为主，降本为辅，技术上进一步研究极限限流平面射孔、井筒与缝内双簇暂堵等工艺，进一步提升常压页岩气开发效益。

参 考 文 献

[1] 邹才能，赵群，董大忠，等.页岩气基本特征、主要挑战与未来前景 [J].天然气地球科学，2017，28（12）：1781-1796.

[2] 路保平，丁士东.中国石化页岩气工程技术新进展与发展展望 [J].石油钻探技术，2018，46（1）：1-9.

[3] 何希鹏，张培先，房大志，等.渝东南彭水—武隆地区常压页岩气生产特征 [J].油气地质与采收率，2018，25（5）：72-79.

[4] 方志雄，何希鹏.渝东南武隆向斜常压页岩气形成与演化 [J].石油与天然气地质，2016，37（6）：819-827.

[5] 叶海超，光新军，王敏生，等.北美页岩油气低成本钻完井技术及建议 [J].石油钻采工艺，2017，（5）：552-558.

[6] Gulen G，Ikonnikova S，Browning J，et al. Fayetteville shale production outlook[J]. SPE Economics & Management，2014，7（2）：47-59.

[7] Williams-Kovacs J，Clarkson C R. Stochastic modeling of two- phase flowback of multi- fractured horizontal wells to estimate hydraulic fracture properties and forecast production[C]//paper SPE- 164550- MS presented at the SPE Unconventional Resources Conference-USA，10-12 April 2013，The Woodlands，Texas，USA.

[8] Fan L，Thompson J W，Robinson J R. Understanding gas production mechanism and effectiveness of well stimulation in the Haynesville shale through reservoir simulation[C]// paper SPE- 136696- MS presented at the Canadian Unconventional Resources and International Petroleum Conference，19- 21 October 2010，Calgary，Alberta，Canada.

［9］Cheng Y M. Impact of water dynamics in fractures on the performance of hydraulically fractured wells in gas-shale reservoirs ［C］// paper SPE-127863-MS presented at the SPE International Symposium and Exhibition on Formation Damage Control，10-12 February 2010，Lafayette，Louisiana，USA.

［10］周再乐，张广清，熊文学，等．水平井限流压裂射孔参数优化［J］.断块油气田，2015，22（3）：374-378.

［11］潘林华，程礼军，张烨，等．页岩气水平井多段分簇起裂压力数值模拟［J］.岩土力学，2015，36（12）：3639-3648.

［12］郭建春，李根，周鑫浩．页岩气藏缝网压裂裂缝间距优化研究［J］.岩土力学，2016，37（11）：3123-3129.

［13］蒋廷学，卞晓冰，王海涛，等．页岩气水平井分段压裂排采规律研究［J］.石油钻探技术，2013，41（5）：21-25.

［14］侯冰，陈勉，张保卫，等．裂缝性页岩储层多级水利裂缝扩展规律研究［J］.岩土工程学报，2015，37（6）：1041-1046.

［15］侯腾飞，张士诚，马新仿，等．支撑剂沉降规律对页岩气压裂水平井产能的影响［J］.石油钻采工艺，2017，39（5）：638-645.

基于互补算法的水力裂缝与天然裂缝相互作用边界元模型

陈　铭[1]，张士诚[1]，胥　云[2]，马新仿[1]，邹雨时[1]，李　宁[1]

（1. 中国石油大学（北京）油气资源与工程国家重点实验室；
2. 中国石油勘探开发研究院）

基金项目： 国家重点基础研究发展计划（2015CB250900）

摘　要： 水力裂缝与天然裂缝的相互作用力学机制是确定水力压裂裂缝扩展形态的关键。基于天然裂缝变形与受力状态，推导天然裂缝变形的互补约束条件，并结合间断边界元，建立水力裂缝与天然裂缝相互作用的力学分析模型。通过压剪裂缝理论解和求解天然裂缝力学响应的试算法验证模型可靠性。以页岩气多段压裂水平井为例进行实例分析，并探讨水力裂缝与天然裂缝力学响应特征和变化规律，结果表明：基于互补算法的边界元模型计算结果与实例井微地震结果一致；水力裂缝靠近或接触天然裂缝时，水力裂缝尖端会发生钝化，天然裂缝面会发生张开或剪切，并以剪切为主；逼近角大于60°时，天然裂缝面很难发生张开；逼近角不等于90°时，水力裂缝和天然裂缝接触点与天然裂缝破裂点存在偏移；逼近角、净压力和天然裂缝摩擦因数越大，水力裂缝穿过天然裂缝可能性越大。

关键词： 岩石力学；水力压裂；位移不连续法；互补方法；力学响应；剪切区；尖端钝化

天然裂缝是影响岩石结构稳定性的关键因素，对于水力压裂裂缝扩展形态具有重要影响[1]。现场微地震监测表明，页岩等裂缝发育岩石的水力裂缝扩展形态较为复杂[2]。深入认识水力裂缝与天然裂缝的相互作用机制是水力压裂理论和压裂设计的关键问题[3]。

迄今为止，已有大量针对水力裂缝与天然裂缝相互作用机制的实验、理论和数值分析研究。J.Zhou 等 [4-6]基于真三轴水力压裂裂缝起裂实验装置，研究了天然裂缝试样的裂缝扩展形态。实验可定性观察水力裂缝与天然裂缝交会后的扩展形态，但难以观察力学响应过程。理论研究主要包括 T.L.Blanton 等 [7-11]提出的水力裂缝穿过天然裂缝的解析判定准则，但解析准则均建立在天然裂缝完全胶结（不存在破坏）的假设之上，与天然裂缝会发生张开或剪切的情况不符。

数值分析包括基于全场离散的有限元、扩展有限元、离散元方法和基于边界离散的边界元方法。边界元方法计算量较小，对于间断问题具有较大计算优势。但由于水力裂缝尖端靠近或接触天然裂缝时，天然裂缝存在张开、剪切或闭合等多种状态，边界条件未知，边界元数值求解面临一定挑战。M.Thiercelin 和 E.Makkhyu[12]基于边界元理论，建立了天然裂缝张开和剪切范围的半解析方法，该方法未考虑天然裂缝变形引起的应力场变化。M.L.Cooke 等 [13-15]在间断边界元模型中引入了裂缝刚度模型求解天然裂缝变形，通过较大的裂缝刚度避免裂缝面发生嵌入这种不合常理的计算结果，但该方法的不足之处为天然裂缝刚度参数难以准确确定。X.Zhang 等[16-18]基于边界元模型，采用试算法求解天然裂缝的力学响应，该方法存在计算量较大且容易不收敛的问题。

综上，目前水力裂缝与天然裂缝相互作用的边界数值分析方法仍存在一定不足，主要表现为：需人为引入天然裂缝刚度参数，而该参数难以确定，且对天然裂缝变形计算结果具有很大影响；需迭代试算求解，试算过程不一定收敛，同时计算量较大。针对于此，基于天然裂缝变形约束条件，将问题归结为线性互补优化问题，建立了基于互补方法的水力裂缝与天然裂缝力学响应边界元模型。通过压剪裂缝理论解和试算法验证了方法可靠性。结合四川黄金坝页岩气水平井多段压裂进行了工程实例分析，并探讨了水力裂缝与天然裂缝相互作用的力学特征和变化规律。

1　数学模型与求解

1.1　固体力学模型

采用间断边界元建立固体力学模型。本文应力正负号遵循岩石力学的规定。几何模型如图 1 所示，图中 hf 表示水力裂缝，nf 表示天然裂缝。

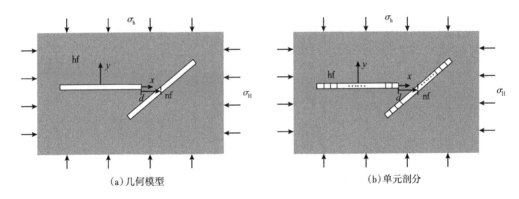

(a)几何模型　　　　　　　　(b)单元剖分

图 1　几何模型与单元剖分

水力裂缝与天然裂缝交会点为天然裂缝中点。将半缝长分别为 L_{hf} 与 L_{nf} 的水力裂缝和天然裂缝离散为一系列等长度单元［图 1（b）］，单元总数为 N，水力裂缝单元数为 N_{hf}。对于 i 单元，其法向位移间断和切向位移间断记为 D_{ni} 和 D_{si}。i 单元处应力为所有单元应力基本解的叠加[19]，即

$$\begin{cases} \sigma_s^i = \sigma_s^{is} + \sum_{j=1}^{N}\left(A_{ss}^{ij}D_s^j + A_{sn}^{ij}D_n^j \right) \\ \sigma_n^i = \sigma_n^{is} + \sum_{j=1}^{N}\left(A_{ns}^{ij}D_s^j + A_{nn}^{ij}D_n^j \right) \end{cases} \tag{1}$$

式中：A_{ss}^{ij}，A_{sn}^{ij}，A_{ns}^{ij}，A_{nn}^{ij} 均为 j 单元位移间断在 i 单元的应力影响系数，具体表达式可参考 S.L.Crouch 等[19]研究；σ_s^i 为 i 单元的切向应力，MPa；σ_n^i 为 i 单元的法向应力，MPa；$\sigma_s^{i\infty}$ 为 i 单元的远场切应力，MPa；$\sigma_n^{i\infty}$ 为 i 单元的远场法向应力，MPa。

将式（1）记为矩阵形式：

$$\boldsymbol{\sigma} = \boldsymbol{\sigma}^\infty + \boldsymbol{AD} \tag{2}$$

由于天然裂缝边界条件为待解量，因此将式（2）中矩阵按照水力裂缝单元数 N_{hf} 和天然裂缝单元数 $N - N_{hf}$ 进行分块，可得

$$\begin{bmatrix} \boldsymbol{\sigma}^{hf} \\ \boldsymbol{\sigma}^{nf} \end{bmatrix} = \begin{bmatrix} \boldsymbol{\sigma}^{hf\infty} \\ \boldsymbol{\sigma}^{nf\infty} \end{bmatrix} + \begin{bmatrix} \boldsymbol{A}_{11} & \boldsymbol{A}_{12} \\ \boldsymbol{A}_{21} & \boldsymbol{A}_{22} \end{bmatrix} \begin{bmatrix} \boldsymbol{D}^{hf} \\ \boldsymbol{D}^{nf} \end{bmatrix} \tag{3}$$

式中：$\boldsymbol{\sigma}^{hf}$，$\boldsymbol{\sigma}^{hf}$ 和 $\boldsymbol{D}^{hf}$ 为 $2N_{hf} \times 1$ 矩阵；$\boldsymbol{\sigma}^{nf}$，$\boldsymbol{\sigma}^{nf\infty}$ 和 $\boldsymbol{D}^{nf}$ 为 $2(N - N_{hf}) \times 1$ 矩阵；$\boldsymbol{A}_{11}$ 为 $2N_{hf} \times 2N_{hf}$ 矩阵；$\boldsymbol{A}_{12}$ 为 $2N_{hf} \times 2(N - N_{hf})$ 矩阵；$\boldsymbol{A}_{21}$ 为 $2(N - N_{hf}) \times 2N_{hf}$ 矩阵；$\boldsymbol{A}_{12}$ 为 $2(N - N_{hf}) \times 2(N - N_{hf})$ 矩阵。水力裂缝边界应力为已知量，其法向应力为流体压力，切向应力为 0，即

$$\boldsymbol{\sigma}^{hf} = \begin{bmatrix} 0, & p_f, & 0, & p_f, \cdots, & 0, & p_f \end{bmatrix}^T \tag{4}$$

式中：p_f 为水力裂缝内流体压力，MPa。

整理式（3）可得到 $\boldsymbol{D}^{nf}$ 和 $\boldsymbol{\sigma}^{nf}$ 的方程为

$$\boldsymbol{D}^{nf} = \boldsymbol{C}^{nf} \boldsymbol{\sigma}^{nf} + \boldsymbol{D}^{nf*} \tag{5}$$

其中，

$$\begin{aligned} \boldsymbol{C}^{nf} &= \left(\boldsymbol{A}_{22} - \boldsymbol{A}_{21} - \boldsymbol{A}_{11}^{-1} \boldsymbol{A}_{12} \right)^{-1} \\ \boldsymbol{D}^{nf*} &= \boldsymbol{C}^{nf} \boldsymbol{A}_{21} \boldsymbol{A}_{11}^{-1} \left(\boldsymbol{\sigma}^{nf} - \boldsymbol{\sigma}^{nf\infty} \right) \end{aligned} \tag{6}$$

式（6）描述了天然裂缝单元位移间断与边界应力的关系，但由于 $\boldsymbol{D}^{nf}$ 和 $\boldsymbol{\sigma}^{hf}$ 均为未知量，暂时无法求解，还需结合天然裂缝变形与受力的约束条件进行分析。

1.2 模型约束条件

（1）天然裂缝不同变形状态分析。

本节应力与位移间断均针对天然裂缝，为书写方便，物理量符号未加 "nf" 上标。水力裂缝靠近或接触天然裂缝时，天然裂缝的力学响应状态包括：张开、闭合和剪切滑移。

天然裂缝处于张开状时，裂缝面相互分离，天然裂缝边界应力为 0，即 $\sigma_n = 0$，$\sigma_s = 0$。天然裂缝处于闭合或剪切状态时，根据莫尔—库仑条件，切向应力满足：

$$|\sigma_s| \leqslant \mu \sigma_n + c_0 \tag{7}$$

式中：μ 为天然裂缝摩擦因数，c_0 为天然裂缝黏聚力，MPa。

若天然裂缝处于闭合状态，则裂缝面相互接触、且无剪切滑移，因此裂缝面位移间断为 0，同时切应力小于临界应力条件，即 $D_n = 0$，$D_s = 0$，$|\sigma_s| < \mu \sigma_n + c_0$。

若天然裂缝发生剪切，则单元应力满足莫尔—库仑临界条件，切向位移间断不为 0，

法向位移间断为0，同时剪切力与剪切位移方向相反，因此$D_n=0$，$|\sigma_s|=\mu\sigma_n+c_0$，$\sigma_s D_s < 0$。

（2）天然裂缝互补约束条件的建立根据天然裂缝单元的应力和位移的关系，可确定每个单元的约束条件。

①法向位移与法向应力互补约束关系裂缝面张开时$\sigma_n=0$，裂缝面闭合或剪切时$D_n=0$，因此对于任一单元，法向位移间断与法向应力满足$D_n\sigma_n=0$。裂缝单元法向位移间断D_n和法向应力σ_n均为非负值，即$D_n \geqslant 0$，$\sigma_n \geqslant 0$，且乘积为0，因此D_n与σ_n满足互补关系。

②切向位移与切应力余量互补约束关系定义切向位移间断为裂缝上下面位移量差值：

$$D_s = u_s^+ - u_s^- \tag{8}$$

式中：u_s^+，u_s^-分别为裂缝上下面的位移，m。裂缝上下面位移均为非负量，即$u_s^+ \geqslant 0$，$u_s^- \geqslant 0$。如图2所示，当裂缝面发生正向剪切时，$u_s^+ > 0,u_s^-=0$；当裂缝面发生负向剪切时，$u_s^+=0$，$u_s^- > 0$。

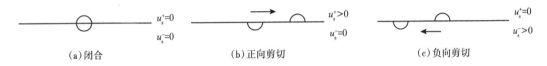

（a）闭合　　　　　　　　（b）正向剪切　　　　　　　　（c）负向剪切

图2　单元切向位移关系示意图

根据莫尔—库仑准则［式（7）］，闭合裂缝满足：

$$\begin{cases} -\sigma_s + \mu\sigma_n + c_0 \geqslant 0, & \sigma_s \geqslant 0 \\ \sigma_s + \mu\sigma_n + c_0 \geqslant 0, & \sigma_s \leqslant 0 \end{cases} \tag{9}$$

根据式（9），定义切应力余量σ_s与σ_s为

$$\begin{cases} \sigma_s^+ = -\sigma_s + \mu\sigma_n + c_0 \\ \sigma_s^- = \sigma_s + \mu\sigma_n + c_0 \end{cases} \tag{10}$$

式中，σ_s^+和σ_s^-分别为发生正向剪切和负向剪切所需的切应力余量。由式（10）可知，σ_s^+与σ_s^-均为非负，数值大小表征目前应力状态下，达到剪切错动还需的切应力大小。若$\sigma_s^+=0$，则裂缝发生正向剪切错动，$u_s^+ > 0$；若$\sigma_s^+ > 0$，则裂缝不发生正向剪切错动，$u_s^+=0$。同理，若$\sigma_s^-=0$，则裂缝发生负向剪切错动，$u_s^- > 0$；若$\sigma_s^- > 0$，则裂缝不发生负向剪切错动，$u_s^-=0$。u_s^+与σ_s^+非负，且乘积为0，因此，u_s^+与σ_s^+满足互补关系。同理，u_s^-与σ_s^-非负，且乘积为0，因此，u_s^+与σ_s^-满足互补关系。

综上，天然裂缝变形的约束条件归纳为

$$\begin{cases} D_n\sigma_n = 0, & D_n \geqslant 0, & \sigma_n \geqslant 0 \\ u_s^+\sigma_s^+ = 0, & u_s^+ \geqslant 0, & \sigma_s^+ \geqslant 0 \\ u_s^-\sigma_s^- = 0, & u_s^- \geqslant 0, & \sigma_s^- \geqslant 0 \end{cases} \tag{11}$$

式（11）涵盖了天然裂缝张开、闭合和剪切变形特征，为天然裂缝变形的完整约束条件。该条件结合间断边界元方程，即可求解天然裂缝力学响应。

1.3 线性互补问题格式

线性互补问题的基本格式[20]为

$$\begin{cases} f(z) = Mz + q \\ f_i(z) \geqslant 0, z_i \geqslant 0, f_i(z)z = 0 (i = 1, 2, \cdots, m) \end{cases} \tag{12}$$

式中：z，$f(z)$，q 为 $m \times 1$ 矩阵；M 为 $m \times m$ 矩阵。z 与 $f(z)$ 互补。为方便将约束条件整理到位移不连续方程，定义：

$$\left. \begin{aligned} z_i &= \left[\sigma_s^{i+} \sigma_n^i + u_s^{i-} \right]^T \\ f(z_i) &= \left[u_s^{i+} D_n^i \sigma_s^{i-} \right]^T (i = 1, 2, \cdots, N_{nt}) \end{aligned} \right\} \tag{13}$$

天然裂缝单元数量为 N_{nf}，因此 z 与 $f(z)$ 为 $3N_{nf} \times 1$ 矩阵。

将式（5）写为分量形式：

$$D_s^i = \sum_{j=1}^{N_{nf}} \left(C_{ss}^{ij} \sigma_s^j + C_{sn} \sigma_n^j \right) + D_s^{i*}$$

$$D_s^i = \sum_{j=1}^{N_{of}} \left(C_{ns}^{ij} \sigma_s^j + C_{nn} \sigma_n^j \right) + D_n^{i*} \tag{14}$$

将式（14）代入式（8）和（10）可得

$$u_s^{i+} = \sum_{j=1}^{N_{ni}} \left[-C_{ss}^{ij} \sigma_s^{j+} + \left(C_{sn}^{ij} + \mu C_{ss}^{ij} \right) \sigma_n^j \right] + u_s^{i-} + \sum_{j=1}^{N_{nf}} C_{ss}^{ij} c_0 + \left(D_{ss}^{i*} \right)$$

$$D_n^i = \sum_{j=1}^{N_{nt}} \left[-C_{ns}^{ij} \sigma_s^{j+} + \left(C_{nn}^{ij} + \mu \sigma_n^j \right) \sigma_n^j \right] + \sum_{j=1}^{N_{nt}} C_{ss}^{ij} c_0 + D_s^{i*}$$

$$\sigma_s^{i-} = 2\mu \sigma_n^i + 2c_0 - \sigma_s^{j+} (i = 1, 2, \cdots, N_{nf}) \tag{15}$$

式（15）即为 $f(z) = Mz + q$ 的展开形式，根据对应关系可以得到 M 和 q 的具体表达式。该式综合了边界元固体方程模型和天然裂缝约束条件，为天然裂缝变形求解的完整描述。

1.4 方程解法

首先将式（14）转化为与之等价的非线性方程，引入函数 $\Phi(x, y)$，其表达式为

$$\Phi(x, y) = \sqrt{x^2 + y^2} - x - y \tag{16}$$

$\phi(x, y) \geqslant 0$ 等价于 $x \geqslant 0$，$y \geqslant 0$，$xy = 0$，因此式（14）转化为方程组：

$$\Phi(z) = \begin{bmatrix} \sqrt{z_1^2 + (Mz_1 + q_1)^2} - z_1 - (Mz_1 + q_1) \\ \vdots \\ \sqrt{z_n^2 + (Mz_n + q_n)^2} - z_n - (Mz_n + q_n) \end{bmatrix}_{n=N_n} = 0 \tag{17}$$

$\phi（z）$为非光滑非线性方程，采用 L.J.Qi[21] 给出的非光滑牛顿法求解该方程。

2　模型验证

2.1　与压剪裂缝理论解对比

受远场围压作用的压剪裂缝处于闭合或剪切状态，且存在理论解，因此首先采用该算例对模型可靠性进行验证。具体参数为：裂缝半长 a=1m，杨氏模量 E=7800MPa，泊松比 ν=0.25，黏聚力 c_0=0MPa，围压 p=1MPa；摩擦因数 μ 取 0.3，0.5 和 0.8 三种情况分析；裂缝与 x 轴夹角 θ 取 0°~90°。将裂缝进行等分，单元半长 l=0.05m。

图 3 为理论解与数值结果对比。由图 3 可知，本文方法能够计算得出压剪裂缝的不同变形状态（闭合或剪切），并且结果与理论解吻合很好，方法准确可靠。

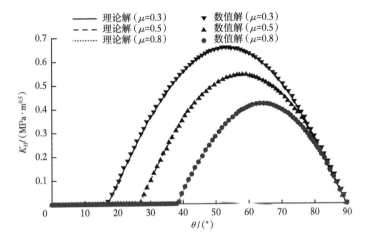

图 3　K_{II} 数值解与解析解对比

2.2　与试算法对比

与试算法对比结果如图 4 所示。

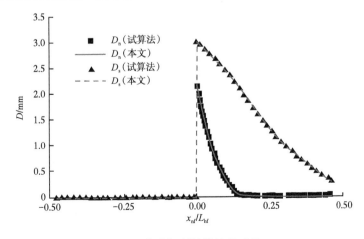

图 4　位移间断计算结果对比

3 工程实例分析

以四川黄金坝页岩气水平井 YS108H1–01 进行工程实例分析。该井目的层为下古生界龙马溪组，储层垂深为 2531.88~2546.69m。采用水平井分段压裂方式进行作业，压裂段数为 15 段。该井压裂过程进行了微地震监测（图 5）。测井分析表明目的层最大主应力方位为 NWW~SEE 向（110°），部分区域发育天然裂缝，天然裂缝走向主要为 NNW~SSE 向（140°）。基本参数为 E=36200MPa，ν=0.20，μ=0.6，c_0=0.5MPa，θ=30°，σ_h=60MPa，σ_H=68MPa，p_f=70MPa，L_{hf}=200m，L_{nf}=10m。

为便于理论分析，引入无量纲参量[18]：

$$\bar{p} = \frac{p_{net}}{\sigma_H - \sigma_h} = \frac{p_f - \sigma_h}{\sigma_H - \sigma_h}$$

$$\bar{D}_n = \frac{D_n}{L_{nn}} \frac{G}{(1-\nu)(p_f - \sigma_n)} \qquad (18)$$

$$\bar{D}_s = \frac{D_s}{L_{tf}} \frac{G}{(1-\nu)(p_f - \sigma_h)}$$

式中：p_{net} 为净压力，MPa；p 为无量纲净压力；d 为水力裂缝尖端与天然裂缝中点的距离，m；d 为水力裂缝尖端与天然裂缝无量纲距离；L_{hf} 为水力裂缝半缝长，m；D_n 为无量纲法向位移间断；D_s 为无量纲切向位移间断。

3.1 微地震监测结果分析

本次施工现场实时解释微地震事件 114437 个，经处理可定位的微地震事件明显，纵横波信号清晰，所描绘的裂缝扩展信息可靠。YS108H1–01 微地震解释结果如图 5 所示。

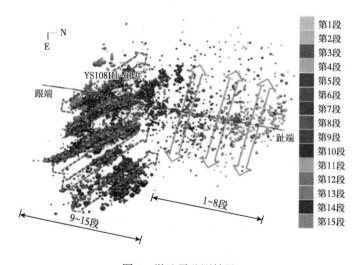

图 5 微地震监测结果

15 段压裂裂缝分为两部分：1~8 段微地震事件沿 NE110° 方向，与最大主应力方向一致；9~15 段裂缝微地震事件集中于北东 140° 方向，沿天然裂缝方向展布。1~8 段天然裂缝不发育，因此裂缝扩展受地应力控制，微地震事件沿最大主应力方向分布；9~15 段天然裂缝发育同时压裂裂缝沟通天然裂缝，产生大量集中于天然裂缝方向的微地震事件，水力压裂裂缝沿天然裂缝扩展。

3.2　水力裂缝与天然裂缝力学响应分析

以水力裂缝与天然裂缝距离为 d 为 0.02 和 0 条件下，研究水力裂缝靠近、接触天然裂缝时的力学响应特征。力学响应主要包括天然裂缝面的最大主应力分布、水力裂缝与天然裂缝的位移间断分布。

（1）天然裂缝面最大主应力分布。

图 6 为沿天然裂缝最大主应力分布，当最大主应力为拉应力且大于岩石抗拉强度时，天然裂缝壁面会发生张性起裂，因而水力裂缝穿过天然裂缝。图 6 显示，接触点附近的最大主应力远小于远离接触点的最大主应力，表明水力裂缝会减小天然裂缝面最大主应力，接触点附近天然裂缝面具有拉伸破坏的趋势。对于 YS108H1–01 参数条件，水力裂缝靠近和接触天然裂缝时，沿天然裂缝的最大主应力均为压应力，因此天然裂缝壁面不会发生拉伸破坏，水力裂缝难以穿过天然裂缝。模型计算结果与微地震监测结果相符。天然裂缝面难以产生张应力是由于该井目的层地应力较高、水力裂缝与天然裂缝夹角较小，水力裂缝难以产生较高张应力克服远场围压。

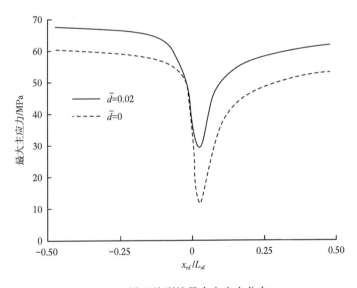

图 6　沿天然裂缝最大主应力分布

（2）水力裂缝与天然裂缝位移间断。

图 7 为水力裂缝与天然裂缝无量纲位移间断分布，x_{hf} 为以水力裂缝中点为原点、裂缝走向为 x 轴的局部坐标。法向位移间断为裂缝宽度。如图 7（a）和图 7（b）所示，水力裂缝在接触天然裂缝前后主要为法向变形，剪切位移较小。$\bar{d}$ =0.02 时，水力裂缝两端裂

尖宽度基本相等，而 $\bar{d}$ =0 时，与天然裂缝接触的水力裂缝尖端宽度明显增大，表明水力裂缝接触天然裂缝后裂尖会发生"钝化"。因此，接触点附近位移将不符合线弹性断裂力学 $r^{0.5}$（r 为距缝尖距离）规律，应力场分布也会改变，与 Y.C.Wang 的位错理论分析结果一致。

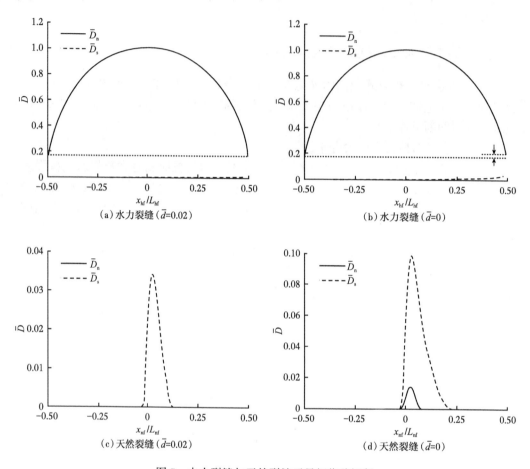

（a）水力裂缝（$\bar{d}$=0.02）　　　　　　　（b）水力裂缝（$\bar{d}$=0）

（c）天然裂缝（$\bar{d}$=0.02）　　　　　　　（d）天然裂缝（$\bar{d}$=0）

图 7　水力裂缝与天然裂缝无量纲位移间断

图 7（c）和图 7（d）显示，水力裂缝接近天然裂缝时，天然裂缝会发生剪切和（或）张开。$\bar{d}$ 为 0.02 时，靠近水力裂缝尖端的天然裂缝会发生剪切，而没有张开变形。天然裂缝剪切范围为 [-0.0187，0.1187]，剪切区主要分布于天然裂缝上分支（$x_{nf} > 0$），剪切位移峰值为 0.0994。$\bar{d}$=0（水力裂缝与天然裂缝发生接触）时，接触点附近天然裂缝会发生剪切和张开变形。天然裂缝剪切范围增大为 [-0.0187，0.2062]，剪切区仍主要分布于天然裂缝上分支（$x_{nf} > 0$），剪切位移峰值增大为 0.0344；天然裂缝张开区范围为 [-0.0187，0.0687]。对比 $\bar{d}$ 为 0.02 和 $\bar{d}$ 为 0 的结果发现，随着水力裂缝与天然裂缝距离减小，天然裂缝剪切区长度、剪切位移增大，并有发生张开的可能。天然裂缝最大剪切位移和张开位移的位置均位于接触点的上分支，与接触点不重合。

实例中天然裂缝主要分布于井的东侧，因此 9~15 段微地震事件集中于井东侧。相对于近井端，井东侧远井端的微地震事件更多，与剪切或张开主要发生于天然裂缝上分支的计算结果相符。

4 影响因素分析

4.1 逼近角的影响

（1）天然裂缝最大主应力分布。

因素分析的基础参数与实例井相同。本节分析水力裂缝与天然接触（$\bar{d}=0$）时，不同逼近角的水力裂缝与天然裂缝力学响应。

图 8 为天然裂缝最大主应力分布。结果显示，水力裂缝与天然裂缝逼近角越大，天然裂缝发生张性起裂的趋势越大。对于本文模拟参数，逼近角为 90° 时，水力裂缝会穿过天然裂缝。对于不同逼近角的情况（除 90° 情况），天然裂缝最先破裂的位置均位于接触点上分支，逼近角越大，破裂点越接近接触点。

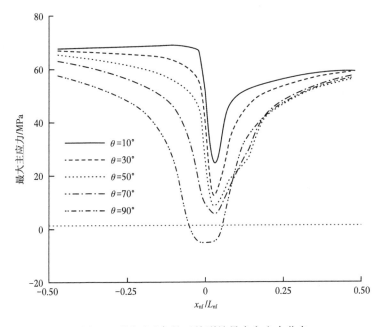

图 8 不同逼近角的天然裂缝最大主应力分布

（2）天然裂缝位移间断分布。

如图 9（a）所示，当逼近角小于 50° 时，天然裂缝存在张开变形，其中角度越小，最大张开位移越大；当逼近角大于 50° 时，天然裂缝不发生张开变形，表明逼近角大于 50° 时天然裂缝处于闭合或剪切状态。如图 9（b）所示，逼近角小于或等于 50° 时，天然裂缝上下分支的剪切位移方向相同，并在天然裂缝上分支达到峰值；逼近角大于 50° 时，剪切位移在接触点出现间断（奇异）值，这是接触点两侧裂缝分支剪切位移方向相反导致的间断。该结果与 M.L.Cooke 和 C.A.Underwood[13] 计算结果一致。除 90° 情况外，剪切位移峰值仍位于天然裂缝上分支。水力裂缝与天然裂缝夹角为 90° 时，天然裂缝的剪切位移关于接触点呈中心对称。

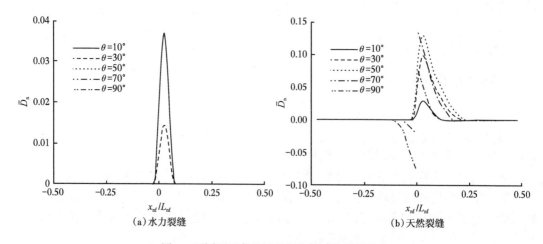

(a) 水力裂缝　　　　　　　　　　　(b) 天然裂缝

图 9　不同逼近角的无量纲位移不连续量分布

（3）水力裂缝裂尖钝化宽度。

节 3.2 表明，水力裂缝接触天然裂缝后裂尖会发生钝化，因此对不同逼近角的钝化宽度（w_{tip}）进行了分析。图 10 显示，水力裂缝尖端钝化随着逼近角先增后减，在 57° 达到最大值。该现象的原因是接触点的宽度与天然裂缝剪切位移有关，50°~70° 剪切位移达到最大值，因此钝化宽度随逼近角先增后减。

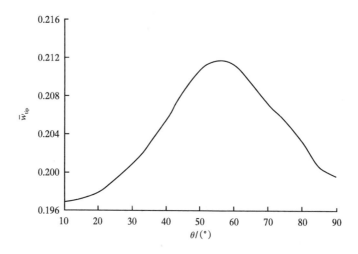

图 10　不同逼近角的水力裂缝尖端无因次宽度

4.2　摩擦因数的影响

（1）天然裂缝最大主应力分布。

根据前述因素分析，本节分析 $\bar{d}=0$，$\theta=70°$ 时，不同摩擦因数的天然裂缝与水力裂缝力学响应。图 11 为不同摩擦因数的天然裂缝最大主应力分布。结果表明，摩擦因数越大，天然裂缝面的最大主应力越小，越有利于水力裂缝穿过天然裂缝。

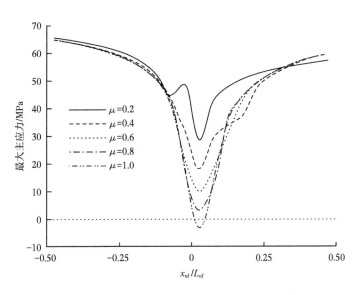

图 11　不同摩擦因数的最大主应力沿天然裂缝分布

（2）天然裂缝位移间断分布。

图 12 为不同摩擦因数的天然裂缝位移间断分布。由于 $\theta=70°$ 时，天然裂缝没有张开位移，因此仅展示切向无因次不连续量分布图。图 10 显示，当 $\mu=0.2$ 时，天然裂缝上分支各个位置均发生剪切错动，摩擦因数为 0.4 时，剪切范围减小为 [-0.0685，0.1687]，摩擦因数取 1 时，剪切范围进一步减小为 [-0.0187，0.0687]，因此摩擦因数越大，天然裂缝发生剪切的范围越小。摩擦因数为 0.6~1 时，接触点附近天然裂缝剪切位移方向相同，而摩擦因数小于 0.4 时，接触点两侧剪切位移方向相反，接触点剪切位移为间断（奇异）点。计算结果表明摩擦因数、不仅影响剪切范围，也会改变剪切位移方向。

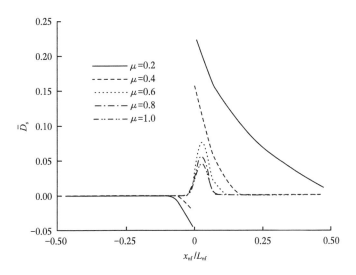

图 12　不同摩擦因数的无量纲位移不连续量分布

（3）水力裂缝裂尖钝化宽度。

水力裂缝尖端钝化宽度（图13）结果表明，增大摩擦因数会减小尖端钝化宽度。天然裂缝摩擦因数受缝面粗糙度、液体作用等影响，压裂过程流体入侵对缝面的润滑作用会促进水力裂缝尖端钝化。

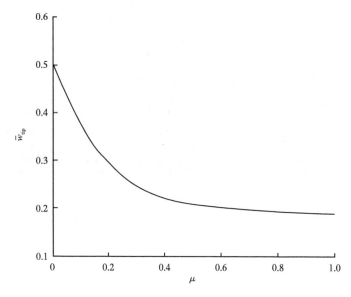

图 13　不同摩擦因数的水力裂缝尖端无量纲宽度

4.3　无量纲净压力的影响

（1）天然裂缝最大主应力分布。

本节分析 $\bar{d}=0$，$\theta=70°$ 时，不同无量纲净压力情况下，水力裂缝与天然裂缝的力学响应。图 14 为不同净压力时沿天然裂缝的最大主应力分布。结果显示，当净压力大于 1.5

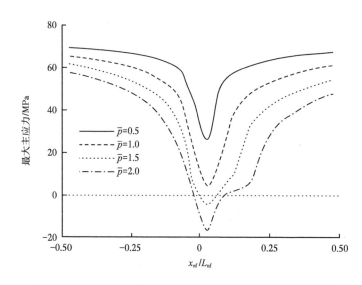

图 14　不同无量纲净压力下的最大主应力沿天然裂缝分布

时，靠近接触点的天然裂缝上分支会产生张应力，导致天然裂缝发生张性起裂，因此水力裂缝会穿过天然裂缝；净压力较低时，最大主应力仍为压应力，天然裂缝不能产生拉伸破坏，水力裂缝会被天然裂缝截止。

（2）天然裂缝位移间断分布。

对于本文参数条件，无量纲净压力取 0.5~2.0 时天然裂缝法向张开位移均为 0，因此图 15 分析切向位移沿天然裂缝分布。天然裂缝难以发生张开变形的原因是地应力较大，水力裂缝要产生足够的拉应力才可发生张开位移。水力裂缝与天然裂缝相互作用导致天然裂缝更容易发生剪切错动，因此天然裂缝地层微地震监测出现较多剪切信号[26]。进一步分析图 15 可以发现，增大净压力可增大剪切区范围、提高最大切位移大小。

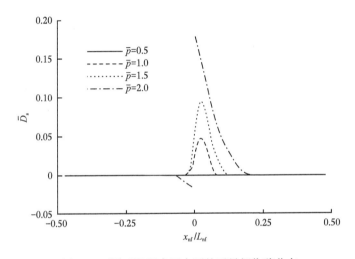

图 15　不同无量纲净压力下的无量纲位移分布

（3）水力裂缝裂尖钝化宽度。

图 16 为水力裂缝尖端无量纲钝化宽度与无量纲净压力关系。结果显示，增大净压力

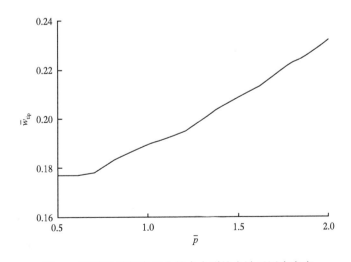

图 16　不同无量纲净压力的水力裂缝尖端无因次宽度

49

会增大水力裂缝尖端钝化宽度，而且钝化宽度与无量纲净压力近似为线性关系，这与平面应变模型裂缝宽度与净压力变化规律一致。

5 讨论

基于天然裂缝接触变形的约束条件分析将间断边界元法引入到线性互补问题的标准格式，并采用非光滑牛顿法求解，得到水力裂缝与天然裂缝的力学响应。该方法没有引入裂缝刚度参数，避免了人为参数的误差。方法为水力裂缝与天然裂缝力学响应的完整描述，不需要通过试算求解天然裂缝变形，只需求解线性互补方程即可得到结果。

根据模型计算分析，研究发现：水力裂缝靠近或接触天然裂缝时，天然裂缝会发生张开、剪切或闭合行为，并以剪切为主［图7（c）、图9、图12和图15］。水力裂缝接触天然裂缝后，水力裂缝尖端存在"钝化"现象［图7（b）］，该现象是由天然裂缝面发生剪切错动引起，因此裂尖钝化宽度与天然裂缝剪切变形规律一致（图10，图13和图16）。该现象也证实了D.Chuprakov和R.Prioul[25]处理T型裂缝时对接触点宽度的假定。

水力裂缝能够穿过天然裂缝取决于天然裂缝表面的最大拉应力是否大于岩石抗拉强度，水力裂缝接近或接触天然裂缝后，接触点附近的天然裂缝最大主应力减小，并在接触点上分支（除逼近角为90°的情况）处达到最小值（图6、图8、图11和图14），因此天然裂缝起裂点与接触点有一定偏移，该结果与R.G.Jeffrey等[27]矿场监测结果一致。

本文模型目前还存在以下问题：（1）模型假设水力裂缝内流体压力恒定，未考虑水力裂缝缝内流体流动问题，符合断裂韧性主导[28]的情况；（2）模型考虑水力裂缝与天然裂缝接触前和刚接触的力学响应，没有考虑接触之后流体向天然裂缝的渗流问题。该问题需要修改天然裂缝张开、剪切状态时的约束条件，并调整互补问题的变量，模型方法与本文相似，是本文工作的下一步研究内容。

6 结论

（1）针对水力裂缝与天然裂缝的相互作用问题，建立了基于互补算法的间断边界元模型，并通过压剪裂缝理论解和求解水力裂缝与天然裂缝相互作用的试算法验证了模型准确性。

（2）水力裂缝靠近或接触天然裂缝时，接触点附近天然裂缝面最大主应力减小，当最大主应力大于抗拉强度时，水力裂缝穿过天然裂缝。工程实例中页岩气井天然裂缝面最大主应力为压应力，水力裂缝难以穿过天然裂缝，与微地震监测结果一致。

（3）水力裂缝与天然裂缝接触点附近，天然裂缝会发生剪切和（或）张开变形，并以剪切为主，剪切范围大于张开范围。剪切位移大小和方向受摩擦因数、逼近角和无量纲净压力影响。

（4）水力裂缝接触天然裂缝后，水力裂缝尖端会发生钝化。裂尖钝化宽度与天然裂缝摩擦因数、无量纲净压力成正相关，而随逼近角增大先增大后减小。

（5）天然裂缝最大拉应力位置与水力裂缝和天然裂缝接触点不重合，天然裂缝容易发生偏移起裂。

参 考 文 献

[1] 吴奇，胥云，张守良，等．非常规油气藏体积改造技术核心理论与优化设计关键［J］．石油学报，2014，35（4）：706–714.

[2] Cipolla C L，Warpinski N R，Mayerhofer M J. Hydraulic fracture complexity：diagnosis，remediation，and exploitation［R］. SPE 115771，2008.

[3] 庄茁，柳占立，王涛，等．页岩水力压裂的关键力学问题［J］．科学通报，2016，61（1）：72–81.

[4] Zhou J，Chen M ，Jin Y，et al. Analysis of fracture propagationbehavior and fracture geometry using a triaxial fracturing system innaturally fractured reservoirs［J］. International Journal of RockMechanics and Mining Sciences，2008，45（7）：1 143–1 152.

[5] 张士诚，郭天魁，周彤，等．天然页岩压裂裂缝扩展机理试验［J］．石油学报，2014，35（3）：496–503.

[6] 衡帅，杨春和，郭印同，等．层理对页岩水力裂缝扩展的影响研究［J］．岩石力学与工程学报，2015，34（2）：228–237.

[7] Blanton T L. Propagation of hydraulically and dynamically induced fractures in naturally fractured reservoirs［R］. SPE15261，1986.

[8] Renshaw C E，Pollard DD. An experimentally verified criterion for propagation across unbounded frictional interfaces in brittle，linear elastic materials［J］. International Journal of Rock Mechanics and Mining Science andGeomechanics Abstracts，2009，32（3）：237–249.

[9] Gu H，Weng X. Criterion For fractures crossing frictional interfaces at non–orthogonal angles［C］// Us Rock Mechanics Symposium and，Us–Canada Rock Mechanics Symposium. ［S. l.］：［s. n.］，2010：27–30.

[10] 程万，金衍，陈勉，等．三维空间中水力裂缝穿透天然裂缝的判别准则［J］．石油勘探与开发，2014，41（3）：371–376.

[11] Li S B，Zhang D X，Li X. A new approach to the modeling of hydraulic–fracturing treatments in naturally fractured reservoirs［J］. SPE Journal，2017，22（4）：1–18.

[12] Thiercelin M，Makkhyu E. Stress field in the vicinity of a natural fault activated by the propagation of an induced hydraulic fracture［C］// The 1st Canada–US Rock Mechanics Symposium. ［S. l.］：American Rock Mechanics Association，2007：27–31.

[13] cooke M L ，Underwood C A. Fracture termination and step–over at bedding interfaces due to frictional slip and interface opening［J］. Journal of Structural Geology，2001，23（2）：223–238.

[14] Xue W. Numerical investigation of interaction between hydraulic fractures and natural fractures［Ph. D. Thesis］［D］. Texas：Texas A and M University，2011.

[15] Behnia M，Goshtasbi K，Marji M F ，et al. Numerical simulation of interaction between hydraulic and natural fractures in discontinuous media［J］. ActaGeotechnica，2015，10（4）：533–546.

[16] Zhang X，Jeffrey R G. Hydraulic fracture propagation across frictional interfaces［C］// The 1st Canada–US Rock Mechanics Symposium. ［S. l.］：American Rock Mechanics Association，2007：27–31.

[17] 仲冠宇，王瑞和，周卫东，等．人工裂缝逼近条件下天然裂缝破坏特征分析［J］．岩土力学，2016，37（1）：247–255.

[18] Chuprakov D A ，Akulich A V ，Siebrits E，et al. Hydraulic–fracture propagation in a naturally fractured reservoir［J］. SPE Productionand Operations，2011，26（1）：88–97.

[19] Crouch S L，Starfield A M，Rizzo F J. Boundary element methods in solid mechanics［M］.［Sl］：Allen andUnwin，1983：96–97.

[20] Cottle R W，Pang J S，Stone R E. The linear complementarity problem［M］.［Sl］：Society for Industrial

and Applied Mathematics，2009.

[21] Qiu J. A nonsmooth version of Newton method[J]. Mathematical Programming，1993，58（1）：353–367.

[22] 李世愚，和泰名，尹祥础，等.岩石断裂力学导论[M].合肥：中国科学技术大学出版社，2010：45–46.

[23] Sheibani F，Olson J E. Stress intensity factor determination for three-dimensional crack using the displacement discontinuity method with applications to hydraulic fracture height growth and non-planar propagation paths[C]// ISRM International Conference for Effective and Sustainable Hydraulic Fracturing. Brisbane：International Society for Rock Mechanics，2013：741–770.

[24] Wang Y C，Hui C Y，Lagoudas D，et al. Small-scale crack blunting at a biomaterial interface with coulomb friction[J]. International Journal of Fracture，1991，52（4）：293–306.

[25] Chuprakov D，Prioul R. Hydraulic fracture height containment by weak horizontal interfaces[R].SPE 173337，2015.

[26] Han Y H，Hampton J，Li G，et al. Investigation of hydromechanical mechanisms in microseismicity generation in natural fractures induced by hydraulic fracturing[J]. SPE Journal，2016，21（1）：1–13.

[27] Jeffrey R G，Zhang X，Thiercelin M. Hydraulic fracture offsetting in naturally fractured reservoirs：quantifying a long-recognized process[R]. SPE 119351，2009.

[28] Detournay E. Propagation Regimes of Fluid-Driven Fractures in Impermeable Rocks[J]. International Journal of Geomechanics，2004，4（1）：35–45.

基于射孔成像监测的多簇裂缝均匀起裂程度分析
——以准噶尔盆地玛湖凹陷致密砾岩为例

臧传贞[1, 2]，姜汉桥[1]，石善志[2]，李建民[2]，邹雨时[1]，
张士诚[1]，田　刚[2]，杨　鹏[1]

（1.中国石油大学（北京）油气资源与探测国家重点实验室；
2.中国石油新疆油田公司）

基金项目： 中国石油—中国石油大学（北京）战略合作项目（ZLZX2020-04）

摘　要： 针对玛湖砾岩油田采用水平井段内多簇＋暂堵压裂技术压后产量未达预期问题，选择 MaHW26X 试验井中第 2 段—第 6 段开展不同泵注参数冲蚀试验，利用射孔成像监测孔眼磨蚀程度，进而分析各簇裂缝起裂均匀程度及支撑剂进入情况。研究表明：76.7% 的射孔孔眼有支撑剂进入，大部分射孔簇进入的支撑剂量有限，支撑剂的分布主要集中在个别簇中。试验井中第 4 段支撑剂分布较为均匀，段内各簇裂缝起裂的均匀程度较高；第 2 段、第 3 段、第 5 段、第 6 段支撑剂分布不均匀，段内各簇裂缝起裂的均匀程度较低。个别近跟端射孔簇的支撑剂进入量占该段的 70% 以上，在加入暂堵剂后并未促进水力裂缝均衡起裂。支撑剂进入量与孔眼磨蚀程度呈正相关关系，试验井孔眼磨蚀程度为 15%~352%，平均值为 74.5%，远大于北美页岩储层部分水平井。采用 180° 相位角（水平方向）射孔可减小孔眼磨蚀的相位倾向，促进孔眼均匀磨蚀与进液。研究结果可为优化泵注程序、减轻炮眼冲蚀、提高暂堵成功率提供依据。
关键词： 致密砾岩；暂堵压裂；孔眼磨蚀；裂缝起裂；射孔成像；准噶尔盆地；玛湖凹陷

　　准噶尔盆地玛湖凹陷致密砾岩油田储层属于扇三角洲前缘沉积，岩相特征复杂，储层埋藏深、非均质程度高，动用难度极大[1-3]，近年采用水平井体积压裂开发实现了产量突破[4-8]。2020 年以降本增效为目标，开展了水平井长水平段内多簇＋暂堵压裂试验，但压后效果差异大，大部分试验井产量未达预期。为了优化压裂工艺参数及提高产能，需要研究人工裂缝的起裂规律。由于砾岩中砾石与基质的矿物成分不同，两者的岩石力学性质差异显著，砾岩储层具有较强的力学性质非均质性[9-11]。砾石特征（粒径、含量、分选与分布、砾石与基质力学性质差异等）、水平应力差等显著影响人工裂缝扩展形态，水力裂缝遇砾石可能发生穿透、偏转和止裂等多种行为[12-22]。因此，砾岩储层中水力裂缝的扩展规律十分复杂。

　　水力裂缝矿场监测技术是认识人工裂缝形态的有效手段，可分为间接监测技术和直接监测技术。间接监测技术包含净压力分析、试井分析、产量分析等。直接监测技术又可细分为近井地带监测技术和远场地带监测技术，近井地带监测技术包含放射性示踪法、井温测井、井径测井、光纤监测（DTS/DAS）、射孔成像监测等[23-31]。远场地带监测技术包含微地震监测、地面测斜仪监测、周围井井下倾斜图像监测、深横波成像监测（DSWI）

等[32-33]。其中射孔成像监测技术能够直接获得大量高清的孔眼图像，通过计算孔眼的磨蚀面积（孔眼在压裂前后的面积改变量）就能反映孔眼的磨蚀程度，并且统计发现孔眼磨蚀程度与支撑剂进入量呈正相关[27-28]。

针对非均质性极强的砾岩油藏，目前开展的水力裂缝监测较少，该类储层中水平井分段多簇压裂裂缝起裂、扩展规律尚不清楚。针对这一问题，选取准噶尔盆地玛湖致密砾岩油田 MaHW26X 试验井中固井质量较好的几段，利用射孔成像技术监测孔眼磨蚀情况，分析不同泵注参数条件下各簇裂缝起裂规律及均匀程度，为优化泵注程序提供理论依据。

1 压裂试验工艺概况

1.1 储层特征

MaHW26X 试验井位于准噶尔盆地玛湖凹陷玛 18 井区艾湖 1 井断块，开发层位为三叠系百口泉组 $T_1b^2_1$，完钻深度为 3920.4m。储层孔隙度为 7.5%~12.4%，渗透率为 0.12~20.00mD，含油饱和度为 45.0%~73.4%；弹性模量为 19.3~24.8GPa，泊松比为 0.181~0.201，抗拉强度为 1.0~2.3MPa。砾岩成分复杂，砾石以中粗砾（砾径 5~70mm）为主，砾石成分主要为火成岩，变质岩次之，砾间主要充填砂质、泥质或细砾质，整体储层非均质性极强[9-11]。

1.2 压裂施工参数

MaHW26X 试验井采用桥塞分段 + 暂堵压裂工艺，水平段长 931m，改造段长 483.2m，共分为 6 段，单段长 80m 左右，从井的趾端到跟端的段号依次为 1—6。每段均采用 6 簇射孔，除第 5 段为每簇 8 孔，其余各段均为每簇 3 孔。采用 86 型射孔枪和等孔径射孔弹进行射孔作业，射孔相位角均为 60°。压裂液采用变黏压裂液体系，且达到 2%KCl 防膨性能。压裂过程中前置段塞采用 0.380mm/0.212mm（40/70 目）石英砂，主体段塞采用 0.550mm/0.270mm（30/50 目）陶粒。暂堵材料采用暂堵球 + 颗粒 + 粉末组合。试验井的具体压裂施工参数如表 1 所示。由于井下成像设备下入深度不足，在第 1 段中只获取了少量的射孔孔眼图像，本文着重对比分析第 2 段—第 6 段的射孔孔眼图像。

表 1 试验井压裂施工数据表

段号	簇数	簇间距 /m	单簇孔数	加砂量 /m³	施工排量 /m³/min	总液量 /m³	是否暂堵	暂堵球个数 直径22mm	直径25mm	暂堵剂质量 /kg 粉末	不同直径颗粒 /mm 1~3	3~5	5~10	10~13
2	6	12.0	3	111	9.3	2796.0	是，加砂60m³暂堵	14	13	60	60	60	60	
3	6	11.4	3	121	10.0	2746.4	否							
4	6	11.7	3	60	10.0	2183.2	否							
5	6	11.5	8	180	10.4~11.5	3213.6	是，加砂90m³暂堵	36	36	80	60	60	40	
6	6	17.9	3	180	11.0	3567.3	是，加砂90m³暂堵	14	13	80		60	60	40

2　孔眼磨蚀程度监测方法

2.1　孔眼磨蚀对多簇裂缝均匀起裂的影响

在水平井分段多簇压裂过程中，多裂缝往往呈非均匀起裂及扩展，其直接原因是各簇裂缝的流量分配不均衡。已有学者对多裂缝起裂及扩展机制进行了大量的数值模拟研究，指出多裂缝非均匀扩展除了受储层非均质性和应力干扰作用影响，还受孔眼摩阻影响，提高孔眼摩阻能够促进裂缝均匀起裂及扩展[34-35]。但这些研究一般都假定压裂过程中的孔眼摩阻为恒定值，忽略了孔眼磨蚀作用对孔眼摩阻的影响。

Crump 等[36]基于伯努利方程和质量守恒方程，得到了孔眼摩阻的计算公式，如式（1）所示。此外，还通过实验说明了孔眼磨蚀分为两个阶段：（1）第 1 阶段，孔眼边缘逐渐光滑，但孔眼直径并未显著增加，此时孔眼流量系数（C_p）对孔眼摩阻降低起主导作用；（2）第 2 阶段，C_p 相对恒定，孔眼直径缓慢增大，会导致孔眼摩阻进一步降低。对于完好的射孔孔眼，C_p 为 0.5~0.6，对于完全磨蚀的孔眼，C_p 为 0.95。根据式（1）绘制单簇裂缝在不同孔眼数下的孔眼摩阻随孔眼直径变化曲线（图 1），其中流体密度为 1000kg/m³，单簇排量为 0.04m³/s，孔眼直径为 10~12mm，孔眼数为 3~12，孔眼流量系数为 0.7。

$$p_{pf} = \frac{8\rho q^2}{\pi^2 D^4 N_p^2 C_p^2} \tag{1}$$

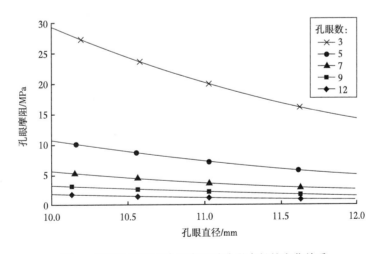

图 1　不同孔眼数下孔眼摩阻随孔眼直径的变化关系

在忽略井筒摩阻的情况下，各簇裂缝的流量分配由孔眼摩阻、弯曲摩阻和缝内摩阻决定。孔眼摩阻和弯曲摩阻均属于近井摩阻，限流机理相似，可将弯曲摩阻等效为孔眼摩阻。即各簇流量分配满足如下流量守恒和压力平衡条件

$$\begin{cases} Q = \sum_{i=1}^{N} q_i \\ p_{f1} + p_{pf1} = p_{f2} + p_{p2} = \dots = p_{fN} + p_{pfN} \end{cases} \tag{2}$$

当有足够数量的射孔孔眼时，孔眼摩阻可以看作一个较小的常数，流量分配主要由缝内摩阻决定，孔眼非均匀磨蚀对流量分配的影响并不大；当射孔数量较少时，孔眼摩阻大，并且对流量分配起主导作用，而孔眼摩阻对孔眼直径的变化非常敏感，如孔眼数为 3 时，孔眼直径增加 2mm 可以使射孔摩阻降低 15MPa 左右（图 1），这时孔眼非均匀磨蚀会对流量分配产生不可忽略的影响，进而改变多裂缝起裂的均匀程度。由于孔眼磨蚀作用会使孔眼流量系数和孔眼直径不断增加，且孔眼磨蚀程度与支撑剂动能有关，于是 Long 等[37] 提出了孔眼直径及孔眼流量系数与支撑剂浓度、流速的关系式

$$\frac{\mathrm{d}D}{\mathrm{d}t} = \alpha C v^2 \tag{3}$$

$$\frac{\mathrm{d}C_\mathrm{p}}{\mathrm{d}t} = \beta C v^2 \left(1 - \frac{C_\mathrm{p}}{C_\mathrm{p,max}}\right) \tag{4}$$

式中：α 和 β 是通过经验拟合方法得到的两个独立参数，表征支撑剂与套管相互作用产生的影响。

综上，可进一步得到磨蚀后的孔眼直径计算公式

$$D_\mathrm{f} = D_0 \left(1 + \frac{80\alpha C q^2}{\pi^2 N_\mathrm{p}^2 D_0^5} t\right)^{0.2} \tag{5}$$

式（5）说明流量越大，孔眼磨蚀程度越强。通过计算孔眼直径及孔眼流量系数的动态变化值，可得到孔眼在磨蚀作用下的动态孔眼摩阻。因此，有学者在 Long 等提出的孔眼磨蚀模型基础上，进一步耦合多裂缝扩展模型，建立了考虑孔眼磨蚀作用的多裂缝扩展模型[37-39]，并发现在支撑剂注入后，各簇孔眼出现非均匀磨蚀，优势簇的孔眼直径增加较快，流量分配占比进一步增加；而劣势簇的孔眼直径增加较慢，甚至不增加，流量分配占比进一步降低。孔眼磨蚀作用加剧了流量分配的不均衡程度，导致多裂缝起裂及扩展更加不均衡。通过数值模拟可得到孔眼磨蚀对多裂缝起裂及扩展影响的一般性规律，但还难以准确反映现。场实际的孔眼磨蚀情况。由于孔眼磨蚀程度与支撑剂进入量呈正相关关系，而各簇孔眼支撑剂进入量均匀程度能反映多裂缝起裂的均匀程度，故本文通过射孔成像技术直接获取各孔眼的磨蚀情况，对比各簇孔眼磨蚀的均匀程度以反映多裂缝起裂的均匀程度。

2.2 基于射孔成像监测技术的孔眼磨蚀监测方法

射孔成像监测技术又称井下成像技术，通过沿套管下入特种摄像头至射孔段获取大量射孔孔眼图像[24]。试验井采用阵列环扫井下成像技术，具有 360° 无死角连续环扫测量的功能，并且其数据传输率可达 25 帧 /s，能够有效识别相对较小的孔眼。此外，该技术还配套数字图像分析软件，可以精确计算不规则孔眼的面积。

本文基于井下射孔成像技术发现试验井中的孔眼磨蚀分为两个阶段（图 2）：（1）支撑剂量较少时，孔眼边缘变得圆滑但孔眼面积并未显著增加；（2）支撑剂量较多时，孔眼变得不规则且孔眼面积显著增加。这证实了 Crump 等[36] 的研究结论。

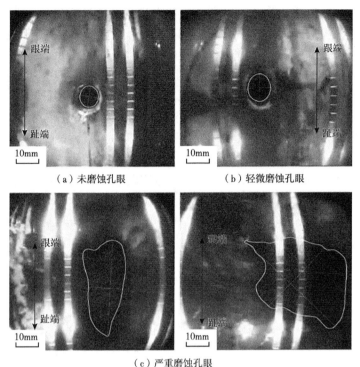

图 2　砾岩油藏水平井射孔孔眼磨蚀典型图像

　　基于阵列环扫井下成像技术可得到压裂后的孔眼面积，再减去压裂前的孔眼面积即得到孔眼的磨蚀面积。孔眼的磨蚀面积与支撑剂进入量呈正相关关系，对比各簇孔眼的磨蚀面积，能够很好地反映各簇孔眼改造程度，进一步可推测各簇孔眼起裂的均匀程度。采用井下成像技术比较容易获得压裂后各簇孔眼的图像，但是很难获得压裂前的孔眼图像，这涉及实际操作的经济性。为了获取孔眼在压裂前的实际面积，在第 2 段压裂结束后，在其末尾补射孔眼，补射的孔眼只射孔不压裂。因为储层条件和完井方式一致，补射孔眼面积能够较准确地表征压裂前的孔眼面积。但如果由于桥塞移动使得补射基准簇的孔眼也受到磨蚀，就不能再表征压裂前的孔眼面积，这种情况下本文采取压裂后未磨蚀孔眼面积的平均值来近似代替压裂前的孔眼面积，进而求解孔眼磨蚀面积。

3　监测结果及分析

　　试验井的第 2 段—第 6 段有 120 个常规射孔孔眼，第 2 段末有 16 个补射基准孔眼，共计 136 个孔眼。由于第 2 段低边沉砂较为严重，有 3 个孔眼被遮挡，通过井下成像技术只获取到 133 个孔眼图像。其中未磨蚀孔眼 31 个，磨蚀孔眼 102 个，磨蚀比例为 76.7%，磨蚀前后孔眼直径变化量与孔眼初始直径之比，即磨蚀程度为 15%~352%。

3.1　不同段 / 簇的孔眼磨蚀情况

　　试验井中各段的单簇孔数都较小，孔眼磨蚀作用对流量分配以及多裂缝均匀起裂的影响不可忽略。从图3可以看出，各段、各簇的磨蚀面积差异较大，反映出多簇裂缝的起裂极其不均匀。第2段末尾的补射基准簇只射孔而不压裂，其孔眼磨蚀面积应当为0。但是统计发现补射基准簇的孔眼磨蚀面积为2181mm²，说明在第3段压裂时桥塞发生了滑移，使得补射基准簇也受到压裂改造作用，进而射孔孔眼被磨蚀。故将补射基准簇的孔眼磨蚀面积划分到第3段中计算，定义其簇号为0。第4段设计的加砂量为60m³，总液量为2183.2m³，说明在第3段压裂时桥塞发生了滑移，使得补射基准簇也受到压裂改造作用，进而射孔孔眼被磨蚀。故将补射基准簇的孔眼磨蚀面积划分到第3段中计算，定义其簇号为0。第4段设计的加砂量为60m³，总液量为2183.2m³，该段的孔眼磨蚀面积为657mm²。第6段与第4段具有相同的簇数和孔数，设计的加砂量（180m³）和总液量（3567.3m³）都远大于第4段，但是第6段的孔眼磨蚀面积却小于第4段，只有557mm²，且第5段第5簇的孔眼磨蚀面积也异常高。故推测第6段压裂时，桥塞也发生了移动，相当一部分的压裂液和支撑剂作用在第5段第5簇的孔眼内，使得该簇孔眼磨蚀面积较高。

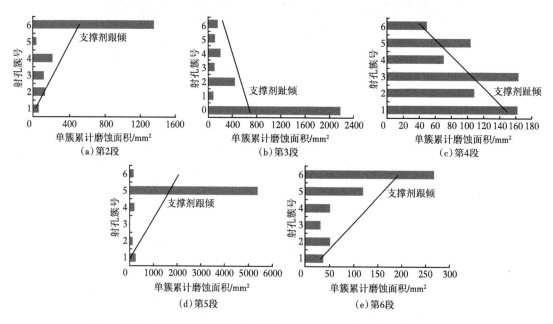

图3　各段各簇孔眼磨蚀面积分布图（从趾端到跟端射孔簇号依次为1—6）

　　由图3（a）、图3（d）和图3（e）可以看出，第2段，第5段，第6段表现出显著的跟端射孔簇进砂倾向（跟倾），即该段跟端射孔簇的磨蚀面积相对较大，更多支撑剂进入跟端射孔簇。而由图3b和图3c可知，第3段、第4段表现出支撑剂趾倾，即该段趾端射孔簇的磨蚀面积相对较大，更多支撑剂进入趾端射孔簇。采用各簇孔眼磨蚀面积的方差系数来表征各簇孔眼磨蚀面积分布的均匀性：方差系数越大，表示各簇孔眼的磨蚀面积分布越不均匀；方差系数越小，表示各簇孔眼的磨蚀面积分布越均匀；当方差系数等于零时，表示各簇孔眼的磨蚀面积分布完全均匀。第2段—第6段的方差系数依次为1.47，1.54，0.39，1.93，0.90。其中第4段的方差系数相对较小，说明各簇孔眼的磨蚀面积分布较为均匀，反映出段内各簇裂缝的起裂均匀程度较高；第2段，第3段，第5段，第6段的方差系数明显较大，说明各簇孔眼的磨蚀面积分布不均匀，反映出段内各簇裂缝的起裂均匀程度较低。

3.2 射孔相位对孔眼磨蚀的影响

孔眼直径变化量能直接反应孔眼磨蚀程度，压后孔眼直径越大，其磨蚀程度越强，说明进入的支撑剂量越多。孔眼直径表现出明显的相位倾向（图4），即井筒高侧（相位角0°左右）的孔眼直径更小，井筒低侧（相位角180°左右）的孔眼直径更大。

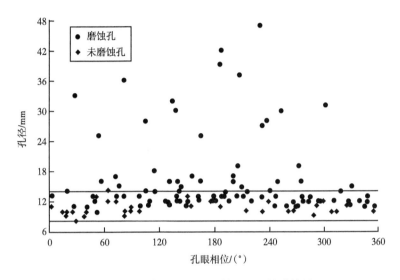

图4 不同射孔相位下的射孔孔径统计结果

对于未磨蚀孔而言［图5（a）和图5（b）］，孔眼直径为8~12mm，平均直径为10.5mm，其中相位角0°左右的孔眼直径最小，平均直径为9.6mm；相位角180°左右的孔眼直径最大，平均直径为11.3mm。未磨蚀孔的平均直径极差（最大平均直径与最小平均直径之差）为1.7mm。这主要是因为射孔管具在重力作用下会偏离井轴中心而紧贴井筒低侧，使得射孔枪在井筒高侧射孔时，穿过的流体间隙更大，能量损失更严重，因而孔眼直径更小。尽管采用了等孔径射孔弹射孔，但是还不能完全规避这种不利影响。对于磨蚀孔而言［图5（c）和图5（d）］，孔眼直径为9~47mm，平均直径为15.8mm，其中相位角0°左右的孔眼直径最小，平均直径为11.0mm；相位角180°左右的孔眼直径最大，平均直径为18.0mm。磨蚀孔的平均直径极差为7.0mm，远大于未磨蚀孔的平均直径极差。这是因为压裂前孔眼直径就存在一定的相位倾向，即井筒低侧的孔眼直径更大，在压裂作业时压裂液和支撑剂更易进入大孔眼，使大孔眼的磨蚀更强，进一步加剧了不同相位孔眼的直径之差，所以磨蚀孔比未磨蚀孔的相位倾向更严重。由于孔眼磨蚀存在相位倾向，井筒低侧孔眼磨蚀面积普遍较大，孔眼相位为0°和180°附近（井筒高侧和低侧）的孔眼磨蚀程度差异最为显著，而孔眼相位为90°和270°附近（井筒的水平中轴线附近）的孔眼磨蚀程度差异较小（图4），采用180°相位角（水平方向）射孔可减小孔眼磨蚀的相位倾向，促进孔眼均匀磨蚀与进液，避免井筒低侧大孔眼的形成。

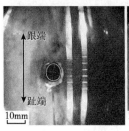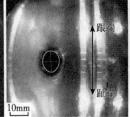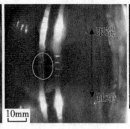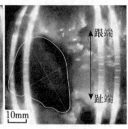

| （a）相位16°，孔径9mm | （b）相位186°，孔径11mm | （c）相位239°，孔径14mm | （d）相位187°，孔径42mm |

图 5　不同射孔相位下的典型射孔孔眼图像

3.3　孔眼磨蚀面积与支撑剂进入量的关系

Roberts 等研究发现压裂段总磨蚀面积与支撑剂量具有较好的正相关关系[27]。试验井各段支撑剂量与孔眼磨蚀面积数据见表 2。

表 2　各段支撑剂进入量与孔眼磨蚀面积统计数据

段号	设计支撑剂量 /m³	拟合支撑剂量 /m³	磨蚀面积 /mm²	磨蚀孔数量
2	111	111	1945.5	15
3	122	122	3227.0	34
4	60	60	657.0	11
5	180	309	6090.0	28
6	180	51	557.0	11

试验井第 2 段—第 6 段设计的支撑剂量依次为 111m³，122m³，60m³，180m³，180m³。其中第 3 段压裂时桥塞发生了移动，通过成像可直接观察到桥塞移动在管壁上形成的划痕，使得补射基准簇的孔眼也受到磨蚀。因此，第 3 段的实际磨蚀面积等于第 3 段各簇的磨蚀面积加上补射基准簇的磨蚀面积。此外，在第 6 段压裂时桥塞移动到了第 5 段，使得进入第 6 段的实际支撑剂量少于设计的支撑剂量，进入第 5 段的实际支撑剂量大于设计的支撑剂量。由于很难直接获得进入第 6 段的实际支撑剂量，只能通过推算拟合来获得。第 4 段压裂前后桥塞都没有发生移动，故其设计的支撑剂量即为该段实际的支撑剂量，可以算出第 4 段中每立方米砂产生的磨蚀面积（即该段总磨蚀面积与总支撑剂量之比）。已知第 6 段的磨蚀面积，可由第 4 段中每立方米砂产生的磨蚀面积算出第 6 段所需的支撑剂量，称为拟合支撑剂量。第 6 段支撑剂的减少量等于第 5 段支撑剂的增加量，进而可算出第 5 段的拟合支撑剂量。将各段拟合支撑剂量与磨蚀面积进行线性拟合（图 6），其相关性高达 94.2%，证明两者确实呈很好的正相关关系。这也符合数值模拟结果，即孔眼磨蚀程度越强，流量以及支撑剂量分配得越多[37-39]，也从侧面说明桥塞移动的推论成立。

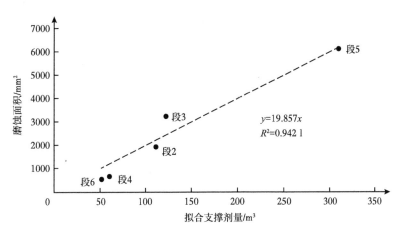

图6　孔眼磨蚀面积与支撑剂进入量的关系

3.4　暂堵有效性判断

判断暂堵有效性的常用方法是：在相同施工排量下，暂堵后的施工压力高于该段暂堵前的施工压力，或者暂堵后施工排量低于暂堵前时，暂堵后的施工压力等于或高于该段暂堵前的施工压力，定性说明暂堵成功[40-42]。将暂堵前后的施工压力曲线进行叠合，得到施工压力叠合曲线（图7），可以判断出暂堵前后的施工压力、排量等参数的变化幅度，进而判断暂堵的有效性。如图7所示，在几乎相同的排量下，暂堵后的施工压力明显提高，且正压差（暂堵后施工压力大于暂堵前施工压力）总体占比较高，说明暂堵成功。采取该方法对各暂堵段进行分析，结果表明各暂堵段均暂堵成功。但是该方法是定性判断暂堵的

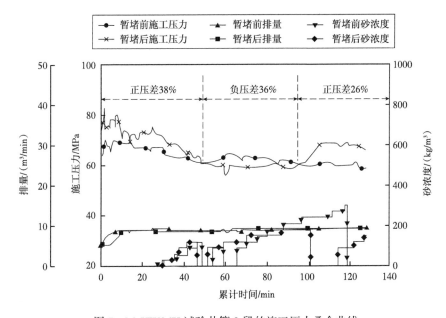

图7　MaHW26X 试验井第 2 段的施工压力叠合曲线

有效性,更多的是反映暂堵材料是否堵住了大孔眼或者裂缝,并没有准确反映出各簇孔眼改造的均匀程度。因此,本文结合射孔成像监测数据,计算出各暂堵段孔眼磨蚀面积的方差系数值,来定量反映各簇孔眼改造的均匀程度,进而从总体上反映暂堵的有效程度。方差系数越小,说明各簇孔眼的磨蚀面积分布越均匀,各簇孔眼分配的液量及支撑剂量越均衡,暂堵的有效性就越高。

由前文可知,暂堵段为第2段,第5段,第6段,其孔眼磨蚀面积方差系数分别为1.47,1.93,0.90。未暂堵段为第3段、第4段,其孔眼磨蚀面积方差系数分别为1.54和0.39,其中第4段未受到桥塞滑移的影响,其方差系数值更能代表未暂堵段各簇孔眼改造的均匀程度。各暂堵段的方差系数均比第4段(未暂堵段)更大。值得注意的是,理论上暂堵段的方差系数应该比未暂堵段低,但统计结果却与之相反。可能的原因是第5段、第6段之间的桥塞发生滑移,第2段可能受到桥塞滑移的影响,易使得单簇进液占主导,并且第5段、第6段的设计加砂量是第4段的3倍,第2段的加砂量几乎是第4段的2倍,加砂量对孔眼磨蚀也有直接影响。此外,对比两个未暂堵段,第3段的方差系数也显著大于第4段,其原因也是第3段压裂时桥塞发生滑移,且其加砂量是第4段的2倍。

暂堵的目的是为了促进各簇裂缝均匀起裂及扩展,而孔眼磨蚀面积方差系数就是从总体上反映裂缝起裂的均匀程度,据此定量判断暂堵的有效程度是一种可行的方法。为提高暂堵有效性判断的可靠程度,可以将两种方法相结合,基于施工压力叠合曲线定性判断暂堵成功与否,然后通过孔眼磨蚀面积方差系数定量判断暂堵的有效程度。

4 试验井与北美地区水平井孔眼磨蚀情况对比分析

MaHW26X试验井和北美地区大部分水平井都采用了较少的单簇孔数,都是孔眼摩阻对流量分配起主导作用,孔眼磨蚀作用对各簇流量分配及多簇裂缝起裂都有重要影响。对MaHW26X试验井和北美地区的水力压裂射孔孔眼磨蚀情况进行对比分析。首先,就储层性质而言,北美地区主要是页岩储层等,而玛湖地区主要是砂砾岩储层,其储层非均质性更强,裂缝更易出现非均匀起裂及扩展。其次,就压裂指标而言,北美地区水平井的最高压裂指标为单段10簇以上,簇间距降低到4~5m,而试验井的压裂指标为单段6簇,簇间距为11~18m。北美地区井下监测结果表明,孔眼磨蚀的跟端倾向占比较高,相位倾向普遍存在,且孔眼磨蚀程度与支撑剂进入量呈正相关,典型射孔孔眼如图8所示[24-30, 43]。MaHW26X试验井与北美地区部分井的储层特征和具体的施工工艺参数见表3。

表3 试验井与北美地区部分井的施工参数

数据来源	排量/m³/min	单段液量/m³	单段加砂量	段间距/m	簇间距/m	单段簇数	单簇孔数	孔眼磨蚀程度/%	跟倾压裂段占比/%
玛湖砾岩储集层	9.3~11.2	2183.2~3567.3	60.0~180.0m³	77.3~80.4	11.0~18.0	6	3~8	15~352	60
北美某区块页岩	13.5	1223.0	3.0t/m	53.4	10.7	5	4~6	5~17	83
Wolfcamp页岩	12.0~15.0		1.7~2.7t/m	60.0~80.0		3~5		50~120	66
Eagle Ford页岩				60.0~105.0	4.5~6.0	10~23	1~12		77

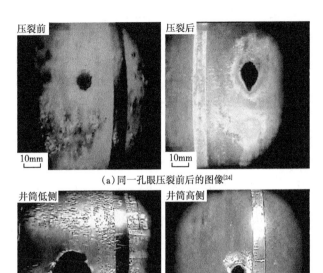

图 8　北美页岩储层水平井典型的射孔孔眼图像

对比分析得到 MaHW26X 试验井与北美地区部分水平井孔眼磨蚀情况的异同点如下。

（1）北美地区水平井的孔眼磨蚀程度在 5%~120%，而试验井的孔眼磨蚀程度在 15%~352%，试验井的最大孔眼磨蚀程度明显更高。可能原因是试验井所在的砾岩储层非均质性更强，且发生了桥塞滑移，易使单簇进液占主导。

（2）北美地区水平井的孔眼磨蚀监测段中，表现为支撑剂跟倾的压裂段占比更高，而试验井中压裂段表现为跟倾的占比相对较低。北美地区水平井与试验井的孔眼磨蚀都表现出相同的相位倾向，即井筒低侧（相位角 180° 附近）的孔眼磨蚀程度更强。

（3）北美地区水平井与试验井中各段的累计孔眼磨蚀面积都与支撑剂进入量具有较好的正相关关系。

5　结论

MaHW26X 试验井固井质量较好的 5 个压裂段中，76.7% 的射孔孔眼有支撑剂进入，但大多数射孔簇进入的支撑剂量十分有限，支撑剂主要集中在个别簇中，各簇的支撑剂分布不均匀。5 个压裂段中有 1 段（第 4 段）支撑剂分布较为均匀，段内各簇裂缝起裂的均匀程度较高；有 4 段（第 2 段、第 3 段、第 5 段、第 6 段）支撑剂分布很不均匀，段内各簇裂缝起裂的均匀程度较低，在加入暂堵剂后并未达到促进水力裂缝均匀起裂、均匀加砂的目的，其中第 5 段第 5 簇进入的支撑剂量占该段的 90%，第 2 段第 6 簇进入的支撑剂量超过该段的 70%，表现出明显的支撑剂跟倾。

支撑剂进入量与孔眼磨蚀程度呈正相关关系，试验井孔眼磨蚀程度在 15%~352%，平均值为 74.5%，远大于北美页岩储层部分水平井的统计结果。

孔眼磨蚀具有明显的相位倾向，井筒低侧的孔眼磨蚀面积普遍较大。采用 180° 相位角（水平方向）射孔可减小孔眼磨蚀的相位倾向，促进孔眼均匀磨蚀与进液，避免井筒低侧大孔眼的形成。

符号注释

C 为支撑剂浓度，kg/m^3；C_p 为孔眼流量系数；$C_{p,\,max}$ 为最大孔眼流量系数；D 为孔眼直径，m；D_0 为初始孔眼直径，m；D_f 为磨蚀后的孔眼直径，m；N 为簇数；N_p 为孔眼数；p_{fi} 为第 i 簇的缝内摩阻，Pa；p_{pf} 为孔眼摩阻，Pa；p_{pfi} 为第 i 簇的孔眼摩阻，Pa；q 为单簇排量，m^3/s；q_i 为第 i 簇的注入流量，m^3/s；Q 为压裂液的总泵入流量，m^3/s；t 为时间，s；v 为压裂液在孔眼处的平均流速，m/s；α 为拟合参数，$(m^2 \cdot s)/kg$；β 为拟合参数，$(m \cdot s)/kg$；ρ 为流体密度，kg/m^3。

参考文献

[1] 覃建华，张景，蒋庆平，等.玛湖砾岩致密油"甜点"分类评价及其工程应用 [J].中国石油勘探，2020，25（2）：110-119.

[2] 于兴河，瞿建华，谭程鹏，等.玛湖凹陷百口泉组扇三角洲砾岩岩相及成因模式 [J].新疆石油地质，2014，35（6）：619-627.

[3] 张昌民，王绪龙，朱锐，等.准噶尔盆地玛湖凹陷百口泉组岩石相划分 [J].新疆石油地质，2016，37（5）：606-614.

[4] 贾承造，邹才能，杨智，等.陆相油气地质理论在中国中西部盆地的重大进展 [J].石油勘探与开发，2018，45（4）：546-560.

[5] 匡立春，唐勇，雷德文，等.准噶尔盆地玛湖凹陷斜坡区三叠系百口泉组扇控大面积岩性油藏勘探实践 [J].中国石油勘探，2014，19（6）：14-23.

[6] 李国欣，覃建华，鲜成钢，等.致密砾岩油田高效开发理论认识、关键技术与实践：以准噶尔盆地玛湖油田为例 [J].石油勘探与开发，2020，47（6）：1185-1197.

[7] 许江文，李建民，邹元月，等.玛湖致密砾岩油藏水平井体积压裂技术探索与实践 [J].中国石油勘探，2019，24（2）：241-249.

[8] 李建民，吴宝成，赵海燕，等.玛湖致密砾岩油藏水平井体积压裂技术适应性分析 [J].中国石油勘探，2019，24（2）：250-259.

[9] 张昌民，宋新民，王小军，等.支撑砾岩的成因类型及其沉积特征 [J].石油勘探与开发，2020，47（2）：272-285.

[10] 刘向君，熊健，梁利喜，等.玛湖凹陷百口泉组砂砾岩储层岩石力学特征与裂缝扩展机理 [J].新疆石油地质，2018，39（1）：83-91.

[11] 何小东，马俊修，刘刚，等.玛湖油田砾岩储层岩石力学分析及缝网评价 [J].新疆石油地质，2019，40（6）：701-707.

[12] 俞天喜，袁峰，周培尧，等.玛南斜坡上乌尔禾组颗粒支撑砾岩裂缝扩展形态 [J].新疆石油地质，2021，42（1）：53-62.

[13] 孟庆民，张士诚，郭先敏，等.砂砾岩水力裂缝扩展规律初探 [J].石油天然气学报，2010，32（4）：119-123.

[14] 郭先敏，邓金根，陈宇.砂砾岩物理相破裂压力及裂缝扩展规律 [J].大庆石油地质与开发，2011，

30（5）：109-112.

[15] 李连崇，李根，孟庆民，等 . 砂砾岩水力压裂裂缝扩展规律的数值模拟分析 [J]. 岩土力学，2013，34（5）：1501-1507.

[16] Li L C, Meng Q M, Wang S Y, et al. A numerical investigation of the hydraulic fracturing behaviour of conglomerate in glutenite formation[J]. Acta Geotechnica, 2013, 8（6）: 597-618.

[17] Liu P, Ju Y, Ranjith P G, et al. Experimental investigation of the effects of heterogeneity and geostress difference on the 3D growth and distribution of hydrofracturing cracks in unconventional reservoir rocks[J]. Journal of Natural Gas Science and Engineering, 2016, 35: 541-554.

[18] 鞠杨，杨永明，陈佳亮，等 . 低渗透非均质砂砾岩的三维重构与水压致裂模拟 [J]. 科学通报，2016，61（1）：82-93.

[19] 李宁，张士诚，马新仿，等 . 砂砾岩储层水力裂缝扩展规律试验研究 [J]. 岩石力学与工程学报，2017，36（10）：2383-2392.

[20] Ma X F, Zou Y S, Li N, et al. Experimental study on the mechanism of hydraulic fracture growth in a glutenite reservoir[J]. Journal of Structural Geology, 2017, 97: 37-47.

[21] Rui Z H, Guo T K, Feng Q, et al. Influence of gravel on the propagation pattern of hydraulic fracture in the glutenite reservoir[J].Journal of Petroleum Science and Engineering, 2018, 165: 627-639.

[22] Liu N Z, Zou Y S, Ma X F, et al. Study of hydraulic fracturegrowth behavior in heterogeneous tight sandstone formations using CT scanning and acoustic emission monitoring[J]. Petroleum Science, 2019, 16（2）: 396-408.

[23] Barree R D, Fisher M K, Woodroof R A. A practical guideto hydraulic fracture diagnostic technologies[R]. SPE 77442-MS, 2002.

[24] Roberts G, Lilly T B, Tymons T R. Improved well stimulation through the application of downhole video analytics[R]. SPE189851-MS, 2018.

[25] Cramer D, Friehauf K, Roberts G, et al. Integrating DAS, treatment pressure analysis and video-based perforation imaging toevaluate limited entry treatment effectiveness[R]. SPE 194334-MS, 2019.

[26] Roberts G, Saha S, Waldheim J. An expanded study of proppant distribution trends from a database of eroded perforation images[R]. Muscat: SPE International Hydraulic FracturingTechnology Conference & Exhibition, 2021.

[27] Roberts G, Whittaker J L, Mcdonald J. A novel hydraulic fracture evaluation method using downhole video images to analyse perforation erosion[R]. SPE 191466-MS, 2018.

[28] Roberts G, Whittaker J, Mcdonald J, et al. Proppant distribution observations from 20, 000+ perforation erosionmeasurements[R]. SPE 199693-MS, 2020.

[29] Ugueto C G A, Huckabee P T, Molenaar M M, et al.Perforation cluster efficiency of cemented plug and perf limited entrycompletions: Insights from fiber optics diagnostics[R]. SPE179124-MS, 2016.

[30] Allison J, Roberts G, Hicks B H, et al. Proppant distribution in newly completed and re-fractured wells: An Eagle Ford shale casestudy[R]. SPE 204186-MS, 2021.

[31] Ugueto G, Huckabee P, Nguyen A, et al. A cost-effective evaluation of pods diversion effectiveness using fiber optics DAS and DTS[R]. SPE 199687-MS, 2020.

[32] Stolyarov S, Cazeneuve E, Sabaa K, et al. A novel technology for hydraulic fracture diagnostics in the vicinity and beyond the wellbore[R]. SPE 194373-MS, 2019.

[33] Xiu N L, Wang Z, Yan Y Z, et al. Evaluation of the influence of horizontal well orientation of shale gas on stimulation and production effect based on tilt-meter fracture diagnostic technology: A case study of Chang-Ning shale gas demonstration area in SichuanBasin, China[R]. ARMA 2020-1542, 2020.

[34] Wu K, Olson J E. Mechanisms of simultaneous hydraulic-fracture propagation from multiple perforation clusters in horizontal wells[J]. SPE Journal, 2016, 21（3）: 1000-1008.

[35] 赵金洲, 陈曦宇, 李勇明, 等 . 水平井分段多簇压裂模拟分析及射孔优化 [J]. 石油勘探与开发, 2017, 44（1）: 117-124.

[36] Crump J B, Conway M W. Effects of perforation-entry friction on bottomhole treating analysis[J]. Journal of Petroleum Technology, 1988, 40（8）: 1041-1048.

[37] Long G B, Liu S X, Xu G S, et al. Modeling of perforation erosion for hydraulic fracturing applications[R]. SPE 174959-MS, 2015.

[38] 李勇明, 陈曦宇, 赵金洲, 等 . 射孔孔眼磨蚀对分段压裂裂缝扩展的影响 [J]. 天然气工业, 2017, 37（7）: 52-59.

[39] Long G B, Xu G S. The effects of perforation erosion on practical hydraulic-fracturing applications[J]. SPE Journal, 2017, 22（2）: 645-659.

[40] 唐鹏飞 . 提高水平井段内多簇压开程度的复合暂堵技术 [J]. 中外能源, 2019, 24（11）: 58-64.

[41] Rahim Z, AL-KANAAN A, TAHA S, et al. Innovative diversion technology ensures uniform stimulation treatments and enhances gas production: Example from carbonate and sandstone reservoirs[R].SPE 184840-MS, 2017.

[42] Weddle P, Griffin L, Pearson C M, et al. Mining the Bakken: Driving cluster efficiency higher using particulate diverters[R]. SPE184828-MS, 2017.

[43] Murphree C, Kintzing M, Robinson S, et al. Evaluating limited entry perforating & diverter completion techniques with ultrasonic perforation imaging & fiber optic DTS warmbacks[R].SPE 199712-MS, 2020.

考虑射孔孔眼磨蚀对多裂缝扩展的影响规律

张士诚[1]，杨　鹏[1]，邹雨时[1]，石善志[2]，李建民[2]，田　刚[2]

（1.中国石油大学（北京）油气资源与探测国家重点实验室；

2.中国石油新疆油田公司工程技术研究院）

摘　要： 我国非常规油气资源丰富，压裂技术是其开发的重要手段，其中极限限流压裂技术是促进水平井压裂段均匀改造的关键技术，但井下监测表明射孔孔眼动态磨蚀严重，制约了工艺应用效果。为了解决射孔孔眼动态磨蚀带来的多裂缝扩展形态不确定性影响，提高现场工艺实际应用效果，在水平井多裂缝竞争扩展模型基础之上耦合孔眼动态磨蚀模型，然后根据实际井下射孔成像数据校正数值模型，研究了孔眼磨蚀作用下多裂缝扩展行为以及限流射孔参数优化方法。研究结果表明：（1）孔眼磨蚀作用将显著增大孔眼直径和流量系数，迅速降低射孔摩阻，加剧各簇流量分配和多裂缝扩展的非均匀程度；（2）段内应力均匀分布时，孔眼磨蚀作用随着限流作用增强而增加；（3）段内应力非均匀分布时，高应力簇裂缝扩展容易受到抑制作用，考虑孔眼磨蚀作用后将进一步加剧各簇裂缝流量分配的非均衡程度，甚至导致高应力簇裂缝停止进液，裂缝不能充分扩展。结论认为，研究结果对孔眼动态磨蚀机理研究以及改进压裂工艺设计具有重要理论和现实意义，有助力我国非常规油气的高效开发。

关键词： 储层改造；非常规油气；多裂缝扩展；孔眼动态磨蚀；数值模拟；限流压裂；井下射孔成像

水平井分段多簇压裂是非常规油气实现经济高效开发的关键技术[1-2]。目前，桥塞射孔完井是水平井分段压裂中最常用的完井方式，它能够使较长井段中的多个射孔簇形成多条裂缝，进而实现储层改造。生产数据和裂缝监测结果等表明，多裂缝往往呈非均匀扩展，高达30%以上的射孔簇并未形成有效的水力裂缝，对产能几乎没有贡献[3-4]。普遍认为储层非均质性和缝间应力干扰作用等是造成多裂缝非均匀展布的重要原因[5-8]。因此，促进多裂缝均衡展布是一个亟须解决的现实问题。

目前，现场常用的促进多裂缝均匀扩展的技术手段包括极限限流、暂堵和非均匀布孔等技术[9-12]。为优化上述压裂工艺参数，已有研究建立了水平井多裂缝扩展模型。Wu等[13]基于位移不连续方法建立了二维多裂缝扩展模型，开展了极限限流和非均匀布缝工艺下多裂缝扩展模拟。周彤等[14]建立了水平井缝口暂堵压裂的多裂缝扩展模型，模拟研究了投球数量、投球时机和投球次数对多裂缝扩展的影响。Zou等[15]采用离散元方法建立了天然裂缝型储层中缝内暂堵转向压裂模型，详细研究了不同地质和工程因素条件下暂堵压裂的多裂缝扩展行为。Cheng等[16]从能量角度出发建立了快速高效的多裂缝扩展模型，指出非均匀布缝和限流压裂工艺同时运用时能最大程度地产生均匀裂缝。理论和矿场实践认识到提高孔眼摩阻能有效促进各簇孔眼均匀进液以及多裂缝均衡扩展[17-18]。但室内实验和井下监测结果显示孔眼磨蚀作用非常普遍，压裂前后的孔眼形态会发生显著变化[19-22]。这是由于含有支撑剂的携砂液在高压条件下注入井筒，会逐渐磨蚀孔眼，增强孔眼允许流体通过的能力，逐渐降低孔眼摩阻，对流量分配以及多裂缝扩展具有重要影响[23]。明确孔眼磨蚀作用及其影响规律的研究十分必要，但由于流量系数和孔眼直径呈动态变化且受控因素多，使得对其研究具有一定难度。虽然现有的数值模拟方法逐渐重视孔眼摩阻的影响，但假定整个裂缝扩展过程中孔眼摩阻为一个常数，忽略了实际压裂过程中的孔眼动态磨蚀作用。

为此，本文基于边界元理论建立了水平井"井筒流动—孔眼动态磨蚀—多裂缝扩展"的全耦合模型，研究了孔眼磨蚀作用对水平井各簇裂缝流量分配及多裂缝扩展形态的影响规律，进而优化了孔眼磨蚀作用下的极限限流压裂关键参数，对支撑改进压裂工艺设计具有重要理论意义。

1 多裂缝扩展的数值模型

孔眼磨蚀作用是随压裂进行的一个动态过程，它对各簇流量分配以及多裂缝扩展的影响是不断变化地，要研究孔眼磨蚀作用需要将孔眼磨蚀模型和多裂缝扩展模型进行耦合求解。考虑到高水平应力差条件下多裂缝不易偏转，且为便于理论分析和高效计算求解，建立了平面二维裂缝模型，并且基于 RKL 方法显示求解流固耦合方程组[24-26]，该方法通过扩大计算稳定域范围来提高求解时间步长，从而提升求解效率。

1.1 固体弹性方程

假设储层为均质且各向同性，采用位移不连续方法求解岩石弹性变形问题，该方法仅需对裂缝面进行离散求解，使问题维度降低一维，即考虑二维裂缝时仅需在一维域（裂缝路径）内求解。求解区域内的任意一点压力可以用裂缝边界上位移不连续量的积分形式表示[27]：

$$p_{net}(\xi) = \int_S G(\xi, \eta) D_i(\eta) dS(\eta) \qquad (1)$$

式中：p_{net} 表示任意一点的缝内净压力，MPa；D_i 表示位移不连续量，m；S 表示裂缝长度，m；G 表示格林函数，表示 η 点的位移不连续量对 ξ 点产生的应力，MPa/m²。

将裂缝边界划分为 N 个等长度的平面单元，分别计算每个位移不连续单元对所有裂缝单元产生的诱导应力，再通过应力叠加原理，可以建立应力与位移矩阵方程组：

$$\begin{cases} \sigma_n^i = \sum_{j=1}^{N} C_{ns}^{ij} D_s^j + \sum_{j=1}^{N} C_{nn}^{ij} D_n^j \\ \sigma_s^i = \sum_{j=1}^{N} C_{ss}^{ij} D_s^j + \sum_{j=1}^{N} C_{sn}^{ij} D_n^j, \quad i = 1 \sim N \end{cases} \qquad (2)$$

式中：σ_n 表示法向应力，MPa；σ_s 表示切向应力，MPa；C 表示弹性影响系数，MPa/m。

本文为平面二维裂缝，假定裂缝沿着最大水平主应力方向扩展，不用考虑切向应力和切向位移，即法向应力等于缝内净压力，进一步简化方程组如下所示：

$$p_i - \sigma_{\mathrm{h}i} = \sum_{j=1}^{N} G_{ij} C_{\mathrm{nn}}^{ij} D_{\mathrm{n}}^{j} \tag{3}$$

式中：p_i 表示缝内流体压力，MPa；$\sigma_{\mathrm{h}i}$ 表示最小水平主应力，MPa；G_{ij} 表示三维修正因子[28]，考虑实际缝高的影响。

1.2　流体流动方程

假设压裂液为不可压缩的牛顿流体，压裂过程中流体流动分为裂缝中的流体流动和井筒中的各簇流量分配。

1.2.1　缝内流体流动方程

假定流体在缝内的流动为平行板间的层状流，根据泊肃叶定律可得到流体流量与局部压力导数的关系如下[29]：

$$q = wv = -\frac{w^3}{12\mu}\frac{\partial p}{\partial x} \tag{4}$$

式中：q 表示流体体积流量，$\mathrm{m^3/s}$；μ 表示动力黏度，$\mathrm{mPa \cdot s}$；v 是宽度方向上的平均流速，m/s。不可压缩流体的质量守恒方程如下：

$$\frac{\partial w}{\partial t} + \frac{\partial q}{\partial x} + q_{\mathrm{L}} = Q_{\mathrm{inj}}\delta(x,y) \tag{5}$$

式中：Q_{inj} 表示点源处的注入流量，$\mathrm{m^3/s}$；δ 表示点源的克罗内克尔符号，$\mathrm{m^{-1}}$；q_{L} 表示滤失速度，$\mathrm{m^2/s}$。

其中滤失速度（q_{L}）是根据一维 Carte 滤失模型计算的，该模型基的假设是裂缝扩展速度远大于流体滤失速度，这对大部分低渗流储层适用[30-31]。

1.2.2　井筒中流体流动方程

流体在井筒中的流动应当满足体积守恒和压力平衡条件，并且类似于电流在电路循环中的流动，因此可根据基尔霍夫定律建立各簇孔眼流量分配的控制方程[32]。在忽略井筒存储的条件下，各簇流量之和应当等于总注入流量。根据压力平衡条件，各簇裂缝均满足井筒摩阻、孔眼摩阻和缝口摩阻之和等于井底压力。联立流量守恒和压力平衡条件，可以建立一个以各簇流量分配和井底压力为未知数的非线性方程组，然后采用 Newton—Raphson（N—R 方法）方法迭代求解。

1.3　裂缝扩展准则

线弹性断裂力学准则仅适用于裂缝尖端极小区域，为保证准确判断裂缝扩展，一种方法是尖端网格加密，但无疑会降低计算效率，另一种方法是采用适用范围更大的多尺度尖端渐进解，从而在粗网格条件下也能准确计算裂缝尖端宽度。因此，本文采用尖端渐进解来计算裂缝尖端扩展的临界宽度[33]。

$$w_c = \left(\frac{K'^3}{E'^3} r^{\frac{3}{2}} + 2 \times 3^{\frac{5}{2}} \frac{12\mu v r^2}{E'} \right)^{\frac{1}{3}} \tag{6}$$

其中：

$$K' = 8 / \sqrt{2\pi} K_{\mathrm{Ic}}$$

$$E' = E / \left(1 - v^2 \right)$$

式中：w_c 表示裂缝临界宽度，m；K' 和 E' 表示简记符号；K_{Ic} 表示 I 型断裂韧性，MPa·m$^{1/2}$；E 表示杨氏模量，GPa；v 表示泊松比；μ 表示流体黏度，mPa·s；v 表示裂缝尖端扩展速度，m/s；r 表示到裂缝尖端的距离，m。

考虑裂缝尖端的宽度和流量为零，忽略尖端流体滞后，这在常见的水力压裂施工作业深度条件下是合理的[34]。

1.4 孔眼磨蚀模型耦合求解

经典孔眼摩阻计算公式为[22]：

$$p_{\mathrm{pf}} = \frac{8\rho Q^2}{\pi^2 D^4 N_{\mathrm{p}}^2 C_{\mathrm{d}}^2} \tag{7}$$

式中：p_{pf} 表示孔眼摩阻，Pa；Q 表示排量，m^3/s；ρ 表示流体密度，kg/m^3；D 表示孔眼直径，m；N_{p} 为孔眼数；C_{d} 表示孔眼流量系数。

孔眼磨蚀作用直接改变孔眼直径和流量系数，Long 等[35-36]基于孔眼磨蚀速度与支撑剂的动能相关，提出了半经验的孔眼磨蚀模型，建立了孔眼直径（D）和流量系数（C_{d}）随时间变化的关系式。

$$\begin{cases} \dfrac{\mathrm{d}D}{\mathrm{d}t} = \alpha C v_{\mathrm{p}}^2 \\ \dfrac{\mathrm{d}C_{\mathrm{d}}}{\mathrm{d}t} = \beta C v_{\mathrm{p}}^2 \left(1 - \dfrac{C_{\mathrm{d}}}{C_{\max}} \right) \end{cases} \tag{8}$$

式中：C 表示支撑剂浓度，kg/m^3；v_{p} 表示压裂液在孔眼处的平均流速，m/s；$C_{\max}$ 表示最大流量系数；α 和 β 为两个附加参数，表示支撑剂与套管相互作用对孔眼直径和流量系数的影响程度，分别取值为 1.07×10^{-13}（m^2·s）/kg 和 1.08×10^{-8}（m·s）/kg。

孔眼磨蚀模型为两个常微分方程，构造高精度的单步法可满足计算需求，应用最广泛的一类高精度单步法是 Runge—Kutta 方法，其基本思想是利用区间上的平均斜率来提高数值公式的精度。本文采取经典的四阶 R—K 方法计算 D 和 C_{d}。

在注入支撑剂以后，根据上一时间步的各簇流量分配，显示计算出当前时间步的孔眼直径和流量系数，再根据式（7）求得孔眼摩阻大小，并带入井筒流体流动的控制方程组中求得当前时间步的各簇流量分配，进而求解流固耦合方程组。数值模型的流程如图 1 所示。

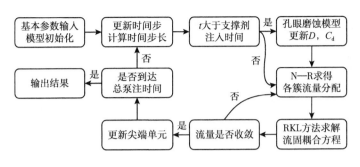

图 1　数值模型求解流程图

2　基于射孔成像数据校正数值模拟模型

孔眼动态磨蚀模型中的两个附加参数 α 和 β 是在特定实验条件下拟合得到的，其值决定了数值模拟过程中孔眼直径和流量系数变化速度。由于孔眼磨蚀作用复杂，受控因素多，要兼顾到数值模型的准确性和适用性，需要对 α 和 β 进行针对性修正。井下射孔成像监测结果表明，孔眼磨蚀面积与支撑剂进入量呈正相关，基于统计分析可回归出两者的比例系数[37]。本文以准噶尔盆地玛湖凹陷致密砾岩储层的井下射孔成像数据为基础，通过调整 α 和 β 校正数值模型。该区块实际施工过程中孔眼磨蚀面积与支撑剂进入量之比 19.857，表示注入 $1m^3$ 支撑剂会磨蚀 $19.857mm^2$ 的孔眼面积[38]。在模型校正前，以该区块实际井的储层参数和压裂参数模拟得到了各簇孔眼的磨蚀面积与支撑剂进入量，并回归出两者的比例系数为 14.575。随后多次调整附加参数，在 α 为 1.49×10^{-13}（$m^2\cdot s$）/kg 和 β 为 1.08×10^{-8}（$m\cdot s$）/kg 时，孔眼磨蚀面积与支撑剂进入量的比例系数为 19.846，与该区块实际的统计结果差别不大（图 2）。

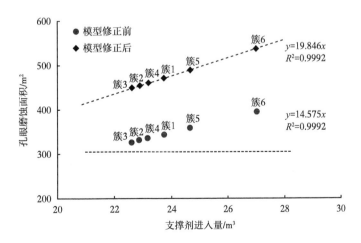

图 2　各簇孔眼磨蚀面积与支撑剂进入量关系图

针对玛湖凹陷砾岩储层开发，本文采用修正后的 α 和 β 模拟研究孔眼磨蚀作用下的多裂缝扩展以及限流射孔参数优化。

3　孔眼磨蚀对多裂缝扩展影响分析

基于上述的数值模拟模型，以实际的玛湖致密油气储层参数和施工参数为例，模拟研究水平井单段6簇多裂缝同步扩展时，孔眼磨蚀作用对孔眼摩阻、孔眼直径、流量系数、流量分配以及裂缝扩展均匀程度的影响。压裂段趾端簇到跟端簇裂缝依次编号HF1~HF6。模型输入的基本参数如表1所示。

表1　数值模型的基本参数表

参数类型	参数/单位	数值
流体参数	黏度/(mPa·s)	10
	密度/(kg/m³)	1000
地层参数	储层厚度/m	30
	杨氏模量/GPa	25
	泊松比	0.19
	最小水平主应力/MPa	60
	断裂韧性/(MPa·m^{1/2})	1.5
	滤失系数/(m/s^{1/2})	1×10^{-5}
施工参数	簇数/簇	6
	簇间距/m	10
	孔眼直径/mm	12
	每簇孔眼数	12
注入参数	排量/(m³/min)	12
	初始流量系数(C_d)	0.6
	最大流量系数(C_{max})	0.9
	支撑剂浓度/(kg/m³)	720
	携砂液注入时间/min	15
	总泵注时间/min	45

在携砂液注入前，各簇孔眼的流量系数和孔眼直径恒定不变，而孔眼摩阻和流量分配各不相同（图3）。其中靠近跟端的第5簇和第6簇较其他簇具有更大的孔眼摩阻和流量分配占比。在携砂液注入后，孔眼磨蚀作用使得各簇孔眼摩阻均明显降低，并且其变化过程可主要分为两个阶段［图3（c）］。在第一阶段中表现为急剧降低的趋势（15~20min），这是由于各簇孔眼的流量系数从初始值0.6迅速上升到设定的最大值0.9［图3（a）］，使得各簇孔眼摩阻迅速降低约1MPa；在第二阶段中呈缓慢降低趋势（20~45min），这是由于流量系数趋于稳定不变，孔眼直径以相对缓慢的速度逐渐增加［图3（b）］，使得各簇孔眼摩阻继续缓慢地降低。

这也符合室内实验结果：第一个阶段，支撑剂进入量较少时，孔眼边缘逐渐光滑，但孔眼直径并未显著增加，此时流量系数(C_d)对孔眼摩阻降低起主导作用；第二阶段，支撑剂进入量较多时，C_d逐渐平缓，射孔直径（D）缓慢增大，导致孔眼摩阻进一步降低[22]。此外，在泵注结束后，从趾端到跟端所有簇的流量系数均达到了设定的最大值，但所需的时间为8.2~27min。泵注入结束后，从跟端到趾端的各簇孔眼直径改变量为0.049~0.170mm，这说明各簇裂缝的孔眼磨蚀速度和磨蚀程度并不相同，靠近两侧的射孔簇孔眼磨蚀作用更强。这是因为外侧裂缝比内侧裂缝受到的应力干扰挤压作用更小，流量分配更多，孔眼摩阻更大，孔眼磨蚀作用也更强，其流量系数和孔眼直径增加更快。并且由于井筒摩阻影响，靠近跟端射孔簇比趾端射孔簇损失的压力更少，分配的流量更多，孔眼磨蚀作用最强。

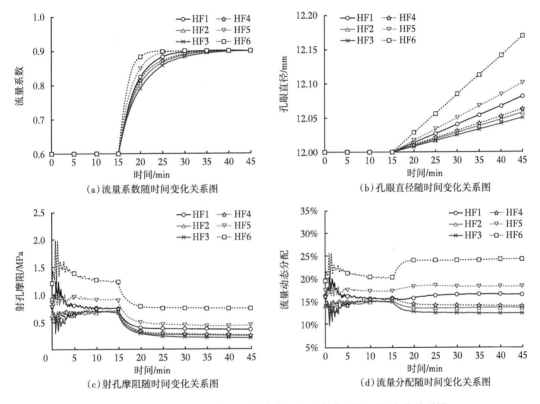

图3　流量系数、孔眼直径、射孔摩阻和流量分配随时间变化关系图

在二维多裂缝扩展模型中，裂缝高度是固定的，各簇孔眼的流量分配与各裂缝横向扩展程度直接相关，而流量分配受井筒摩阻、孔眼摩阻、近井弯曲摩阻和缝内摩阻影响，并且当极限限流时（如较小的孔眼直径或者较少的孔眼数目）或者排量较大时，孔眼摩阻较大，对各簇流量分配起主导作用。注入携砂液后产生孔眼磨蚀作用，增大了流量系数和孔眼直径，降低了各簇孔眼摩阻及限流能力，这必然会使各簇孔眼的流量分配以及多裂缝扩展形态受到一定程度影响。携砂液注入后，各簇裂缝的流量分配发生明显变化。靠近外侧的优势簇裂缝（第1簇、第5簇和第6簇）的流量分配进一步增加，尤其是跟端外侧第6簇裂缝的流量分配增加的最显著，而内侧的劣势簇裂缝（第2簇、第3簇和第4簇）的流量分配进一步受到遏制［图3（d）］。这是因为在磨蚀作用开始前，优势簇裂缝分配的流量更多，流体通过孔眼的速度更快，携砂液注入时分配的支撑剂也更多，使得磨蚀速度以

及最终磨蚀程度都会大于劣势簇裂缝。此外，流量分配曲线的变化趋势与射孔摩阻变化密切相关，射孔摩阻迅速降低时，各簇流量分配变化最为明显，而射孔摩阻趋于稳定时，各簇流量分配也趋于稳定，说明孔眼摩阻对各簇流量分配具有重要影响。

泵注结束后，不考虑孔眼磨蚀作用的各簇进液量差异系数是 13.1%，而考虑孔眼磨蚀作用是 21.3%，说明孔眼磨蚀作用加剧了流量分配的不均衡程度。并且从多裂缝扩展形态上看，考虑孔眼磨蚀作用后，跟端簇裂缝长度更长，内侧多条裂缝长度更短，裂缝长度差异系数由 7.7% 增加到了 11%，说明多裂缝扩展的均匀程度降低（图 4）

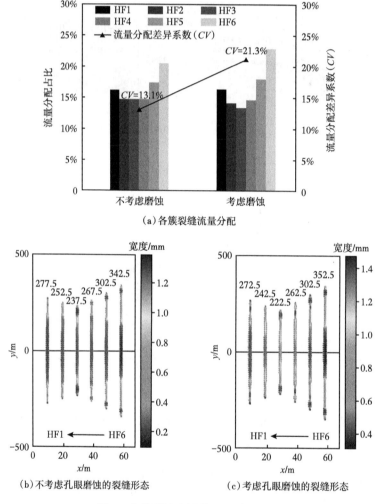

(a) 各簇裂缝流量分配

(b) 不考虑孔眼磨蚀的裂缝形态

(c) 考虑孔眼磨蚀的裂缝形态

图 4　各簇裂缝流量分配及裂缝形态

4　孔眼磨蚀作用下的限流射孔参数优化

限流压裂技术通常采用限制孔眼数目、孔眼直径或者提高排量来增大孔眼摩阻，促进各簇裂缝均匀进液，该方法简单高效，成为了现场应用最为广泛的技术。矿场监测和数值模拟研究表明，多裂缝起裂和扩展受地应力分布影响较大，高地应力簇的孔眼更难起裂[5, 13]。

因此，分别模拟研究不同段内应力分布条件下的孔眼磨蚀作用以及限流参数优化。

4.1　段内应力均匀分布下的限流参数优化

对于比较理想的段内应力均匀分布情况，各簇裂缝非均匀进液以及扩展主要受应力干扰和孔眼磨蚀作用影响。以表 1 的基本参数开展数值模拟，分别研究不同孔眼数目、孔眼直径和排量下的孔眼磨蚀规律以及限流压裂参数优化。模拟结果表明，当孔眼数目由单簇12 孔降低到 4 孔，或者初始孔眼直径由 12mm 降低到 8mm 时，流量系数和孔眼直径的变化趋势更陡。泵注结束后，各簇孔眼直径改变量的平均值增加了 3 倍以上，说明孔眼磨蚀作用显著增强。当泵注排量从 18m³/min 降低到 10m³/min 时，流量系数和孔眼直径的变化趋势减缓。泵注结束后，各簇孔眼直径改变量的平均值约减小了 2 倍（图 5 和图 6）。这是因为当孔眼数目、孔眼直径减小或者排量增大时，孔眼摩阻增加，限流作用更强，增加了携砂液通过孔眼的速度，使孔眼磨蚀作用增强，导致流量系数和孔眼直径增加更快。这说明限流作用越强，孔眼磨蚀作用也越强。

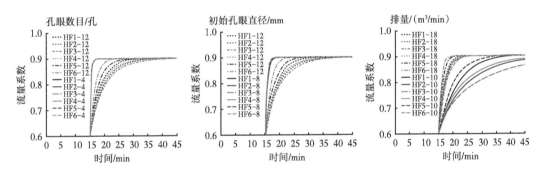

图 5　不同限流参数条件下的流量系数变化图

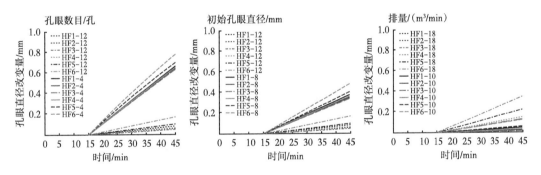

图 6　不同限流参数条件下的孔眼直径变化图

通过开展多组不同孔眼数目、孔眼直径以及排量下的数值模拟，绘制了不同情况下的各簇流量分配差异系数图，可以看出限流作用是起"正作用"，即促进各簇流量均匀分配，如降低孔眼数目、孔眼直径和增大排量时，增加了限流能力，各簇孔眼的流量分配差异系数均降低（图 7）；而孔眼磨蚀是起"负作用"，如第 3 节所述，即加剧各簇裂缝流量分配的非均匀程度。同时限流压裂的"正作用"越强，孔眼磨蚀的"负作用"也越强，两种作用均会影响各簇孔眼的流量分配。

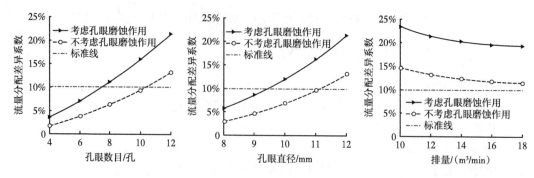

图 7　不同限流参数条件下的各簇流量分配差异系数图

图 7 可知，当限流作用增强时，无论是否考虑孔眼磨蚀作用，各簇孔眼的流量分配差异系数均呈降低趋势，即限流有效，各簇孔眼的流量分配更加均匀。尽管限流作用会增加孔眼磨蚀速度，但是从整体上看，限流的"正作用"还是大于孔眼磨蚀的"负作用"。虽然孔眼磨蚀的"负作用"并没有改变限流"正作用"的整体趋势，但是同等条件下，考虑孔眼磨蚀比不考虑孔眼磨蚀的流量分配差异系数显著增加。说明在限流压裂中，孔眼磨蚀作用会降低限流能力，对各簇孔眼的流量分配以及多裂缝扩展具有不可忽略的影响。由于储层非均质性、应力干扰作用以及孔眼磨蚀作用的存在，实际施工过程中不可能达到完全的均衡进液。为了通过数值模拟来优化设计合理的限流压裂参数，设置流量分配差异系数的标准线来判断流量分配是否均衡。本文设置流量分配差异系数标准线为10%，当流量分配差异系数小于标准线时，可认为流量分配已经较为均衡，该标准线可根据具体储层或者期望达到的流量分配以及多裂缝扩展均衡程度进行调整。模拟结果表明，通过减小孔眼数目限流压裂时，不考虑孔眼磨蚀作用在每簇 10 孔就能够实现流量均匀分配，而考虑孔眼磨蚀作用需要降低到每簇 7 孔。通过减小孔眼直径限流压裂时，不考虑孔眼磨蚀作用在11mm 孔眼直径就能够实现流量均匀分配，而考虑孔眼磨蚀作用需要降低到 9mm 的孔眼直径。通过提升排量增大限流能力时，无论是否考虑孔眼磨蚀作用，在模拟的排量范围内均未达到均衡的流量分配。从流量分配差异系数曲线的变化趋势来看，限制孔眼数目和孔眼直径比增大排量的效果更加明显，更容易实现流量均匀分配。

4.2　段内应力非均匀分布下的限流参数优化

为了研究段内应力非均匀分布时的情况，设置了 3 种应力分布状态，即趾端簇高应力（第 1 簇和第 2 簇）、中间簇高应力（第 3 簇和第 4 簇）和跟端簇高应力（第 5 簇和第 6 簇）分布。其中每一种应力状态分布的簇间应力差异均为 1MPa，比如趾端簇高应力分布时，第 1 簇和第 2 簇的最小水平主应力比第 3 簇至第 6 簇高 1MPa。

对于高应力分布于趾端簇的情况，在携砂液注入前，趾端簇裂缝能够进液，但流量分配占比明显少于其他簇，甚至低于中间簇裂缝，说明趾端簇裂缝能够进液，但是裂缝起裂及扩展受到了高地应力的抑制。携砂液注入后，受孔眼磨蚀作用的影响，中间簇和跟端簇的流量系数迅速增加，并且孔眼直径也逐渐增大，流量分配占比进一步增加。而趾端簇裂缝在携砂液注入不久之后就停止进液，因此流量系数在缓慢增加后就不再改变，孔眼直径也没有增加［图 8（a）至图 8（c）］。泵注结束后，趾端簇裂缝并未充分扩展，其长度和宽度都明显低于其他簇裂缝［图 9（a）］。

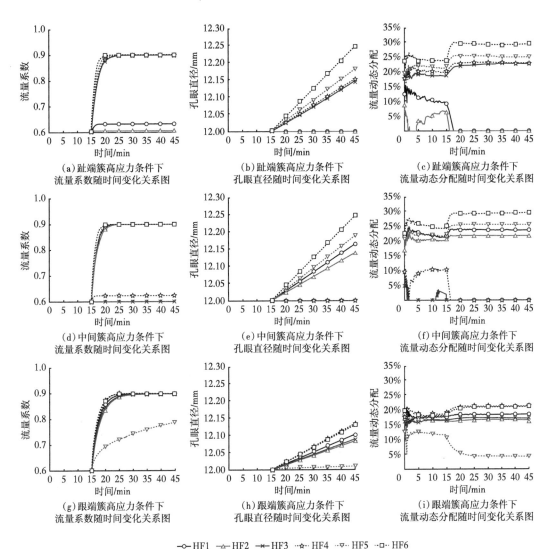

（a）趾端簇高应力条件下
流量系数随时间变化关系图

（b）趾端簇高应力条件下
孔眼直径随时间变化关系图

（c）趾端簇高应力条件下
流量动态分配随时间变化关系图

（d）中间簇高应力条件下
流量系数随时间变化关系图

（e）中间簇高应力条件下
孔眼直径随时间变化关系图

（f）中间簇高应力条件下
流量动态分配随时间变化关系图

（g）跟端簇高应力条件下
流量系数随时间变化关系图

（h）跟端簇高应力条件下
孔眼直径随时间变化关系图

（i）跟端簇高应力条件下
流量动态分配随时间变化关系图

—○— HF1　—△— HF2　—✳— HF3　…☆… HF4　…▽… HF5　…□… HF6

图 8　流量系数、孔眼直径以及流量分配随时间变化关系图

对于高应力分布于中间簇的情况，在携砂液注入前，中间簇裂缝在高地应力和应力干扰作用下，其流量分配占比较低，第 3 簇裂缝甚至不能进液。携砂液注入之后，趾端簇和跟端簇裂缝的流量分配占比继续增加，孔眼磨蚀程度也逐渐变大，而中间簇裂缝流量分配占比降低至零，孔眼未被继续磨蚀，流量系数和孔眼直径基本不变［图 8（d）和图 8（f）］。泵注结束后，中间簇裂缝未能充分扩展［图 9（b）］。

高应力分布于跟端簇的情况，在携砂液注入前，各簇裂缝的流量分配比例较为均匀，这是因为跟端簇裂缝受到的应力干扰作用以及井筒摩阻较小，高应力分布并未能完全抑制跟端簇裂缝进液。携砂液注入之后，在孔眼磨蚀作用下各簇裂缝的流量分配差异增加，值得注意的是跟端簇两条裂缝流量变化呈现出截然不同的表现，其中第 5 簇裂缝流量分配占比降低，流量系数呈缓慢增加趋势，孔眼直径发生了轻微改变，而第 6 簇裂缝的流量分配占比增加，孔眼磨蚀速度以及磨蚀程度与其他低应力簇相当，说明该簇裂缝并未受到高地应力的抑制作用。这是因为第 6 簇比第 5 簇受到的应力干扰作用和井筒摩阻更小，更不容易受到高地应力的抑制作用［图 8（g）和图 8（i）］。泵注结束后，跟端簇裂缝扩展较为充分，多裂缝扩展均匀程度与段内地应力均匀分布时相当［图 4（c）和图 9（c）］。

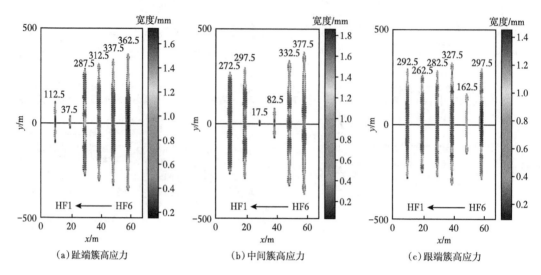

图 9　段内应力非均匀分布裂缝形态图

通过上述模拟发现，在段内应力非均匀分布时，尤其是趾端簇和中间簇高应力分布，高应力簇的流量分配容易受到抑制，注入携砂液后的孔眼磨蚀作用使得各簇流量分配的非均衡程度更加严重，甚至导致高应力簇裂缝停止进液，裂缝不能充分扩展，需要优化限流射孔参数促进多裂缝均匀改造。相比于增大排量的限流效果并不明显，以及准确限制孔眼直径具有一定的工艺难度，限制孔眼数目能够更加容易满足限流能力。因此，以限制孔眼数目的方式模拟研究多组段内应力非均匀分布情况下的流量分配情况。在孔眼磨蚀作用的影响下，趾端簇、中间簇以及跟端簇高应力分布的情况下，要满足各簇裂缝均衡进液需要的孔眼数目分别为 4 孔／簇、4 孔／簇和 6 孔／簇。同等孔眼数目条件下，跟端簇高应力分布明显比其他两种非均匀应力分布情况具有更低的进液差异系数，说明跟端簇高应力分布对流量均衡分配的影响更小（图 10）。此外，所有情况中考虑孔眼磨蚀作用的流量分配差异系数明显更大，再次说明孔眼磨蚀作用的影响不可忽略。

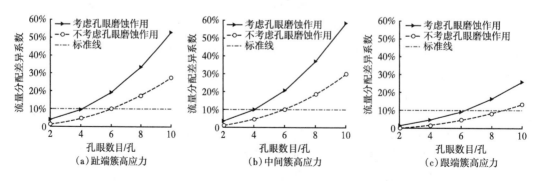

图 10　段内应力非均匀分布下的各簇裂缝流量分配差异系数图

5　结论

（1）针对准噶尔盆地玛湖凹陷砾岩储层，以井下射孔成像监测数据校正了孔眼动态磨蚀模型的附加参数，校正后的 α 和 β 分别为 1.49×10^{-13}（$m^2\cdot s$）/kg 和 1.08×10^{-8}（$m\cdot s$）/kg。携砂液注入后，孔眼磨蚀作用将增加流量系数和孔眼直径，迅速降低孔眼摩阻，加剧各簇流量分配以及多裂缝扩展的不均匀程度。

（2）段内应力均匀分布时，随着孔眼数目、孔眼直径降低或者排量增加，限流作用增强，孔眼磨蚀作用也随之增强。虽然孔眼动态磨蚀没有改变限流作用的整体趋势，但一定程度上增加了流量分配的不均匀性，降低了限流能力。限制孔眼数目和孔眼直径比增大排量的限流效果更加明显，更容易实现流量均匀分配。

（3）段内应力非均匀分布时，尤其是趾端簇和中间簇高应力分布，高应力簇的裂缝扩展受到明显的抑制作用，并且考虑孔眼磨蚀作用后将进一步加剧各簇流量分配的非均衡程度，甚至导致高应力簇裂缝停止进液，裂缝不能充分扩展，需要优化限流射孔参数促进多裂缝均匀改造。

参 考 文 献

[1] Miskimins J L. Hydraulic fracturing: Fundamentals and advancements[M]. Richardson: SPE, 2019.

[2] 蒲春生，郑恒，杨兆平，等. 水平井分段体积压裂复杂裂缝形成机制研究现状与发展趋势[J]. 石油学报，2020，41（12）：1734-1743.

[3] Miller C, Waters G, Rylander E. Evaluation of production log data from horizontal wells drilled in organic shales[C]//North American Unconventional Gas Conference and Exhibition. The Woodlands: SPE-144326-MS, 2011.

[4] Ugueto C G A, Huckabee P T, Molenaar M M, et al. Perforation cluster efficiency of cemented plug and perf limited entry completions: insights from fiber optics diagnostics[C]//SPE Hydraulic Fracturing Technology Conference. The Woodlands: SPE-179124-MS, 2016.

[5] Lecampion B, Desroches J, Weng X, et al. Can we engineer better multistage horizontal completions? Evidence of the importance of near-wellbore fracture geometry from theory, lab and field experiments[C]// SPE Hydraulic Fracturing Technology Conference. The Woodlands, SPE-173363-MS, 2015.

[6] Wu K, Olson J E. Mechanisms of simultaneous hydraulic-fracture propagation from multiple perforation clusters in horizontal wells[J]. SPE Journal, 2016, 21（3）: 1000-1008.

[7] 曾青冬，姚军. 水平井多裂缝同步扩展数值模拟[J]. 石油学报，2015，36（12）：1571-1579.

[8] Daneshy A. Dynamic interaction within multiple limited entry fractures in horizontal wells: Theory, implications and field verification[C]//SPE Hydraulic Fracturing Technology Conference. The Woodlands: SPE-173344-MS, 2015.

[9] Peirce A P, Bunger A P. Interference fracturing: Nonuniform distributions of perforation clusters that promote simultaneous growth of multiple hydraulic fractures[J]. SPE Journal, 2014, 20（2）: 384-395.

[10] Ugueto G, Huckabee P, Nguyen A, et al. A cost-effective evaluation of pods diversion effectiveness using fiber optics DAS and DTS[C]//SPE Hydraulic Fracturing Technology Conference and Exhibition. The Woodlands: SPE-199687-MS, 2020.

[11] Evans S, Holley E, Dawson K, et al. Eagle Ford case history: Evaluation of diversion techniques to increase stimulation effectiveness[C]//SPE/AAPG/SEG Unconventional Resources Technology Conference.

San Antonio：URTEC-2459883-MS，2016.

[12] 陈钊，王天一，姜馨淳，等.页岩气水平井段内多簇压裂暂堵技术的数值模拟研究及先导实验 [J].天然气工业，2021，41（增刊 1）：158-163.

[13] Wu K，OLSON J，BALHOFF M T，et al. Numerical analysis for promoting uniform development of simultaneous multiple-fracture propagation in horizontal wells[J]. SPE Production &Operations，2016，32（1）：41-50.

[14] 周彤，陈铭，张士诚，等.非均匀应力场影响下的裂缝扩展模拟及投球暂堵优化 [J].天然气工业，2020，40（3）：82-91.

[15] Zou Y S，Ma X F，Zhang S C. Numerical modeling of fracture propagation during temporary-plugging fracturing[J]. SPE Journal，2020，25（3）：1503-1522.

[16] Cheng C，Bunger A P，Peirce A P. Optimal perforation location and limited entry design for promoting simultaneous growth of multiple hydraulic fractures[C]//SPE Hydraulic Fracturing Technology Conference. The Woodlands：SPE-179158-MS，2016.

[17] 赵金洲，陈曦宇，李勇明，等.水平井分段多簇压裂模拟分析及射孔优化 [J].石油勘探与开发，2017，44（1）：117-124.

[18] 李扬，邓金根，刘伟，等.水平井分段多簇限流压裂数值模拟 [J].断块油气田，2017，24（1）：69-73.

[19] Cramer D，Friehauf K，Roberts G，et al. Integrating distributed acoustic sensing，treatment-pressure analysis，and video-based perforation imaging to evaluate limited-entry-treatment effectiveness[J]. SPE Production & Operations，2020，35（4）：730-755.

[20] Roberts G，Lilly T B，Tymons T R. Improved well stimulation through the application of downhole video analytics[C]//SPE Hydraulic Fracturing Technology Conference and Exhibition. The Woodlands：SPE-189851-MS，2018.

[21] Roberts G，Whittaker J，Mcdonald J，et al. Proppant distribution observations from 20，000+ perforation erosion measurements[C]//SPE Hydraulic Fracturing Technology Conference and Exhibition. The Woodlands：SPE-199693-MS，2020.

[22] Crump J B，Conway M W. Effects of perforation-entry friction on bottomhole treating analysis[J]. Journal of Petroleum Technology，1988，40（8）：1041-1048.

[23] Cramer D D. The application of limited-entry techniques in massive hydraulic fracturing treatments[C]// SPE Production Operations Symposium.Oklahoma City：SPE-16189-MS，1987.

[24] 陈铭，张士诚，胥云，等.水平井分段压裂平面三维多裂缝扩展模型求解算法 [J].石油勘探与开发，2020，47（1）：163-174.

[25] Chen M，Zhang Shicheng，LI Sihai，et al. An explicit algorithm for modeling planar 3D hydraulic fracture growth based on a super-time-stepping method[J]. International Journal of Solids and Structures，2020（191/192）：370-389.

[26] Meyer C D，Balsara D S，Aslam T D. A stabilized Runge–Kutta–Legendre method for explicit super-time-stepping of parabolic and mixed equations[J]. Journal of Computational Physics，2014，257（Part A）：594-626.

[27] Crouch S L，Starfield A M. Boundary element methods in solid mechanics[M]. London：George Allen & Unwin，1983.

[28] Olson J E. Predicting fracture swarms—the influence of subcritical crack growth and the crack-tip process zone on joint spacing in rock[J]. Geological Society，London，Special Publications，2004，231（1）：73-88.

［29］Zia H, Lecampion B. Propagation of a height contained hydraulic fracture in turbulent flow regimes［J］. International Journal of Solids and Structures, 2017（110/111）: 265-278.

［30］Howard G, Fast C R. Optimum fluid characteristics for fracture extension［J］. Drilling & Production Practice, 1957.

［31］Lecampion B, Bunger A, Zhang Xi. Numerical methods for hydraulic fracture propagation: A review of recent trends［J］.Journal of Natural Gas Science and Engineering, 2018, 49: 66-83.

［32］Wu K, Olson J E. Simultaneous multifracture treatments: Fully coupled fluid flow and fracture mechanics for horizontal wells［J］. SPE Journal, 2014, 20（2）: 337-346.

［33］Dontsov E V, Peirce A P. A non-singular integral equation formulation to analyse multiscale behaviour in semi-infinite hydraulic fractures［J］. Journal of Fluid Mechanics, 2015, 781: R1.

［34］Detournay E, Garagash D I. The near-tip region of a fluid-driven fracture propagating in a permeable elastic solid［J］.Journal of Fluid Mechanics, 2003, 494: 1-32.

［35］Long G B, Liu S X, Xu G S, et al. A perforation-erosion model for hydraulic-fracturing applications［J］. SPE Production & Operations, 2018, 33（4）: 770-783.

［36］Long G B, Xu G S. The effects of perforation erosion on practical hydraulic-fracturing applications［J］. SPE Journal, 2017, 22（2）: 645-659.

［37］Roberts G, Whittaker J L, Mcdonald J. A novel hydraulic fracture evaluation method using downhole video images to analyse perforation erosion［C］//SPE International Hydraulic Fracturing Technology Conference and Exhibition. Muscat: SPE-191466-18IHFT-MS, 2018.

［38］臧传贞, 姜汉桥, 石善志, 等. 基于射孔成像监测的多簇裂缝均匀起裂程度分析——以准噶尔盆地玛湖凹陷致密砾岩为例［J］. 石油勘探与开发, 2022, 49（2）: 394-402.

射孔对致密砂岩气藏水力压裂裂缝起裂与扩展的影响

雷 鑫[1]，张士诚[1]，许国庆[1]，邹雨时[1]，郭天魁[2]

（1.中国石油大学（北京）教育部石油工程重点实验室；

2.中国石油大学（华东）石油工程学院）

摘 要： 为降低致密砂岩气藏偏高的地层破裂压力及增加储层改造体积，设计小型水力压裂实验装置，通过鄂尔多斯致密砂岩气藏钻井取心，研究不同射孔数量、射孔间距、射孔深度及水平应力差条件下水力压裂裂缝起裂与扩展规律。结果表明，射孔可以有效地降低致密砂岩气藏的破裂压力；增加射孔数量可以增加裂缝条数，并且裂缝沿射孔的方向扩展，有利于均匀布缝，提高储层的改造体积；低水平应力差和较小的射孔间距产生的缝间干扰导致裂缝在扩展的过程中发生偏转，缝间干扰随着射孔间距的增加及水平应力差的增大而减弱；射孔深度对于裂缝起裂也有一定的影响，裂缝更容易从射孔较深的区域起裂，为致密砂岩气藏压裂井射孔参数优化提供依据。

关键词： 射孔；致密砂岩气藏；裂缝起裂；裂缝扩展；破裂压力；缝间干扰

致密砂岩气藏储层孔隙度小、渗透率极低，物性界限为空气渗透率小于 0.3mD，单井产能低，常规开发方式很难实现有效动用。在水力压裂过程中，为了实现致密气藏经济有效的开采，一般采用射孔水平井分段多簇的体积压裂方式开启天然裂缝，使它不断扩张并与脆性岩石产生剪切滑移，最终形成天然裂缝与人工裂缝相互交错的裂缝网络体系，从而增加改造体积、提高初始产量和最终采收率[1]。由于部分致密砂岩气藏地层破裂压力较高，导致压裂施工困难，需要采用射孔完井方法降低储层破裂压力[2]。另外，增加射孔裂缝条数，以沟通更多的天然裂缝和提高缝网结构的复杂性也是致密砂岩气藏增产改造的重点[3]。在射孔井眼中，裂缝的起裂和近井筒的裂缝扩展是复杂的[4]，对于致密砂岩气藏的储层改造效果有很大影响。因此，研究射孔对致密砂岩气藏水平井压裂裂缝起裂与扩展的影响，对于水平井水力压裂优化设计具有重要的意义。

目前，对射孔影响裂缝起裂与扩展的实验研究多采用大尺寸的真三轴实验系统。Daneshy A[5] 采用石膏块预置射孔的方式研究射孔影响破裂压力，发现增加射孔数量可以有效地降低破裂压力，短孔眼具有比长孔眼更低的破裂压力，射孔直径主要影响地层的抗拉强度，直径越大抗拉强度越低。邓金根等[6] 采用水泥块预置射孔的方式研究不同射孔方式、方位、孔密、孔深及孔径对裂缝延伸和破裂压力的影响规律，对川西南致密气藏压裂井的射孔参数进行优化；BehrmannL 等[7] 使用砂岩露头进行射孔断裂实验，以确定最优起裂的射孔几何形状和射孔—压裂过程，表明水力裂缝起裂点通常是在孔眼的底部或是穿过井孔轴线的最小远场应力法平面与井筒表面的交点，起裂点取决于射孔方向相对于最小水平应力法平面、压裂液性质及注入速率。BungerA P 等[8]使用辉长岩露头，结合大型真三轴水力压裂模拟系统研究射孔对于裂缝扩展的影响，表明射孔除了能够有效地降低破裂压力外，对于裂缝的起裂与扩展还有很好的控制，有利于均匀布缝。

这些实验研究使用的是大尺寸人造岩心或是野外露头，不但很难处理实验岩样，而且岩样的物理性质与实际储层岩石物性也有一定差异，更没有专门针对致密砂岩进行过射孔对裂缝起裂与扩展的影响研究。针对致密砂岩储层钻井取心岩样，笔者设计一套小型真三轴水力压裂模拟实验装置，模拟实际地层条件，考虑射孔数量、射孔间距、射孔深度及水平应力差的影响，研究射孔对于致密砂岩气藏水力压裂裂缝起裂与扩展的影响，为致密砂岩气藏水力压裂射孔参数优化提供依据。

1　实验

1.1　设备

设计一套小型真三轴水力压裂模拟实验装置，其关键部分为岩心室［图 1（a）］，其中 σ_v 为垂向应力，σ_H 为最大水平主应力），σ_h 为最小水平主应力），内部尺寸为 8.0cm×8.0cm×10.0cm。再结合液压泵、中间容器、压力传感器、压力数据采集系统及恒流泵，组成小型水力压裂模拟实验装置［图 1（b）］。利用岩心室两侧和底部的液压活塞推动钢板，实现岩样的三轴应力加载，单向应力最大为 30MPa；还可以调节不同活塞下的压力，实现应力差加载（图 2）。与常规大尺寸的真三轴装置相比，该装置的尺寸适用于实际储层的钻井取心，实现储层应力加载，更加真实地模拟储层压裂后近井筒处的裂缝起裂与扩展。

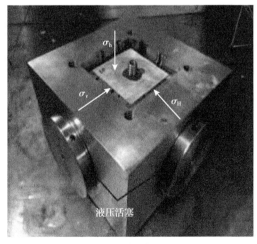

（a）岩心室

（b）装置

图 1　小型水力压裂模拟实验装置

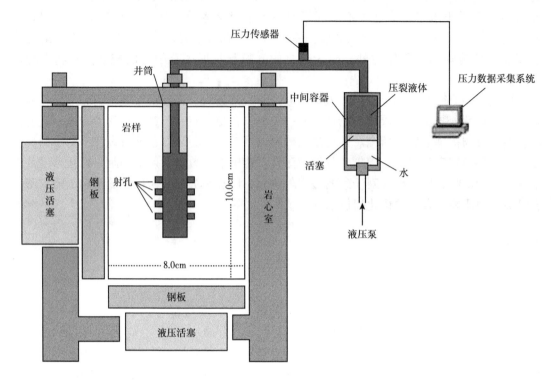

图 2　实验装置流程

1.2　岩样

岩样为鄂尔多斯盆地致密砂岩气藏钻井取心，物理及岩石力学参数见表 1。在实验过程中，为了防止岩心存在的天然裂缝对水力裂缝的扩展产生影响，实验前对岩心进行 CT 扫描。由 CT 扫描结果（图 3）可以看出，实验选取的岩心不含有天然裂缝，可以忽略天然裂缝对水力裂缝扩展的影响。将岩心加工成为 8.0cm×8.0cm×10.0cm 的方块，在岩心中部钻直径为 1.5cm、深度为 7.5cm 的孔洞。将孔洞下部的 4.5cm 空间作为裸眼段，在裸眼段的内壁刻上深度为 0.1cm 的环型槽模拟射孔，环间距（即射孔间距）参数见表 2。然后将注液用的模拟井筒用高强度的环氧树脂胶粘在裸眼段上方（图 2），防止注液时液体从井口漏出导致泄压。为了保证井筒更好的黏结效果，在井筒外壁刻上螺纹。

表 1　岩样物理和岩石力学参数

w（岩石矿物）/%				渗透率 /mD	孔隙度 /%	杨氏模量 /GPa	泊松比	单轴抗压强度 /MPa	单轴抗拉强度 /MPa
石英	碳酸盐岩	长石	黏土矿物						
44.5	15.6	17.4	22.5	0.017	7.5	19.9	0.21	90.3	5.49

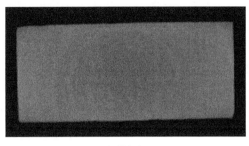
（a）扫描角度0°

（b）扫描角度90°

图 3　致密砂岩岩样 CT 扫描结果

1.3　设计方案

将处理好的岩心放入岩心室，连接管线，对岩心加载应力（表 2），加载方式如图 1（a）所示。实验共选取 12 块岩心岩样，分为 7 组，采用不同的射孔参数进行实验；然后对岩样注压裂液进行压裂，由于岩样尺寸较小，裂缝扩展速度很快，容易达到边界，实验选用低注入速率（0.05mL/min）[9]，采用低黏度滑溜水（2.5mPa·s）作为压裂液。为了更好地观测裂缝形态，在压裂液中加入红墨水；用仪器记录注入压力的变化，观察破裂压力（图 2）；达到破裂压力后压力开始下降，持续注压裂液 1min 后将岩心取出，切割并观察裂缝形态。

表 2　岩心参数

岩样	编号	射孔数	射孔间距 / cm	压裂液黏度 / mPa·s	注入速率 / mL/min	σ_v/ MPa	σ_H/ MPa	σ_h/ MPa
第一组	1，2						15.00	12.00
第二组	3，4	3	1.0				15.00	12.00
第三组	5，6	3	1.0				18.00	9.00
第四组	7，8	4	0.5	2.5	0.05	20.00	15.00	12.00
第五组	9，10	3	0.5				18.00	9.00
第六组	11	2	1.5				18.00	9.00
第七组	12	3	1.0				18.00	9.00

2　实验结果分析

2.1　破裂压力

各个岩样在压裂实验过程中注入压力的变化如图 3 所示。在相同的水平应力差条件下，无射孔的第一组岩样的平均破裂压力为 15.51MPa，其余 6 组射孔岩样的平均破裂压力为 12.70MPa，降低幅度为 18%，射孔能够有效降低岩石的破裂压力。另外，第四组射孔的岩样的破裂压力要略小于第三组射孔的，说明随着射孔数量的增加，岩石的破裂压力减小。射孔对井眼应力的影响可以认为是无限大物体开多孔应力集中相互影响的结果[6]。

随着射孔密度的增加，孔眼距离不断减小，多孔应力集中效应增强，使得孔眼附近的应力增大。因此，在不影响射孔段套管强度的前提下，可以适当地加大射孔密度，一方面保证射孔的有效数量，另一方面可以降低起裂压力。

表3　岩样破裂压力

岩样编号	破裂压力 /MPa	岩样编号	破裂压力 /MPa
1#	15.66	7#	12.37
2#	15.35	8#	12.15
3#	13.08	9#	13.46
4#	12.75	10#	14.06
5#	12.79	11#	14.87
6#	12.92	12#	14.54

2.2　裂缝起裂

未射孔与射孔岩样裂缝形态见图4，其中1#岩样采用未射孔的方式进行水力压裂实验，加载的水平应力差为3MPa，上覆压力为20MPa。由图4（a）可以看出，1#岩样产生1条裂缝，处于井眼的底部。这是因为在钻孔时，岩样井眼底部有残余的钻槽，属于岩石的弱面，因此裂缝沿着应力的弱面发生起裂。裂缝的起裂没有方向性，向最大主应力的方向发生偏转，由于岩样尺寸较小，裂缝还未偏转到最大主应力方向已达到边界。3#和8#岩样采用多射孔方式，在射孔处产生多条裂缝，裂缝按垂直于最小主应力方向扩展。水力裂缝的数量随着射孔数量增加而增加，更多的主裂缝沟通储层中天然裂缝而形成复杂的裂缝网络结构。

 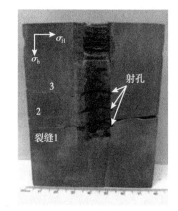 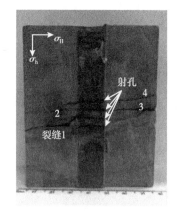

（a）1#岩样　　　　　　　　（b）3#岩样　　　　　　　　（c）8#岩样

图4　未射孔与射孔岩样裂缝形态

受制于岩样的尺寸，实验只能模拟水平井分段多簇压裂其中一簇的近井筒裂缝起裂与扩展。在实际生产中，多条裂缝从井筒起裂点向远井延伸，连通更多天然裂缝，增加接触面积或改造体积。裂缝的起裂取决于井筒周围的应力，包括地质产生的构造应力和裂缝增长产生的应力变化。当最小和最大主应力存在显著差异时，往往产生二维裂缝。因此，即使在近井筒区域射孔产生多条裂缝，随着裂缝的扩展延伸，在缝间干扰的影响下，裂缝在远端也将合并为一条裂缝[10]。为了实现多裂缝扩展增加改造体积，需要进行射孔水平井分段多簇压裂。

2.3　水平应力差

3# 岩样和 5# 岩样采用 3 个射孔，射孔间距为 1.0cm。3# 岩样加载的水平应力差为 3MPa，5# 岩样加载的水平应力差为 9MPa。不同水平应力差条件下岩样裂缝形态如图 5 所示。由图 5（a）和图 5（b）可以看出，在射孔区域，3# 岩样产生 3 条裂缝，沿射孔的位置起裂。在扩展的过程中，裂缝 1 和裂缝 2 的右侧在应力干扰的情况下发生偏转，最后合为 1 条裂缝，裂缝的扩展方向垂直于最小主应力方向。5# 岩样同样产生 3 条裂缝，也是沿射孔的位置起裂。与 3# 岩样相比，在较高的水平应力差条件下，缝间干扰减弱，裂缝在扩展的过程中基本上未发生偏转，3 条裂缝分别垂直于最小主应力方向进行扩展。

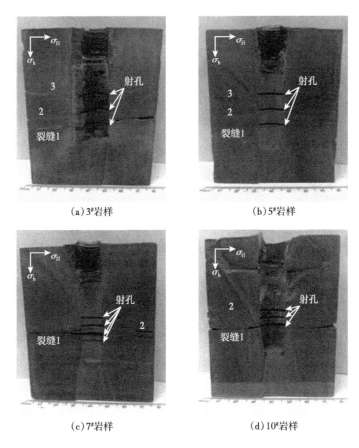

（a）3#岩样　　　　　　　　　　　（b）5#岩样

（c）7#岩样　　　　　　　　　　　（d）10#岩样

图 5　不同水平应力差条件下岩样裂缝形态

7# 岩样采用 4 个射孔，射孔间距为 0.5cm，加载的水平应力差为 3MPa。10# 岩样采用 3 个射孔，射孔间距与 7# 岩样相同，加载的水平应力差为 9MPa。由图 5（c）和图 5（d）

可以看出，在射孔区域，7#岩样产生 2 条裂缝，沿中间的 2 个射孔区域起裂；在裂缝扩展的过程中，裂缝发生偏转，左侧的 2 条裂缝相互偏转合并在一起，右侧的 2 条裂缝也有偏转的趋势。在 10#岩样中，沿着最上面和最下面 2 个射孔有 2 条裂缝起裂，裂缝扩展垂直于最小主应力方向，在扩展的过程中未发生偏转。

水平应力差对于裂缝扩展有很大的影响。由复杂缝到平面缝过渡的应力差通常为 5~7MPa[11]。在 3MPa 的低水平应力差条件下，缝间干扰现象比较明显，说明在扩展的过程中发生应力偏转，导致裂缝扩展的方向偏转。在 9MPa 的高水平应力差的条件下，缝间干扰现象不明显，在扩展的过程中未发生偏转，分别向垂直于最小主应力的方向扩展。这说明随着水平应力差的增大，缝间干扰现象逐渐减弱。

2.4 射孔间距

3#岩样和 8#岩样的实验采用水平应力差为 3MPa，3#岩样的射孔间距为 1.0cm，8#岩样的射孔间距为 0.5cm。不同射孔间距条件下岩样裂缝形态如图 6 所示。由图 6 可以看出，在射孔区域，3#岩样产生 3 条裂缝，只有裂缝 1 和裂缝 2 的右侧部分在扩展的过程中发生偏转，岩样左侧的 3 条裂缝并未发生偏转，沿最大主应力方向扩展。8#岩样产生 4 条裂缝，在扩展的过程中发生偏转，岩样左侧的裂缝 1 和裂缝 2 合并为 1 条，右侧的 2 条裂缝彼此靠近。对于储层，当裂缝的间距很小时，缝间干扰变得强烈。在多级水平井压裂的过程中，新产生的裂缝改变初始应力分布，导致裂缝扩展方向偏离初始最大主应力方向，产生应力阴影[12]现象。因此，射孔间距对裂缝的扩展过程中缝间干扰有一定的影响，随着射孔间距的增加，缝间干扰现象逐渐减弱。

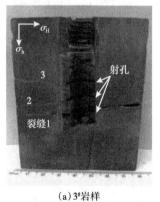

(a) 3#岩样   (b) 8#岩样

图 6 不同射孔间距条件下岩样裂缝形态

2.5 射孔深度

在实验过程中，并不是每个岩样的射孔区域都有裂缝产生。为分析射孔深度对裂缝起裂的影响，选取 11#岩样和 12#岩样，加载的水平应力差为 9MPa。11#岩样有 2 个射孔，射孔间距为 1.5cm，上面的射孔深度为 0.1cm，下面的射孔深度为 0.2cm；12#岩样有 3 个射孔，射孔间距为 1.0cm，上面的 1 个射孔深度为 0.1cm，下面的 2 个射孔的深度为 0.2cm。不同射孔深度下岩样裂缝形态如图 7 所示。由图 7 可以看出，对于 11#岩样，下面的 1 个射孔区域产生裂缝，基本上垂直于最小主应力方向；上面的 1 个射孔区域未产生裂缝。对于 12# 岩样，下面的 2 个射孔区域产生垂直于最小主应力方向的扩展裂缝，上面的 1 个射孔区域未产生裂缝。这说明射孔的深度对裂缝的起裂有一定的影响，当射孔的深度增加时，液体压力在孔壁上有效作用面积增大，用于破裂底层的液体能量增大，使得孔眼的周向应力增加，岩石破裂压力降低，裂缝更容易在较深的射孔中起裂并且扩展[13]。

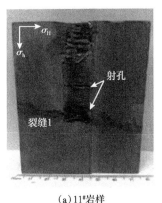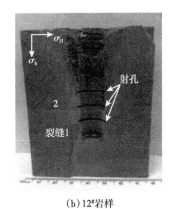

(a) 11#岩样　　　　　　　　　　　　(b) 12#岩样

图 7　不同射孔深度下岩样裂缝形态

3　数值模拟

利用致密砂岩水力压裂裂缝扩展模型[14]，分析射孔间距与水平应力差对裂缝形态的影响，验证实验结果正确性。模型的主要参数：杨氏模量、泊松比分别取为 20.0GPa、0.21，垂向应力为 40MPa，水平最大主应力为 35MPa，最小主应力分别为 26、29 和 32MPa，抗拉强度为 5MPa，射孔间距分别为 35m、55m 和 75m。不同水平应力差、射孔间距下岩样数值模拟结果如图 8 和图 9 所示（其中灰色直线为水平井段）

由图 8 可知，在相同的射孔间距 35m 条件下，当水平应力差为 3.00MPa 时［图 8（a）］，缝间干扰严重，最大水平主应力方向发生改变，水力裂缝沿着最大水平主应力方向延伸，因此裂缝延伸路径出现明显的偏转；当水平应力差达到 6MPa 时［图 8（b）］，缝间干扰相对减弱，裂缝扩展路径也发生偏转，但是偏转不明显；当水平应力差达到 9MPa 时［图 8（c）］，基本上没有缝间干扰，裂缝扩展路径不变，对裂缝形态无影响。

由图 9 可知，在相同的水平应力差 3MPa 条件下，射孔间距为 35m 时［图 9（a）］，裂缝扩展路径发生偏转，表明缝间干扰对裂缝形态影响显著；当射孔间距增加到 55m 时［图 9（b）］，随着缝间距的增大，缝间干扰减弱，裂缝扩展路径偏转不明显；当射孔间距达到 75m 时［图 9（c）］，水力裂缝沿最大水平主应力方向延伸，无偏转。因此，随着水平应力差及射孔间距的增加，缝间干扰对裂缝形态的影响显著降低，当水平地应力差低于 6MPa 或射孔间距低于 55m 时缝间应力干扰显著，裂缝延伸路径偏转明显。这说明数值模拟结果与实验结果是基本吻合的。

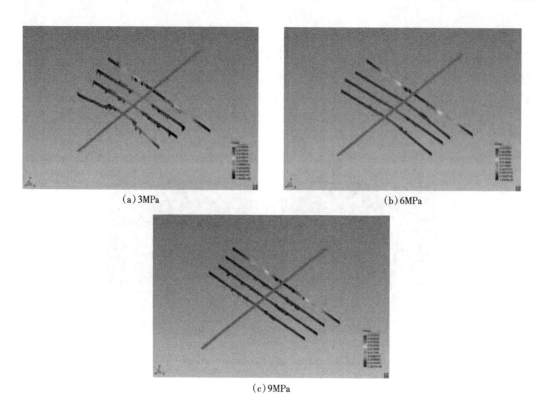

(a) 3MPa   (b) 6MPa

(c) 9MPa

图 8　不同水平应力差条件下岩样裂缝形态数值模拟结果

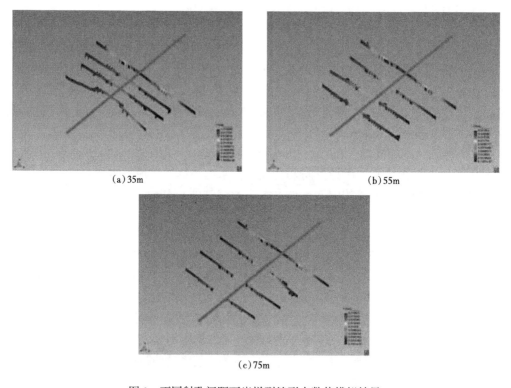

(a) 35m   (b) 55m

(c) 75m

图 9　不同射孔间距下岩样裂缝形态数值模拟结果

4 结论

（1）采用设计的小型真三轴水力压裂模拟实验装置进行实验，并通过数值模拟进行验证，研究射孔影响致密砂岩水力压裂裂缝起裂与扩展的规律。

（2）射孔可以有效地降低致密砂岩气藏的破裂压力，有利于降低现场水力压裂施工的难度；通过多射孔的方式可以增加裂缝的条数，更多地沟通储层中的天然裂缝，有效地提高致密砂岩气藏的改造体积。

（3）在低水平应力差下，要避免射孔间距过小而造成缝间干扰，引起水力裂缝延伸过程中发生偏转合并，导致储层改造体积减小。

参 考 文 献

[1] Mayerhofer MJ, Lolon E P, Warpinski N R, et al.What is stimulated reservoir volume [C].SPE 119890, 2010：89-98.

[2] Zhang G Q, Chen M, Wang X S. Influence of perforation on formation fracturing pressure [J].Petroleum Science, 2004, 1（3）：56-61.

[3] Lehman L, Brumley J.Etiology of multiple fractures [C].SPE37406, 1997.

[4] Abass H, Brumley J, Venditto J. Oriented perforations：A rock mechanics view [C].SPE28555, 1994.

[5] Daneshy A Experimental investigation of hydraulic fracturing through perforations [C].SPE J4333, 1973.

[6] 邓金根，郭先敏，孙焱，等.致密气藏压裂井定向射孔优化技术 [J].石油钻采工艺，2008, 30（6）：93-96.

[7] Behrmann L, Nolte K.Perforating requirements for fracture stimulations [J].SPE Drill Complet, 1999, 14（4）：228-234.

[8] Bunger A P, Jeffrey R G, Kear J.Experimental investigation of the interaction among closely spaced hydraulic fractures [C].ARMA11318, 2011.

[9] Fallahzadeh S H, Rasouli V, Sarmadivaleh M.An investigation of hydraulic fracturing initiation and near-wellbore propagation from perforated boreholes in tight formations [C].ARMA2013662, 2014.

[10] King G E. Thirty years of gas shale fracturing：What have we learned [C].

[11] Warpinskin N R, Teufel L W.Influence of geologic discontinuities on hydraulic fracture propagation [J].Journal of Petroleum Technology, 1987, 39（2）：209-220.

[12] Warpinski N R, Branagan P T.Altered-stress fracturing [J].Journal of Petroleum Technology, 1989, 41（9）：990-991.

[13] 王素玲，董康兴，董海洋.低渗透储层射孔参数对起裂压力的影响 [J].石油钻采工艺，2009, 31(3)：85-89.

[14] 赵振峰，王文雄，邹雨时.致密砂岩储层压裂裂缝扩展数值模拟研究 [J].新疆石油地质，2014, 35（4）：447-451.

深层超深层页岩气水平井缝口暂堵压裂的裂缝调控模拟

胡东风[1]，任　岚[2]，李真祥[1]，赵金洲[2]，林　然[2]，蒋廷学[3]

（1.中国石化勘探分公司；2.西南石油大学"油气藏地质及开发工程"国家
重点实验室 3.中国石化石油工程技术研究院）

摘　要： 深层超深层页岩气井压裂时，受深部地层应力非均质性和"密簇"布缝的联合影响，多簇压裂中的水力裂缝难以同步起裂扩展，同时缝间强干扰作用加剧了裂缝非均衡延伸程度，矿场实践证实缝口暂堵压裂工艺可以有效调控多簇裂缝非均衡延伸，而构建深层超深层页岩气水平井缝口暂堵压裂裂缝调控模拟方法，可提高暂堵工艺实施效果。为此，基于岩石力学、弹性力学、流体力学和裂缝扩展理论、水平井分簇压裂中流量分配方程和暂堵球封堵方程，建立了深层超深层页岩气缝口暂堵压裂的裂缝扩展模型及调控模拟方法，并以中石化川东南丁山—东溪构造深层页岩气井为例，模拟了暂堵压裂中暂堵球数量、暂堵次数和时机对暂堵调控的影响，分析了暂堵球对裂缝扩展形态和SRV展布影响。研究结果表明：（1）缝口暂堵可以显著促进多簇裂缝均衡延伸，模拟证实暂堵球数量、暂堵次数和暂堵时机对裂缝调控具有重要作用；（2）随暂堵球数量增多，缝网体积先增大后减小，存在最优暂堵球数量；（3）当暂堵次数较多，可提高暂堵转向工艺容错率，但需要适量增多暂堵球数量；（4）当暂堵时机适当时，各簇裂缝均衡扩展，缝网体积达到最大值。结论认为，该暂堵裂缝调控模拟方法对完善暂堵压裂优化设计、提高矿场工艺实施水平，有效开发深层超深层页岩气具有重要意义。

关键词： 深层超深层；页岩气；水平井；暂堵压裂；裂缝调控；地层应力；非均质性；多簇压裂

深层超深层页岩气水平井缝网压裂通常采用分簇压裂工艺，压裂过程中数条水力裂缝会同时形成并扩展，难以独立地控制每条水力裂缝尺寸。由于储层非均质性强，出现多裂缝非均衡延伸现象，严重制约了水平井分段多簇压裂的增产效果。因此，现场通常采用缝口暂堵转向压裂工艺，通过泵入暂堵球封堵优势裂缝进液量，提高劣势裂缝进液量，实现各簇裂缝均衡延伸。

缝口和缝内暂堵转向压裂技术已被广泛用于提高非常规油气藏采收率[1-2]。不少研究学者通过实验研究暂堵材料对暂堵效果和裂缝扩展的影响[3-5]，目前常用的暂堵材料具有较好的耐高温、耐压性能以及可以有效进行封堵等特点，并且在储层温度下可以自动彻底降解，对储层无损害。也有一些学者对重复压裂中施工压力以及暂堵相关参数进行暂堵转向研究[6-7]，周彤等[8]提出在初始应力场非均匀条件下暂堵球分配计算方法，并对暂堵转向时暂堵参数设计及其对多簇裂缝扩展影响进行研究；Wang等[9]发现近井筒暂堵转向压裂可以产生新的转向裂缝，显著提高直井增产效果，从现场的暂堵转向施工发现，注入压力峰值与稳定值相差较大时，转向裂缝曲率较大。Yuan等[1]考虑裂缝起伏和粗糙度对转向的影响，提出了一种描述裂缝暂堵位置特征的新方法。Yang等[10]利用人工裂缝模型和封堵评价系统，对不同裂缝宽度、不同暂堵剂浓度下的暂堵时间、暂堵剂用量和封堵带特征进行了一系列实验研究，并分析了酸蚀对封堵机理的影响。Wang 等 [2] 通过分析发现，裂缝或节理强度特征和暂堵位置等关键因素对提高裂缝复杂程度起重要作用，添加可降解转向材料有助于克服交叉点处的内聚阻力。Wang 等 [11] 系统研究纤维暂堵压裂技术的裂缝转向机理，结合动态滤失实验，发现加入纤维能有效封堵裂缝，随着泵压的增大，裂缝转向现象明显，并比较排量、缝宽、水平主应力差等因素对裂缝重定向的影响。为了模拟暂堵转向过程，提出了扩展有限元方法（XFEM）建立黏性区模型（CZM）的数值方法 [12]，发现随着应力差、储层渗透率和杨氏模量的增加，转向裂缝向优先破裂面方向的重新定向速度加快。Wang 等 [13] 利用 XFEM 模拟了暂堵转向裂缝的起裂和延伸，发现孔隙压力对纤维辅助转向压裂裂缝扩展有显著影响，人工裂缝附近的孔隙弹性效应将改变转向裂缝的方向。但在深层超深层页岩气开发领域，由于储层性质更为复杂，尚缺乏对页岩气水平井缝口暂堵压裂的裂缝调控，相应的暂堵应用案例较少。

实际应用表明暂堵转向压裂技术具有调控裂缝、提高增产效果的显著作用。但目前研究主要集中在暂堵压裂过程中缝内暂堵机理以及裂缝扩展方面，关于缝口暂堵压裂施工过程中暂堵参数的合理优化设计相对较少，本文以中石化川东南丁山—东溪构造深层页岩气井为例，基于水平井分簇压裂中流量分配方程和暂堵球封堵方程，建立了缝口暂堵转向裂缝扩展模型，模拟了暂堵压裂中暂堵球数量、暂堵次数和时机对暂堵调控的影响，降低了暂堵设计的盲目性，提高了暂堵压裂的可靠性。

1 缝口暂堵压裂缝网动态扩展模拟方法

水平井多段多簇压裂过程中多条水力裂缝同时起裂并延伸，由于多条裂缝之间存在应力干扰，水力裂缝的延伸出现非平面以及转向现象。此外，多段多簇压裂通常使用滑溜水，加之压裂过程中激活页岩中天然裂缝，压裂液滤失严重，导致压裂后压裂液返排率通常仅为 10% ~ 20%[14-15]。此外，近年来随着压裂工艺的逐步提升，单压裂段内射孔簇数逐渐增多，使得段长增加，减少施工段数，可在保证压裂效果的前提下，降低部分压裂成本。然而，随着射孔簇数的增多，水力裂缝条数相应增多，缝间应力干扰效应加剧，部分裂缝延伸可能严重受限，甚至出现无法起裂延伸的情况，形成无效射孔簇。针对该情况，通常采用段内暂堵转向压裂工艺，在压裂过程中向井下泵入暂堵球等暂堵材料，封堵前期的优势裂缝射孔簇，提高后期劣势裂缝的液体流入量，实现各簇裂缝均匀延伸[16]。缝口暂堵压裂缝网动态扩展模拟方法包括多簇裂缝延伸模型、暂堵球封堵模型、多物理场全耦合模型和天然裂缝破坏准则。

1.1 多簇裂缝延伸模型

结合水力压裂过程中物质平衡关系，单条人工裂缝内物质平衡方程和整体物质平衡方程分别为：

$$\frac{\partial q(s,t)}{\partial s} = q_L(s,t)h_f + \frac{\partial w_f(s,t)}{\partial t}h_f \qquad (1)$$

$$\int_0^t q_{\mathrm{T}} \mathrm{d}t = \sum_1^N \int_0^{L_{\mathrm{f},\,i}(t)} h_{\mathrm{f}} w_{\mathrm{f}} \mathrm{d}s + \sum_1^N \int_0^{L_{\mathrm{f},\,i}(t)} \int_0^t q_{\mathrm{L}}\left(s,t\right) \mathrm{d}t \mathrm{d}s \tag{2}$$

式中：q表示裂缝内的流量，m^3/s；q_{L}表示液体滤失速度，$\mathrm{m/s}$；q_i表示总流量，m^3/s；h_{f}表示缝高，m；w_{f}表示缝宽，m；s表示裂缝长度方向坐标，m；t表示时间，s；$L_{\mathrm{f},\,i}$表示裂缝i的缝长，m。

其中，压裂过程中注入的压裂液量和每一条水力裂缝内的流量相等：

$$q_{\mathrm{T}} = \sum_{i=1}^N q_i \tag{3}$$

式中：q_i表示裂缝i的流量，m^3/s；N表示裂缝条数。

水力裂缝内压降方程可为[17]：

$$\frac{\partial p}{\partial s} = -\frac{64\mu}{\pi h_{\mathrm{f}} w_{\mathrm{f}}^3} q \tag{4}$$

式中：p表示裂缝内的压力，Pa；μ表示压裂液黏度，$\mathrm{mPa \cdot s}$。

基于岩石断裂力学理论，水力裂缝延伸高度方程为：

$$h_{\mathrm{f}} = \frac{2}{\pi}\left(\frac{K_{\mathrm{IC}}}{p_{\mathrm{f}} - \sigma_{\mathrm{c}}}\right)^2 \tag{5}$$

式中：K_{IC}表示地层岩石断裂韧性，$\mathrm{Pa \cdot m}^{\frac{1}{2}}$；$\sigma_{\mathrm{c}}$表示裂缝壁面闭合应力，$\mathrm{Pa}$；$p_{\mathrm{f}}$表示缝内压力，$\mathrm{Pa}$。

裂缝壁面闭合应力随着裂缝延伸转向角度变化而变化：

$$\sigma_{\mathrm{c}} = \sigma_{\mathrm{hmin}}\cos^2\theta_{\mathrm{steer}} + \sigma_{\mathrm{Hmax}}\sin^2\theta_{\mathrm{steer}} \tag{6}$$

式中：σ_{hmin}、σ_{Hmax}分别表示最小水平主应力、最大水平主应力，Pa；θ_{steer}表示裂缝尖端转向角度，$(°)$。

根据岩石发生破坏的最大周向应力理论，尖端裂缝延伸方向应该沿着周向应力（σ_{θ}）最大时的方向起裂，裂缝转向角：

$$D_{\mathrm{n}}\sin\theta_{\mathrm{HF}} + D_{\mathrm{s}}\left(3\cos\theta_{\mathrm{HF}} - 1\right) = 0 \tag{7}$$

式中：D_{n}表示裂缝尖端元法向应变，m；D_{s}表示裂缝尖端元切向应变，m；θ_{HF}表示裂缝转向角，$(°)$。

采用DDM方法[18-19]求解出裂缝缝尖单元的应力强度因子。

根据Kirchhoff's第二定律，忽略井筒的储集效应，可得沿程总压降，总压降为井筒内的压降、孔眼摩阻压降和裂缝内压降相加，计算沿程压降如下[20]：

$$p_{\mathrm{heel}} = p_{\mathrm{fi},\,i} + \Delta p_{\mathrm{pf},\,i} + \sum_{j=1}^i \Delta p_{\mathrm{w},\,j} \tag{8}$$

式中：p_{heel}表示水平井跟端压力，Pa；$p_{\mathrm{fi},\,i}$表示编号为i的裂缝首个单元内压力，Pa；$\Delta p_{\mathrm{pf},}$

$_i$ 表示编号为 i 的裂缝处孔眼摩阻压降, Pa; $\Delta p_{w,j}$ 表示编号为 j 的水平段的沿程压降, Pa; 下标 i 表示裂缝编号; 下标 j 表示井段编号。

全局物质守恒方程为:

$$q_T - \sum_{i=1}^{n} q_i = 0 \tag{9}$$

结合沿程压降方程, 可以得到:

$$p_{H,i} + \Delta p_{pf,i} + \sum_{j=1}^{i} \Delta p_{w,j} - p_{heel} = 0 \left[i \in (1 \sim n) \right] \tag{10}$$

通过牛顿迭代法进行求解以上方程。

1.2 暂堵球封堵概率计算

水平井筒各簇射孔流量分配方程:

$$\begin{cases} q_{pf,i} \big|_{i \in j} = \dfrac{q_{cl,j}}{N_{pf,j}} \\ q_{w,i} \big|_{i \in \{0,1,2,\cdots,n\}} = q_{w,i+1} + q_{pf,i+1} \\ Q_{total} = q_{w,0} \\ Q_{total} = \sum_{i=1}^{i=n} q_{pf,i} \end{cases} \tag{11}$$

式中 $q_{pf,i}$ 表示 i 号射孔流量, m³/s; $q_{cl,j}$ 表示 j 号簇流量, m³/s; $N_{pf,j}$ 表示 j 号簇的射孔数量, 个; $q_{w,i}$ 表示水平井筒内 i 号射孔位置处的下游总流量, m³/s; Q_{total} 表示压裂总流量, m³/s; 下标 i 表示射孔孔眼编号; 下标 j 表示射孔簇编号。

暂堵球封堵射孔概率方程:

$$f_{block,i} = \frac{q_{pf,i} \xi_{divert,i}}{q_{pf,i} \xi_{divert,i} + q_{w,i}} \tag{12}$$

$$\xi_{divert,i} \big| \, \forall i = \max \left(1 - \frac{\left| \rho_{divert} - \rho_{fluid} \right|}{\rho_{fluid}}, 0 \right) \tag{13}$$

式中: $f_{block,i}$ 表示 i 号射孔被暂堵球封堵概率; $\xi_{divert,i}$ 表示 i 号射孔转向流动系数, 表征暂堵球在射孔处转向的难易程度, 一般取值 0.95; ρ_{divert}、ρ_{fluid} 分别表示暂堵球、密度和压裂液密度, kg/m³。

射孔簇暂堵球封堵数量方程:

$$\begin{cases} M_{divert,j-1} \big|_{j \in \{0,1,2,\cdots,m\}} = M_{divert,j} - M_{Block,j} \\ M_{Block,j} = \left| \sum_{i \in j} f_{block,i} \cdot M_{divert,i} \right| \\ M_{total} = M_{divert,0} \end{cases} \tag{14}$$

式中：$M_{\text{divert},j}$ 表示水平井筒内 j 号簇位置处剩余的暂堵球数量，个；$M_{\text{block},j}$ 表示水平井筒内 j 号簇被封堵的射孔数量，个；M_{total} 表示泵入暂堵球总数量，个。

通过上述公式，即可计算压裂过程中泵入暂堵球后各簇射孔封堵与通畅的数量，从而可以利用流量分配方程，计算下一时步内各簇裂缝所分得流量大小。

1.3 多物理场全耦合

经典的 DDM 通常假设裂缝无限延伸，长度无穷大，即无限缝高，然而实际水力压裂过程中，裂缝缝高延伸有限，故需要引入三维修正系数[21-23]，以考虑有限缝高对应力场和位移场的影响，考虑三维修正系数的平衡方程组：

$$(\sigma_{\text{t}})_i = \sum_{j=1}^{N} (D)_{ij} (A_{\text{u}})_{ij} (\hat{u}_{\text{t}})_j + \sum_{j=1}^{N} (D)_{ij} (A_{\text{n}})_j (\hat{u}_{\text{n}})_j \tag{15}$$

$$(\sigma_{\text{n}})_i = \sum_{j=1}^{N} (D)_j (A_{\text{m}})_j (\hat{u}_i)_j + \sum_{j=1}^{N} (D)_{ij} (A_{\text{nn}})_{ij} (\hat{u}_{\text{n}})_j \tag{16}$$

式中：σ_{t} 表示离散单元受到的切应力，Pa；σ_{n} 表示离散单元受到的正应力，Pa；$\hat{u}_{\text{t}}$ 表示离散单元发生的切向应变，m；$\hat{u}_{\text{n}}$ 表示离散单元发生的法向应变，m；A_{tt}、A_{nt}、A_{tn}、A_{nn} 分别表示某离散单元内切向和法向位移不连续量引起其他离散单元的切向应力和法相应力分量；D 表示三维裂缝修正系数；下标 i、j 表示水力裂缝离散单元编号，取值 1~N。

假设水力裂缝呈现张开状态，水里裂缝里面净压力为正，任意一个 i 单元上应力边界条件为：

$$(\sigma_{\text{t}})_i = 0 \tag{17}$$

$$(\sigma_{\text{n}})_i = -(p - \sigma_{\text{c}})_i \tag{18}$$

式中：σ_{c} 表示裂缝壁面的闭合应力，Pa。

结合离散单元应力边界条件，对上式联立求解。其中，裂缝的单元法向位移 $(\hat{u}_{\text{n}})_i$ 即是裂缝开度 w_{f}，需要将其作为水力裂缝的开度代入，根据延伸模型计算裂缝延伸各参数。

求解出 $(\hat{u}_{\text{t}})_i$ 和 $(\hat{u}_{\text{n}})_i$ 后，代入下面方程中，进行计算任一点诱导应力分量和应变分量：

$$\Delta\sigma_{\pi} = \frac{G\hat{u}_{\text{n}}}{2\pi(1-v)} \left[2nlF_5 + (n^2 - l^2) F_4 + \zeta (lF_5 + nF_6) \right] +$$

$$\frac{G\hat{u}_{\text{t}}}{2\pi(1-v)} \left[2n^2 F_5 - 2nlF_5 + \zeta (nF_5 - lF_6) \right] \tag{19}$$

$$\Delta\sigma_{yy} = \frac{G\hat{u}_{\text{n}}}{2\pi(1-v)} \left[2nlF_5 + (n^2 - l^2) F_4 - \zeta (lF_5 + nF_5) \right] -$$

$$dfrac{G\hat{u}_{\text{t}}}{2\pi(1-v)} \left[2l^2 F_5 + 2nlF_4 + \zeta (nF_5 - lF_6) \right] \tag{20}$$

$$\Delta \sigma_{xy} = \frac{G \hat{u}_n}{2\pi(1-v)} \zeta \left(l F_6 - n F_5 \right) + \frac{G \hat{u}_t}{2\pi(1-v)} \left[F_4 + \zeta \left(l F_5 + n F_6 \right) \right] \qquad (21)$$

$$\Delta \sigma_{zz} = v \left(\Delta \sigma_{xx} + \Delta \sigma_{yy} \right) \qquad (22)$$

式中：$\Delta\sigma_{xx}$、$\Delta\sigma_{yy}$、$\Delta\sigma_{zz}$、$\Delta\sigma_{xy}$ 分别表示三维坐标系内不同方向的诱导应力分量，Pa；G 表示剪切模量，Pa^{-1}；v 表示泊松比；n、l 分别表示全局坐标 z 轴与局部坐标 ζ 轴夹角余弦值和余弦值；F_k 表示 Papkovitch 偏导函数，k 取值 3~6。

结合地层综合压缩系数，联立达西公式和连续性方程，得到三维下流动方程张量形式为：

$$\nabla \cdot \left(\frac{\vec{\vec{\mathbf{K}}}}{\mu} \nabla \varphi \right) + q_{sc} = C \frac{\partial p}{\partial t} \qquad (23)$$

式中：$\vec{\vec{\mathbf{K}}}$ 表示渗透率张量，D；μ 表示液体黏度，Pa·s；p 表示流体压力，Pa；ϕ 表示流体势，Pa；q_{sc} 表示流体点源流入流量，m^3/s；C 表示地层综合压缩系数，Pa^{-1}。

边界条件：

$$p \big| \Gamma_{fracture} = p_f \qquad (24)$$

$$\frac{\partial p}{\partial n} \big| \Gamma_{boundary} = 0 \qquad (25)$$

初始条件

$$p \big| t = 0 = p_i \qquad (26)$$

式中：$\Gamma_{fracture}$ 表示水力裂缝单元，Pa；$\Gamma_{boundary}$ 表示储层边界；p_i 表示原始储层压力，Pa。

1.4 天然裂缝破坏计算

根据 Warpinski 准则[24]，天然裂缝张性破坏判别式为：

$$p_{nf} > p_n + S_t \qquad (27)$$

天然裂缝剪切破坏判别式为：

$$\begin{cases} p_\tau > \tau_0 + K_f \left(p_{nf} - p_{nf} \right) \\ p_{nf} < p_n + S_t \end{cases} \qquad (28)$$

式中：K_f 表示天然裂缝的摩擦系数；p_{nf} 表示天然裂缝的缝内流体压力，为储层当前压力，Pa；S_t 表示天然裂缝的抗张强度，Pa；τ_0 表示天然裂缝的内聚力，p_n 表示天然裂缝壁面正应力，Pa，p_τ 表示天然裂缝壁面切应力，Pa。

通过计算首先得到天然裂缝壁面的正应力和剪应力，结合天然裂缝破坏判断准则，即可判断天然裂缝破坏类型。

1.5 模拟计算流程

基于所建立的水平井段内暂堵转向多簇裂缝动态扩展模型和天然裂缝破坏准则,构建深层超深层页岩气水平井缝口暂堵压裂裂缝延伸和缝网动态扩展模拟方法,并形成相应的数值计算流程(图1)[25]。

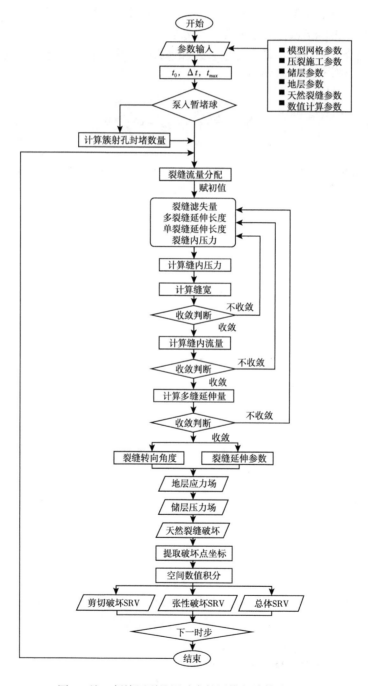

图1 缝口暂堵压裂缝网动态扩展模拟计算流程图

2 矿场应用与分析

利用上述计算模型,以中国石化川东南丁山—东溪区块深层页岩气D2井第1段压裂为例,开展缝口暂堵转向多簇裂缝动态扩展模型的矿场应用研究与分析。该井位于重庆市綦江区篆塘镇,构造位置为川东南綦江褶皱带东溪断背斜,完钻井深5971m,垂深4343.8m,目的层为五峰组—龙马溪组优质页岩气层段,采用139.7mm套管完井,水平段长1503m。

2.1 压裂井概况

川东南丁山—东溪区块深层页岩气D2井主要地质参数见表1。该井采用泵注桥塞坐封射孔分段分簇压裂,设计压裂段长1419.9m,段数30段,平均分段段长约47.33m,每段3~4簇射孔,避开断层射孔,相位60°,射孔密度16孔/m,段内采用均匀布孔设计。施工排量14~18m³/min,支撑剂选用70/140目石英砂和40/70目+70/140陶粒,采用段塞加砂方式,平均单段加砂量115.9m³,压裂液为变黏滑溜水体系,平均单段液量2991.22m³。

表1 D2井地质参数表

参数	参数值
水平井段长/m	1503
最大水平主应力/MPa	98
最小水平主应力/MPa	90.71
垂向水平主应力/MPa	107.4
孔隙度/%	6.4
杨氏模量/GPa	45.6
泊松比	0.3
地层温度/℃	127
储层压力/MPa	69.5
储层压力系数	1.6

2.2 缝口暂堵优化设计

基于D2井地质条件与第1段压裂施工参数(表2),利用缝口暂堵转向多簇裂缝动态扩展模型,通过敏感性因素分析,定量分析暂堵球数量、暂堵次数、暂堵时机对裂缝延伸和缝网扩展的影响,进而对关键暂堵参数进行优化设计。

表2 D2井第1段压裂参数表

参数	参数值
压裂液黏度 /（mPa·s）	13~17
压裂排量 /（m³/min）	17
压裂时长 /min	143
压裂液总量 /m	2428
簇数	4
簇间距 /m	9
单簇射孔数	13
射孔直径 /mm	13.9

2.2.1 暂堵球数量

分别模拟暂堵球数量从 0 颗增至 36 颗时的裂缝延伸与缝网扩展情况，结果如图 2 和图 3 所示。压裂结束时的缝网体积（SRV）与缝长变异系数（变异系数 = 各簇裂缝长度标准差 / 平均值）如图 4 所示。

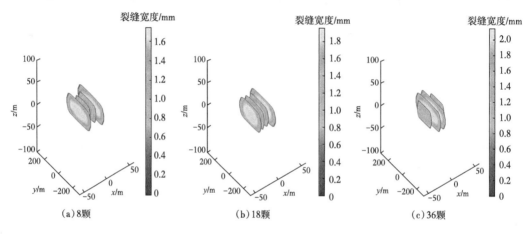

（a）8颗　　　　　　　　（b）18颗　　　　　　　　（c）36颗

图 2　不同暂堵球数量下的裂缝延伸情况图

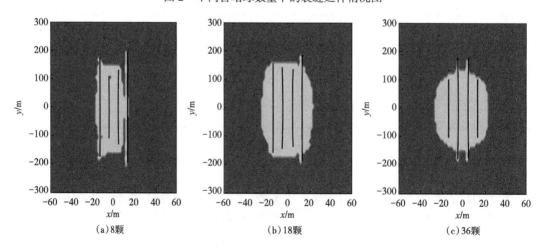

（a）8颗　　　　　　　　（b）18颗　　　　　　　　（c）36颗

图 3　不同暂堵球数量下的缝网扩展情况图

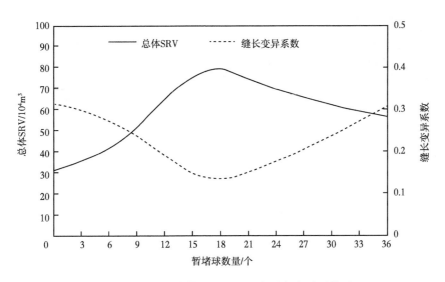

图 4　不同暂堵球数量下的 SRV 与缝长变异系数图

由模拟结果可知，随着暂堵球数量的增多，裂缝非均匀程度显著缩小，内部裂缝受限显著减弱，但如果暂堵球数量超过 18 颗后，将导致外侧裂缝簇射孔过度封堵，彻底停止延伸反而造成外侧裂缝延伸不足。因此，随着暂堵球数量的增多，SRV 先增大后减小，该压裂段最优暂堵球数量为 18 颗。

2.2.2　暂堵次数

在保证暂堵球总数量为 18 颗的情况下，分别模拟暂堵次数从 1 次增至 3 次下的裂缝延伸与缝网扩展情况，结果如图 5 和图 6 所示。压裂结束时的 SRV 与缝长变异系数如图 7 所示。

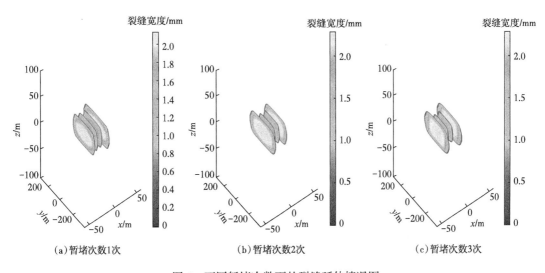

（a）暂堵次数1次　　　　　　　　（b）暂堵次数2次　　　　　　　　（c）暂堵次数3次

图 5　不同暂堵次数下的裂缝延伸情况图

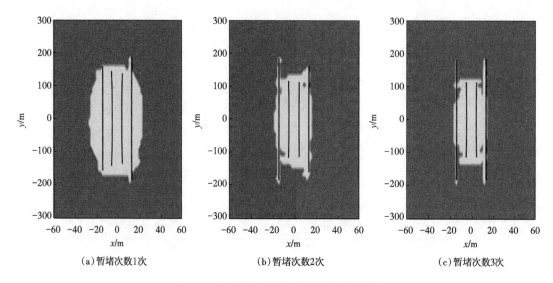

（a）暂堵次数1次　　　　　（b）暂堵次数2次　　　　　（c）暂堵次数3次

图 6　不同暂堵次数下的缝网扩展情况图

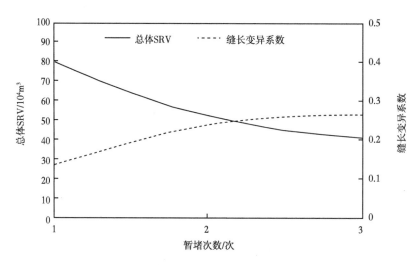

图 7　不同暂堵次数下的 SRV 与缝长变异系数图

由模拟结果可知，当暂堵球数量固定时，随着暂堵次数的增多，单次下入的暂堵剂数量不足，使得对优势裂缝簇射孔的封堵不够。相反地，暂堵次数越少，优势裂缝簇射孔被封堵的数量越多，裂缝延伸略微更加均匀，SRV 略微增大。因此，当暂堵球数量较少时，封堵次数应当减少，该压裂段最优暂堵次数为 1 次。若压裂现场需要为了提高缝口暂堵转向压裂工艺的容错率而增加暂堵次数，则应当数量增多暂堵球数量。

2.2.3　暂堵时机

在暂堵球总数量为 18 颗，暂堵次数为 1 次的情况下，分别模拟暂堵时机（暂堵时机 = 暂堵时间 / 总时间）从 1/4 总时间增至 3/4 总时间下的裂缝延伸与缝网扩展情况，结果如图 8 和图 9 所示。压裂结束时的 SRV 与缝长变异系数如图 10 所示。

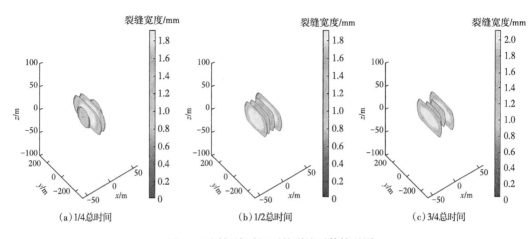

图 8　不同暂堵时机下的裂缝延伸情况图

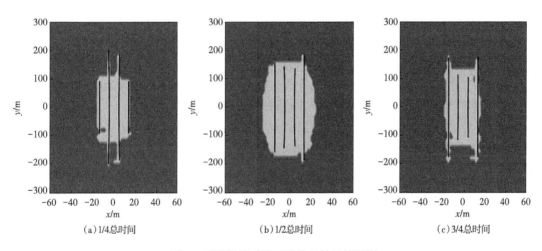

图 9　不同暂堵时机下的缝网扩展情况图

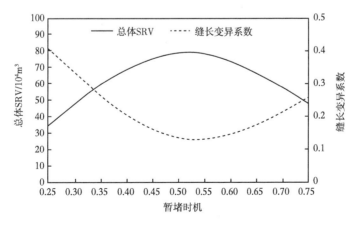

图 10　不同暂堵时机下的 SRV 与缝长变异系数图

由模拟结果可知，当暂堵球数量、暂堵次数固定时，若暂堵时机过早，外侧优势裂缝簇射孔将被过度封堵，延伸反而严重不足；若暂堵时机过晚，外侧优势裂缝延伸已经过度，内测裂缝延伸受限。因此，只有当暂堵时机适当时，外侧裂缝既不会被过度封堵，也不会延伸过度，此时各簇裂缝均匀扩展，缝网体积达到最大值。该压裂段最优暂堵时机为1/2 总时长，即压裂开始后约 71min 时。

川东南丁山—东溪区块深层页岩气 D2 井第 1 段缝口暂堵转向压裂过程中，推荐最优暂堵球数量为 18 颗，暂堵次数为 1 次，暂堵时机为 1/2 压裂总时长。压裂结束时，各簇裂缝延伸较为均匀，变异系数仅为 0.05 ，可以实现多簇裂缝"抑长促短，均匀延伸"的目标，SRV 可达 $79.26 \times 10^4 \mathrm{m}^3$。基于以上方法，开展了全井段暂堵参数优化设计，压裂施工后，该井测试 ϕ14mm 油嘴测试产量 $41.2 \times 10^4 \mathrm{m}^3/\mathrm{d}$，压裂效果显著，体现了缝口暂堵压裂技术对该井实施取得应用成功。

3 结论

（1）基于暂堵转向多簇裂缝动态扩展模型和天然裂缝破坏准则，考虑多簇裂缝引起的簇间应力干扰对裂缝扩展影响，构建了暂堵前后裂缝动态扩展模拟方。

（2）通过实例计算发现，不同暂堵参数下的裂缝延伸与缝网扩展存在明显差异，其中暂堵球数量、暂堵次数以及暂堵时机均存在最优值，可以利用本文建立的缝口暂堵压裂缝网扩展模型进行最优化设计，促进多簇裂缝均匀延伸。

（3）笔者提出的缝口暂堵压裂的裂缝调控模拟方法，可实现深层超深层页岩气水平井压裂多簇裂缝"抑长促短，均匀延伸"，扩大压裂缝网体积，提高压裂增产效果，具有重要的矿场实际意义。

参考文献

[1] Yuan L S, Zhou F J, Li B, et al. Experimental study on the effect of fracture surface morphology on plugging efficiency during temporary plugging and diverting fracturing[J]. Journal of Natural Gas Science and Engineering, 2020, 81: 103459.

[2] Wang D B, Dong Y C, Sun D L, et al. A three-dimensional numerical study of hydraulic fracturing with degradable diverting materials via CZM-based FEM[J]. Engineering Fracture Mechanics, 2020, 237: 107251.

[3] Dorman J, Udvary F. Comparative evaluation of temporary blocking fluid systems for controlling fluid loss through perforations[C]//SPE Formation Damage Control Symposium, Lafayette: SPE-31081-MS, 1996.

[4] Hou B, Fu W N, Han H F, et al. The effect of temporary plugging agents and pump rate on fracture propagation in deep shale based on true tri-axial experiments[C]//54th U.S. Rock Mechanics/Geomechanics Symposium, Golden: ARMA-2020-1168, 2020.

[5] Lu C, Luo Y, Li J F, et al. Numerical analysis of complex fracture propagation under temporary plugging conditions in a naturally fractured reservoir[J]. SPE Production & Operations, 2020, 35（4）: 775-796.

[6] 吴宏杰，肖博，张旭东. 页岩气井暂堵重复压裂工艺技术研究及应用[J]. 石油化工应用，2020，39（9）: 53-56.

[7] 王贺，张茂林，宋惠馨，等. 页岩气井重复压裂裂缝参数及暂堵转向技术研究[J/OL]. 中国科技论文，

2020：1-5[2021-12-21].http：//kns.cnki.net/kcms/detail/10.1033.N.20201030.1351.002.html.

[8] 周彤，陈铭，张士诚，等.非均匀应力场影响下的裂缝扩展模拟及投球暂堵优化 [J].天然气工业，2020，40（3）：82-91.

[9] Wang B，Zhou F J，Zhou H，et al. Characteristics of the fracture geometry and the injection pressure response during near-wellbore diverting fracturing[J]. Energy Reports，2021，7：491-501.

[10] Yang C，Feng W，Zhou F J. Formation of temporary plugging in acid-etched fracture with degradable diverters[J]. Journal of Petroleum Science and Engineering，2020，194：107535.

[11] Wang D B，Zhou F J，Ge H K，et al. An experimental study on the mechanism of degradable fiber-assisted diverting fracturing and its influencing factors[J]. Journal of Natural Gas Science and Engineering，2015，27（Part1）：260-273.

[12] Wang B，Zhou F J，Wang D B，et al. Numerical simulation on near-wellbore temporary plugging and diverting during refracturing using XFEM-Based CZM[J]. Journal of Natural Gas Science and Engineering，2018，55：368-381.

[13] Wang D B，Zhou F J，Ge H K，et al. The effect of pore pressure on crack propagation in diverting fracturing[C]//52nd U.S. Rock Mechanics/Geomechanics Symposium，Seattle：ARMA-2018-327，2018.

[14] Vidic R D，Brantley S L，Vandenbossche J M，et al. Impact of shale gas development on regional water quality[J].Science，2013，340（6134）：1235009.

[15] Ghanbari E，Dehghanpour H. Impact of rock fabric on water imbibition and salt diffusion in gas shales[J]. International Journal of Coal Geology，2015，138：55-67.

[16] Chen M，Zhang S C，Zhou T，et al. Optimization of in-stage diversion to promote uniform planar multifracture propagation：A numerical study[J]. SPE Journal，2020，25（6）：3091-3110.

[17] VALKÓ P，Economides M J. Hydraulic fracture mechanics[M]. Chichester：Wiley，1995.

[18] Olson J E. Fracture mechanics analysis of joints and veins[D]. Stanford：Stanford University，1990.

[19] Olson J E. Fracture aperture，length and pattern geometry development under biaxial loading：A numerical study with applications to natural，cross-jointed systems[J]. Geological Society，London，Special Publications，2007，289（1）：123-142.

[20] Elbel J L，Piggott A R，Mack M G. Numerical modeling of multilayer fracture treatments[C]//Permian Basin Oil and Gas Recovery Conference，the Midland：SPE-23982-MS，1992.

[21] Olson J E，Wu K. Sequential versus simultaneous multi-zone fracturing in horizontal wells：Insights from a non-planar，multi- frac numerical model[C]//SPE Hydraulic Fracturing Technology Conference，the Woodlands：SPE-152602-MS，2012.

[22] Wu Kan，Olson J E. Investigation of the impact of fracture spacing and fluid properties for interfering simultaneously or sequentially generated hydraulic fractures[J]. SPE Production & Operations，2013，28（4）：427-436.

[23] 胥云，陈铭，吴奇，等.水平井体积改造应力干扰计算模型及其应用 [J].石油勘探与开发，2016，43（5）：780-786.

[24] Warpinski N R，Teufel L W. Influence of geologic discontinuities on hydraulic fracture propagation（includes associated papers 17011 and 17074）[J]. Journal of Petroleum Technology，1987，39（2）：209-220.

[25] 吕同富，康兆敏，方秀男.数值计算方法 [M].北京：清华大学出版社，2008.

深层油气藏多级迂回暂堵压裂技术研究

蒋廷学 [1, 2]，卞晓冰 [1, 2]

（1.页岩油气有效开发国家重点实验室；

2.中国石油化工股份有限公司石油工程技术研究院）

摘　要：中国埋深超过 3500m 的深层油气资源量丰富，但深层油气藏水平井分段压裂面临裂缝净压力小、压力窗口有限的难题，导致常规暂堵压裂难以实施。本研究提出多级迂回暂堵压裂的技术思路，建立相应的数学模型并采用牛顿迭代法进行求解，并对迂回暂堵的时机和降排量幅度等工艺参数进行模拟及优化。结果表明，迂回暂堵可以较大幅度地提高压裂施工压力窗口及主裂缝的净压力，有助于实现深层—超深层油气藏压裂裂缝的转向及改造体积的大幅度提高；多级迂回暂堵压裂可在单级迂回暂堵压裂的基础上，进一步增加压裂施工压力窗口及主裂缝净压力，有助于实现深层—超深层油气藏压裂裂缝复杂性程度及改造体积的最大化；其他工艺成本包括压裂车组等的费用基本维持不变。示例井应用效果证明，压后产量可比邻井提高 30% 以上。因此，多级迂回暂堵压裂技术对提高深层及超深层油气藏的压裂效果、开发水平及经济效益等，都具有重要的指导意义和应用价值。

关键词：深层油气藏；低渗透储层；水平井；迂回暂堵；多级压裂；压裂参数

随着页岩气勘探开发的突破，水平井体积压裂技术已逐步向"密切割、强加砂、暂堵转向"等方向转变。其中，暂堵转向是核心，它包含两个层次：（1）井筒的暂堵，关系到多簇射孔是否能全部产生裂缝；（2）裂缝内暂堵，关系到转向支裂缝能否形成，以及裂缝的复杂性程度能有多大幅度的提升等。本文主要探讨裂缝内的暂堵转向问题，这是体积压裂能否成功的技术关键。

北美 Wolfcamp 页岩采用集群优化实施多级暂堵转向压裂优化，形成了暂堵剂实验评价、裂缝扩展数值模拟和现场作业及数据分析流程，通过优化策略优选出了井工厂多口井之间采用非暂堵和暂堵交替压裂工艺 [1-2]。通过压力监测，对水平井暂堵时的压力响应进行统计，以压力响应达到 3.4MPa 作为暂堵转向效果良好的临界值，取得了较好的应用效果 [2]。中国以长庆油田、吉木萨尔油田、长宁页岩气田和涪陵页岩气田等为代表，已经开展了多级暂堵压裂技术应用，初步建立了耦合井筒流场及暂堵球、暂堵剂运动的数值模拟方法，优化了现有双暂堵压裂工艺的部分参数，长宁、涪陵单段暂堵级数最高达 2~4 级，实现裂缝的多次转向，进而构建复杂缝 [3-4]。

多级暂堵技术在理论上可实现储层的均匀充分改造，但现场作业流程仍以经验判断居多，现有工艺仍存在技术局限性。尤其随着储层埋深的不断增加，井口施工压力越来越高，有时正常的施工压力距离施工限压设计值已相对很小（小于 5MPa），此时在有限的压力窗口下，已不能进行正常的缝内暂堵设计及作业。深层压裂的两向水平应力差一般相对较大，裂缝的复杂性程度随埋深的增加逐渐降低，因此，更迫切需要缝内暂堵以实现深层复杂裂缝甚至体积裂缝的技术需要。

为此，本研究提出了迂回暂堵或多次迂回暂堵工艺技术。迂回暂堵是指当压力窗口太小时，适当降低排量，此时因排量降低引起的井筒沿程摩阻和裂缝摩阻会相应降低，从而提高压力窗口。排量的降低并不影响暂堵裂缝的憋压或缝内净压力的提升，裂缝在宽度方向上的进一步增加引起进缝摩阻降低，由此可再逐步提升排量，甚至可恢复原先的排量水平。即，迂回暂堵在压力窗口受限的前提下仍可实现通过暂堵提高缝内净压力的目标，进而实现深层复杂裂缝的技术目标。而多级迂回暂堵压裂可对单级迂回暂堵的净压力增加具有逐次叠加效应，以实现单级暂堵压裂实现不了的技术目标。如能在裂缝不同位置处都进行上述迂回暂堵施工，则可以在深层主裂缝范围内提高转向支裂缝的分布密度，并实现大幅度提升裂缝复杂性及改造体积的技术目标。

本研究通过对迂回暂堵的时机、降排量幅度、对应的缝宽及净压力变化等进行系统模拟，优化了迂回暂堵工艺参数，并结合部分实际案例进行了分析讨论，对深层油气藏实现体积压裂有重要的指导意义。

1　多级迂回暂堵压裂的数学模型

基于多级迂回暂堵压裂理论，建立了相应的数学模型。模型的假设条件为：（1）岩石是均质，且各向同性的线弹性体，水力裂缝垂直横截面满足弹性力学平面应变条件；（2）压裂液为幂律性流体，不考虑压裂液压缩性；（3）不考虑温度和化学作用对压裂液性质的影响。

1.1　模型的基本方程、初始条件及边界条件

（1）某簇裂缝内流体流动方程。

$$\frac{\partial p_i}{\partial L} = -\frac{12}{\Phi} \frac{q_i \mu}{w^3 H} \tag{1}$$

式中：p_i 为某簇裂缝的缝内压力，MPa；q_i 为第 i 簇裂缝的缝内流量，cm^3/min；μ 为压裂液黏度，$mPa \cdot s$；w 为裂缝宽度；H 为裂缝高度，m；Φ 为形状因子；L 为裂缝长度，m。

（2）连续性方程[5-7]。

在裂缝内存在：

$$\begin{cases} -\dfrac{dq_i}{dL} = \displaystyle\int_0^L \frac{2HC_L}{\sqrt{t-\tau(x)}}d + \frac{dw}{dt} \\ t_0 \leq t \leq t_{max} \end{cases} \tag{2}$$

式中：C_L 为滤失系数；t 为压裂施工时间，s；t_0 为开始时刻；t_{max} 为终止时间；x 为裂缝上某一点处的长度，m；$\tau(x)$ 为 x 处压裂液开始漏失的时间，s。

井筒内入口流量为：

$$Q_{in} = \sum_{i=1}^n Q_i \tag{3}$$

式中：Q_i 为第 i 条裂缝的进液流量，cm^3/min。

（3）裂缝宽度方程。

$$w = -16 \frac{1-v(z)}{E(z)} \int_{|z|}^{H} \frac{F(\tau) + zG(\tau)}{\sqrt{\tau^2 - z^2}} d_\tau \qquad (4)$$

式中：$E(z)$ 和 $\upsilon(z)$ 为不同深度的弹性模量及泊松比；$F(\tau)$ 和 $G(\tau)$ 为关于时间的函数[8]。

（4）井筒内压力分布。

沿程摩阻 Δp[9] 为

$$\Delta p = 2f \frac{\rho \bar{v}^2 L}{\bar{d}} (1 - R_{fr}) \qquad (5)$$

式中：R_{fr} 为降阻率；υ 为井筒内液体的平均流速；d 为井筒内平均直径；f 为摩阻系数。
井口压力 p_w 为：

$$p_w = p_n + \sigma_{min} + \Delta p + p_p - p_h \qquad (6)$$

式中，p_n 为缝内净压力；p_h 为液柱压力；σ_{min} 为最小水平主应力；p_p 为孔眼摩阻。

（5）孔眼摩阻。

$$p_p = \frac{8 \rho Q_i^2}{\pi^2 n_p^2 C d_p^4} \qquad (7)$$

式中：C 为孔眼流量系数；d_p 为射孔孔眼直径；n_p 为射孔孔数。

（6）暂堵前净压力。

$$p_n = \left[\frac{E^4 \mu Q_{in} V}{(1-v^2)^4 H^6} \right]^{0.2} \qquad (8)$$

暂堵后净压力[10] 为：

$$p_n' = \frac{E}{H} (\mu L \sqrt{Q_{in}})^{\frac{1}{3}} \qquad (9)$$

式中：V 为压裂液体积，m^3；E 为杨氏模量，MPa；υ 为泊松比。

（7）模型的初始条件。

$$\begin{cases} W|_{t=0} = 0 \\ L|_{t=0} = 0 \\ p|_{t=0} = \sigma_{min} \end{cases} \qquad (10)$$

式中：p 为缝内压力，MPa。

（8）模型的边界条件。

暂堵前，入口边界条件为：

$$Q_w = Q_{in}$$

缝端边界条件为

$$p_{tip}=\sigma_{min}$$

暂堵后

入口边界条件为：$Q_w=Q_{in}$

缝端边界条件为：$q_{tip}=0$。其中，Q_w 为井口注入排量，cm^3/min；p_{tip} 为缝端压力，MPa；q_{tip} 为缝端流量，cm^3/min。

1.2　求解方法

考虑井筒摩阻及孔眼摩阻等复杂因素的多缝同步扩展数学方程组为非线性方程组，需通过迭代数值解法才能获得求解。考虑到该方程组求解的关键是各射孔簇进液量的流量分配，可先假设一个多缝流量的初始分布，并计算该条件下的缝内压力分布，然后根据全井筒连续性方程及井口压力一致的原则，基于牛顿迭代法反复迭代，调整多簇裂缝的流量分布，直到获得满足精度要求的解，再进入下一时间步的计算。

2　常规暂堵压裂工艺参数优化

常规暂堵压裂主要指暂堵后一直保持恒定的排量，施工压力窗口窄，可能无法实现净压力持续增长并超过原始水平应力差的目标。常规暂堵压裂参数优化主要包括暂堵位置、暂堵剂密度、粒径及组合与造缝宽度的匹配关系等。

应用 Meyer 软件模拟不同暂堵剂在裂缝中的浓度分布及计算相应处的支撑缝宽，如与对应的造缝宽度相当，则认为暂堵剂在该处实现了暂堵。将暂堵剂视作支撑剂，其他支撑剂全部视作压裂液（支撑剂浓度参数为 0），则可观察暂堵剂在裂缝中运移轨迹及最终的浓度分布剖面。

示例井暂堵剂在暂堵处的浓度剖面模拟结果如图 1 所示。由图 1 可见，在裂缝前缘端部、裂缝顶部及裂缝底部的暂堵剂浓度分布最高，可实现真正的全方位封堵，即裂缝的长度及高度基本停止延伸，暂堵后再注入的压裂液，只能在裂缝宽度方向延伸。而宽度与缝内净压力呈正相关关系。

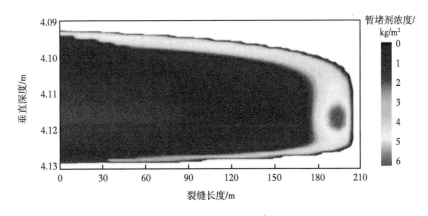

图 1　示例井的暂堵剂浓度剖面

结合暂堵剂物理模拟实验，对暂堵剂的粒径、浓度、携带液的黏度与排量等与造缝宽度间的匹配关系进行优化，结果如图2所示。并将优化结果[11-12]与数模结果进行对比验证。

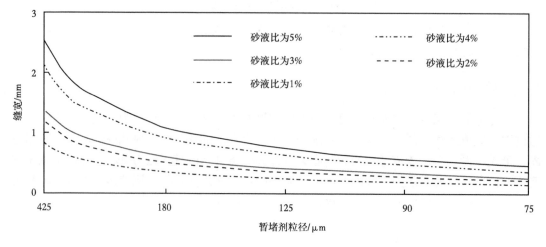

图2　暂堵剂粒径与裂缝宽度间关系

由模拟结果可见，对一定的裂缝宽度而言，要实现有效封堵，可采用较小的粒径和较高的砂液比组合，也可采用较大的粒径和较低的砂液比组合。一般而言，为提高封堵效率及降低施工风险，一般采用前者进行封堵。

暂堵后的压力升幅主要以压裂目标井层的原始水平应力差与暂堵时的净压力差值为最低临界值，显然低于此临界值的暂堵压裂是无效的，至多促进了已压开簇裂缝内压裂液及支撑剂的再分配。但即便如此，对促进已压开裂缝簇的均匀进液及均衡进支撑剂也有一定的正向作用。

3　多级迂回暂堵压裂工艺参数优化

迂回暂堵包括单级迂回暂堵和多级迂回暂堵两种方式。单级迂回暂堵是多级迂回暂堵的基础。模拟来自四川盆地某深层页岩气井。

3.1　单级迂回暂堵压裂工艺参数优化

优化的参数主要包括降排量的幅度与对应的裂缝宽度的动态变化、恢复排量的时机与对应的裂缝宽度的动态变化、最终能恢复的排量水平，以及缝内净压力在降排量与恢复排量过程中的动态变化规律等。具体模拟结果如图3至图6所示。

由图3模拟结果可见，在单级暂堵条件下，不同排量降幅后，缝内净压力及缝宽仍是继续增长的，且二者增长的趋势基本一致。由图4模拟结果可见，在不同排量的降排量施工过程中，地面施工压力仍继续增长，缝内净压力也是一直持续增长的过程。由图5模拟结果可见，降排量约60s后，再将排量提升，净压力的增长速率更快。由图6模拟结果可见，在同样的压力窗口下，单级迂回暂堵随时间的延长，净压力增幅加快。

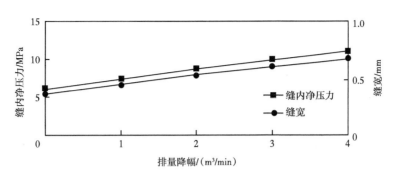

图 3 单级暂堵不同降排量幅度下的最大动态缝宽及缝内净压力变化

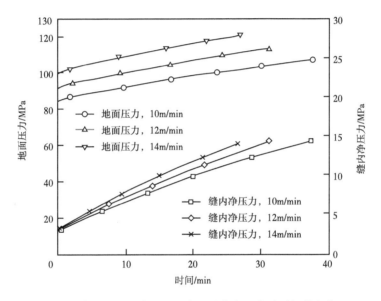

图 4 降排量过程中地面压力和缝内净压力随时间的变化

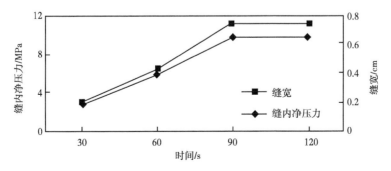

图 5 单级暂堵不同升排量时最大动态缝宽及缝内净压力变化

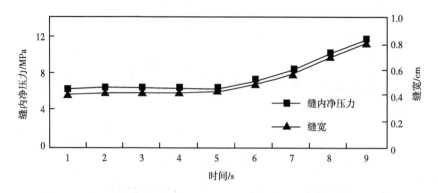

图 6　单级暂堵同样压力窗口下对应的缝内净压力随时间的变化

3.2　多级迂回暂堵压裂工艺参数优化

在单级迂回暂堵的基础上，如缝内净压力升幅仍难以突破原始水平应力差值的最低临界值要求，必须进行 2 级甚至 3 级或以上的多级迂回暂堵压裂。基本原理相同，即通过再次或多次迂回降排量及后续的升排量操作，使压力窗口在不增加的前提下，不断增加缝内净压力，直到实现缝内多次裂缝转向的目标。但由于起步缝宽不同，多级迂回暂堵对应的不同降排量与升排量下的动态缝宽的变化规律也是不相同的。与单级暂堵对应的模拟图版分别如图 7 至图 10 所示。

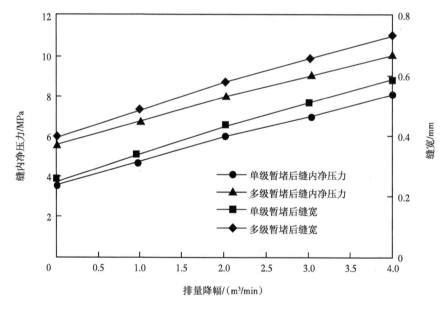

图 7　多级暂堵不同降排量幅度下的动态缝宽及缝内净压力变化

由图 7 模拟对比结果可见，在相同的排量降幅下，多级暂堵的净压力比单级暂堵的净压力可增加 50% 左右。

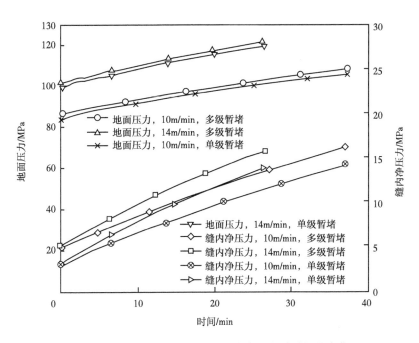

图 8　不同排量下地面压力及缝内净压力随时间的变化

由图 8 模拟结果可见，在不同排量降幅下，多级暂堵的地面施工压力与单级暂堵基本重合，差异不大。说明多级暂堵并未造成压力窗口的损失。

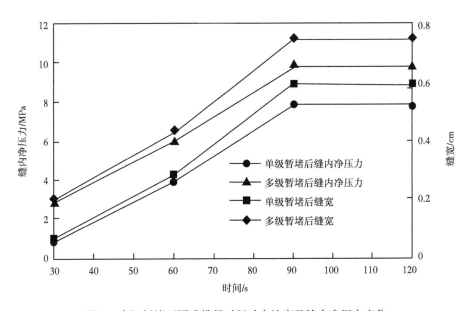

图 9　多级暂堵不同升排量时间动态缝宽及缝内净压力变化

由图 9 可见，多级暂堵后缝内净压力比单级暂堵可提高 30% 以上。如图 10 所示，同样压力窗口下，多级暂堵后缝内净压力较单级暂堵高 20% 左右。

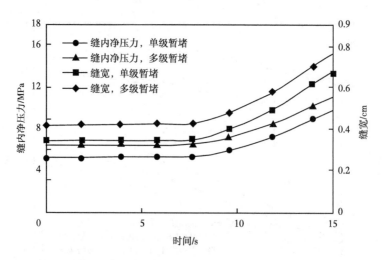

图 10　多级暂堵同样压力窗口下对应的缝内净压力随时间的变化

综上所述，多级迂回暂堵会在上级迂回暂堵的基础上，不断增加缝内净压力，只不过随着暂堵级数的增加，缝内净压力增加的幅度会逐渐变缓。

针对暂堵位置，目前存在近井筒暂堵、中井位置和缝端位置 3 种情况。图 11 为不同暂堵位置的压力响应特征。在近井筒暂堵特性情况下，压力上升速率大，施工风险高，但出现支裂缝少，支裂缝的转向半径大. 由于主裂缝扩展早期，实际上相当于早期的缝端暂堵. 在中井位置暂堵情况下，压力上升速率较大，施工风险较高，出现支裂缝也少（近井支裂缝已饱和），支裂缝的转向半径大. 由于主裂缝扩展中期，实际上相当于中期的缝端暂堵. 在缝端位置暂堵情况下，压力上升速率适中，施工风险较低，出现支裂缝也少（近井及中井的支裂缝都已饱和），支裂缝的转向半径大 [13-18]。鉴于此，最佳暂堵位置为缝端。但也存在裂缝复杂性只局限于从暂堵位置到井筒的范围内，裂缝的整体改造体积相对有限。

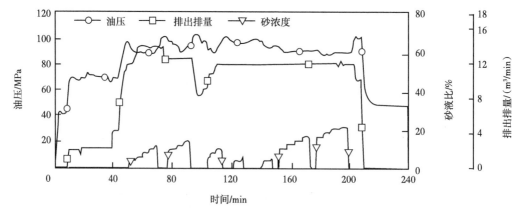

图 11　单级迂回暂堵压裂施工曲线实例

4 现场实例分析

4.1 单级迂回暂堵实例分析

涪陵页岩气田某口示例井段的单级迂回暂堵压裂施工曲线如图 11 所示，该段泵入第 1 个粉砂段塞时将排量提至 14m³/min，加入 21m³ 粉砂段塞后，施工压力从 89MPa 升至 104MPa（推测小粒径支撑剂在裂缝中部及端部形成暂堵），采取单级迂回降排量至 12.6m³/min 控制后，压力恢复至 90MPa 左右；在第 2 个粉砂段塞加砂过程中压力又升至 104MPa，缝内净压力增加 10~14MPa，增速约为 1.4MPa/min（推测小粒径支撑剂在裂缝端部形成暂堵），持续降排量至 8.5m³/min 后压力平稳下降，稳定 5min 后将排量提升至 12m³/min，后续加砂顺利，排量恢复程度达 85.7%。

4.2 多级迂回暂堵实例分析

涪陵页岩气田某口示例井段的两级迂回暂堵压裂施工曲线如图 12 所示。如图 12 所示，该段泵注前置液后将排量提至 12.6m³/min，泵入第 1 个粉砂段塞时压力由 91MPa 升至 102MPa，采取第 1 级迂回降排量至 11.2m³/min 控制后，压力降至 75MPa；之后在泵入第 2 个粉砂段塞过程中提排量至 12m³/min，排量恢复程度 95.2%，砂塞加完后压力又升至 103MPa（推测小粒径支撑剂在裂缝端部至中部形式暂堵），缝内净压力增加 25~28MPa，增速约为 5.2MPa/min。采取第 2 级迂回控制降排量至 10.7m³/min 后，压力从 77MPa 恢复到 86MPa，缝内净压力增加 8~9MPa，之后阶梯升至最高排量 14.2m³/min，后续施工顺利，第 2 次排量恢复程度 112.7%。通过 2 次迂回提排量，较单级迂回提排量，净压力增幅明显。

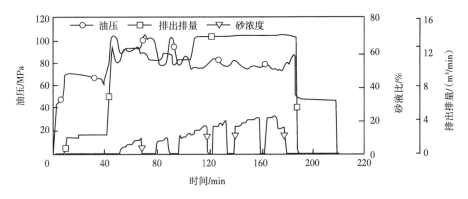

图 12　多级迂回暂堵压裂施工曲线实例

5 结 论

（1）针对深层压裂采用暂堵施工时压力窗口受限的局限性，以最大限度提高裂缝复杂性及整体改造体积为目标函数，提出多级迂回暂堵压裂技术的概念及实现途径，并进行相应的压裂工艺参数模拟优化研究，得出了规律性认识。

（2）现场应用实例表明，与单级迂回暂堵压裂技术相比，多级迂回暂堵压裂技术可实现更大的净压力增幅及裂缝改造体积增幅，再在从近井筒到缝端的逐级暂堵技术的配合下，可实现裂缝复杂性及改造体积的最大化。

（3）现场多口井应用效果证明，只要排量降低幅度小于 $4m^3/min$，即使经过更多次的迂回降排量和提排量，对套管变形的影响不大。因此，多级迂回暂堵压裂技术具有推广应用价值。

（4）建议进一步扩大多级迂回暂堵压裂技术的应用规模以验证效果。同时，可对更多级的迂回暂堵压裂技术进行试验，以实现在防套变前提下的裂缝复杂性及改造体积的最大化和经济最优化。

参 考 文 献

[1] Shahri M P，Huang J，Smith C S，et al. An engi- neered approach to design biodegradables solid particulate diverters：jamming and plugging [C]// SPE Annual Technical Conference and Exhibition. San Antonio，USA：Society of Petroleum Engineers，2017：SPE-187433-MS.doi：10.2118 /187433-MS

[2] Jesus B，Christian C，Matthew C J，et al.Increased cluster efficiency and fracture network complexity using degradable diverter particulates to increase produc- tion：permian basin wolfcamp shale case study [C]//SPE Annual Technical Conference and Exhibition. San Antonio，USA：Society of Petroleum Engineers，2017：SPE-187218-MS.doi：10.2118 /187218-MS

[3] 龚蔚，袁灿明.多级暂堵转向技术在高石梯——磨溪储层改造中的应用 [J].天然气地球科学，2017，28（8）：1269-1273

[4] 苏良银，常笃，齐银，等.超低渗油藏老井体积压裂技术研究与应用 [J].钻采工艺，2020，42（2）：75-77.

[5] 杨兆中，易良平，李小刚，等.致密储层水平井段内多簇压裂多裂缝扩展研究 [J].岩石力学与工程学报，2018，37（增刊2）：73-81.

[6] 曾庆磊，庄苗，柳占立，等.页岩水力压裂中多簇裂缝扩展的全耦合模拟 [J].计算力学学报，2016，37（4）：643-648.

[7] 时贤，程远方，常鑫，等.页岩气水平井段内多簇裂缝同步扩展模型建立与应 [J].石油钻采工艺，2018，40（2）：247-252.

[8] 程远方，吴百烈，李娜，等.煤层压裂裂缝延伸及影响因素分析 [J].特种油气藏，2013，20（2）：126-129.

[9] 赵金洲，陈曦宇，李勇明，等.水平井分段多簇压裂模拟分析及射孔优化 [J].石油勘探与开发，2017，44（1）：117-124.

[10] 郭亚兵.致密砂岩气藏暂堵转向压裂技术研究 [D].成都：西南石油大学，2016.

[11] Yin J L，Liu H，Chi X M，et al. Experimen- tal study and field test of degradable fiber based temporary plugging and diversion fracturing technology [J]. Natural Gas Exploration and Development，2017，40（3）：113-119.

[12] Siddhamshetty P，Wu K，Kwon J S. Modeling and control of proppant distribution of multi-stage hydraulic fracturing in horizontal shale wells [J]. Industrial & Engineering Chemistry Research，2019，58（8）：3159-3169.

[13] 段华，李荷婷，代俊清，等.深层页岩气水平井"增净压、促缝网、保充填"压裂改造模式——以四川盆地东南部丁山地区为例 [J].天然气工业，2019，39（2）：72-76.

[14] Siddhamshetty P，Wu K，Kwon J S. Optimiza- tion of simultaneously propagating multiple fractures in hydraulic fracturing to achieve uniform growth using data- based model reduction［J］. Chemical Engineering Research & Design，2018，136：675-686.

[15] Panjaitan M L，Moriyama A，Mcmillan D，et al.Qualifying diversion in multi clusters horizontal well hydraulic fracturing in haynesville shale using water hammer analysis，step-down test and microseismic data［C］// SPE Hydraulic Fracturing Technology Conference and Exhibition. The Woodlands，USA：Society of Petroleum Engineers，2018：SPE-189850-MS.doi：10.2118 /189850-MS

[16] 江昀，许国庆，石阳，等.致密岩心带压渗吸的影响因素实验研究［J］.深圳大学学报理工版，2020，37（5）：497-506.

[17] 王会敏，金珊.川东南五峰—龙马溪组页岩气勘探开发进展、主要问题及对策［J］.中国矿业，2019，28（9）：136-142.

[18] 曾凌翔.一种页岩气水平井均匀压裂改造工艺技术的应用与分析［J］.天然气勘探与开发，2018，41（3）：99-105.

水平井分段压裂平面三维多裂缝扩展模型求解算法

陈 铭[1,2]，张士诚[1]，胥 云[3,4]，马新仿[1]，邹雨时[1]

（1.中国石油大学（北京）；2.Texas A & M University；

3.中国石油勘探开发研究院；4.中国石油油气藏改造重点实验室）

基金项目：国家科技重大专项"储层改造关键技术及装备"（2016ZX05023）；国家重点基础研究发展计划（973）项目"陆相致密油高效开发基础研究"（2015CB250903）

摘 要：针对多层油气藏水平井分段多簇压裂设计问题，提出平面三维多裂缝扩展模型高效解法。采用三维边界积分方程计算固体变形，考虑井筒—射孔—裂缝耦合流动及缝内流体滤失。利用显式积分算法求解流固耦合方程，根据尖端统一解析解和最短路径算法计算裂缝扩展边界。方法的准确性通过与径向裂缝解析解、隐式水平集算法和有机玻璃压裂实验对比得到全面验证。与隐式水平集算法相比，新算法计算速度大幅提高。以浙江油田页岩气水平井为例，重点分析了平面应力分布、射孔数分布等对多簇裂缝扩展与进液的影响。研究表明，减小单簇射孔数可以平衡簇间应力非均质分布的影响；调整各簇射孔数量可以实现均衡进液，各簇射孔数差别应控制在 1~2 孔；增加高应力簇的射孔数有利于均匀进液，但进液均匀并不等于裂缝形态一致，裂缝形态受应力干扰和层间应力剖面共同控制。

关键词：水平井；分段压裂；多裂缝扩展；三维边界元；平面应力非均质；射孔优化

水平井分段多簇体积改造是非常规油气开发的关键技术[1-3]。为提高储量动用程度，北美油公司不断探索缩小井距与缝间距的体积改造技术[4]。现场光纤温度监测与声监测表明[5]，小间距改造情况下，多簇裂缝存在不均衡进液等问题，同时各簇进液比例与射孔参数、各簇地应力分布等因素紧密相关。为提高多簇裂缝均衡扩展程度、优化多簇压裂方案设计，急需建立一种耦合"井筒—射孔—裂缝"的多裂缝扩展高效模拟方法[6]。

裂缝扩展模型包括二维模型、拟三维模型、平面三维模型和全三维模型[6]。二维模型以 PKN（Perkins-Kern-Nordgren）和 KGD（Khristianovich-Geertsma-Daneshy）模型为代表，适用于恒定缝高的单缝扩展。拟三维模型包括椭圆模型与基于 PKN 单元的模型。椭圆模型假设裂缝由以射孔为中心的上下半椭圆构成，裂缝形态仅需要由椭圆长轴、短轴和离心率确定[7]。基于 PKN 单元的拟三维模型引入缝高解析解计算裂缝高度，流动仍为沿缝长的一维流动，计算量较小，但在射孔段为高应力、薄互层等情况下缝高误差较大[8]。Kresse 等[9]提出的非常规裂缝模型即为拟三维模型在多裂缝扩展中的应用。赵金洲等[10]提出了基于拟三维模型的多裂缝扩展模型，并建立了射孔优化方法。拟三维模型在多簇应力干扰计算方面仍是一种二维模型方法，难以对应力干扰下缝高扩展进行准确模拟[11]。为准确分析裂缝形态，Advani[12]、Barree 等[13]提出平面三维模型。平面三维模型采用三维固体方程计算岩石变形，通过裂缝边界确定裂缝长度和高度。Peirce 等[14]引入尖端解析解，提出了平面三维模型的隐式水平集算法。Dontsov 等[15]提出尖端统一解析解，并应用于隐式水平集算法[16]。Chen 等[17]采用隐式水平集算法对比了拉链式压裂与同步压裂的裂缝扩展形态。为描述水力裂缝空间扭转问题，Carter 等[18]提出了全三维模型，全三维模型可计算裂缝空间扭转，计算量巨大。Xu 等[19]实现了平面偏转的分段多簇压裂模拟，并研发了 FrackOptima 软件。全三维模型目前工业应用尚未见报道，主要困难是理论上空间扭转裂缝的判断准则还不完善[20]，同时计算量巨大，不利于工程应用。此外，近几年研究者也提出了天然裂缝发育地层的复杂裂缝扩展模型[21-24]。本文重点研究多簇压裂中"井筒—射孔—水力裂缝"耦合流动的多裂缝扩展问题，并分析多簇压裂的射孔设计对策，暂不考虑天然裂缝的影响[10, 14, 16, 25]。

显然，目前在分段多簇压裂设计中最为实用与可靠的压裂模型为平面三维模型。目前广受认可的算法为 Peirce 等[14]、Dontsov 等[16]隐式水平集算法。该算法采用隐式方法求解多裂缝扩展的流固耦合方程，裂缝边界通过隐式水平集方法判断。隐式解法虽然可以保证计算稳定，但非线性方程组的求解工作量较大，尤其是边界元系数矩阵为稠密矩阵，更加增大了计算量，同时在处理支撑剂运移、裂缝闭合等问题时方程约束增多，进一步增大了求解难度和计算量，不利于工程应用。此外，该算法目前并未考虑射孔摩阻作用，相关工程应用报道也较少[25]。

为此，本文提出一种平面三维模型求解新算法，该算法采用显式积分方法求解裂缝扩展的流固耦合方程，通过最短路径算法与尖端解析解求解裂缝边界。通过与解析解[26]、澳大利亚国家研究院有机玻璃实验[27]、隐式水平集算法[16, 28]进行对比，验证算法的准确性与效率。采用浙江油田页岩气水平井实际参数进行算例分析，重点分析簇间应力分布和射孔数分布对各簇进液控制规律及工程对策。

1 数学模型

1.1 基本假设

本文研究多簇压裂工艺的裂缝扩展规律，几何模型如图 1 所示，每段簇数为 n_f，裂缝簇序号用 k 标记。多簇裂缝扩展主要包含 4 个物理过程：流体在井筒和裂缝内流动；岩石

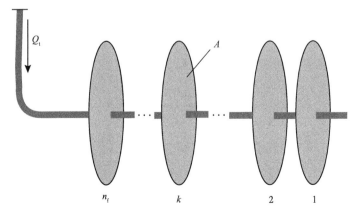

图 1　几何模型

在流体压力作用下变形；流体向地层滤失；裂缝尖端破裂。本文采用 Peirce 等[14] 平面三维模型的假设，即滤失符合 Carter 滤失模型；缝内流体边缘与裂缝边缘重合；裂缝沿垂直于最小水平主应力方向的平面扩展。Bunger 等[29-31] 研究表明，多裂缝扩展中偏转并不明显，同时国内非常规油气储层水平应力差较大，因此平面模型适用。

1.2 控制方程

1.2.1 固体方程

用固体方程描述流体压力、地应力作用下裂缝宽度的分布。根据无限大地层弹性力学点源解，固体变形的边界积分方程为[14]

$$p - \sigma_{\mathrm{h}} = \int_{A(t)} C_{\mathrm{g}}(x-x', y-y', z-z') w \mathrm{d}A \tag{1}$$

1.2.2 流动方程

（1）井筒流动方程。

井筒内流动摩阻对流量分配影响较小[32]，同时各簇间距较小，因此各簇 1 之间井筒流动摩阻可以忽略。各簇裂缝对应的井底压力满足：

$$p_{\mathrm{w}} = p_{\mathrm{in},k} + p_{\mathrm{p},k} \tag{2}$$

射孔摩阻计算公式为[33]

$$p_{\mathrm{p},k} = \frac{0.807 \rho Q_k^2}{n_k^2 d_k^2 K^2} \tag{3}$$

根据流量守恒，各簇流量之和为总注入排量：

$$Q_{\mathrm{t}} = \sum_{k=1}^{n_{\mathrm{f}}} Q_k \tag{4}$$

（2）缝内流动方程。

对于每簇裂缝，缝内流体遵循泊肃叶流动，即：

$$\boldsymbol{q} = -\frac{w^3}{12\mu} \nabla p \tag{5}$$

考虑流体不可压缩，因此流体连续性方程为

$$\frac{\partial w}{\partial t} + \nabla \boldsymbol{q} + \frac{2Cw}{\sqrt{t - t_0(x,y,z)}} = Q_k \delta_k(x,y,z) \tag{6}$$

将式（5）代入式（6），得到流体流动控制方程：

$$\frac{\partial w}{\partial t} - \nabla \left(\frac{w^3}{12\mu} \nabla p \right) + \frac{2Cw}{\sqrt{t - t_0(x,y,z)}} = Q_k \delta_k(x,y,z) \tag{7}$$

1.2.3 裂缝边界条件

根据断裂力学准则，裂缝尖端达到扩展条件时：

$$\lim_{s \to 0} \frac{w}{s^{\frac{1}{2}}} = 4\left(\frac{2}{\pi}\right)^{\frac{1}{2}} \frac{K_{Ic}\left(1 - \upsilon^2\right)}{E} \qquad (8)$$

由于裂缝尖端即为流体边缘，因此裂缝边界满足
零流量条件，即：

$$\lim_{s \to 0} w^3 \frac{\partial p}{\partial s} = 0 \qquad (9)$$

1.2.4 裂缝尖端解析解

断裂力学解仅限于裂缝尖端很小的范围，因此需要非常细的网格才能准确捕捉式（8）所示的尖端条件。为实现粗网格条件下对尖端条件的准确捕捉，本文采用缝尖解析解求解裂缝位置[16]。图2为尖端断裂力学解与解析解的适用范围示意图。

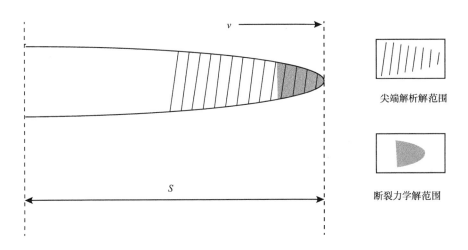

图 2 尖端解析解与断裂力学解适用范围示意图

引入无量纲量，令：

$$\begin{cases} \tilde{K} = 4\left(\frac{2}{\pi}\right)^{\frac{1}{2}} \frac{K_{IC}\left(1 - \upsilon^2\right) s^{\frac{1}{2}}}{Ew} \\ \tilde{C} = \frac{4C_{lv} s^{\frac{1}{2}}}{v^{\frac{1}{2}} w} \\ \tilde{s} = \frac{\mu v s^2}{12Ew^3} \end{cases} \qquad (10)$$

裂缝尖端扩展速度、扩展长度、断裂韧性、弹性模量、滤失系数等均影响裂缝扩展的临界宽度。裂缝尖端扩展时满足方程：

$$\tilde{s} = \frac{1}{3C_1(\delta)} \left[1 - \tilde{K}^3 - \frac{3}{2}\tilde{C}\tilde{b}\left(1 - \tilde{K}^2\right) + 3\tilde{C}^2\tilde{b}^2\left(1 - \tilde{K}\right) - 3\tilde{C}^3\tilde{b}^3\ln\frac{\tilde{C}\tilde{b}+1}{\tilde{C}\tilde{b}+\tilde{K}} \right] =$$

$$f\left(\tilde{K}, \tilde{C}\tilde{b}, C_1\right)\left(0 \leqslant \delta \leqslant 1/3\right) \tag{11}$$

其中

$$\tilde{b} = \frac{C_1(\delta)}{C_2(\delta)}$$

$$C_1(\delta) = \frac{4(1-2\delta)}{\delta(1-\delta)}\tan(\pi\delta)$$

$$C_2(\delta) = \frac{16(1-3\delta)}{3\delta(2-3\delta)}\tan\left(\frac{3\pi}{2}\delta\right)$$

式（11）为裂缝扩展速度、扩展步长与临界宽度的非线性方程。由于 δ 的变化范围较小，为简化方程求解，采用 Dontsov 提出的近似解法，近似解误差在 0.3% 以内[15]。具体解法如下。

取 $\delta=0$ 时，得到式（11）的零阶近似：

$$\tilde{s}_0 = f\left(\tilde{K}, 0.99\tilde{C}, 10.39\right) = g_0\left(\tilde{K}, \tilde{C}\right) \tag{12}$$

根据式（12）计算 δ：

$$\delta = 10.39\left(1 + 0.99\tilde{C}\right)\tilde{s}_0 \tag{13}$$

将式（13）的计算结果代入式（11），得到修正的零阶近似解：

$$\tilde{s}(\delta) = \frac{1}{3C_1(\delta)} \left[1 - \tilde{K}^3 - \frac{3}{2}\tilde{C}\tilde{b}\left(1 - \tilde{K}^2\right) + 3\tilde{C}^2\tilde{b}^2\left(1 - \tilde{K}\right) - 3\tilde{C}^3\tilde{b}^3\ln\frac{\tilde{C}\tilde{b}+1}{\tilde{C}\tilde{b}+\tilde{K}} \right] \tag{14}$$

式（14）为尖端速度、临界宽度、扩展步长的控制方程，该方程适用范围远大于断裂力学解范围，因此可有效增大空间步长，提高计算效率。

2 求解算法

2.1 网格系统

本文采用固定网格计算裂缝扩展。将裂缝平面划分为足够多的矩形单元，单元类型包含 4 种：注入点单元、已开启单元、缝尖单元和未开启单元（图 3）。

每个时间步需判断缝尖单元是否达到扩展条件，从而更新网格的单元类型。单元中心点为宽度和压力求解点，单元边界为流量求解位置。

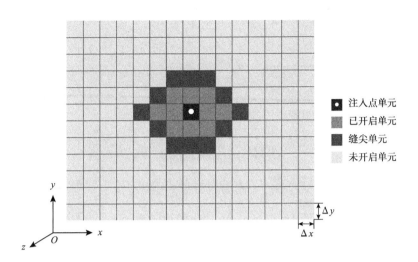

图 3　网格系统与单元类型

2.2　离散方程

2.2.1　固体方程的离散

固体方程离散采用常位移不连续法[34]。单元中心点宽度近似为单元宽度，因此边界积分方程的离散形式为

$$p_{i,j,h}(t) = \sigma_h(x,y,z) + \sum_{m,n,r} C_{i-m,j-n,h-r} W_{m,n,r}(t) \tag{15}$$

式（15）的矩阵形式为：

$$\boldsymbol{p} = \boldsymbol{\sigma}_h + \boldsymbol{Cw} \tag{16}$$

2.2.2　流动方程的离散

（1）缝内流动方程的离散。

对控制式（7）在空间内进行离散，得到流动方程的一阶微分方程形式

$$\frac{\mathrm{d}\boldsymbol{w}}{\mathrm{d}t} = \left[\theta A(\boldsymbol{w})\boldsymbol{p} + (1-\theta)A(\boldsymbol{w}_0)\boldsymbol{p}_0\right] + \boldsymbol{S} \tag{17}$$

$$[A(w)p]_{i,j,h} = \frac{1}{\Delta x}\left(\frac{w_{i+0.5,j,h}^3}{12\mu}\frac{p_{i+1,j,h}-p_{i,j,h}}{\Delta x} - \frac{w_{i-0.5,j,h}^3}{12\mu}\frac{p_{i,j,h}-p_{i-1,j,h}}{\Delta x}\right) + \frac{1}{\Delta y}\left(\frac{w_{i,j+0.5,h}^3}{12\mu}\frac{p_{i,j+1,h}-p_{i,j,h}}{\Delta y} - \frac{w_{i,j-0.5,h}^3}{12\mu}\frac{p_{i,j,h}-p_{i,j-1,h}}{\Delta y}\right) \tag{18}$$

$$S_{i,j,h} = -\frac{4C_{i_v}}{\Delta t}\left(\sqrt{t+\Delta t - t_{0i,j,h}} - \sqrt{t - t_{0i,j,h}}\right) + Q_v(t)\frac{\delta_{i_0,j_0,ib_0}}{\Delta x \Delta y} \tag{19}$$

其中：$w_{i+0.5,j,h} = \dfrac{w_{i,j,h} + w_{i+1,j,h}}{2}$，

$$w_{i,j+0.5,h} = \dfrac{w_{i,j,h} + w_{i,j+1,h}}{2}$$

（2）井筒流动方程的离散。

井筒流动方程的离散形式为

$$\boldsymbol{F}\left(Q_1, Q_2, \cdots, Q_{n_f}, p_w\right) = 0 \tag{20}$$

式（20）为 $n_f + 1$ 维非线性方程组，$\boldsymbol{F}$ 的分量形式为：

$$\begin{cases} F_1 = p_w - p_{p,1} - p_{in,1}\left(Q_1, Q_2, \cdots, Q_{n_f}, p_w\right) \\ F_2 = p_w - p_{p,2} - p_{in,2}\left(Q_1, Q_2, \cdots, Q_{n_f}, p_w\right) \\ \qquad\qquad\qquad \vdots \\ F_2 = p_w - p_{p,n_f} - p_{in,n_f}\left(Q_1, Q_2, \cdots, Q_{n_f}, p_w\right) \\ F_{n_f} + 1 = Q_t - \left(Q_t + Q_2 + \cdots + Q_{n_f}\right) \end{cases} \tag{21}$$

2.3 流固耦合方程

微分方程（17）中 $\theta = 0$ 时为显式格式，$\theta = 1$ 时为完全隐式格式。式（17）为刚性方程，显式方法需满足 CFL（Courant-Friedrichs-Lewy）条件才能保证计算稳定，因此研究者主要采用隐式方法求解微分方程（17）[6-7]。隐式解法满足无条件稳定性，不需要 CFL 条件，但隐式方法在流固耦合方程计算中仍然存在问题，主要表现在：（1）求解式（17）通常采用牛顿—拉夫逊或不动点迭代方法[6-7]，每次迭代需要解线性方程组。由于固体方程中的影响系数矩阵 C 为稠密矩阵，因此通常采用直接法解线性方程组。直接法的工作量取决于单元数量，单元数量增大后，时间复杂度巨大。尽管预处理方法可以将工作量降低，但对于单元数量较大情况，时间复杂度仍然巨大[35]。（2）考虑支撑剂运移或裂缝闭合等非线性问题时，流固耦合方程的约束条件增多，增大了隐式方法求解难度和计算工作量[35]。（3）为保证计算精度，隐式方法不能采用太大的时间步长[7, 28]。

考虑到隐式方法仍存在计算困难和时间成本较高等问题，本文采用显式方法求解式（17）。为提高显式方法计算效率，采用稳定型 RKL（Runge-Kutta-Legendre）[36] 显式积分方法求解式（17）。该方法采用多步时间积分方法，利用递归式 Legendre 多项式的稳定性特征，扩大了显式算法的 CFL 时间步长，因此可显著降低计算量，提高显式算法计算效率。

式（17）可记为：

$$\begin{cases} \dfrac{\mathrm{d}\boldsymbol{w}}{\mathrm{d}t} = \boldsymbol{M}(\boldsymbol{w})\boldsymbol{w} \\ \boldsymbol{w}(t = t_\alpha) = \boldsymbol{w}_\alpha \end{cases} \tag{22}$$

利用 Legendre 递归多项式绝对值小于 1 的特征，将单步积分采用 S 步递归式积分求解。时间项 2 阶精度的 S 步 RKL 方法的计算格式参照文献 [36] 确定。S 步 RKL 方法的时间步长满足：

$$\Delta\tau \leqslant \frac{S^2+S-2}{4}\Delta t_{\mathrm{E}} \tag{23}$$

其中

$$\Delta t_{\mathrm{E}} = \frac{\mu(1-\upsilon)}{G}\frac{\left[\min\left(\Delta x,\Delta y\right)\right]^3}{\overline{w}^3}$$

对于裂缝扩展问题，在保证稳定性条件下，确定时间步长时也需考虑计算精度。因此取 S 步 RKL 方法的时间步长为：

$$\Delta\tau = \varepsilon\frac{S^2+S-2}{4}\Delta t_{\mathrm{E}} \tag{24}$$

式（24）中 ε 为松弛系数，$0<\varepsilon\leqslant 1$，经过计算分析，其取 0.8 可满足足够精度。对于非均质地应力问题，若裂缝扩展进入低应力层后扩展速度加快，需要适度降低松弛因子以避免时间步过大。

2.4 尖端扩展

Peirce 等 [14]、Dontsov 等 [16] 利用与裂缝尖端相邻的激活单元的解析解计算裂缝尖端位置和尖端宽度。本文显式算法以尖端未开启单元临界宽度和扩展速度计算单元开启状态。每一时间步判断缝尖单元的相邻未开启单元是否达到扩展条件，从而更新单元类型。采用最短时间路径算法确定单元开启时间与是否达到开启条件。需要注意的是，本文仍采用网格激活方式进行裂缝边界捕捉 [13]。

以图 4 为例，对于待开启单元 a，相邻单元为 b、c、d、e。根据最短路径算法，a 单元开启时间为：

$$t_{0\mathrm{a}} = \min\left(t_{0\mathrm{b}}+\frac{\Delta x}{v_{\mathrm{ba}}},t_{0\mathrm{c}}+\frac{\Delta y}{v_{\mathrm{ca}}},t_{0\mathrm{d}}+\frac{\Delta x}{v_{\mathrm{da}}},t_{0\mathrm{e}}+\frac{\Delta y}{v_{\mathrm{aa}}}\right) \tag{25}$$

未开启单元的当前开启时间为正无穷大。假设 b、c、d 单元为未开启单元，e 为已开启单元，则 a 单元开启时间为：

$$t_{0\mathrm{a}} = \min\left(+\infty,+\infty,+\infty,t_{0,\mathrm{e}}+\frac{\Delta y}{v_{\mathrm{ea}}}\right) = t_{0,\mathrm{e}}+\frac{\Delta y}{v_{\mathrm{ea}}} \tag{26}$$

当 v_{ea} 满足尖端扩展条件式（11）时，a 单元成为开启单元。

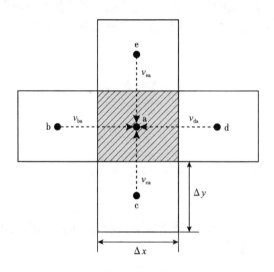

图 4　裂缝尖端扩展示意图

2.5　算法

平面三维多裂缝扩展模型算法如下。

（1）设定注入时间 t_f，模型输入参数包括：岩石力学参数、注入程序、液体参数、地应力分布等；

（2）令 $\alpha=0$，$t=t_0$，计算初始宽度 w_0 和压力 p_0；

（3）令 $\alpha=\alpha+1$，$t=t+\Delta t$，求解（22）式得到当前开启单元的宽度 w_α 和压力 p_α。若 $t>t_f$，结束计算；

（4）采用牛顿—拉夫逊方法求解（20）式得到各簇流量分配；

（5）计算当前时刻的待开启单元数，求解（11）式得到所有待定单元的临界宽度，判断是否发生开启，若发生开启，则更新为尖端单元，否则仍为未开启单元；

（6）根据步骤（5）更新单元类型，确定新的裂缝尖端单元和待定单元，返回步骤③。

算法主要包括各簇分流量计算、固体变形与流动耦合方程计算和裂缝扩展边界计算 3 个模块。各簇分流量通过牛顿－拉夫逊方法计算，具有二阶收敛速度。固体变形与流动耦合方程的稳定型 RKL 解法具有二阶时间精度，并满足计算稳定性[36]。裂缝扩展边界采用尖端解析解计算，尖端解析解适用范围可达缝长的 10%，而线弹性力学解析解范围仅为缝长的 0.1%~1.0%，因此可在粗网格条件下实现较高计算精度，从而减小计算量[37]。3 个模块均满足收敛性和稳定性，因此算法理论上可行。

3　算法验证与效率对比

3.1　准确性验证

3.1.1　与 penny 裂缝解析解对比

为验证算法准确性，首先与解析解对比。考虑无层间应力差情况，该情况下单裂缝扩展符合 penny 模型。矿场条件下，penny 裂缝扩展主要为黏性主导能量耗散方式，因此采用黏性主导 penny 裂缝进行单缝验证。单缝验证的基本参数为：排量 5m³/min，流体黏度 5mPa·s，弹性模量 30GPa，泊松比 0.2，断裂韧性 0.2MPa·m$^{\frac{1}{2}}$，滤失系数 0，注入时间 10min。径向裂缝扩展的特征时间为[30]：

$$t_{c} = \left[\frac{(12\mu)^{5} E^{13} Q_{t}^{3}}{\left(\frac{32}{\pi}\right)^{9} K_{lc}^{-18} (1-v^{2})^{13}} \right]^{\frac{1}{2}} \tag{27}$$

当注入时间远小于特征时间时，裂缝扩展能量消耗以缝内流动摩阻耗散为主；当注入时间远大于特征时间时，裂缝扩展能量消耗以尖端破裂能量耗散为主，两者中间为过渡过程。计算特征时间为 3.30×10⁹min，则注入时间（10min）远小于特征时间，为黏性主导裂缝。黏性主导径向裂缝半径和裂缝入口宽度为[30]：

$$\begin{cases} R(t) = 0.6944 \left[\frac{Q_{i}^{3} E t^{4}}{12\mu(1-v^{2})} \right]^{\frac{1}{9}} \\ w_{in}(t) = 1.1901 \left[\frac{(12\mu)^{2}(1-v^{2})^{2} Q_{i}^{3} t}{E^{2}} \right]^{\frac{1}{9}} \end{cases} \tag{28}$$

该算例采用单元尺寸为 2.5m×2.5m，计算结果如图 5 所示。结果显示，本文算法计算结果与解析解吻合，表明算法可准确计算 penny 裂缝扩展动态。

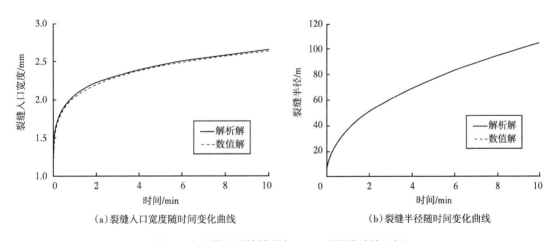

(a) 裂缝入口宽度随时间变化曲线   (b) 裂缝半径随时间变化曲线

图 5 本文算法计算结果与 penny 裂缝解析解对比

3.1.2 与隐式水平集算法对比

为进一步验证算法准确性，考虑分层加载应力流体发生滤失的情况，采用 Dontsov 等[16]隐式水平集算法进行验证。设置 3 层最小主应力，如图 6a 所示。其他参数[16]为：弹性模量 9.5GPa，泊松比 0.2，流体黏度 0.1Pa·s，注入排量 0.01m³/s，断裂韧性 $1MPa\cdot m^{\frac{1}{2}}$，滤失系数 $2.065\times10^{-6}m/s^{\frac{1}{2}}$：

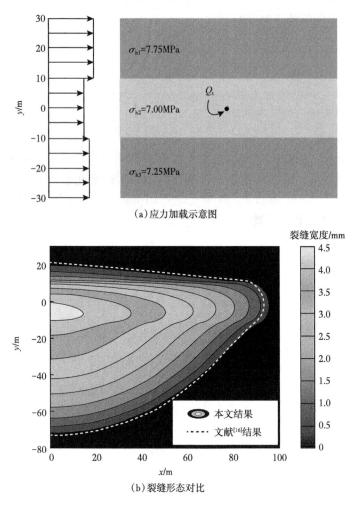

（a）应力加载示意图

（b）裂缝形态对比

图 6　分层加载应力、流体发生滤失情况下的裂缝扩展剖面与 Dontsov 等 [16] 隐式水平集算法裂缝扩展轮廓对比

图 6（b）为注入 3600s 时本文算法得到的裂缝宽度剖面与文献 [16] 裂缝轮廓对比。结果显示，本文结果与 Dontsov 等 [16] 隐式水平集算法结果吻合，表明本文算法可以准确求解存在滤失的裂缝扩展形态。

3.2　计算效率对比

采用算例为澳大利亚国家科学院有机玻璃实验 [27]。有机玻璃满足均质线弹性，并可以拍照监测裂缝扩展动态。具体实验参数为：流体黏度 30Pa·s，有机玻璃弹性模量 3.3GPa，泊松比 0.4。分 3 层加载水平应力，如图 7 所示。实验采用变排量注入 [27]。图 8 为实验 665s 时的裂缝形态与本文算法计算结果的对比。可以看出，本文算法计算结果接近实验获得的裂缝形态,进一步验证了本文算法准确性,也说明可以采用实验参数进行计算效率对比。

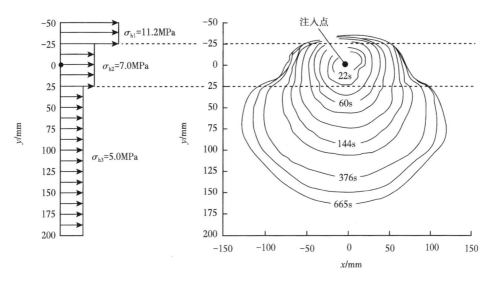

图 7　Wu 等[27] 有机玻璃压裂实验应力加载与裂缝形态

　　Zia 等[28] 采用隐式水平集算法及文献[27] 中实验参数进行了计算,并评价了算法计算效率。本文采用与文献[28] 相同大小网格(0.43cm×0.43cm),处理器均为 Intel(R)Core(TM)i7-5600CPU@2.60GHz。本文采用用 MATLAB 编程,文献[28] 采用 Python 编程,两种语言在科学计算方面执行效率相当,因此通过对比两者 CPU 占用时间确定本文算法与隐式水平集算法的计算效率。本文算法采用 25 级、50 级与 75 级积分算法占用 CPU 时间均在 300s 以内,其中 75 级积分算法占用 CPU 时间仅为 73s,而文献[28] 隐式水平集算法占用 CPU 时间为 619s。可见本文算法计算效率大幅提高。

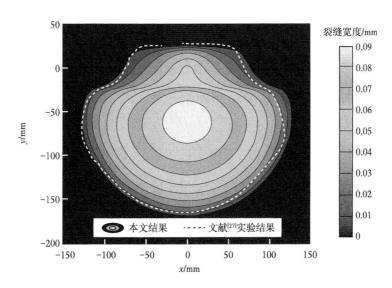

图 8　本文算法与澳大利亚研究院实验结果对比

4 实际井算例分析

以浙江油田昭通页岩气示范区 YS112H4 水平井组 YS112H4-1 井为例进行实例分析。YS112H4-1 井目的层为下志留统龙马溪组，采用小间距分段多簇压裂工艺，设计平均簇间距 10m，施工排量 14m³/min，施工

液体为 FAB-2 滑溜水，密度为 1016kg/m³，黏度为 2mPa·s。储层厚度为 34m，水平应力差为 17.0~19.5MPa。岩石弹性模量为 35.7GPa，泊松比为 0.27，断裂韧性为 1.0MPa·m$^{1/2}$。储层基质渗透率 1×10^{-4}mD，因此可以忽略流体向基质滤失。目标层段上下有一定应力遮挡，水平最小主应力剖面如图 9 所示。图 9 中 z=0m 为射孔位置所在深度。孔眼直径 12mm，射孔修正系数 0.7。

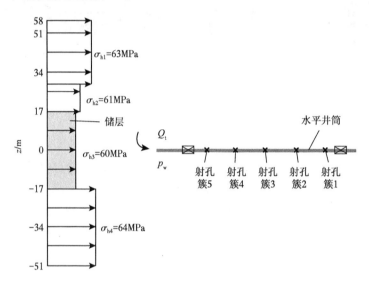

图 9　地应力剖面与分簇射孔示意图

由于已有较多文献[38-40]分析分簇数、射孔直径等参数与各簇进液量的关系，本文重点分析实例井簇间应力分布、射孔数及射孔数分布等对各簇进液量和裂缝扩展的影响。

4.1 簇间应力分布对各簇进液的控制作用

4.1.1 簇间应力均质分布

首先分析地应力平面均质的情况，即各射孔簇最小水平主应力相同，均为 60MPa。该情况下射孔摩阻与缝间应力干扰控制各簇进液分布。

由图 10 可知，射孔簇应力均质分布情况下，每簇 4 孔、8 孔、16 孔的射孔方式各簇均能开启并进液。每簇 4 孔、8 孔时，各簇进液量接近；每簇 16 孔时，外侧簇裂缝进液为中间簇裂缝进液的 1.24 倍。因此，单簇孔数越多，各簇进液量差异越大。

由图 11 可知，每簇 4 孔、8 孔时，各簇裂缝长度接近；每簇 16 孔时，外侧簇裂缝半长为 330m，而中间簇裂缝半长为 265m，前者为后者的 1.24 倍，与进液量比例一致。由于产层上部应力小于产层下部应力，裂缝高度倾向于向产层上部扩展，而产层以下基本没

有裂缝展布。中间簇近井区域裂缝高度大于外侧簇，说明近井区域的应力干扰最为显著，近井区域中间裂缝长度扩展受阻，因而容易发生纵向扩展。

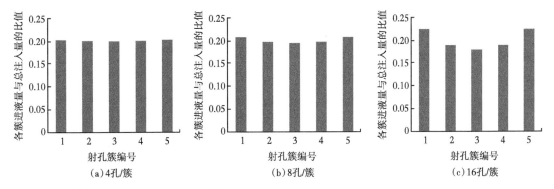

图 10　簇间应力均质分布时的各簇进液量分布

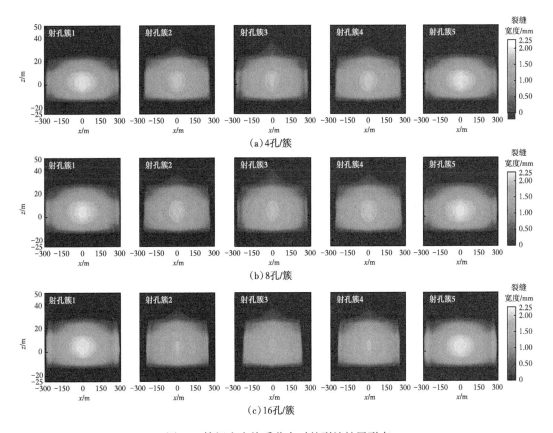

图 11　簇间应力均质分布时的裂缝扩展形态

4.1.2　簇间应力非均质分布

设定射孔簇 1—5 所在层位的最小水平主应力分别为 62MPa，60MPa，60MPa，60MPa，60MPa，即射孔簇 1 最小水平主应力比其他射孔簇高 2MPa。由图 12 可知，每簇 4 孔或 8 孔时，高应力簇进液量低于其他簇，但各簇均能进液；每簇 16 孔时，高应力簇不能开启进液。说明每簇16孔不能平衡簇间2MPa应力差，每簇8孔可以实现各簇有效进液，每簇4孔各簇进液几乎没有差别。结合簇间应力均质分布的进液情况可知，尽管射孔簇1裂缝为应力干扰作用下的进液主导缝，但若其最小水平主应力高于其他簇2MPa，则可能无法开启进液。计算结果表明，簇间应力非均质对各簇进液的控制作用大于应力干扰。因此，簇间应力分布是分簇限流设计的重要参数。

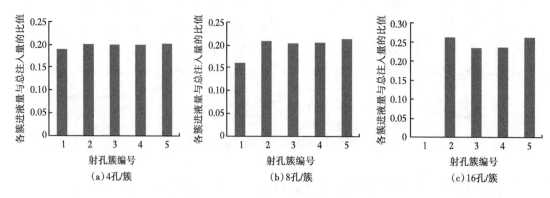

图12 簇间应力非均质分布时的各簇进液量分布

由图13可知，每簇4孔、8孔时尽管各簇进液量差别不显著，但由于产层上部地应力小于产层下部地应力，同时裂缝1长度扩展受到其他裂缝应力干扰"挤压"作用，因此裂缝1

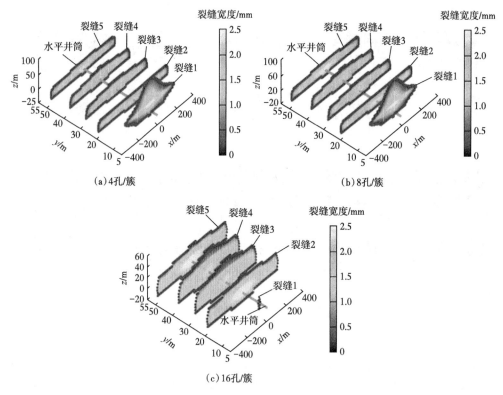

图13 簇间应力非均质分布时的裂缝扩展形态

倾向于向产层上部扩展，进而出现缝高过量扩展。裂缝扩展形态受层间应力剖面和应力干扰共同控制。水力裂缝会选择阻力最小路径扩展，当簇间应力干扰作用大于层间应力差作用时，裂缝会选择纵向扩展路径。受层间应力分布和应力干扰影响，高应力射孔簇的裂缝形态发生改变，进而影响改造效果。这表明各簇产量与进液量的关系不一定一致。这种现象也难以通过井下光纤温度或声监测识别，因此在设计阶段应对簇间应力分布进行细致解释分析，并尽量将应力接近的区域划分为一段。

4.2 射孔数分布对各簇进液的控制作用

4.2.1 簇间应力均质分布

Cramer 等[41] 通过现场试验井下拍照发现，由于射孔质量、射孔相位差别，压裂过程并非每个射孔均可开启，因此有必要分析不均匀射孔数对各簇进液的影响。设计 3 种射孔方案进行对比:(1)各簇射孔数依次为8，9，8，8，8;(2)各簇射孔数依次为8，10，8，8，8;(3)各簇射孔数依次为8，11，8，8，8。设定各射孔簇最小水平主应力相同，均为 60MPa。

由图 14 可知，射孔簇 2 增加 1~3 孔之后，该簇进液最多。增加孔数越多，该簇进液量占比越大。增加 1~3 个孔时，射孔簇 2 进液量占总注入量的比例分别为21.5%，23.3%和25.0%。增加 3 个射孔后，射孔簇 2 与其他各簇进液量差异较大，因此应避免增加 3 个以上射孔数。由图 15 可知，某簇射孔数增加过多，会导致该簇裂缝缝长过大，簇间改造反而更不均衡。可见，增大某一簇的射孔数会提高该簇的进液量，从而平衡地应力、近井摩阻或应力干扰差异的影响，但射孔数增加不应过多，增加 1~2 孔的作用已经非常显著。本文模拟结果与 Cramer 等[41] 现场试验得到的认识一致。

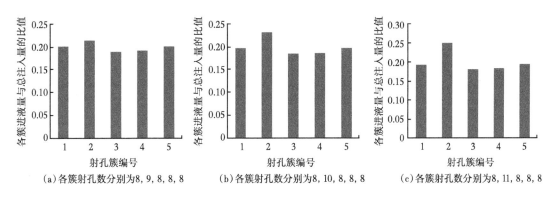

(a)各簇射孔数分别为8, 9, 8, 8, 8　　(b)各簇射孔数分别为8, 10, 8, 8, 8　　(c)各簇射孔数分别为8, 11, 8, 8, 8

图 14　簇间应力均质分布时不同射孔方案的各簇进液分布

4.2.2 簇间应力非均质分布

图 14 簇间应力均质分布时不同射孔方案的各簇进液分布簇射孔数依次为 11，8，8，8，8。设定射孔簇 1—5 所在层位的最小水平主应力分别为 62，60，60，60，60MPa，即射孔簇 1 最小水平主应力比其他射孔簇高 2MPa。为增加射孔簇 1 的进液比例，设计 3 种射孔方案:(1)各簇射孔数依次为 9，8，8，8，8;(2)各簇射孔数依次为 10，8，8，8，8;(3)各由图 16 可知，尽管射孔簇 1 为高应力簇，但增加该簇 1~3 个射孔后，该簇进液量与其他 4 簇差异逐渐减小，增加该簇 2 个射孔即可实现均匀进液。但从图 17 可以看出分析，高应力簇的改造仍然不充分，裂缝 1 缝高出现过量扩展。由于裂缝 1 在产层内扩展

受到其他簇较大应力干扰作用，水力裂缝会沿最小阻力路径扩展，因此裂缝 1 倾向于向产层上部扩展，导致裂缝 1 缝高扩展过大，产层改造面积不足。同时，增加 3 孔与增加 2 孔的裂缝形态较为接近。研究表明，增加高应力簇 2 个射孔数可以提高该簇进液，达到均匀进液；均匀进液并不意味着裂缝形态均匀，裂缝形态受应力干扰和层间应力剖面两方面控制。体积改造多簇压裂设计应加强对层间应力剖面、层内平面应力分布的解释，并应尽量将应力接近的地层作为一段进行分簇压裂。

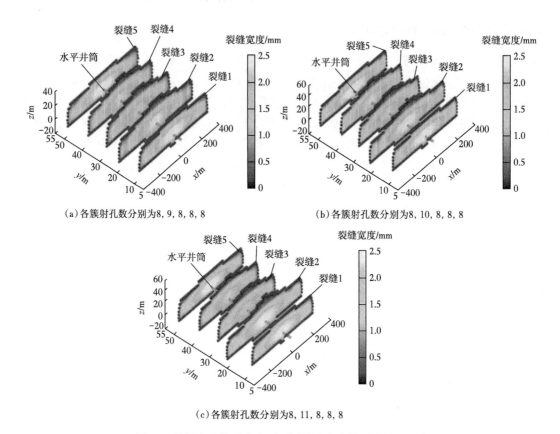

(a)各簇射孔数分别为8, 9, 8, 8, 8

(b)各簇射孔数分别为8, 10, 8, 8, 8

(c)各簇射孔数分别为8, 11, 8, 8, 8

图 15　簇间应力均质分布时不同射孔方案的裂缝扩展形态

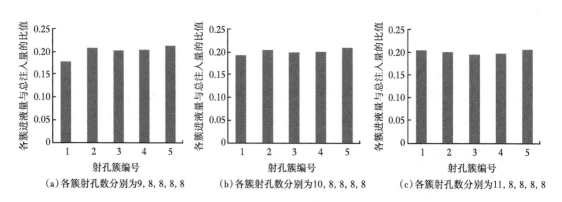

(a)各簇射孔数分别为9, 8, 8, 8, 8

(b)各簇射孔数分别为10, 8, 8, 8, 8

(c)各簇射孔数分别为11, 8, 8, 8, 8

图 16　簇间应力非均质分布时不同射孔方案的各簇进液分布

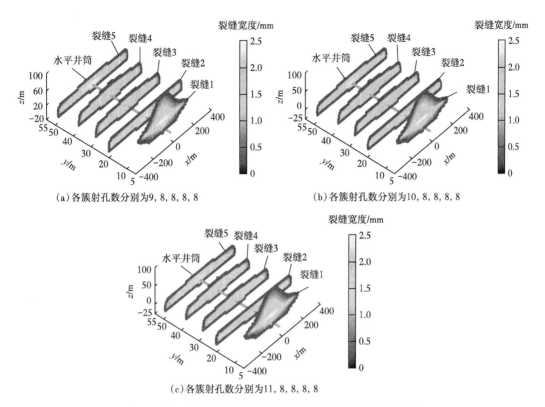

(a) 各簇射孔数分别为9, 8, 8, 8, 8

(b) 各簇射孔数分别为10, 8, 8, 8, 8

(c) 各簇射孔数分别为11, 8, 8, 8, 8

图 17　簇间应力非均质分布时不同射孔方案的裂缝扩展形态

5　结论

提出了水平井分段压裂平面三维多裂缝扩展模型求解新算法，算法准确可靠，与目前广受认可的隐式水平集算法相比，新算法计算速度大幅提高。以浙江油田昭通页岩气示范区下志留统龙马溪组页岩气水平井实际参数进行模拟分析，研究发现：各簇射孔数相同时，簇间应力非均质对各簇进液的控制作用大于应力干扰，减小单簇射孔数可以平衡簇间应力差异，实现均衡进液；调整各簇射孔数量可以实现均衡进液，各簇射孔数差别应控制为 1~2 孔，簇间射孔数差别太大，会引起液体过多进入射孔数最多的簇，反而加重各簇进液不均匀，不利于各簇均衡改造；增加高应力簇的射孔数有利于均匀进液，但进液均匀并不等于裂缝形态一致，裂缝形态受应力干扰和层间应力剖面共同控制；水力裂缝沿最小阻力路径扩展，对于高应力射孔簇，若层间应力差较小，高应力簇裂缝更容易沿纵向扩展，不利于产层内储层改造，体积改造应选择应力接近的区域作为一段。

符 号 注 释

A 为裂缝覆盖区域面积，m^2；A 为流动方程系数矩阵；$A(t)$ 为 t 时刻的裂缝覆盖区域面积，m^2；C_g 为边界积分方程格林函数，具体形式可参见文献[34]，Pa/m^3；C 为影响系数矩阵，Pa/m；C_{lv} 为滤失系数，$m/s^{\frac{1}{2}}$；d_k 为第 k 簇裂缝的射孔直径，m；E 为岩石弹性模量，

Pa；G 为剪切模量，Pa；h，r 为网格单元在 z 方向的序号；i，m 为网格单元在 x 方向的序号；i_0，j_0，h_0 为注入点单元在 x，y，z 方向的序号；j，n 为网格单元在 y 方向的序号；k 为裂缝簇序号；K 为射孔磨蚀修正系数；K_{Ic} 为 I（张）型裂缝断裂韧性，$Pa \cdot m^{\frac{1}{2}}$；$\boldsymbol{M}$（w）为式（22）等号右端项对应的系数矩阵；n_f 为每段簇数；n_k 为第 k 簇裂缝的射孔数；p 为缝内流体压力，Pa；$\boldsymbol{p}$ 为缝内流体压力矩阵，Pa；p_0 为初始时刻的缝内流体压力，Pa；$\boldsymbol{p}_0$ 为初始时刻的缝内流体压力矩阵，Pa；$p_{in,k}$ 为第 k 簇裂缝的裂缝入口压力，Pa；$p_{p,k}$ 为第 k 簇裂缝的射孔摩阻，Pa；p_α 为 t_α 时刻的缝内流体压力，Pa；p_w 为井底压力，Pa；q 为单位长度体积流量矢量，m^2/s；Q_k 为第 k 簇裂缝的进液流量，m^3/s；Q_t 为注入排量，m^3/s；R 为裂缝半径，m；s 为距缝尖的距离，m；S 为源汇项系数矩阵；t 为时间，s；t_0（x，y，z）为坐标（x，y，z）处发生滤失的时刻，s；t_{0a}，t_{0b}，t_{0c}，t_{0d}，t_{0e} 为 a、b、c、d 和 e 单元开启时间，s；t_c 为径向裂缝扩展的特征时间，s；t_f 为注入时间，s；t_α 为第 α 时间步，s；Δt 为时间步长，s；Δt_E 为显式欧拉差分格式时间步长，s；v 为裂缝尖端扩展速度，m/s；v_{ba}，v_{ca}，v_{da}，v_{ea} 为 b、c、d 和 e 单元到 a 单元的扩展速度，m/s；w 为裂缝宽度，m；$\boldsymbol{w}$ 为裂缝宽度矩阵，m；w_0 为初始时刻的裂缝宽度；$\boldsymbol{w}_0$ 为初始时刻的裂缝宽度矩阵；w_{in} 为裂缝入口宽度，m；w_α 为 t_α 时刻的裂缝宽度，m；$\boldsymbol{w}_\alpha$ 为 t_α 时刻的裂缝宽度矩阵，m；$\overline{w}$ 为裂缝平均宽度，m；x，y，z 为场点坐标，m；x'，y'，z' 为源点坐标，m；Δx，Δy 为空间步长，m；α 为时间步编号；δ 为常量；δ_k（x，y，z）为第 k 簇裂缝的狄拉克函数，m^{-2}；θ 为常系数，$0 \leqslant \theta \leqslant 1$；$\mu$ 为流体黏度，$Pa \cdot s$；ρ 为液体密度，kg/m^3；σ_h 为最小水平主应力，Pa；$\boldsymbol{\sigma}_h$ 为最小水平主应力矩阵，Pa；$\Delta\tau$ 为 RKL 方法的时间步长，s；υ 为岩石泊松比。

参 考 文 献

[1] 吴奇，胥云，王腾飞，等.增产改造理念的重大变革：体积改造技术概论 [J].天然气工业，2011，31（4）：7-12.

[2] 吴奇，胥云，王晓泉，等.非常规油气藏体积改造技术：内涵、优化设计与实现 [J].石油勘探与开发，2012，39（3）：252-258.

[3] 吴奇，胥云，张守良，等.非常规油气藏体积改造技术核心理论与优化设计关键 [J].石油学报，2014，35（4）：706-714.

[4] 胥云，雷群，陈铭，等.体积改造技术理论研究进展与发展方向 [J].石油勘探与开发，2018，45(5)：874-887.

[5] Somanchi K，Brewer J，Reynolds A. Extreme limited entry design improves distribution efficiency in plug-n-perf completions：Insights from fiber-optic diagnostics[R].SPE184834，2017.

[6] Lecampion B，Bunger A，Zhang X. Numerical methods for hydraulic fracture propagation：A review of recent trends[J]. Journal of Natural Gas Science and Engineering，2018，49：66-83.

[7] Adachi J，Siebrits E，Peirce A，et al. Computer simulation of hydraulic fractures[J]. International Journal of Rock Mechanics and Mining Sciences，2007，44（5）：739-757.

[8] Settari A，Cleary M P. Three-dimensional simulation of hydraulic fracturing[J]. Journal of Petroleum Technology，1982，36（7）：1177-1190.

[9] Kresse O，Cohen C，Weng X W，et al. Numerical modeling of hydraulic fracturing in naturally fracture formations[R].ARMA11-363，2011.

[10] 赵金洲，陈曦宇，李勇明，等.水平井分段多簇压裂模拟分析及射孔优化 [J].石油勘探与开发，

2017，44（1）：117-124.

[11] Dontsov E V, Peirce A P. An enhanced pseudo-3D model for hydraulic fracturing accounting for viscous height growth, non-local elasticity, and lateral toughness[J]. Engineering Fracture Mechanics, 2015, 142: 116-139.

[12] Advani S H, Lee T S, Lee J K. Three-dimensional modeling of hydraulic fractures in layered media: part Ⅰ: Finite element formulations[J]. Journal of Energy Resources Technology, 1990, 112（1）: 1-9.

[13] Barree R D. A practical numerical simulator for three-dimensional fracture propagation in heterogeneous media[R].SPE12273, 1983.

[14] Peirce A P, Detournay E. An implicit level set method for modeling hydraulically driven fractures[J]. Computer Methods in Applied Mechanics and Engineering, 2008, 197（33）: 2858-2885.174

[15] Dontsov E V, Peirce A P. A non-singular integral equation formulation to analyse multiscale behaviour in semi-infinite hydraulic fractures[J]. Journal of Fluid Mechanics, 2015, 781（3）: 248-254.

[16] Dontsov E V, Peirce A P. A multiscale implicit level set algorithm（ILSA）to model hydraulic fracture propagation incorporating combined viscous, toughness, and leak-off asymptotics[J]. Computational Methods in Applied Mechanic and Engineering, 2017, 313: 53-84.

[17] Chen X Y, Li Y M, Zhao J Z, et al. Numerical investigation for simultaneous growth of hydraulic fractures in multiple horizontal wells[J]. Journal of Natural Gas Science and Engineering, 2017, 51: 44-52.

[18] Carter B J, Desroches J, Ingraffea A R, et al. Simulating fully 3D hydraulic fracturing[R]. Ithaca: Cornell University, 2000.

[19] Xu G S, Wong S W. Interaction of multiple non-planar hydraulic fractures in horizontal wells[R]. IPTC17043-MS, 2013.

[20] Wang J, Ren L, Xie L Z, et al. Maximum mean principal stress criterion for three-dimensional brittle fracture[J]. International Journal of Solids and Structures, 2016, 102: 142-154.

[21] Zhang X, Jeffrey R G, Thiercelin M. Mechanics of fluid-driven fracture growth in naturally fractured reservoirs with simple network geometries[J]. Journal of Geophysical Research: Solid Earth, 2010, 114（B12）: 1-16.

[22] Weng X, Kresse O, Cohen C, et al. Modeling of hydraulic fracture network propagation in a naturally fractured formation[R]. SPE140253, 2011.

[23] Li S B, Zhang D X. A fully coupled model for hydraulic-fracture growth during multiwall-fracturing treatments: Enhancing fracture complexity[J]. SPE Journal, 2018, 33（2）: 235-250.

[24] Zou Y S, Ma X F, Zhang S C, et al. Numerical investigation into the influence of bedding plane on hydraulic fracture network propagation in shale formations[J]. Rock Mechanics & Rock Engineering, 2016, 49（9）: 3597-3614.

[25] Peirce A P, Bunger A P. Interference fracturing: Nonuniform distributions of perforation clusters that promote simultaneous growth of multiple hydraulic fractures[J]. SPE Journal, 2015, 20（2）: 384-395.

[26] Dontsov E V. An approximate solution for a penny-shaped hydraulic fracture that accounts for fracture toughness, fluid viscosity and leak-off[J]. Royal Society Open Science, 2016, 3: 1-18.

[27] Wu R, Bunger A P, Jeffrey R G, et al. A comparison of numerical and experiemental results of hydraulic fracture growth into a zone of lower confining stress[R].ARMA08-267, 2008.

[28] Zia H, Lecampion B. Explicit versus implicit front advancing schemes for the simulation of hydraulic fracture growth[J]. International Journal of Numerical and Analytical Methods in Geomechanics, 2019: 1-16.

[29] Bunger A P, Zhang X, Robert G J. Parameters affecting the interaction among closely spaced hydraulic

fractures[J]. SPE Journal, 2012, 17（1）: 292-306.

[30] Tang H Y, Winterfeld P H, Wu Y S, et al. Integrated simulation of multi-stage hydraulic fracturing in unconventional reservoirs[J]. Journal of Natural Gas Science and Engineering, 2016, 36: 875-892.

[31] 胥云, 陈铭, 吴奇, 等. 水平井体积改造应力干扰计算模型及其应用 [J]. 石油勘探与开发, 2016, 43（5）: 780-786.

[32] Wu K, Olson J E. Mechanisms of simultaneous hydraulic-fracture propagation from multiple perforation clusters in horizontal wells[J]. SPE Journal, 2016, 21（3）: 1000-1008.

[33] Crump J B, Conway M W. Effects of perforation-entry friction on bottomhole treating analysis[J]. Journal of Petroleum Technology, 1988, 40（8）: 1041-1048.

[34] Crouch S L, Starfield A M. Boundary element methods in solid mechanics: With applications in rock mechanics and geological engineering[M]. New South Wales: Allen & Unwin, 1982.

[35] Peirce A P. Localized Jacobian ILU preconditioners for hydraulic fractures[J]. International Journal for Numerical Methods in Engineering, 2006, 65: 1935-1946.

[36] Meyer C D, Balsara D S, Aslam T D. A stabilized Runger-Kutta-Legendre method for explicit super-time-stepping of parabolic and mixed equations[J]. Journal of Computational Physics, 2013, 257: 594-626.

[37] Lecampion B, Peirce A, Detournay E. The impact of the near-tip logic on the accuracy and convergence rate of hydraulic fracture simulations compared to reference solutions[R]. Brisbane, Australia: The International Conference for Effective and Sustainable Hydraulic Fracturing, 2013.

[38] Wu K, Olson J, Balhoff M, et al. Numerical analysis for promoting uniform development of simultaneous multiple-fracture propagation in horizontal wells[J]. SPE Production & Operations, 2017, 32（1）: 41-50.

[39] Lecampion B, Desroches J, Weng X, et al. Can we engineer better multistage horizontal completions? Evidence of the importance of near-wellbore fracture geometry from theory, lab and field experiments[R]. SPE173363, 2015.

[40] Yang Z Z, Yi L P, Li X G, et al. Pseudo-three-dimensional numerical model and investigation of multi-cluster fracturing within a stage in a horizontal well[J]. Journal of Petroleum Science and Engineering, 2018, 162: 190-213.

[41] Cramer D, Friehauf K, Roberts G, et al. Integrating DAS, treatment pressure analysis and video-based perforation imaging to evaluate limited entry treatment effectiveness[R].SPE194334, 2019.

页岩二氧化碳压裂裂缝扩展机制及工艺研究

左　罗[1,2]，韩华明[3]，蒋廷学[1,2]，王海涛[1,2]

（1.页岩油气富集机理与有效开发国家重点实验室（北京）；
2.中国石化石油工程技术研究院；3.中国石油西南油气田分公司重庆气）

摘　要：针对目前不同状态二氧化碳压裂裂缝扩展机制及二氧化碳压裂最优模式研究欠缺的问题，设计并开展了不同状态二氧化碳压裂物理模拟实验，同时进行了相关数值模拟，研究了不同状态二氧化碳对裂缝起裂及扩展的影响，对比分析了不同工艺下的压裂效果，并对二氧化碳压裂相关工艺的参数进行了优化。研究结果表明，二氧化碳作为压裂介质可降低破裂压力，提高裂缝复杂度；破裂压力由小到大排序为：超临界二氧化碳＜液态二氧化碳＜二氧化碳泡沫滑溜水＜滑溜水；二氧化碳复合压裂方式有利于增产、稳产，前置液＋后半程伴注液态二氧化碳/二氧化碳泡沫复合压裂工艺有助于提高改造效果；二氧化碳复合压裂工艺中起泡基液黏度应控制在 $3\sim6mPa\cdot s$，泡沫质量应大于75%，施工后半程泵入泡沫段塞更有利于提高改造体积。

关键词：页岩；二氧化碳；压裂；超临界

我国页岩气资源丰富，根据不同沉积环境一般分为海相页岩气、海陆过渡相页岩气和陆相页岩气[1-2]。开发实践表明页岩气必须经大规模压裂才能实现商业开发，而采用水基压裂液，水资源消耗巨大[3-5]。国内海陆过渡相页岩气区块，特别是陆相页岩气区块大多处于水资源匮乏地区，不宜采用大规模水力压裂，为确保开发效果，国内学者认为以二氧化碳部分或完全替代水的压裂方式可能具有较大潜力。目前关于二氧化碳压裂的研究及应用较多[6-8]，但针对页岩二氧化碳压裂最优模式的研究较少，因此，本文旨在通过相关实验及软件模拟对页岩二氧化碳压裂模式进行优选，为形成页岩二氧化碳压裂主体技术提供理论参考。

1　二氧化碳压裂模拟实验

为研究二氧化碳在不同状态下压裂时对页岩起裂及裂缝扩展的影响，结合地层温度、压力条件设计了超临界二氧化碳、液态二氧化碳、二氧化碳泡沫滑溜水及滑溜水压裂物理模拟方案，以分析起裂、裂缝扩展及形态特征等。

1.1　实验方案

详细的实验方案见表1。样品尺寸直径 100mm，长度 200mm。二氧化碳作为压裂介质的实验过程中的排量设置较高，主要是考虑到二氧化碳的压缩性极强，根据研究经验在同为 $1.2\,mL/min$ 的恒定注入排量下，整个压裂过程要历时几个小时（同样排量，滑溜水压裂实验一般约为 20 min），在形成宏观压裂缝之前，很可能已经形成泄漏通道，与滑溜水压裂实验的对比性不强。因此，在二氧化碳压裂实验过程中，刚开始注入的排量设置较高，待积聚到一定压力，然后以设计排量注入开始压裂实验。

表 1　压裂实验参数表

压裂介质	样品编号	应力差 /MPa	围压 / MPa	排量 /（mL/min）
超临界二氧化碳	SC-1	3	25	6
	SC-2	6	25	6
	SC-3	3	15	6
液态二氧化碳	L-1	3	25	6
	L-2	6	25	6
	L-3	3	15	6
滑溜水	W-1	3	25	1.2
	W-2	6	25	1.2
	W-3	3	15	1.2
二氧化碳泡沫滑溜水	P-1	3	15	1.2
	P-2	6	25	1.2

1.2　实验结果分析

实验结果如表 2 和图 1 所示。纯二氧化碳压裂平均破裂压力较滑溜水约低 26%，压裂缝主要由纵向主裂缝和水平层理主缝及其他复杂小微缝组成，主要原因很可能是二氧化碳流体黏度低，扩散系数大，易增大孔隙压力。从而降低破裂压力。此外，页岩含有多种热差异性膨胀较大的矿物，温度变化导致差异性膨胀，有助于裂缝的产生与扩展[9-10]。二氧化碳泡沫滑溜水压裂平均破裂压力较滑溜水约低 10%，比纯二氧化碳约高 22%，压裂后形成了多条纵向裂缝和 2 条水平层理缝，裂缝形态较为复杂。

表 2　破裂压力对比表

压裂介质	样品编号	破裂压力 / MPa	平均破裂压力 / MPa
超临界二氧化碳	SC-1	29.6	34.7
	SC-2	31.6	
	SC-3	28.8	
液态二氧化碳	L-1	37.4	
	L-2	46.6	
	L-3	34.5	
滑溜水	W-1	45.3	46.9
	W-2	51.4	
	W-3	44.1	
二氧化碳泡沫滑溜水	P-1	41.4	42.2
	P-2	43.1	

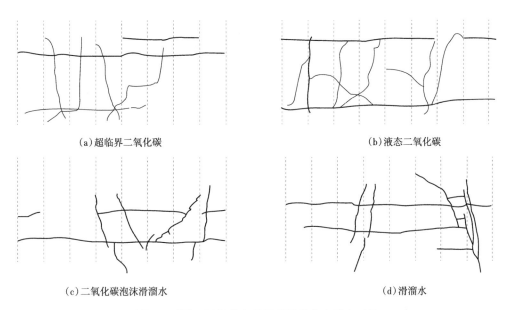

(a)超临界二氧化碳 　　　　　　　　　　　(b)液态二氧化碳

(c)二氧化碳泡沫滑溜水 　　　　　　　　　　(d)滑溜水

图1 不同二氧化碳介质压后裂缝分布形态对比

总体上二氧化碳压裂时会显著降低破裂压力,破裂压力由小到大排序为:超临界二氧化碳<液态二氧化碳<二氧化碳泡沫滑溜水<滑溜水;液态二氧化碳、超临界二氧化碳及二氧化碳泡沫滑溜水压裂产生的裂缝复杂度更高。

2 二氧化碳压裂模式及工艺参数研究

2.1 二氧化碳复合压裂优势分析

根据上述实验结果可知,纯二氧化碳压裂具有降低起裂压力及促进裂缝复杂化的优势。但是施工过程中二氧化碳相态不可控(理论上井底压力和温度条件下应主要以超临界态为主),憋压时间长,而且纯二氧化碳压裂对施工设备(要求密闭)及工艺参数控制等要求高且携砂能力弱;此外,实验中发现二氧化碳泡沫滑溜水同样表现出具有降低起裂压力及提高裂缝复杂度的作用。通过比较发现二氧化碳泡沫压裂更具优势(图2)。

综上提出二氧化碳复合压裂工艺思路:在不同施工时间段内伴注一定量的液态二氧化碳,与常规水基压裂液交替注入,一部分二氧化碳与液体混相形成泡沫,另一部分则在地层条件下达到超临界态,这样可充分利用纯二氧化碳深穿透、降破压、利于扩展小微缝及二氧化碳泡沫在扩展缝高和缝宽上的优势。基于上述思路,利用 Eclipse 分别模拟了纯水基压裂液压裂(滑溜水)、纯二氧化碳压裂、二氧化碳复合压裂下日产量及累计产量的变化规律。具体裂缝参数:(1)水基压裂:支撑缝导流能力 2D·cm,支撑缝长 300m,未支撑缝长 60m(0.01D·cm),带宽 60m;(2)纯二氧化碳压裂:支撑缝导流能力 0.5D·cm,支撑缝长 150m,未支撑缝长 300m(0.001D·cm),带宽 180m;(3)二氧化碳复合压裂(前置液+二氧化碳泡沫):支撑缝导流能力 1D·cm,支撑缝长 250m,未支撑缝长 150m(0.005D·cm),带宽 90m。

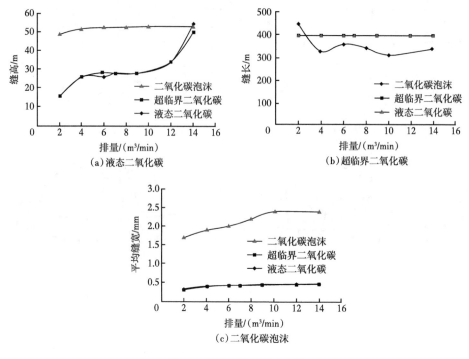

图2 压裂裂缝参数对比图

图3结果表明：生产初期水基压裂初产高于纯二氧化碳压裂及二氧化碳复合压裂，生产100d后，二氧化碳复合压裂日产反而高于水基压裂，纯二氧化碳压裂日产仍然最低。原因在于，尽管初始水基压裂支撑裂主裂缝及未支撑裂缝导流能力最高、裂缝半长最长，但因水力压裂复杂缝网连通性、带宽及未支撑裂缝缝长不及二氧化碳复合压裂，最终导致主缝导流能力递减快，且波及支缝体积最小，从而产量递减相对较快。另外，从累计产量曲线上看，生产不到2年时间，二氧化碳复合压裂累计产量超过水基压裂，比水基压裂高出8.6%，而比纯二氧化碳压裂高出26.1%。

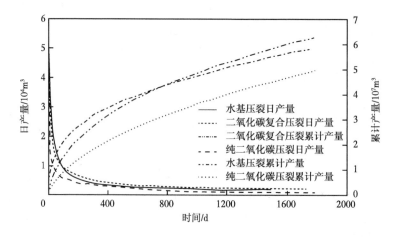

图3 水基压裂、纯二氧化碳压裂及二氧化碳复合压裂产量效果预测

生产 5 年后二氧化碳复合压裂缝网压力波及范围最大，略高于水基压裂，而水基压裂表现出压力波及最不均匀，尤其"核部"主裂缝区域压降最快，相比较其他两种工艺而言，稳产效果最差。从日产曲线上也可以观察到生产初期产量高但递减速率最快的特征，由此可见二氧化碳复合压裂方式有利于增产、稳产。

2.2　二氧化碳复合压裂优势工艺分析

模拟了 6 种工艺模式，各参数对比见图 4。

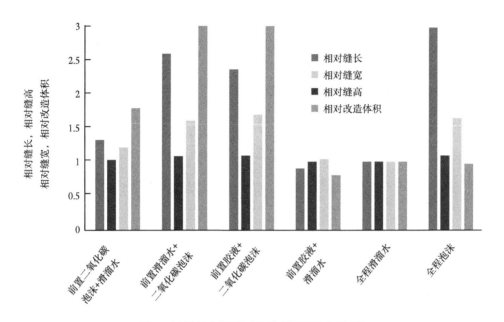

图 4　不同复合压裂工艺模式下裂缝参数对比

6 种工艺模式分别为全程滑溜水（基准）、前置二氧化碳泡沫 + 滑溜水、前置滑溜水 + 二氧化碳泡沫、前置胶液 + 二氧化碳泡沫、前置胶液 + 滑溜水及全程二氧化碳泡沫中，其中，前置胶液 + 二氧化碳或滑溜水 + 二氧化碳泡沫工艺模式优势明显，在相对缝长、相对缝高及相对缝宽上均有较大优势。

2.3　二氧化碳复合压裂工艺参数研究

根据上述研究结果可知，所提出的复合压裂工艺中与泡沫相关的工艺参数需要着重研究。为确定工艺优化过程中二氧化碳泡沫质量及其基液黏度的设定范围，模拟了不同基液黏度、泡沫质量下的压裂效果如图 5 所示。模拟结果表明：随着二氧化碳泡沫质量的增大，缝高、缝长、平均缝宽及改造体积都将逐渐增大，当泡沫质量大于 75% 时，缝长及改造体积都明显增大，缝高及平均缝宽增大幅度也有提高，理论上说明泡沫质量越大改造效果越显著。在同一泡沫质量下随着基液黏度的增大，改造体积将减小，说明较低的基液黏度更利于提高压裂改造效果。因此，在工艺优化时，二氧化碳泡沫压裂液的泡沫质量设定在 75% 及以上，基液黏度设定在 $3 \sim 6 \mathrm{mPa \cdot s}$。

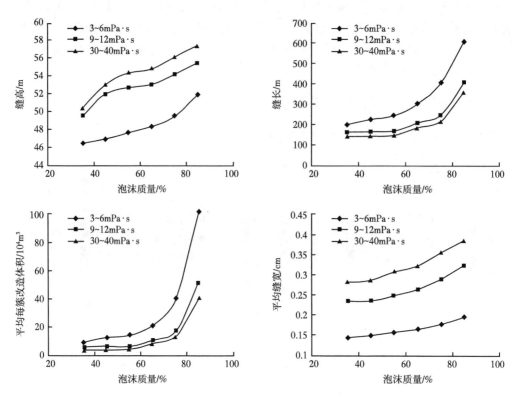

图5　泡沫质量及基液黏度对裂缝参数及改造体积的影响规律

　　在前置滑溜水＋二氧化碳泡沫工艺下模拟了不同排量对压裂效果的影响（以 $2m^3/min$ 排量为基准）（图6），模拟结果显示随着排量的增大缝高逐渐增大，排量大于 $10m^3/min$ 后缝高基本不变；缝长随着排量增大逐渐降低，排量大于 $10m^3/min$ 后缝长趋于稳定；缝宽同样随着排量增大而增大，排量大于 $10m^3/min$ 后缝宽轻微减小。因此，采用前置滑溜水＋二氧化碳泡沫工艺时排量应达到 $10m^3/min$。

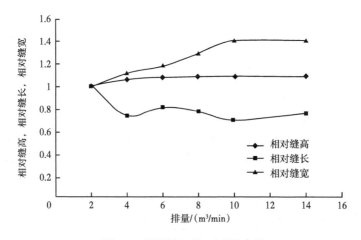

图6　不同排量下相对裂缝参数

为研究最优二氧化碳泡沫段塞数量及加入时机，以 1 个泡沫段塞为基准，模拟了不同段塞数及加入时机下的裂缝参数并进行了对比分析。模拟结果显示：随着泡沫段塞数的增加，相对裂缝参数均逐渐增大，而且相同段塞数下后半程加入段塞更利于促进裂缝延伸及提高改造体积（图 7），说明泡沫段塞的最佳泵注时机为压裂施工中的中后半程。

以 $40m^3$ 的二氧化碳泡沫段塞量为基准研究了不同泡沫段塞长度对裂缝参数的影响，模拟发现随着泡沫段塞量的增大裂缝参数基本不变（图 8），说明段塞长度对裂缝参数基本没影响，可以根据实际施工情况进行合理调整。

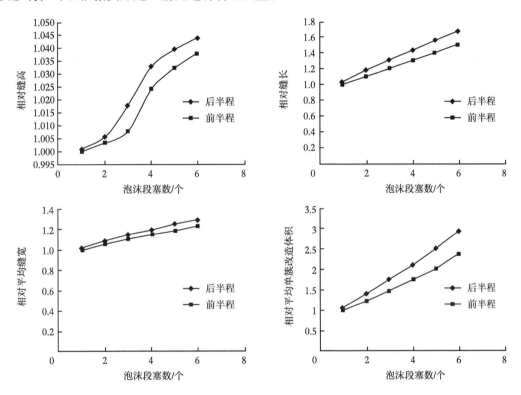

图 7　泡沫段塞数及加入时机对裂缝参数的影响

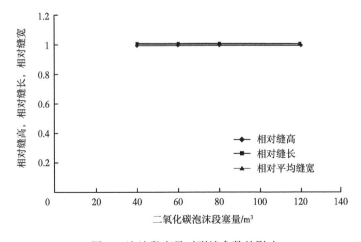

图 8　泡沫段塞量对裂缝参数的影响

3 结论及建议

（1）二氧化碳作为压裂介质可降低破裂压力，提高裂缝复杂度。总体上破裂压力由小到大排序为：超临界二氧化碳＜液态二氧化碳＜二氧化碳泡沫滑溜水＜滑溜水。

（2）二氧化碳复合压裂方式有利于增产、稳产，提出了前置液＋后半程伴注液态二氧化碳／二氧化碳泡沫复合压裂工艺。在二氧化碳复合压裂工艺中二氧化碳起泡后泡沫质量应在75%及以上，对应基液黏度应控制在 $3\sim6\,mPa\cdot s$，排量最好控制在 $10m^3/min$ 及以上，而且压裂后半程泵入泡沫段塞更为有利。

（3）针对页岩气建议采用前置滑溜水＋后半程伴注液态二氧化碳工艺，充分利用超临界二氧化碳深穿透，利于扩展小微缝及在形成一定比例泡沫后利于缝高、缝宽扩展的优势。针对页岩油建议采用前置胶液＋二氧化碳泡沫工艺，以满足高导流能力的需求。

参 考 文 献

[1] 张金川，姜生玲，唐玄，等．我国页岩气富集类型及资源特点[J].天然气工业，2009，29（12）：109-114.

[2] 李玉喜，聂海宽，龙鹏宇．我国富含有机质泥页岩发育特点与页岩气战略选区[J].天然气工业，2009，29（12）：115-118.

[3] 夏玉强．Marcellus 页岩气开采的水资源挑战与环境影响[J].科技导报，2010，28（18）：103-110.

[4] 张东晓，杨婷云．美国页岩气水力压裂开发对环境的影响[J].石油勘探与开发，2015，42（6）：801-807.

[5] 邹才能，董大忠，王玉满，等．中国页岩气特征、挑战及前景（一）[J].石油勘探与开发，2015，42（6）：689-701.

[6] 周继东，朱伟民，卢拥军，等．二氧化碳泡沫压裂液研究与应用[J].油田化学，2004，21（4）：316-319.

[7] 徐占东．吉林油田 CO_2 泡沫压裂液的研究与应用[D].大庆：大庆石油学院，2008.

[8] 孙鑫，杜明勇，韩彬彬，等．二氧化碳压裂技术研究综述[J].油田化学，2017，34（2）：374-380.

[9] 赵志恒，李晓，张搏，等．超临界二氧化碳无水压裂新技术实验研究展望[J].天然气勘探与开发，2016，39（2）：58-63.

[10] 王景环．超临界二氧化碳射流破碎页岩损伤机理研究[D].重庆：重庆大学，2013.

页岩气水平井压裂分段分簇综合优化方法

王海涛[1]，蒋廷学[1]，李远照[2]，卞晓冰[1]，华继军[2]

（1.中国石化石油工程技术研究院；2.中国石化江汉油田分公司
石油工程技术研究院）

摘　要： 为进一步提高页岩气水平井分段压裂的有效性，对水平井综合分段布缝及射孔分簇方法进行了优化。基于数值模拟和压裂模拟，兼顾实际裂缝形态和多裂缝参数的彼此影响，提出了分段参数优化正交设计方法；在确定分段数的基础上，从产能最大化角度提出了"W"型分段压裂布缝模式；根据多簇裂缝之间应力干扰及诱导应力分布特征，建立了较为合理的分簇优化方法；考虑页岩气水平井实际穿行轨迹的地质属性和工程特征，形成了地质分大段、工程分小段的分段分簇综合优化设计方法。

关键词： 页岩气；水平井；压裂；分段；分簇；

合理的分段优化设计是确保页岩气水平井压裂措施效果的前提，涉及压裂段分簇射孔位置和相关参数的优化[1]。常用方法是依据油藏数值模拟来确定实现经济产量的压裂段数，再结合随钻测井及录井综合解释结果，进行压裂段及射孔簇的划分，但分段及分簇射孔位置是否具备工程条件上的可压性[2]，或者能否通过压裂改造，形成具有一定复杂程度的网络裂缝[3-4]，常用方法欠考虑。本文提出了一种基于地质和工程双因素的综合分段分簇优化方法，考虑了分段布缝位置诱导应力干扰作用对压裂效果的影响，同时兼顾段簇间距与产能的匹配关系。

1　分段参数正交优化

对页岩气水平井开发而言，合理的分段是水力压裂成功的重要保证。为最大程度发挥水平井的产能，目前主要应用商业油藏数值模拟软件 Eclipse，首先建立考虑吸附解析模型的页岩气井模型，根据不同压裂段数累计产量随时间变化曲线，确定满足产能最优化的压裂段数[5]；其次，结合压裂模拟软件，建立不同压裂段数与净现值的匹配关系。原则上应考虑沿水平井轨迹穿行岩石矿物组分、岩石力学、物性、脆塑性等特征，由水平段趾部向跟部，将这些特征相近的层段划分为 1 段[6-8]。

由于水平井分段压裂需要优化的参数项目多，且每段裂缝的参数也不尽相同，须采用正交设计方法，将分段数、单段簇数和裂缝形态一并考虑在内，由此形成 17 种方案（表1），从而实现一次同步优化多个裂缝参数[9]。一般来说，页岩气储层压裂过程中可能形成 3 种主要裂缝形态：单一缝、一般复杂缝和复杂网络缝。实际进行数值模拟分段时，可作如图 1 的模型简化，将次裂缝采用等效渗流条带的方法进行处理，并与主裂缝连通，裂缝复杂性越高，主、次裂缝的连通性越好，次裂缝的导流能力可设置为主裂缝导流能力的1/5，并将缝高剖面形态分为3种情况：矩形缝面，2/3缝面和1/2缝面（图2）。

表1　分段压裂数值模拟的正交优化

序号	段数	单段簇数	裂缝形态	半缝长 / m	导流能力 / D·cm	缝高剖面
1	12	2	单一缝	200	1	矩形缝面
2	12	2	单一缝	200	2	2/3 缝面
3	12	2	单一缝	200	3	1/2 缝面
4	12	3	一般复杂缝	300	1	矩形缝面
5	12	3	一般复杂缝	300	2	2/3 缝面
6	12	3	一般复杂缝	300	3	1/2 缝面
7	12	4	复杂网络缝	400	1	矩形缝面
8	12	4	复杂网络缝	400	2	2/3 缝面
9	12	4	复杂网络缝	400	3	1/2 缝面
10	16	2	一般复杂缝	400	1	2/3 缝面
11	16	2	一般复杂缝	400	2	1/2 缝面
12	16	2	一般复杂缝	400	3	矩形缝面
13	16	3	复杂网络缝	200	1	2/3 缝面
14	16	3	复杂网络缝	200	2	1/2 缝面
15	16	3	复杂网络缝	200	3	矩形缝面
16	16	4	单一缝	300	1	2/3 缝面
17	16	4	单一缝	300	2	1/2 缝面

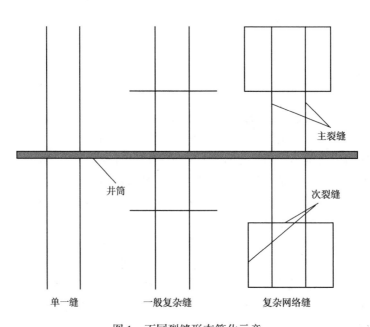

图1　不同裂缝形态简化示意

上述模拟方法在使用过程中，首先通过压裂前评价，或据邻井裂缝监测资料判断工区内页岩气储层压裂后可能产生的裂缝形态及其复杂性，再基于给定水平段长，设置不同单段射孔簇数、半缝长、导流能力、缝高剖面等，即可实现分段参数正交优化设计。

 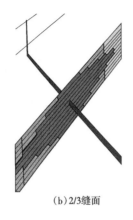 

(a)矩形缝面　　　　　　　(b)2/3缝面　　　　　　　(c)1/2缝面

图2　不同裂缝缝高剖面示意

2　布缝模式及分簇优化

2.1　压裂布缝模式

确定分段数及裂缝参数后，裂缝的布局很大程度上决定了页岩气压后初期产能大小和产量递减的快慢，裂缝与裂缝之间的渗流干扰作用越强，压力波及范围越大，产能也越高。笔者主要考虑了4种压裂布缝模式：均一型、"哑铃"型、"M"型和"W"型（图3）。实际应用中，根据每段对应的地质情况，单独设计施工规模和泵注程序，以此来满足不同缝长要求。

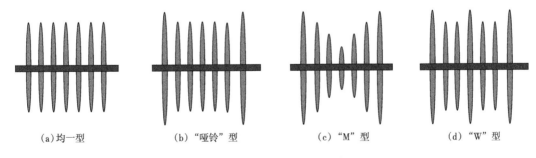

(a)均一型　　　　　(b)"哑铃"型　　　　　(c)"M"型　　　　　(d)"W"型

图3　不同压裂布缝模式示意

为进一步讨论每种布缝模式下对应的产量优势，在保持各分段压裂裂缝总长度一致的前提下，借助油藏数值模拟器，模拟了上述4种布缝模式对应3年累计产量（图4）。结果表明，在裂缝总长度一致的前提下，"W"型布缝模式的产量高于其他3种类型。

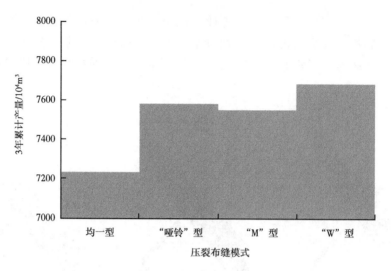

图 4 不同压裂布缝模式对应的 3 年累计产量

2.2 分簇优化

水平井分段压裂布缝模式确定后，单段内多簇射孔位置的选择，关系到压裂缝起裂的难易程度和裂缝延伸形态，进而影响整个裂缝覆盖区内的改造体积。对于层理及天然裂缝较为发育的脆性页岩储层[10]，簇间距应尽可能满足各射孔簇位置能够同时起裂，且各簇裂缝延伸过程中产生的水平双向诱导应力差尽可能超过天然裂缝的开启临界净压力[11]，凭借应力干扰作用促使主裂缝在一定范围内发生转向，以沟通更多的天然裂缝[12-13]，提高产气率。

有限元模拟结果（图 5）和理论计算结果（图 6）表明：产生干扰的裂缝间距（Δx）与上限缝高（H）的比值为 1.5；考虑到压裂过程中各簇射孔位置裂缝内净压力实际产生的诱导应力效果差异，一般合理的簇间距应不大于诱导应力作用半径的 2 倍[14]。此分簇方法目前已在国内多口页岩气井分段压裂中得到应用。计算中，假设模型为平面应变问题，射孔深度为 0.5 m，各射孔簇长度均取 1.0 m，每簇间距相等，外边界与单裂缝扩展相同，假

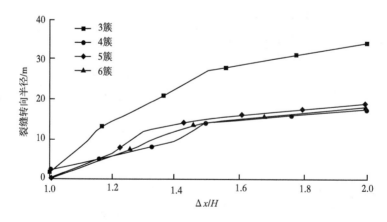

图 5 不同簇裂缝同时扩展时诱导裂缝转向半径

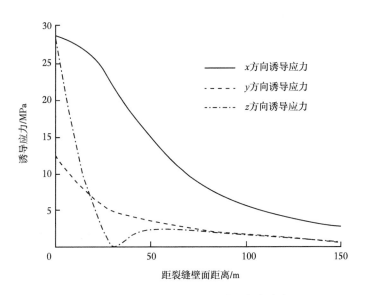

图 6 裂缝延伸过程中三向诱导应力分布

设有效缝高贯通主力页岩层厚 30 m，天然裂缝开启临界净压力 20 MPa，计算可得簇间距上限为 35 m，当两簇裂缝间距大于 35 m 时，将超出诱导应力有效作用范围，不利于裂缝转向和形成复杂缝。

3 综合分段分簇优化

以页岩气水平井轨迹穿行的地层岩性特征、岩石矿物组成、全烃显示、自然伽马、电阻率和三孔隙度测井等为基础[15]，结合岩石力学参数先进行地质上分大段，原则上将穿行地质属性相近的小层划为 1 段。

在地质分大段的基础上，再按本文前述油藏模拟方法优化的分段数，结合含气性（总含气量大于 2m³/t，总有机碳含量大于 2%，镜质体反射率大于 1.4%）、物性（渗透率大于100mD，孔隙度大于 2%）、力学性质（杨氏模量大于 20000MPa，泊松比小于 0.25）及固井质量（固井质量合格，2 个胶结面都良好）4 个因素进行综合压裂分段设计。

划分压裂段后，结合电性特征、分段诱导应力、天然裂缝开启临界净压力、诱导裂缝转向半径等工程参数，进行分簇射孔位置及簇间距的划分。原则上应选择显示好且应力差异小的低地应力段进行射孔，同时应选择性避开自然伽马异常高（大于 400 API）、密度高（大于 2.65g/cm³）、固井质量差的层段。现场应用表明，加砂压裂施工时，高自然伽马和高密度段往往压力高，易砂堵，工程难度相对较大，效果不理想，实际压裂设计施工时可不予考虑，避免低效或无效段。

4 现场应用

J 井是川东南地区的一口海相页岩气开发井，井深 4245m，水平段长 1345 m，综合考虑地质、工程多种因素，基于各小层岩性、密度、自然伽马等参数，进行地质分段；在此基础上，重点考虑岩性、物性变化及应力干扰对产量贡献的影响，进行工程上分簇。最终，J 井优化为 16 段共 45 簇非均匀分段布缝，单段 2~3 簇，采用"滑溜水 + 线性胶"混合压裂，按照"W"型布缝原则，针对总有机碳含量高（4%~5%）、密度低（2.4~2.5g/cm³）、自然伽马较高（180~200 API）段加大施工规模。该井总用压裂液 29880m³，总加砂量 821.1 m³，压后初期产量 31×10⁴ m³/d，测试无阻流量 88.7×10⁴ m³/d.

通过压裂后进行水平段流量测试，获得各簇射孔位置产气贡献率（图 7）。各射孔簇产气贡献率与最小水平主应力、水平应力差、岩石密度呈现负相关性，说明低密度含烃页岩层段在低地应力和较小的水平应力差异条件下，更容易形成大范围的网络裂缝，相应的改造体积较大，产量的贡献大。由测试结果还可看出，尽管个别低自然伽马段射孔簇位置对产量的贡献率最大，但与密度相比较，自然伽马与产气贡献率的关联性不是特别显著。将自然伽马、密度交会后与产气贡献率进行对比，结果表明：低密度、较高自然伽马位置累计产气贡献率占到单井产量的绝大部分（图 8）。若同时出现异常高密度、高自然伽马特征，则预示储层可能泥质含量较高，储层偏塑性，压裂时可能会出现施工压力高、砂堵等异常情况，可根据实际地质情况选择性避开。

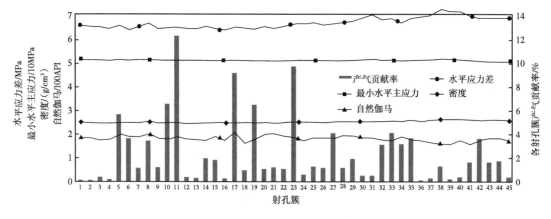

图 7 东南 J 井各射孔簇产气贡献率分布情况

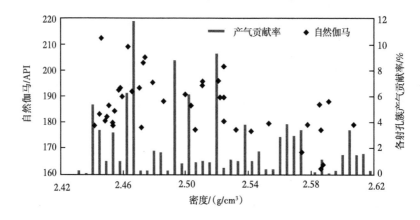

图 8 东南 J 井密度和自然伽马与产气贡献率关系

5 结论

（1）基于地质和工程双因素的综合分段分簇优化方法，考虑了裂缝簇间应力干扰作用对改造体积的影响，"W"型布缝方式有利于实现产能最大化。

（2）分段射孔簇的产气贡献率除了与页岩储层自身物性和含气性相关，水平段低密度、较高自然伽马分簇射孔位置的产量贡献占单井产量绝大部分，实际分段优化时可作重点考虑；对于部分高密度、高自然伽马位置，建议结合随钻资料及测井、录井显示结果选择性规避，以减少压裂风险和降低改造成本。

（3）页岩气水平井分段分簇优化是压裂设计的前提，各个工区页岩储层地质条件差异变化大，需要进一步开展压裂裂缝监测和产剖测试分析，加强压裂后对储层的再认识和远井可压裂性综合评价，以进一步实现对井轨迹穿行层位的精细划分。

参 考 文 献

［1］Wutherich K D，Walker K J.Designing completions in horizontal shale gas wells perforation strategies［R］. SPE 155485，2012.

［2］蒋廷学，卞晓冰，苏瑗，等.页岩可压性指数评价新方法及应用［J］.石油钻探技术，2014，42（5）： 16-20.

［3］Nejad A M，Shelley R F，Lehman L V，et al. Development of a brittle shale fracture network mode［1R］.SPE 163829，2013.

［4］蒋廷学，贾长贵，王海涛，等.页岩气网络压裂设计方法研究［J］.石油钻探技术，2011，39（3）： 36-40.

［5］Song B，Ehlig economides C E. Rate normalized pressure analysis for determination of shale gas well performance［R］.SPE 144031，2011.

［6］Bill G，Jim B. Identification of production potential in unconventional reservoirs［R］.SPE 106623，2007.

［7］Rick R，Mike M，Erik P，et al. A practical use of shale petrophysics for stimulation design optimization：all shale plays are not clones of the barnett shale［R］.SPE 115258，2008.

［8］John B. Fractured shale-gas systems［J］.AAPG Bulletin，2002，86（11）：1921-1938.

［9］卞晓冰，蒋廷学，贾长贵，等.考虑页岩裂缝长期导流能力的压裂水平井产量预测［J］.石油钻探技术， 2014，42（5）：37-41.

［10］Sondergeld C H，Newsham k E，Comisky J T，et al. Petro-physical considerations in evaluating and producing shale gas re- sources［R］.SPE 131768，2010.

［11］Waters G，Heinze J，Jackson R，et al. Use of horizontal well image tools to optimize barnett shale reservoir exploitation［R］.SPE 103202，2006.

［12］Gu H，Weng X，Lund J，et al. Hydraulic fracture crossing natural fracture at non-orthogonal angles， acriterion，its validation and applications［R］.SPE 139984，2011.

［13］陈勉.页岩气储层水力裂缝转向扩展机制［J］.中国石油大学学报（自然科学版），2013，37（5）： 88-94.

［14］Chong K K，Grieser W V，Passman A，et al. A completions guide book to shaleplay development：a review of successful approaches towards shale-play stimulation in the last two decades［R］.SPE 133874，2010.

［15］George E K. Thirty years of gas shale fracturing：what have we learned［R］.SPE 133456，2010.

第二部分　水平井体积压裂主控参数优化及工艺技术研究

　　以美国三个盆地的大量数据为样本，运用大数据分析和迁移学习模型，研究确定影响非常规油气水平井压裂效果的主控因素。基于神经元网络模型，创建了压裂液量—排量—砂比—产量四参数智能模型，研究提出适合我国非常规油气不同区块开发模式的水平井压裂设计理念。在上述压裂设计理念指导下，建立区块及井组的精细建模—数模—压模相耦合的一体化模拟方法，以单井 EUR 或产出投入比为目标函数，建立多尺度裂缝参数约束下的协同优化模型。基于压裂优化设计软件，获取优化的裂缝参数下的压裂工艺参数。最终形成适合我国非常规油气不同区块开发模式的水平井体积压裂工艺技术。

　　由于致密油藏孔隙度和渗透率远低于中渗透、高渗透油藏，需对其进行压裂或者酸化压裂等增产改造措施，以在储层中产生高导流能力的人工裂缝，从而提高致密油藏整体渗透率。水平井技术和体积压裂技术的综合运用可以有效地提高致密油藏的采出程度。

　　本部分内容分别介绍了低成本高效压裂技术、裂缝有效导流能力、数值模拟分析、"双甜点"研究、多级交替注入模式、多簇裂缝均衡起裂与延伸、动态输砂规律及分布形态、多级裂缝内的流量分布规律、CO_2—瓜尔胶复合压裂、气藏数值模型、薄层压裂控缝高措施、地质和工程因素对体积压裂裂缝形态的影响等。

常压页岩气低成本高效压裂技术对策

刘建坤 [1,2]，蒋廷学 [1,2]，卞晓冰 [1,2]，苏瑗 [1,2]，刘世华 [1,2]，魏娟明 [1,2]

（1.页岩油气富集机理与有效开发国家重点实验室；2.中国石化石油工程技术研究院）

摘　要：常压页岩气在渝东南地区广泛分布，具有岩石脆性好、裂隙原始尺度小、含气丰度低、吸附气比例较高、压力系数低等特点；压裂面临裂缝复杂性低（单一缝占比较大），改造体积有限，长期导流能力保持不足等难题，造成压后产量低且递减快，影响了常压页岩气的经济有效开发。从压裂工程角度出发，以提高单位岩石体积内裂缝有效改造体积及多尺度裂缝长期导流能力为前提，在压裂增效基础上进一步降低工程成本为目标，提出高效压裂技术对策。（1）压裂增效技术：提出页岩平面射孔模式，提高了每簇的改造强度及诱导应力作用范围，裂缝复杂程度及SRV（18%~20%）得到提升，增产效果明显（三年累计产量同比提高28.5%）；提出多尺度造缝及交替注酸扩缝技术，进一步增大有效改造体积及裂缝复杂性；提出多元组合加砂压裂模式，提高支撑剂在裂缝内铺置广度及充填度，提高压后长期导流能力。（2）压裂降本技术：通过压裂造缝机理精细模拟研究，减少造缝中的低效液体（同比单簇节约20%~25%），避免低效施工；通过一剂多效压裂液体系和混合支撑剂的综合应用，进一步降低压裂材料成本。研究结果为常压页岩气的低成本高效压裂提供了理论依据，提高了压裂实施的科学性与有效性。

关键词：常压页岩气；多尺度裂缝；体积压裂；低成本；增产增效

　　美国是最早实现页岩气商业开发的国家，目前已陆续在7个盆地中实现商业开发，其中既有以Haynesville、Woodford、Eagle Ford等地区为代表的超压页岩气［单井产量（9.0~20.3）×10^4m^3/d］，又有Marcellus、Fayetteville、Barnett等地区为代表的常压页岩气［单井产量（2.8~6.5）×10^4m^3/d］[1-3]。常压页岩气在我国渝东南地区广泛分布，主要分布在彭水、武隆、丁山及白涛等地区[4-5]，可采资源量达到9×$10^{12}m^3$以上，资源潜力巨大。与国外常压页岩气相比，渝东南常压页岩气具有TOC低，杨氏模量高，水平应力差大等典型特征；与国内超压页岩气相比，渝东南常压页岩气含气性降低50%以上，吸附气比例明显增加，压后初期日产气量普遍低于6×10^4m^3/d，稳产后日产气量小于3×10^4m^3/d，大部分不具经济开发价值。近年来国内针对超压页岩气压裂，在可压性评价[6]、甜点优选评价[7-8]、水平井分段压裂优化设计[9-10]、裂缝复杂程度表征[11]、压后排采规律[12-13]、压裂评估方法[14]、新型液体体系研发[15]等方面进行了理论研究和现场实验，取得了较好的应用效果。何希鹏、方志雄等[4-5]对常压页岩气形成演化及富集主控因素进行了分析，卞晓冰等[12]对常压页岩气水平井压后排采控制参数进行了优化研究，而对常压页岩气压裂工程及低成本压裂方面的报道尚未见报道。从压裂工程角度出发，在对渝东南常压页岩气储层特征、开发特性分析以及国内超压页岩气压裂情况对比分析基础上，提出常压页岩气低成本高效压裂技术对策，以期最大限度地挖掘常压页岩储层的潜力，降低工程投入成本，实现常压页岩气的高效开发。

1 压裂改造难点分析及对策

常压页岩气由于其特殊的地质特性、储层条件及开发特征，决定了对其实现经济有效压裂，需要综合考虑多方面因素（表1），对压裂改造的各个环节进行系统地评估及精细地优化，以提高改造效果为前提，以降低压裂工程成本为目标，达到压裂增产增效和综合降本双赢目的。

表 1　常压页岩气压裂改造难点分析

序号	特殊地质及开发特征	压裂改造难点及要求
1	（1）储层构造复杂[4-5]，含气丰度低，游离气逸散较多，吸附气占比较高； （2）储层脆性好，断裂韧性低，压裂裂缝净压力提升困难，单一裂缝形态占比较高	（1）对有效接触面积更苛刻，单位岩石体积内改造体积需进一步增加； （2）主裂缝与小尺度裂缝得到充分扩展延伸，各尺度裂缝间较好的连通性，提升裂缝复杂程度
2	（1）压力系数低，生产压差小； （2）压后长期导流能力保持不足，压后产量低，递减速率快，稳产周期短	（1）实现多尺度裂缝饱填砂，提高支撑剂支撑效率； （2）提高各个尺度裂缝的长期导流能力
3	（1）处于向斜或断背斜翼部，应力挤压明显，导致最小水平主应力梯度高，裂缝原始尺度小； （2）天然裂缝开启压力高或难开启	（1）需要更低黏度、更低摩阻的液体，提高造缝及裂缝有效延伸效果； （2）压裂造缝的模式、工艺参数及液体需综合优化，辅助配套技术，充分开启天然裂缝
4	储层特点决定需要更大规模的体积改造，更多尺度裂缝空间的充分充填	（1）压裂材料成本明显增加； （2）提高压裂增产增效效果前提下，降低压裂工程成本

通过压裂增产增效，最大限度地挖掘页岩储层增产潜力；通过综合降本，最大限度地降低压裂工程投入成本（表2）。

表 2　常压页岩气高效压裂技术对策

项目	配套技术	技术特点	技术作用
压裂增效技术	多面射孔	增加单段内射孔簇数，实现每簇裂缝充分延伸，提高诱导应力作用范围	增加压裂改造体积（SRV），提升裂缝复杂性
	多尺度压裂造缝	充分造主缝基础上开启分支缝、天然缝，实现不同尺度裂缝的充分延伸	
	多级交替注酸	通过酸液溶蚀作用，降低天然裂缝开启压力，充分开启并沟通潜在小尺度裂缝系统	进一步提高 SRV 及裂缝复杂程度
	多元组合加砂	提高支撑剂在不同尺度裂缝中纵向的充填度及横向的铺置广度，实现饱填砂	提高支撑剂支撑效率及裂缝长期导流能力，使 SRV 成为 ESRV
压裂降本技术	精细造缝工艺	探求造缝液体规模和裂缝延伸尺寸匹配关系，减少低效造缝或无效施工	减少造缝液使用量，降低液体成本
	一剂多效压裂液	液体配方升级（减少添加剂类型），性能指标提高，实现一剂多效（复杂工艺要求）	降低液体制造成本，提高施工成功率
	混合支撑剂加砂	不同成本及类型（陶粒与石英砂）的支撑剂按不同比例混合后进行加砂	降低支撑剂材料使用成本

2　压裂增效技术

2.1　平面射孔技术

常压页岩气体积压裂中分段及分簇方式、裂缝的延伸扩展、压裂改造体积及压后增产效果都与所采用的射孔方式紧密相关。目前，采用较多的是螺旋式射孔方式，采用该射孔方式下实施压裂时，裂缝易多个孔眼处起裂，单簇内易形成多条不等长的裂缝，每簇内裂缝间诱导应力干扰严重，从而影响每簇内缝长的有效延伸及改造体积；另外，由于各簇裂缝延伸扩展情况参差不齐，导致每段的压裂改造体积及改造效率大打折扣，影响全井的增产改造效果。

平面射孔技术是在垂直于最小主应力的平面上进行射孔（图1），孔眼排布可形成沿井筒横向的应力集中，能够有效控制裂缝走向。采用平面射孔方式，可以增加单段内射孔簇数（脆性好，利于段内多簇设计），提高改造强度及有效改造体积。（1）平面射孔方式下每簇内只有一条裂缝起裂延伸，段内每簇裂缝都能得到充分延伸扩展（图2），且诱导应力只存在于簇间，提高了每簇的改造强度；数值模拟表明：在总液量1800m³及排量12m³/min条件下，平面射孔方式比起螺旋射孔方式可使缝高增加6.3%，缝宽增加7.8%，缝长增加18.5%，SRV提高18.6%；在总液量2200m³及排量14m³/min条件下，可使缝高增加6.3%，缝宽增加4.6%，缝长增加7.2%，SRV提高19.8%。（2）平面射孔方式下，每段内各簇裂缝都能得到充分扩展延伸，每段改造体积得到进一步提升，裂缝复杂程度得到有效提升；另外，平面射孔方式可有效提高诱导应力作用范围，且缝内净压力越高，这种作用效果越显著（图2）。（3）平面射孔方式可有效提高压后产量（图3），在按15段分段，每段5簇条件下，平面射孔方式稳产及累计产量明显高于螺旋射孔方式，三年累计产量提高28.5%。

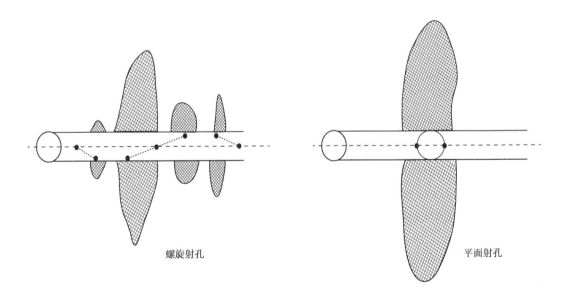

图1　螺旋射孔与平面射孔裂缝延伸特征对比

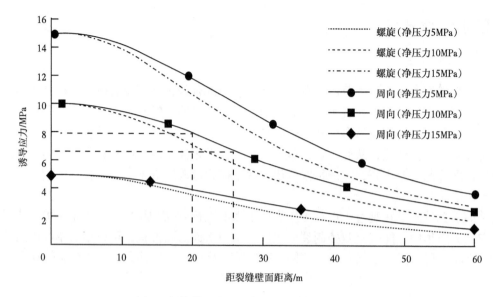

图 2　螺旋射孔与平面射孔诱导应力特征对比

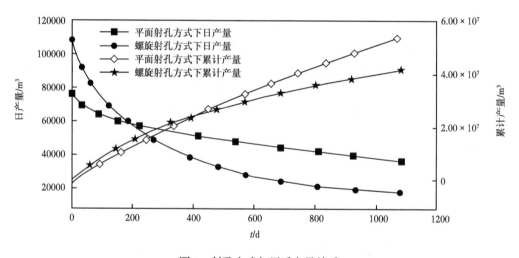

图 3　射孔方式与压后产量关系

2.2　多尺度压裂造缝技术

对于具有潜在天然裂缝或天然裂缝比较发育的页岩储层，压裂形成的裂缝一般具有多尺度特征，既有缝宽较宽的主裂缝系统，也有分支缝开启延伸后形成的多级次裂缝系统以及天然裂缝开启后形成的缝宽更窄的微裂缝系统。

压裂裂缝参数正交模拟表明，在前置液造缝阶段，当造缝液体注入量达到总液量的25%~30%，此时造缝缝长已达到设计总缝长的70%左右（图4），此后随着压裂液的持续注入，液体造缝效率下降。此时，可以通过提高注入排量等方式提高裂缝内的净压力，让更多的分支缝及天然裂缝系统张开并得到充分延伸扩展。由于裂缝的多尺度特征，若造缝液体黏度过大，则尺度较小的天然裂缝无法得到开启或有效延伸。所以在造缝过程中，在主裂缝得到充分延伸基础上，可分阶段泵注不同类型的造缝液体及采用不同的泵注工艺参数。如先注入黏度较低的低黏度滑溜水并提高排量来提高缝内静压力，让尺度较小裂缝得到开启和延伸，然后再注入黏度稍高的中黏度滑溜水并继续增大排量，使得尺度较大的微裂缝及分支缝系统得到开启和有效延伸。通过分阶段的造缝方式，既实现主裂缝的充分延伸扩展，又达到与主裂缝相连的次级裂缝及天然裂缝的开启及延伸，实现大面积的多尺度裂缝系统，提高压裂造缝体积。

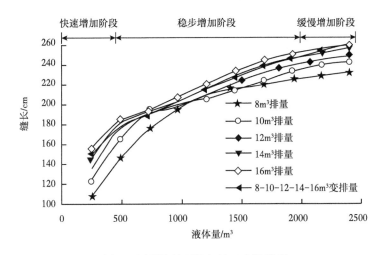

图 4　压裂缝长延伸与施工参数关系

2.3　多级交替注酸技术

多级交替注酸技术[16]针对天然裂缝比较发育、天然裂缝开启压力较高以及碳酸盐岩或其他可溶蚀性矿物含量较多的页岩储层，通过充分利用酸液对岩石的溶蚀作用，在前置液阶段充分造缝基础上，多级交替注入酸液＋顶替液（压裂液或滑溜水）复合段塞。通过对多级交替注酸模式、交替注入段塞液体类型组合（酸液与顶替液类型）、交替注入参数（液量、排量、级数）的优化，把酸液注入到已形成的多尺度裂缝中，并达到酸液在裂缝中均匀分布及提高波及范围的目的。

（1）多级交替注酸技术可以降低岩石强度，利于岩石的破裂和延伸[17-19]；（2）可以提高缝壁岩石的孔隙度及渗透率，沟通并开启侧翼方向的潜在天然裂缝，扩展天然微裂缝及分支缝系统，进一步提高压裂有效改造体积及多尺度裂缝系统的复杂程度[9]；（3）还可以扩大应力的作用面积，避免地应力作用于单一主裂缝时导流能力快速降低的问题，使主裂缝导流能力维持更长时间。

多级交替注酸实验及模拟研究表明：前置液造缝缝长达到总设计缝长的 70% 左右时，即可进行多级交替注酸工艺；交替注酸泵注过程中，每级顶替排量以阶梯递增式注入、每级顶替液量按递减式注入、增大顶替液黏度及增加交替注入级数等方式，都有利于提高酸液在裂缝中的波及范围及均匀分布程度（图 5）。

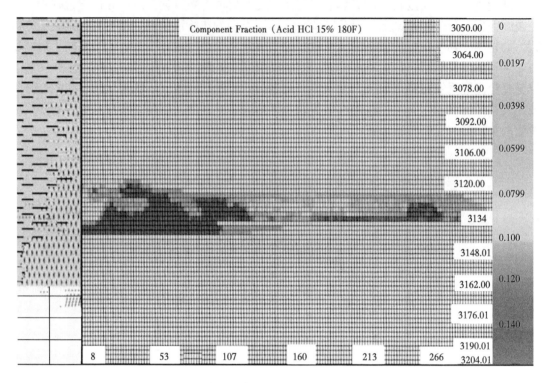

图 5 多级交替注酸后裂缝内酸液分布图

2.4 多元组合加砂技术

页岩多尺度裂缝系统中，微裂缝及分支缝系统由于缝宽较窄，只能与粒径较小的支撑剂优先匹配，而大粒径的支撑剂由于粒径大、运移阻力大等特点，很难进入小尺度的天然裂缝及分支缝系统，易进入并支撑裂缝宽度较大的主裂缝系统。压裂加砂初期缝宽较窄，随着压裂液持续注入，缝宽表现出逐渐增加的趋势。故在加砂过程中，根据压裂不同阶段裂缝延伸情况，依次加入与裂缝缝宽匹配的支撑剂，实现不同粒径的支撑剂充填于与其匹配的不同尺度裂缝中，达到饱充填加砂及降低施工风险的目的。

为了提高支撑剂在裂缝内的充填度及均匀铺置程度，实现裂缝系统的有效支撑，也可利用不同类型支撑剂沉降速度和不同压裂液携砂效率的差异，在压裂加砂不同阶段选用不同密度的支撑剂。在加砂初期采用高密度小粒径及中等粒径的支撑剂，使得最先进入裂缝内的支撑剂裂缝沉降铺置在裂缝底部，也有利于平衡砂堤的形成。当平衡砂堤形成后，先采用中密度中粒径的支撑剂进行加砂，使中密度的支撑剂铺置在储层中部，然后采用低密度中粒径支撑剂进行加砂，保证支撑剂运移到中远井裂缝地带，实现低密度支撑剂填满裂缝上部。最后采用高密度中粒径或高密度大粒径的支撑剂进行加砂，让支撑剂在近井裂缝地带充分填充，提高近井地带裂缝的导流能力。通过变密度多粒径加砂方式，大幅度提高支撑剂在不同尺度裂缝中纵向的充填度及横向的铺置广度，优化裂缝支撑剖面，提高裂缝内支撑剂的支撑效率和裂缝长期导流能力。

3　压裂降本技术

3.1　精细造缝工艺技术

精细造缝工艺通过压裂裂缝参数正交模拟方法，模拟裂缝几何尺寸的变化规律并对裂缝变化情况进行精细划分，减少低效造缝或无效施工，减少造缝液体使用量，降低液体成本。模拟表明（图 4）裂缝缝长延伸分为快速增加阶段（阶段缝长占设计总缝长的 65%~75%）、稳步增加阶段（阶段缝长占设计总缝长的 15%~23%）及缓慢增加阶段（阶段缝长占设计总缝长的 10%~13%）。快速增加阶段液体造缝效率最高，设计总缝长的 70% 主要是在该阶段完成的；随压裂液持续注入，裂缝延伸速率明显减慢，设计总缝长的 20% 是在裂缝稳步增加阶段完成的；随后缝长延伸出现明显拐点进入缓慢增加阶段，此时缝长已达到设计缝长的 90% 左右。所以缝长快速增加阶段可作为最佳的前置液造缝阶段，裂缝稳步增加阶段结束后的压裂液量可作为最佳设计液量。

以渝东南地区常压页岩气 X 井（井深 4740m，水平段长 1500m，A 靶点垂深 2957m，B 靶点垂深 3057m）为例（表 3），若按螺旋射孔方式分段分簇，该井每簇压裂节约 22% 的滑溜水，该井共节约 7920m³ 滑溜水，节约液体成本 43.56 万元（每立方米滑溜水按 55 元为准）；若按平面射孔方式分段分簇，该井每簇压裂节约 20% 的滑溜水，该井共节约 6000m³ 滑溜水，节约液体成本 33 万元。

表 3　压裂精细造缝工艺对液体成本的影响

射孔方式	分段数 / 段	每段簇数 / 簇	总液量 /m³	每段压裂液量 /m³	每簇滑溜水液量 /m³	
					优化前	优化后
螺旋射孔	18	3	36000	2000	667	520
平面射孔	15	5	30000	2000	400	320

3.2　一剂多效压裂液体系

通过对滑溜水体系配方的升级优化，滑溜水性能指标得到进一步提高，实现一剂多效（黏度实时可调），满足了常压页岩气大型压裂及复杂工艺对于滑溜水的应用要求，并降低液体制造使用成本，提高施工成功率（表 4）。

表 4　高效滑溜水体系技术指标及成本

序号	组分	浓度 /%	减阻率 /%	防膨率 /%	表面张力 /（mN/m）	成本变化情况
第一代	4 种	0.10~0.20	60~65	80	28	400~128
第二代	3 种	0.03~0.07	65~70	85	24	70 元 /m³ 降至 55 元 /m³

注：第二代滑溜水配方：（0.03%~0.07%）高效减阻剂 SRFR-2+0.3% 黏土稳定剂 SRCS-1+0.1% 助排剂 SRCU-1。

（1）液体配方优化升级，成本持续降低：从第一代滑溜水体系升级到第二代滑溜水体系，减少了一种添加剂类型，且在不影响液体性能基础上，滑溜水减阻剂的使用浓度降低 50% 以上，液体成本降低 45%~57%。（2）液体性能指标不断提高：第二代滑溜水体系在降本基础上，液体的速溶性、减阻性、防膨性能及表面张力等关键技术指标方面得到不断优化，携砂性能良好，提升了液体的整体性能，满足了页岩气大型压裂现场应用要求。（3）液体体系升级实现一剂多效功能：第二代滑溜水体系通过配方优化，能实现 2 种黏度（1~5mPa·s 和 7~15mPa·s）快速可调，满足大型压裂不同储层及施工不同阶段压裂造缝及携砂的需要，这对多尺度造缝、多元加砂等新工艺的应用极其有利。（4）液体泵注参数持续优化，提高压裂改造效率：采用低黏度滑溜水（1~5mPa·s）、中黏度滑溜水（7~15mPa·s）与中黏度胶液（30~40mPa·s）的液体组合方式，滑溜水量占总压裂液量的 85%~90%（低黏度滑溜水量占总滑溜水量的 30%~40%，中黏度滑溜水量占总滑溜水量的 45%~55%），胶液占总压裂液量的 10%~15%，可获得较好的造缝缝宽及提高 SRV 的效果，提高了施工成功率及改造效果。

3.3 混合支撑剂加砂技术

陶粒支撑剂由于其优越的抗破碎及较好的导流能力保持性能，目前广泛应用于常压页岩气压裂中，但其成本也明显高于石英砂、覆膜砂等其他类型支撑剂。通过对压裂支撑剂组合类型及加砂模式的优化研究，提出了混合支撑剂加砂模式，即把不同成本及类型（陶粒与石英砂）的支撑剂按不同比例混合后进行加砂的模式，从而降低支撑剂材料成本。实验研究表明：陶粒和石英砂 2 种支撑剂按 1:1 的比例混合后进行混合加砂的模式既能兼顾导流能力，又能大幅度降低成本；在 65MPa 闭合压力下，同比单一陶粒支撑剂的加砂模式，混合加砂模式下压后导流能力损失率在 30% 左右（图 6）；混合加砂模式导致的导流能力损失仅对压后初期产量有一定的影响，而对于压后长期稳产产量影响作用不明显（图 7），但混合加砂模式下支撑剂的使用成本可显著降低 27%（低密度陶粒按 2600 元 /m³，石英砂按 1200 元 /m³ 进行计算）。所以在压裂加砂阶段的初期，宜采用陶粒与石英砂 1:1 的混合加砂方式，在加砂阶段后期可采用单一陶粒支撑剂的加砂模式，既能保证压后长期导流能力不受影响，又可进一步降低材料投入成本。

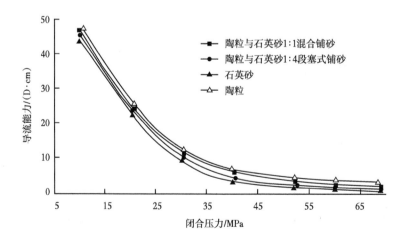

图 6 不同支撑剂组合方式下导流能力变化曲线

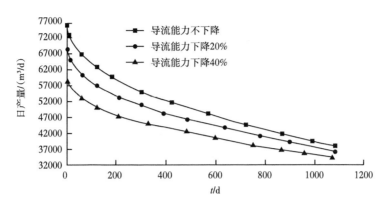

图7　不同裂缝导流能力下压后产量情况

4　结论与认识

（1）常压页岩气压裂必须以提高压裂增效为前提，以降低压裂工程成本为目标；提出常压页岩气低成本高效压裂技术对策，通过对压裂分段分簇、射孔方式、施工工艺、液体性能等方面的协同综合优化，可实现在压裂增效基础上进一步降低工程投入成本。

（2）提出了ESRV最大化、增效降本一体化的高效压裂改造技术模式。平面射孔技术、多尺度压裂造缝、多级交替注酸、多元组合饱填砂加砂等技术的配套使用进一步提高了常压页岩气压裂改造效果；压裂造缝工艺精细模拟、一剂多效压裂液体系研究及推广应用、混合支撑剂加砂模式等技术的配套使用大幅降低了压裂改造成本。

（3）实现常压页岩气商业开发是一项系统的工程，需要对压裂改造的各个工艺环节进行系统地评估及精细地优化，加强新模式、新技术、新材料的推广应用，积极推行一体化、工厂化等工程模式，不断降低工程投入成本，最大限度地挖掘页岩储层潜力，实现常压页岩气的有效及高效开发。

参 考 文 献

[1] Fan L，Thompson J W，Robinson J R. Understanding gas production mechanism and effectiveness of well stimulation in Haynesville Shale through reservoir simulation[R]. SPE 136696，2010.

[2] Xiao Y T，Biscg R V，Liu F，et al. Evaluation in data rich Fayetteville shale gas plays-integrating physics based reservoir simulations with data driven approaches for uncertainty reduction[R]. IPTC 14940，2011.

[3] Gulen G，Ikonnikova S，Browning J，et al.Fayetteville shale-production outlook[J]. SPE Economics & Management，2014：1-13.

[4] 何希鹏，高玉巧，唐显春，等 . 渝东南地区常压页岩气富集主控因素分析 [J]. 天然气地球科学，2017，28（4）：655-664.

[5] 方志雄，何希鹏 .渝东南武隆向斜常压页岩气形成与演化 [J]. 石油与天然气地质，2016，37（6）：819-827.

[6] 蒋廷学，卞晓冰，苏瑗，等 . 页岩可压性指数评价新方法及应用 [J]. 石油钻探技术，2014，42（5）：16-20.

[7] 蒋廷学，卞晓冰 . 页岩气储层评价新技术——甜度评价方法 [J]. 石油钻探技术，2016，44（4）：1-6.

[8] 黄进，吴雷泽，游园，等 . 涪陵页岩气水平井工程甜点评价与应用 [J]. 石油钻探技术，2016，44（3）：16-20.

[9] 王海涛，蒋廷学，卞晓冰，等 . 深层页岩压裂工艺优化与现场试验 [J]. 石油钻探技术，2016，44（2）：76-81.

[10] 蒋廷学，卞晓冰，袁凯，等 . 页岩气水平井分段压裂优化设计新方法 [J]. 石油钻探技术，2014，42（2）：1-6.

[11] 蒋廷学 . 页岩油气水平井压裂裂缝复杂性指数研究及应用展望 [J]. 石油钻探技术，2013，41（2）：7-12.

[12] 卞晓冰，蒋廷学，卫然，等 . 常压页岩气水平井压后排采控制参数优化 [J]. 大庆石油地质与开发，2016，35（5）：170-174.

[13] 蒋廷学，卞晓冰，王海涛，等 . 页岩气水平井分段压裂排采规律研究 [J]. 石油钻探技术，2013，41（5）：21-25.

[14] 卞晓冰，蒋廷学，贾长贵，等 . 基于施工曲线的页岩气井压后评估新方法 [J]. 天然气工业，2016，36（2）：60-65.

[15] 魏娟明，刘建坤，杜凯，等 . 反相乳液型减阻剂及滑溜水体系的研发与应用 [J]. 石油钻探技术，2015，43（1）：27-32.

[16] 刘建坤，蒋廷学，周林波，等 . 碳酸盐岩储层多级交替酸压技术研究 [J]. 石油钻探技术，2017，45（1）：104-111.

[17] 邓燕，薛仁江，郭建春 . 低渗透储层酸预处理降低破裂压力机理 [J]. 西南石油大学学报（自然科学版），2011，33（3）：125-129.

[18] 曾凡辉，刘林，郭建春，等 . 酸处理降低储层破裂压力机理及现场应用 [J]. 油气地质与采收率，2010，17（1）：108-110.

[19] 郭建春，辛军，赵金洲，等 . 酸处理降低地层破裂压力的计算分析 [J]. 西南石油大学学报（自然科学版），2008，30（2）：83-86.

多尺度体积压裂支撑剂导流能力
实验研究及应用

刘建坤 [1, 2]，谢勃勃 [3]，吴春方 [1, 2]，蒋廷学 [1, 2]，眭世元 [1, 2]，沈子齐 [1, 2]
（1.页岩油气富集机理与有效开发国家重点实验室；2.中国石化石油
工程技术研究院；3.中国石油大学（北京））

摘　要：裂缝有效导流能力是评价压裂施工效果的主要参数，也是影响压裂增产效果的最重要因素之一。设计了多尺度裂缝导流能力实验方法，采用单一粒径和组合粒径的铺置方式，研究了闭合压力、粒径组合方式、铺砂浓度及应力循化加载条等因素对多尺度主裂缝及分支缝内支撑剂的导流能力变化的影响。实验研究结果表明：随着闭合压力增加，大粒径支撑剂与小粒径支撑剂的导流能力差距逐渐变小，主裂缝及分支缝内支撑剂导流能力逐渐降低，而且这种降低趋势存在明显的转折点。组合粒径铺置条件下，主裂缝及分支缝内支撑剂组合均存在最优的组合方式。主裂缝及分支缝内支撑剂铺置砂浓度越高，导流能力也越高；随着闭合压力增大，高浓度铺砂与低浓度铺砂条件下的导流能力差距逐渐变小。应力加载破坏对支撑剂导流能力的影响是不可逆的。现场应用表明，在满足压裂工艺要求前提下，通过支撑剂组合方式及加砂方式的合理优化，可有效提高裂缝导流能力及压后产量。研究结果为体积压裂方案优化及现场施工提供基础数据依据。
关键词：体积压裂；支撑剂；导流能力；主裂缝；分支缝；物理模拟实验

对于具有潜在天然裂缝或天然裂缝比较发育的致密砂岩或页岩储层，压裂形成的裂缝一般具有多尺度特征，即形成多尺度的裂缝系统[1]：既有缝宽较大的主裂缝系统，又有天然裂缝张开后形成的缝宽较小的次裂缝系统，甚至还有细裂缝张开后形成的缝宽更小的微裂缝系统；微细裂缝及分支缝系统由于缝宽较小，优先与粒径较小的支撑剂优先进行匹配；而大粒径的支撑剂由于粒径及运移阻力均较大，较难进入微细裂缝及分支缝系统，多数铺置堆积在主裂缝系统中。体积压裂改造的目标就是把支撑剂高效的输送并铺置到多尺度裂缝系统中，使多尺度裂缝得到有效支撑并保持较高导流能力。压裂过程中采用的加砂方式、支撑剂组合方式等，不仅影响到支撑剂在多尺度裂缝中的铺置状态及支撑效率，而且决定压后裂缝有效导流能力及压裂增产的有效性。

近年内，国内学者针对裂缝中支撑剂的短期导流能力、长期导流能力变化规律以及导流能力影响因素等方面进行了大量的研究[2-22]，但针对体积压裂主裂缝及分支缝系统导流能力变化机理方面的研究较少。结合鄂南致密油藏储层实际温度及闭合压力条件，采用单一粒径和组合粒径的铺置方式，在不同闭合压力、粒径组合方式、铺置浓度及应力循化加载条件下，实验探索了多尺度主裂缝及分支缝内支撑剂的导流能力变化规律及主控因素，研究结果对体积压裂支撑剂优选、加砂方式优化具有重要的指导意义。

1 实验设备及材料

1.1 实验设备

采用由美国 CoreLab 公司生产的"AFCS-845 酸蚀裂缝导流能力评价试验系统",设备能进行压裂支撑剂短期和长期导流能力评价、压裂酸化工作液岩心板滤失试验、API 标准导流能力评价、支撑剂嵌入岩板评价、裂缝宽度测量等;导流室按照 API 标准设计,可以模拟地层温度和闭合压力下,开展两级裂缝系统内支撑剂的长期及短期导流能力实验研究。设备实验温度为 0~177℃,加载闭合压力为 0~137.9MPa,支撑剂试验液体压力为 0~6.9MPa,支撑剂试验液体流量为 0~20mL/min,流动压力测量范围为 0~20.7MPa,裂缝宽度测量为 12.7±0.0025mm,导流能力测试实验周期 0~720h。

1.2 实验材料

实验岩心取自鄂南某致密油藏的全直径岩心,然后加工成符合 API 导流室尺寸的岩心片,以真实地模拟压裂缝壁的嵌入及滤失情况。支撑剂选用国内压裂常用的 70/140 目、40/70 目、20/40 目 3 种不同粒径的中密度陶粒支撑剂,3 种支撑剂在 86MPa 闭合压力加载下破碎率均达到行业标准要求;实验测量介质为蒸馏水。

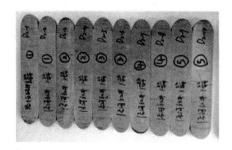

图 1 导流实验岩板及安装岩板后的导流槽

2 实验原理及方法

2.1 实验原理

实验原理是根据达西定律来计算支撑剂充填层在层流(达西流)条件下的支撑剂导流能力,其计算公式为:

$$(K_W)_f = (5.555\mu Q)/\Delta p$$

式中:$(K_w)_f$ 为裂缝导流能力,D·cm;μ 为实验温度下实验流体的黏度,mPa·s;Q 为流量,cm³/min;Δp 为导流室入口与出口的压力差,kPa。

实验方法参考标准 SY/T 6302—2009 压裂支撑剂充填层短期导流能力评价推荐方法及美国 StimLab 短期导流能力测试推荐方法。

2.2 实验方案

结合鄂南致密油藏储层实际温度条件，实验温度为90℃，闭合压力按10MPa、20MPa、30MPa、40MPa、52MPa、60MPa、69MPa、80MPa、86MPa逐渐升高加载，实验在1mL/min、5mL/min、10mL/min 个流量下测试支撑剂导流能力并取平均值。

2.2.1 主裂缝内支撑剂导流能力实验

（1）在10kg/m³铺砂浓度下，开展3种粒径支撑剂（70/140目、40/70目、20/40目）在单一粒径铺置条件下的主裂缝内支撑剂短期导流能力；实验结束后泄压，然后再按10MPa、20MPa、30MPa、40MPa、52MPa、60MPa、69MPa、80MPa、86MPa进行应力循环加载，研究应力循环加载变化对主裂缝导流能力的影响。

（2）在10kg/m³铺砂浓度下，开展3种目数支撑剂在组合粒径铺置条件下的支撑剂短期导流能力，研究3种粒径支撑剂占比对导流能力的影响，优选出主裂缝内最佳、最经济支撑剂组合方式；实验结束后泄压，参照上面进行应力循环加载，研究应力循环加载变化对主裂缝导流能力的影响。

（3）在最佳支撑剂组合方式下，开展不同铺砂浓度下（5kg/m³、10kg/m³、15kg/m³）支撑剂短期导流能力实验，研究主裂缝内铺砂浓度对导流能力影响规律。具体实验方案见表1。

表1 主裂缝内支撑剂导流能力实验方案

项目	支撑剂（陶粒）比例 /%			铺砂浓度 / kg/m³	闭合压力 / MPa
	70/140 目	40/70 目	20/40 目		
单一粒径导流能力	100			10	10→20→30→40→52→60→69→80→86
		100		10	
			100	10	
组合粒径支撑剂占比影响	10	30	60	10	
	10	40	50	10	
	20	30	50	10	
	20	40	40	10	
	33	33	33	10	
组合粒径铺砂浓度影响	20	30	50	5	
	20	30	50	15	

2.2.2 分支缝内最小铺砂浓度测定实验

（1）分别在0.5kg/m³、1.0kg/m³铺砂浓度下，开展2种目数支撑剂（70/140目、40/70目）在单一粒径及组合粒径铺置、不同闭合压力下分支缝内的支撑剂短期导流能力。（2）通过实验结果分析，单一粒径铺置条件下，70/140目支撑剂在0.5kg/m³的支撑剂铺置浓度下，加载闭合压力后，导流能力基本归零，在仪器测量范围内无法测出有效的导流能力；40/70

目支撑剂在 0.5kg/m³ 支撑剂铺置浓度下，当闭合压力超过 30MPa 后导流能力基本归零，无法测出有效的导流能力。而在 1.0kg/m³ 铺砂浓度下，在最大闭合压力下，单一粒径铺置的 2 种粒径支撑剂均能测出有效导流能力。（3）组合粒径铺置条件下，以 0.5kg/m³ 铺置浓度铺置支撑剂，当闭合压裂超过 30MPa 后也无法测出有效的导流能力；以 1.0kg/m³ 铺砂浓度铺置支撑剂时，在最大闭合压力下，也能测出有效导流能力。（4）在仪器有效测量范围内，确定分支缝内最小铺砂浓度为 1.0kg/m³。

2.2.3 分支缝内支撑剂导流能力实验

（1）在 1kg/m³ 铺砂浓度下，开展 2 种目数支撑剂（70/140 目、40/70 目）在单一粒径铺置条件下的分支缝支撑剂短期导流能力，实验结束后泄压，进行应力循环加载，研究应力循环加载变化对分支缝导流能力的影响。（2）在 1kg/m³ 铺砂浓度下，开展 2 种目数支撑剂在组合粒径铺置条件下的支撑剂短期导流能力，研究 2 种粒径支撑剂占比对导流能力的影响，优选出分支裂缝内最佳、最经济支撑剂组合方式，实验结束后泄压，进行应力循环加载，研究应力循环加载变化对分支缝导流能力的影响。（3）在最佳支撑剂组合方式下，开展不同铺砂浓度下（0.5kg/m³、1.0kg/m³、2kg/m³）支撑剂短期导流能力实验，研究分支裂缝内铺砂浓度对导流能力影响规律。实验方案见表 2。

表 2　分支缝内支撑剂导流能力实验方案

项目	支撑剂（陶粒）比例 /%			铺砂浓度 / kg/m³	闭合压力 / MPa
	70/140 目	40/70 目	20/40 目		
单一粒径导流能力	100			1	
		100		1	
组合粒径支撑剂占比影响	50	50		1	10→20→30→40→52→60→69→80→86
	65	35		1	
	80	20		1	
组合粒径铺砂浓度影响	65	35		0.5	
	65	35		0	

3　实验结果与分析

3.1　主裂缝内支撑剂导流能力

分析主裂缝内支撑剂导流能力变化曲线（图 2）可知，无论是在单一粒径还是组合粒径铺置条件下，支撑剂导流能力随闭合压力的增加而降低，这种降低趋势存在 2 个明显转折点，分别在闭合压力为 30MPa、69MPa 时，闭合压力在 10~30MPa 为导流能力缓慢降低阶段，闭合压力在 30~60MPa 为导流能力快速降低阶段，当闭合压力在 60~86MPa 时导流能力降低趋势又逐渐变缓。

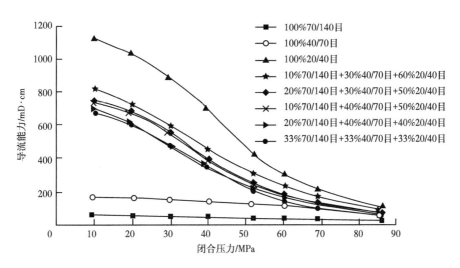

图 2　主裂缝内不同铺砂方式下支撑剂导流能力变化规律

单一粒径铺置条件下，大粒径支撑剂（20/40 目）的导流能力对闭合压力更敏感，导流能力随闭合压力增加递减更快，在 52MPa、69MPa 和 86MPa 的闭合压力下导流能力分别下降了 63.1%、82.3% 和 90.8%；而小粒径支撑剂（70/140 目）和中粒径支撑剂（40/70 目）的导流能力随闭合压力增加递减则相对较缓；小粒径支撑剂在 52MPa、69MPa 和 86MPa 的闭合压力下导流能力分别下降了 33.8%、50.4% 和 65.5%，中粒径支撑剂在 52MPa、69MPa 和 86MPa 的闭合压力下导流能力分别下降了 18.6%、41.4% 和 65.8%。

3 种粒径组合铺置条件下，不同比例组合支撑剂的导流能力对闭合压力敏感性与单一大粒径铺置情况基本相当，但比起小粒径支撑剂及中粒径支撑剂对闭合压力更敏感；在 52MPa、69MPa 和 86MPa 的闭合压力下导流能力分别下降了 63.5%~69.4%、80.8%~86.0% 和 89.9%~92.0%。

3 种粒径组合铺置条件下（图 2），支撑剂在不同闭合压力下的导流能力优于单一小粒径及单一中粒径铺置。3 种粒径支撑剂在不同比例组合下，以 10%70/140 目 +30%40/70 目 +60%20/40 目组合方式最优，以 33%70/140 目 +33%40/70 目 +33%20/40 目均匀组合方式最差，以 20%70/140 目 +30%40/70 目 +50%20/40 目及 10%70/140 目 +40%40/70 目 +50%20/40 目组合方式导流能力较优，以 20%70/140 目 +40%40/70 目 +40%20/40 目组合方式较差。通过分析发现，在不同闭合压力下的压裂组合加砂中，存在一个最优的组合方式（20%70/140 目 +30%40/70 目 +50%20/40 目），既能满足体积压裂工艺的要求，又能保持较高的导流能力。

3 种粒径在同一比例组合铺置条件下（图 3），裂缝内支撑剂铺置砂浓度越大，在不同闭合压力下的导流能力也越大；但随着闭合压力的逐渐增大，高浓度铺砂条件下导流能力与低浓度铺砂条件下导流能力差距逐渐变小。所以对于致密油、页岩油等油藏，在满足工艺条件下，应尽可能地提高压裂加砂强度和缝内铺砂浓度，力求压后实现缝内高导流；但对于深层、超深层储层，由于闭合压力高，在工艺上实现高强度及高砂比加砂较难，可采用中等砂比、中等加砂强度来加砂，兼顾安全加砂及压后裂缝保持较高的导流能力。

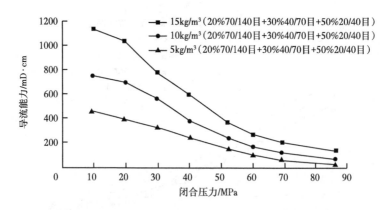

图 3　主裂缝内不同铺砂浓度下支撑剂导流能力变化规律

3.2　分支缝内支撑剂导流能力

　　分析分支裂缝内支撑剂导流能力变化曲线（图 4）可知，无论是在单一粒径还是组合粒径铺置条件下，支撑剂导流能力随闭合压力的增加而降低。单一粒径铺置条件下，这种降低趋势存在 2 个转折点，分别在闭合压力为 40MPa、60MPa 时，闭合压力在 10~40MPa 为分支缝导流能力快速降低阶段，闭合压力在 40~60MPa 为导流能力缓慢降低阶段；当闭合压力在 60~86MPa 时，导流能力降低趋势进一步变缓，分支缝内导流能力对高闭合压力敏感性逐渐减弱。2 种粒径组合铺置条件下，这种降低趋势在闭合压力为 52MPa 时发生变化；闭合压力在 10~50MPa 时，分支缝导流能力随闭合压力增加快速降低；闭合压力在 52~86MPa 时，随着闭合压力增加，导流能力降低趋势逐渐变缓，分支缝内导流能力对闭合压力敏感性也逐渐减弱。

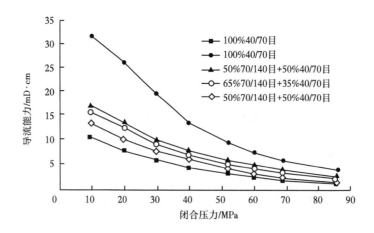

图 4　分支缝内不同铺砂方式下支撑剂导流能力变化规律

　　单一粒径铺置条件下，不同比例组合支撑剂的导流能力对闭合压力敏感性与两种粒径组合铺置情况基本相当；在 52MPa、69MPa 和 86MPa 的闭合压力下导流能力分别下降了 64.9%~69.5%、75.8%~82.1% 和 84.1%~87.9%。2 种粒径组合铺置条件下（图 4），支撑剂在不同闭合压力下的导流能力优于单一小粒径支撑剂铺置，但差于单一中粒径支撑剂铺置。2 种粒径支撑剂在不同比例组合下，以 50%70/140 目 +50%40/70 目均匀组合方式最优，以 80%70/140 目 +20%40/70 目组合方式最差，65%70/140 目 +35%40/70 目组合方式介于两者之间。所以在分支缝开启后加砂阶段，采用等量的小粒径支撑剂与大粒径支撑剂依次进行加砂，以实现压后分支缝内保持较高的导流能力。

2 种粒径在同一比例组合铺置条件下（图 5），分支缝内支撑剂铺置砂浓度越大，在不同闭合压力下的导流能力也越大；但随着闭合压力的逐渐增大，尤其是超过 69MPa 后，高浓度铺砂条件下导流能力与低浓度铺砂条件下导流能力差距逐渐变小。

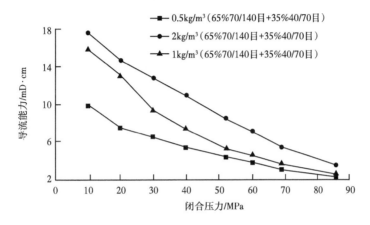

图 5　分支缝内不同铺砂浓度下支撑剂导流能力变化规律

3.3　应力循环加载条件下支撑剂导流能力

分析主裂缝内应力循环加载前后支撑剂导流能力变化情况可知（图 6），无论支撑剂采用单一粒径铺置还是采用组合铺置的方式，第一轮实验结束泄压后，随着第二轮闭合压力从 10MPa 开始依次加载，主裂缝内支撑剂导流能力随着闭合压力增加继续减小，当闭合压裂达到 86MPa 时，支撑剂导流能力相比第一轮对应闭合压力下加载时降低了

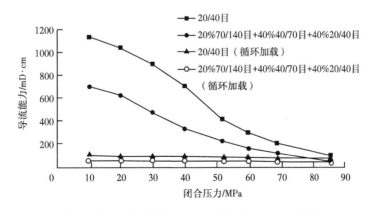

图 6　主裂缝内应力循环加载前后支撑剂导流能力

68.9%~71.4%，导流能力损失将近70%；即使在低闭合压力下也无法恢复到第一轮应力加载时的导流能力，应力加载破坏对支撑剂导流能力的影响是不可逆的。

分析分支缝内应力循环加载前后支撑剂导流能力变化情况可知（图7），无论支撑剂采用单一粒径铺置还是采用组合铺置的方式，也具有和主裂缝同样的规律，但第二轮应力循环加载达到86MPa时，支撑剂导流能力相比第一轮对应闭合压力下加载时降低了58.3%~64.2%，导流能力损失将近60%，降低速率稍低于主裂缝。

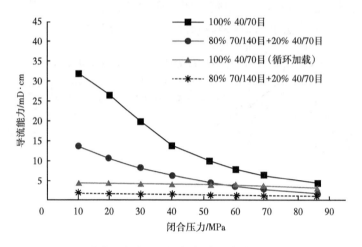

图7 分支缝内应力循环加载前后支撑剂导流能力

4 现场试验应用

基于上述多尺度体积压裂支撑剂导流能力实验研究结果，在中石化鄂南、泌阳凹陷、北部凹陷等致密油藏区域多口井进行了现场试验应用，以下重点以泌阳凹陷探井A井为例说明具体实施过程（图8和图9）。

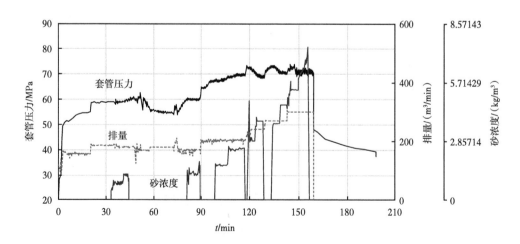

图8 A井多尺度压裂施工曲线

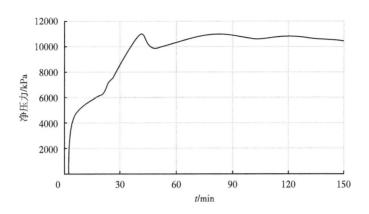

图 9　A 井压裂施工缝内净压力变化曲线

A 井压裂目的层段（3592.0~3597.0m，5.0m/层）为灰色含砾细砂岩，压力系数为 0.93，油层温度为 139.7℃，为低孔低渗（孔隙度为 5.78%，渗透率为 2.5mD）常温常压油层。压裂采用了多尺度体积压裂的技术思路：（1）综合控缝高措施：综合储层地质条件，通过射孔、酸预处理及施工参数优化，有效控制裂缝纵向过度延伸；（2）充分造主缝：前置液造缝液体类型、压裂液黏度、排量及造缝模式优化，使主裂缝充分延伸；（3）多尺度分支缝开启及扩展：主裂缝充分延伸基础上通过交替注入胶凝酸段塞及缝端封堵提高缝内净压力，使得分支缝、天然裂缝得到开启延伸；（4）多尺度裂缝饱充填：通过携砂液类型、支撑剂类型及加入模式综合优化，优化裂缝砂堤剖面，提高裂缝充填度；（5）低伤害压裂液体系：在压裂造缝、低砂比加砂、高砂比加砂阶段分别采用三种不同黏度（低黏度、中黏度、高黏度）的清洁压裂液体系，尽可能降低稠化剂使用浓度，降低基质伤害及裂缝伤害。（6）采用变排量施工，结合液体黏度增加，逐渐提高缝内静压力，从压裂造缝、低砂比加砂、高砂比加砂阶段分别采用不同排量，排量依次为 2.5m³/min、3.0m³/min、4.0m³/min、5.0m³/min。

考虑多尺度体积压裂裂缝高导流支撑的需要及储层实际闭合压力，依据本文研究成果：（1）选用抗压 86MPa 的 3 种类型的陶粒支撑剂（70/140 目、40/70 目、20/40 目）；（2）主裂缝内支撑剂最优的组合方式为 20%70/140 目 +30%40/70 目 +50%20/40 目；（3）分支缝内支撑剂最优的组合方式为 50%70/140 目 +50%40/70 目。综合考虑主裂缝及分支缝的综合支撑情况，3 种支撑剂选择了 22.5%70/140 目 +27.5%40/70 目 +50.0%20/40 目的最佳组合方式，以满足压后保持高导流能力的需要。

压裂施工注入压裂液 538.11m³，其中胶凝酸 47.0m³，低黏度压裂液（0.2% 增稠剂 SRFP-1+2% 黏土稳定剂 SRCS-1+0.1% 助排剂 SRCU-1+0.12% 交联剂 SRFC-1+1% 纳米驱油剂 SRFN-1，黏度为 24~27mPa·s）143.0m³，中黏度压裂液（0.3% 增稠剂 SRFP-1+2% 黏土稳定剂 SRCS-1+0.1% 助排剂 SRCU-1+0.16% 交联剂 SRFC-1+1% 纳米驱油剂 SRFN-1，黏度为 48~51mPa·s）201.0m³，高黏度压裂液（0.45% 增稠剂 SRFP-1+2% 黏土稳定剂 SRCS-1+0.1% 助排剂 SRCU-1+0.25% 交联剂 SRFC-1+1% 纳米驱油剂 SRFN-1，黏度为 90~100mPa·s）147.0m³；共加入 36.6m³ 支撑剂，排量为 2.5~5.0m³/min，最高施工压力为 72.8MPa，最高砂比为 35%。

压后分析表明，该井综合控制缝高技术有效，压裂过程中裂缝多尺度压裂特征明显，多粒径组合加砂方式合理有效，多尺度体积压裂工艺及低伤害组合液体体系应用均比较成功。压后初期液体返排效率达到90%，压裂液返排率和见油时间均优于邻区邻井，初期产能达到3t/d，后期稳产在5t/d左右，是邻区同层位井产量的3~4倍，实现了多尺度体积压裂及彻底改造储层的目的，压后取得了较好的增产改造效果。

5　结论与认识

（1）影响支撑剂导流能力的因素较多，主要有闭合压力、支撑剂粒径、支撑剂铺砂组合方式、支撑剂铺砂浓度等；随着闭合压力增加，大粒径支撑剂导流能力与小粒径支撑剂导流能力差距逐渐变小，主裂缝及分支缝内支撑剂导流能力逐渐降低，而且这种降低趋势存在明显的转折点。

（2）不同粒径支撑剂在组合铺置条件下，主裂缝及分支缝内支撑剂组合均存在最优的组合方式；主裂缝及分支缝内支撑剂铺砂浓度越高，导流能力也越高；随着闭合压力增大，高浓度铺砂与低浓度铺砂条件下的导流能力差距逐渐变小；应力加载破坏对裂缝内导流能力的影响是不可逆的。

（3）现场应用表明，在满足压裂工艺要求前提下，通过支撑剂的优选、支撑剂组合方式及加砂方式的优化，可有效提高裂缝导流能力及压后产量。在压裂工艺及施工安全前提下，应根据储层实际条件，选择满足地层闭合压力匹配的支撑剂及与液体输砂能力匹配的最佳加砂方式，尽可能提高压裂加砂强度和缝内铺砂浓度，力求实现不同尺度裂缝的高导流能力。

（4）该研究仅采用中密度陶粒支撑剂，针对不同粒径支撑剂在不同闭合压力、粒径组合方式、铺置浓度及应力循环加载条件下，对多尺度主裂缝及分支缝内支撑剂的导流能力进行了实验研究。低密度支撑剂、不同密度组合及混合粒径加砂方式等也广泛应用于体积压裂中，可参照文中方法，针对性地开展不同工艺要求下的导流能力变化规律，为致密及非常规储层高效压裂改造提供基础理论支持。

参 考 文 献

[1] 刘建坤，蒋廷学，万有余，等.致密砂岩薄层压裂工艺技术研究及应用 [J].岩性油气藏，2018，30（1）：165-172.

[2] 刘雪峰，吴向阳，李刚，等.延长气藏压裂改造支撑裂缝导流能力系统评价 [J].断块油气田，2018，25（1）：70-75.

[3] 王雷，王琦.页岩气储层水力压裂复杂裂缝导流能力实验研究 [J].西安石油大学学报（自然科学版），2017，32（3）：73-77.

[4] 王中学，秦升益，张士诚.压裂液残渣对不同支撑剂导流能力的影响 [J].钻采工艺，2017，40（1）：56-60.

[5] 苏煜彬，林冠宇，韩悦.致密砂岩储层水力加砂支撑裂缝导流能力 [J].大庆石油地质与开发，2017，36（6）：140-145.

[6] 熊俊杰.支撑剂铺砂方式对其导流能力影响研究 [J].石油化工应用，2017，36（9）：32-34.

[7] 李超，赵志红，郭建春，等.延长致密油储层支撑剂嵌入导流能力伤害实验分析 [J].油气地质与采收率，2016，23（4）：122-126.

[8] 曹科学，蒋建方，郭亮，等.石英砂陶粒组合支撑剂导流能力实验研究[J].石油钻采工艺，2016，38（5）：684-688.

[9] 毕文韬，卢拥军，蒙传幼，等.页岩储层支撑裂缝导流能力实验研究[J].断块油气田，2016，23（1）：133-136.

[10] 王雷，邵俊杰，韩晶玉，等.通道压裂裂缝导流能力影响因素研究[J].西安石油大学学报（自然科学版），2016，31（3）：52-56.

[11] 曲占庆，周丽萍，曲冠政，等.高速通道压裂支撑裂缝导流能力实验评价[J].油气地质与采收率，2015，22（1）：122-126.

[12] 毕文韬，卢拥军，蒙传幼，等.页岩储层导流能力影响因素新研究[J].科学技术与工程，2015，15（30）：115-118.

[13] 曲占庆，黄德胜，杨阳，等.气藏压裂裂缝导流能力影响因素实验研究[J].断块油气田，2014，21（3）：390-393.

[14] 温庆志，李杨，胡蓝霄，等.页岩储层裂缝网络导流能力实验分析[J].东北石油大学学报，2013，37（6）：55-62.

[15] 贾长贵.页岩气网络压裂支撑剂导流特性评价[J].石油钻探技术，2014，42（5）：42-46.

[16] 吴百烈，韩巧荣，张晓春，等.支撑裂缝导流能力新型实验研究[J].科学技术与工程，2013，13（10）：2652-2656.

[17] 卢聪，郭建春，王文耀，等.支撑剂嵌入及对裂缝导流能力损害的实验[J].天然气工业，2008，28（2）：99-101.

[18] 蒋建方，张智勇，胥云，等.液测和气测支撑裂缝导流能力室内实验研究[J].石油钻采工艺，2008，30（1）：67-70.

[19] 金智荣，郭建春，赵金洲，等.支撑裂缝导流能力影响因素实验研究与分析[J].钻采工艺，2007，30（5）：36-38.

[20] 金智荣，郭建春，赵金洲，等.不同粒径支撑剂组合对裂缝导流能力影响规律实验研究[J].石油地质与工程，2007，21（6）：88-90.

[21] 温庆志，张士诚，王雷，等.支撑剂嵌入对裂缝长期导流能力的影响研究[J].天然气工业，2005，25（5）：65-68.

[22] 张毅，马兴芹，靳保军.压裂支撑剂长期导流能力试验[J].石油钻采工艺，2004，26（1）：59-61.

裂缝性基岩地层中水力裂缝扩展规律

任广聪[1]，马新仿[1]，刘　永[2]，张士诚[1]，邹雨时[1]

（1.中国石油大学（北京）油气资源与探测国家重点实验室；
2.中国石油青海油田公司钻采工艺研究院）

摘　要：为研究裂缝性基岩地层水力压裂时水力裂缝遇天然裂缝后的裂缝扩展行为，基于二维线弹性理论计算了天然裂缝打开所需条件，利用ABAQUS建立了有限元数值模型，模拟水力裂缝遇天然裂缝后的扩展规律。结果表明，天然裂缝能否打开不仅受到水平应力差和水力裂缝、天然裂缝夹角的影响，还受到基质抗拉强度和施工排量的影响。两缝夹角达到临界值后，水平应力差越小，天然裂缝越容易打开；水平应力差越大，水力裂缝越趋向于沿原方向继续扩展。水平应力差不变时，缝夹角越小，天然裂缝越容易打开；两缝夹角越大，水力裂缝越趋向于沿原方向继续扩展。岩石基质抗拉强度越大，天然裂缝越容易打开。排量越大，缝内流体压力越大，天然裂缝越容易打开，符合体积压裂大排量造复杂缝网的理念。

关键词：裂缝扩展；水力压裂；天然裂缝；水平应力差；抗拉强度；排量

　　柴达木盆地基岩气藏是我国内陆最大的基岩储层气藏[1]。基岩储层渗透率低，一般通过水力压裂改造措施投产，提高单井产量[2-3]。基岩地层天然裂缝较为发育，水力裂缝扩展过程中遇天然裂缝后，可能会改变原路径[4-5]，不穿过天然裂缝继续扩展，而是打开天然裂缝从而发生"转向"。天然裂缝能否打开意味着能否形成大规模缝网[6-9]，因此对于压裂改造施工来说，需明确水力裂缝遇天然裂缝后的扩展规律。

　　针对这一问题，国内外很多学者做了大量的研究，Blanton等[10]提出水力裂缝能否穿过天然裂缝取决于应力条件和裂缝角度；wang等[11]通过实验发现天然裂缝抗剪切强度越强，水力裂缝和天然裂缝角度越大，水力裂缝越容易穿过天然裂缝；侯冰等[12]通过数值模拟和实验手段研究发现水力裂缝和天然裂缝角度越小，水平应力差越小，缝内净压力越大，天然裂缝越容易打开。付海峰等[13]开展了水力压裂物理模拟实验，研究了天然裂缝和泵注参数对页岩水力压裂裂缝形态的影响，结果表明随着施工排量或压裂液黏度的增大，净压力呈现先增大后减小的规律，裂缝形态先复杂化后又趋于单一化。许文龙等[14]和席一凡等[15]，分别建立二维和三维数值模型，通过数值模拟技术研究了裂缝夹角对天然裂缝起裂的影响。刘顺等[16]通过数值模拟手段研究了水力裂缝与天然裂缝相交后的扩展规律，在不同倾角、间距、应力等条件下的交错延伸规律，认为裂缝间距、倾角的影响程度较大，水平应力差有一定程度的影响，泊松比和杨氏模量的影响不明显。沈永星等[17]建立了页岩储层二维流固耦合水力压裂裂缝相交扩展模型，研究了水平应力差、天然裂缝相交角对裂缝扩展的影响，结果表明最大水平主应力对水力裂缝与天然裂缝相交后的裂缝扩展路径有诱导作用，天然裂缝相交角越大，压裂裂缝长度越短，压裂缝面积越小。

已有的研究一般主要考虑水平应力和裂缝角度的影响，而考虑排量等施工参数的案例较少，缺乏岩石基质自身的力学性质对水力裂缝扩展的影响分析，并且目前的研究一般直接建立有限元数值模型或者通过实验直接观察裂缝扩展行为，缺乏理论的力学计算分析。本研究首先进行天然裂缝与水力裂缝相交受力分析计算，基于二维线弹性力学理论推导天然裂缝打开的力学条件，并使用有限元分析软件建立水力裂缝与天然裂缝相交数值模型，模拟不同施工条件、岩石力学条件下水力裂缝遇天然裂缝后的扩展规律，更直观地反映受力分析的推导结果。

1　天然裂缝起裂影响因素分析

如图 1 所示，水力裂缝起裂后沿最大水平主应力方向扩展，遇天然裂缝后相交于某点，形成一定的夹角 θ，其中 $\theta < 90°$。

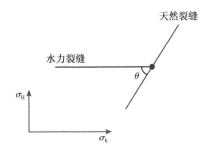

图 1　水力裂缝与天然裂缝相交示意图

根据二维线弹性力学理论，相交处的受力情况[18]为：

$$\sigma_n = \frac{\sigma_H + \sigma_h}{2} - \frac{\sigma_H - \sigma_h}{2}\cos 2\theta \tag{1}$$

$$\tau_s = \frac{\sigma_H - \sigma_h}{2}\sin 2\theta \tag{2}$$

式中：σ_n 为交点处受到的正应力，MPa；τ_s 为交点处受到的切应力，MPa；σ_H 为最大水平主应力，MPa；σ_h 为最小水平主应力，MPa；θ 为两缝形成的夹角（锐角）。

（1）天然裂缝打开。

天然裂缝处于闭合状态时，正应力为压实力，较大的剪切应力使裂缝发生剪切破坏[19]，根据有效应力抗剪强度公式，此时有效切应力应大于 0，即切应力应大于天然裂缝抗剪切强度，满足：

$$\tau_s > c + K_f(\sigma_n - p) \tag{3}$$

式中：c 为天然裂缝的黏聚力，MPa；K_f 为天然裂缝的摩擦系数；p 为裂缝内流体压力，MPa。

假设天然裂缝为非黏结，则 $c=0$，天然裂缝在极限破坏状态时，式（3）写为

$$\tau_s = K_f \left(\sigma_n - p \right) \tag{4}$$

把式（1）和式（2）代入式（4），则有

$$\sigma_n' = \left(\frac{\sigma_H + \sigma_h}{2} - \frac{\sigma_H - \sigma_h}{2} \cos 2\theta \right) - p \tag{5}$$

$$\tau_s' = \frac{\sigma_H - \sigma_h}{2} \sin 2\theta - K_f \left(\frac{\sigma_H + \sigma_h}{2} - \frac{\sigma_H - \sigma_h}{2} \cos 2\theta - p \right) \tag{6}$$

式中：σ_n' 为相交点受到的有效正应力，MPa；τ_s' 为相交点受到的有效切应力，MPa。

整理式（6）后可得天然裂缝破坏极限状态下缝内流体压力与地应力、夹角的关系，即

$$p = \sigma_h + \frac{\Delta \sigma}{2} \left(1 - \cos 2\theta - \frac{\sin 2\theta}{K_f} \right) \tag{7}$$

（2）天然裂缝不打开。

水力裂缝扩展至交点后，若天然裂缝未打开，水力裂缝则沿最大水平主应力方向继续扩展，那么缝内流体压力大于最小水平主应力与岩石基质抗拉强度之和，有效正应力为拉力，通过拉伸破坏岩石基质继续扩展，此时的有效正应力为

$$\sigma_n' = p - \sigma_h - \sigma_n^0 \tag{8}$$

则在极限破坏条件下，即有效正应力为 0 时，则缝内流体压力为

$$p = \sigma_h + \sigma_n^0 \tag{9}$$

其中，σ^0 是岩石基质的抗拉强度，MPa。

一般认为天然裂缝能否打开取决于水力裂缝与天然裂缝的角度、水平应力差，但是通过式（7）和式（9）可知，裂缝内的流体压力和基质抗拉强度对天然裂缝打开与否也起到一定的作用。

1.1 水平应力差的影响

根据式（7）和式（9），基质发生破坏，水力裂缝继续扩展时所需的缝内流体压力不变，但是天

然裂缝打开所需的缝内流体压力随水平应力差的变化而变化。所需流体压力与水平应力差的相关性取决于 $1-\cos 2\theta - \sin 2\theta / K_f$ 的正负。若其大于 0，则天然裂缝打开所需流体压力随水平应力差增大而增大；若其小于 0，则天然裂缝打开所需流体压力随水平应力差增大而减小。

假设

$$1 - \cos 2\theta - \frac{\sin 2\theta}{K_f} > 0 \tag{10}$$

则有：

$$K_f > \frac{\sin 2\theta}{1 - \cos 2\theta} \tag{11}$$

天然裂缝摩擦系数是一个常数，所以水平应力差对天然裂缝打开与否的影响取决于式（11）右边的大小。因此定义函数

$$f(\theta) = \frac{\sin 2\theta}{1 - \cos 2\theta}, \quad \theta \in (0°, 90°) \tag{12}$$

根据函数 $f(\theta)$ 的性质，假设函数 $f(\theta) = K_f$ 时对应的角度为 θ_1，那么当 $\theta > \theta_1$ 时，式（11）恒成立，天然裂缝打开所需流体压力随水平应力差增大而增大；当 $\theta < \theta_1$ 时，式（11）恒不成立，天然裂缝打开所需流体压力随水平应力差增大而减小。

1.2　两缝夹角的影响

根据式（7）和式（9），基质发生破坏，水力裂缝继续扩展时所需的缝内流体压力不变，但是天然裂缝打开所需的缝内流体压力随夹角的变化而变化。根据式（7），水平应力差大于 0 恒成立，天然裂缝打开所需压力与夹角的关系取决于 $1-\cos 2\theta - \sin 2\theta / K_f$ 随 θ 的变化趋势。因此定义函数

$$g(\theta) = 1 - \cos 2\theta - \frac{\sin 2\theta}{K_f}, \quad \theta \in (0°, 90°) \tag{13}$$

则函数的导数为

$$g'(\theta) = 2\left(\sin 2\theta - \frac{\cos 2\theta}{K}\right), \quad \theta \in (0°, 90°) \tag{14}$$

根据导数的性质，天然裂缝打开所需压力与夹角的关系取决于 $g'(\theta)$ 的正负。如果 $g'(\theta) > 0$ 恒成立，则 $g(\theta)$ 随 θ 增大而增大，此时式（14）变形为

$$K_f > \frac{\cos 2\theta}{\sin 2\theta} \tag{15}$$

所以两缝夹角对天然裂缝打开与否的影响取决于式（15）右边的大小。因此定义函数

$$h(\theta) = \frac{\cos 2\theta}{\sin 2\theta} \tag{16}$$

根据函数 $h(\theta)$ 的性质，假设 $h(\theta) = K_f$ 时对应的角度为 θ_2，那么当 $\theta > \theta_2$ 时，式（15）恒成立，即 $g'(\theta) > 0$ 恒成立，$g(\theta)$ 是单调递增函数，天然裂缝打开所需流体压力随夹角增大而增大；由于夹角为 0° 时，天然裂缝直接打开，因此，当 $\theta < \theta_2$ 时，式（15）恒不成立，$g(\theta)$ 是单调递减函数，天然裂缝打开所需流体压力随夹角增大而减小，那么天然裂缝肯定会打开。然后夹角增加至一定值时，天然裂缝不会打开，水力裂缝沿原方向扩展。

1.3　基质抗拉强度的影响

根据式（7）和式（9），裂缝沿原方向破裂所需的缝内流体压力随着基质抗拉强度的增大而增大，沿天然裂缝打开所需的缝内流体压力不变。

1.4　注入排量的影响

注入排量对裂缝扩展的影响以缝口压力的形式体现。注入排量越大，水力裂缝到达相交点后，缝内流体压力越大。所以从破裂所需缝内流体压力的角度分析裂缝扩展方向不再适用。可以从法向和切向所受应力与临界应力（抗拉强度和抗剪切强度）的比值大小来判断破裂难易程度和扩展方向，并利用反证法加以证明。所受应力与临界应力（抗拉强度和抗剪切强度）的比值大小来判断破裂难易程度和扩展方向，并利用反证法加以证明。

如果缝内流体压力增大有利于天然裂缝打开，假设天然裂缝未打开时缝内流压为 p_1，打开时缝内流压为 p_2，则存在关系

$$当\ p_2 > p_1\ 时，\ \frac{\tau_{s1}}{\tau_s^0} < \frac{\sigma_{n1}}{\sigma_n^0}，\ \frac{\tau_{s2}}{\tau_s^0} > \frac{\sigma_{n2}}{\sigma_n^0} \tag{17}$$

式中：σ^0 是岩石基质的抗拉强度，MPa；τ^0 是天然裂缝的抗剪切强度，MPa。

把式（5）和式（6）带入式（17），有

$$\Delta\sigma\sigma_n^0 \sin 2\theta < 2(p_1 - \sigma_h)K_f[\sigma_h - p_1 - \Delta\sigma(1 - \cos 2\theta)/2] \tag{18}$$

$$\Delta\sigma\sigma_n^0 \sin 2\theta > 2(p_2 - \sigma_h)K_f[\sigma_h - p_2 - \Delta\sigma(1 - \cos 2\theta)/2] \tag{19}$$

令 $p_2 = p_1 + \Delta p$，并联立式（18）和式（19），有

$$\Delta p[2(p_1 - \sigma_h) + \Delta p + \Delta\sigma(1 - \cos 2\theta)/2] > 0 \tag{20}$$

由于水力裂缝处于扩展状态，因此 $p_1 > \sigma_h$，式（20）恒成立，则说明式（17）恒成立，即流体压力越大，越容易打开天然裂缝，这与现场大排量易造复杂缝的认识是一致的。

2　有限元模型建立

使用有限元模拟软件 ABAQUS 建立水力裂缝扩展与天然裂缝相交的二维模型，预制 cohesive 单元模拟裂缝破坏和延伸，设置天然裂缝的抗拉强度为 0，以区分水力裂缝和天然裂缝。如图 2（a）所示，二维模型为边长 80m 的正方形，模型中部预置一条水力裂缝贯穿模型，按照一定角度预置一条长度为 40m 的天然裂缝，与水力裂缝相交于模型中点。在裂缝周围一定距离内进行网格加密，提高精度，图 2（b）为划分的网格。

基质网格类型为 CPE4P，即四节点二维孔隙压力单元；cohesive 单元网格类型为 COH2D4P，即四节点二维孔隙压力黏结单元。基质网格数量为 15372 个，cohesive 单元网格数量为 240 个。

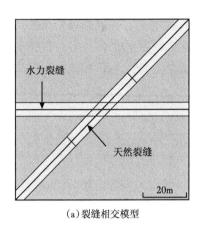
（a）裂缝相交模型

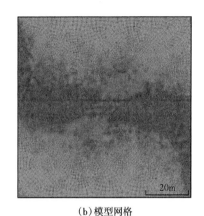
（b）模型网格

图 2　水力裂缝与天然裂缝相交模型

模拟水力压裂时其他施工条件和地质条件保持一致。使用柴达木盆地东坪区块地质和施工参数，渗透率 0.001D，孔隙度 0.1%，孔隙压力 35MPa，滤失系数 $9.882 \times 10^{-4} \mathrm{m}^3/\mathrm{min}^{1/2}$，压裂液黏度 50mPa·s。

分析水力裂缝遇天然裂缝后的扩展行为，也就是两缝相交于模型中心点后，天然裂缝是否发生破坏。

3　有限元模拟结果

分别模拟不同水平应力差、两缝夹角、基质抗拉强度和排量对裂缝扩展行为的影响。

3.1　水平应力差的影响

讨论水平应力差对水力裂缝扩展的影响时，设置夹角、基质抗拉强度和排量不变。为研究节 1.1 中的结论，设置了 3 组不同的角度，分别为 30°、45° 和 60°。每种夹角条件下，水平应力差从 1MPa 增加至 15MPa。基质抗拉强度设置为 10MPa，注入排量为 $3\mathrm{m}^3/\mathrm{min}$。

（1）夹角为 30°。

如图 3 所示，夹角为 30° 时，天然裂缝均发生破坏，水力裂缝扩展至交点后，通过打开天然裂缝发生偏转，破坏形式为剪切破坏（绿色为拉伸破坏，红色为剪切破坏）。由于每个应力差条件下天然裂缝均发生破坏，3~13MPa 条件下省略展示。

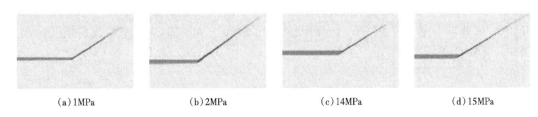
　　　（a）1MPa　　　　　　　（b）2MPa　　　　　　　（c）14MPa　　　　　　　（d）15MPa

图 3　夹角 30° 时不同水平应力差下的裂缝形态

（2）夹角为45°。

如图4所示，夹角为45°，水平应力差小于11MPa时，天然裂缝发生破坏，破坏方式为剪切破坏；水平应力差达到11MPa后，天然裂缝未发生破坏，水力裂缝到达交点后继续沿最大水平主应力方向扩展，破坏方式为拉伸破坏。图6（c）和图6（d）中红色四边形为交点处网格。

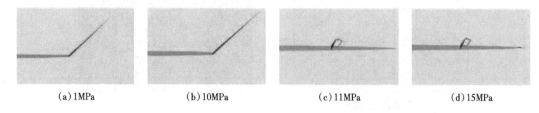

| (a) 1MPa | (b) 10MPa | (c) 11MPa | (d) 15MPa |

图4 夹角45°时不同水平应力差下的裂缝形态

（3）夹角为60°。

如图5所示，夹角为60°时，水平应力差为1MPa时，天然裂缝发生破坏，破坏方式为剪切破坏；水平应力差达到2MPa后，天然裂缝未发生破坏，水力裂缝到达交点后继续沿最大水平主应力方向扩展，破坏方式为拉伸破坏。

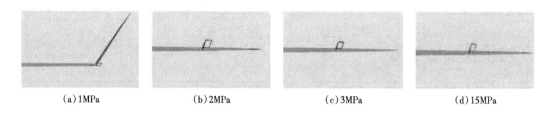

| (a) 1MPa | (b) 2MPa | (c) 3MPa | (d) 15MPa |

图5 夹角60°时不同水平应力差下的裂缝形态

可以看出，当水力裂缝与天然裂缝夹角达到一定值（本例中为45°）且不变时，随着水平应力差的增大，裂缝扩展方向更趋向于沿原水力裂缝方向扩展，即水平应力差越小，越有利于天然裂缝发生剪切破坏，形成复杂缝网。当夹角小于该值时，天然裂缝在所有应力差条件下都能打开，符合节1.1得出的规律和结论。

3.2 两缝夹角的影响

讨论水力裂缝与天然裂缝夹角对水力裂缝扩展的影响时，设置水平应力差、基质抗拉强度和排量不变，设置了4组不同的水平应力差，分别为1MPa、5MPa、10MPa、15MPa。每种水平应力差条件下，分别设置夹角为30°、45°和60°。基质抗拉强度设置为10MPa，注入排量为3m³/min。

（1）水平应力差为1MPa。

参考前文所述，如图3（a）、图4（a）、图5（a）所示，水平应力差为1MPa时，夹角为30°、45°、60°三种情况下，天然裂缝均发生破坏，破坏方式为剪切破坏。根据式（7），水平应力差为1MPa时，天然裂缝打开所需的流体压力很小。

（2）水平应力差为5MPa。

如图6所示，水平应力差为5MPa时，夹角为30°、45°的情况下，天然裂缝发生破坏，破坏方式为剪切破坏；夹角为60°时，天然裂缝未发生破坏，水力裂缝到达交点后继续沿最大水平主应力方向扩展，破坏方式为拉伸破坏。

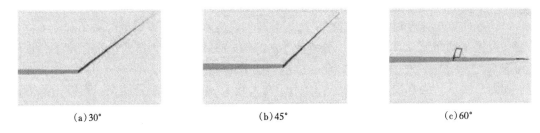

(a) 30°　　　　　　　　(b) 45°　　　　　　　　(c) 60°

图6　水平应力差5MPa时不同夹角下的裂缝形态

（3）水平应力差为10MPa。

如图7所示，水平应力差为10MPa时，夹角为30°、45°的情况下，天然裂缝发生破坏，破坏方式为剪切破坏；夹角为60°时，天然裂缝未发生破坏，水力裂缝到达交点后继续沿最大水平主应力方向扩展，破坏方式为拉伸破坏。

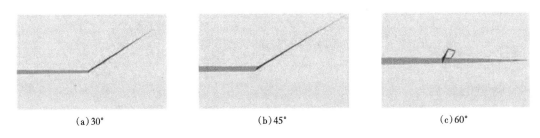

(a) 30°　　　　　　　　(b) 45°　　　　　　　　(c) 60°

图7　水平应力差10MPa时不同夹角下的裂缝形态

（4）水平应力差为15MPa。

如图8所示，水平应力差为15MPa时，夹角为30°的情况下，天然裂缝发生破坏，破坏方式为剪切破坏；夹角为45°、60°时，天然裂缝未发生破坏，水力裂缝到达交点后继续沿最大水平主应力方向扩展，破坏方式为拉伸破坏。

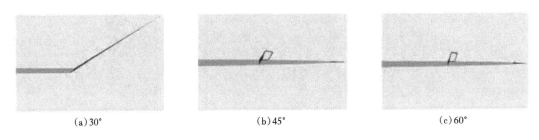

(a) 30°　　　　　　　　(b) 45°　　　　　　　　(c) 60°

图8　水平应力差15MPa时不同夹角下的裂缝形态

可以看出，当水平应力差不变，随着水力裂缝与天然裂缝形成夹角的增大，裂缝扩展方向更趋向于沿原水力裂缝方向扩展，即夹角越小，越有利于天然裂缝发生剪切破坏，形成复杂缝网，符合节 1.2 的结论。另外，两缝夹角达到一定值后，水平应力差越大，天然裂缝打开所需的流体压力越大。比如 45° 时，水平应力差达到 15MPa 后，天然裂缝未打开，这也再次验证了节 1.1 的结论。

3.3 基质抗拉强度的影响

讨论基质抗拉强度对水力裂缝扩展的影响时，设置水平应力差、两缝夹角和注入排量不变，设置了两组基质抗拉强度，分别为 10MPa 和 15MPa。每种基质抗拉强度下，设置夹角为 60°，水平应力差为 4MPa，注入排量为 3m³/min。

如图 9 所示，当基质抗拉强度从 10MPa 增大到 15MPa 时，裂缝相交后继续沿原方向扩展的阻力增大，裂缝更趋向于打开天然裂缝，破坏形式为剪切破坏。因此，基质抗拉强度越大，水力裂缝继续扩展所需流体压力越大，天然裂缝越容易开启。

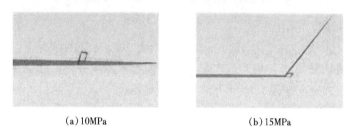

(a)10MPa   (b)15MPa

图 9　不同基质抗拉强度下的裂缝形态

3.4 排量的影响

注入排量越大，水力裂缝到达相交点后，缝内流体压力越大。讨论注入排量对水力裂缝扩展的影响时，设置水平应力差、两缝夹角和基质抗拉强度不变，设置了两组注入排量，分别为 3m³/min 和 6m³/min。每种注入排量下，设置夹角为 60°，水平应力差为 4MPa，基质抗拉强度为 10MPa。

如图 10 所示，注入排量从 3m³/min 增加到 6m³/min 时，裂缝扩展方向更趋向于沿天然裂缝打开，破坏形式为剪切破坏。因此，排量越大，缝内流体压力越大，对天然裂缝和水力裂缝开启都有利，但是更趋向于打开天然裂缝。

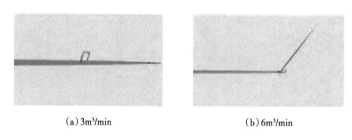

(a)3m³/min   (b)6m³/min

图 10　不同注入排量下的裂缝形态

4　结论

（1）水力裂缝遇天然裂缝后能否打开天然裂缝不仅受到水平应力差、两缝夹角的影响，也受到基质抗拉强度和排量的影响。天然裂缝打开的破坏形式为剪切破坏，水力裂缝直接突破天然裂缝的破坏形式为拉伸破坏。

（2）夹角达到临界值时，水平应力差越小，天然裂缝越容易打开；水平应力差越大，水力裂缝越趋向于沿原方向继续扩展。夹角低于临界值时，天然裂缝在任何应力条件下均能打开。

（3）水平应力差不变时，夹角越小，天然裂缝越容易打开；夹角越大，水力裂缝越趋向于沿原方向继续扩展。

（4）基质抗拉强度越大，天然裂缝越容易打开。

（5）排量越大，缝内压力越大，天然裂缝越容易打开，因此大型水力压裂施工需要大排量造复杂缝网。

参 考 文 献

[1] 马峰，阎存凤，马达德，等．柴达木盆地东坪地区基岩储层气藏特征 [J]．石油勘探与开发，2015，42（3）：266-273．

[2] 李宪文，樊凤玲，李晓慧，等．体积压裂缝网系统模拟及缝网形态优化研究 [J]．西安石油大学学报（自然科学版），2014，29（1）：71-75．

[3] 周祥，张士诚，邹雨时，等．致密油藏水平井体积压裂裂缝扩展及产能模拟 [J]．西安石油大学学报（自然科学版），2015，30（4）：53-58．

[4] Gale J，Reed R M，Holder J. Natural fractures in the Barnett Shale and their importance for hydraulic fracture treatments[J]. AAPG Bulletin，2007，91（4）：603-622．

[5] Cipolla C L，Warpinski N R，MAYERHOFER M J.Hydraulic fracture complexity：diagnosis，remediation，and exploitation[C]// SPE Asia Pacific Oil and Gas Conference and Exhibition. 2008．

[6] Kan W. Simultaneous multifracture treatments：fully coupled fluid flow and fracture mechanics for horizontal wells[J]. SPE Journal，2015，20（2）：337-346．

[7] 邹雨时，张士诚，马新仿．四川须家河组页岩剪切裂缝导流能力研究 [J]．西安石油大学学报（自然科学版），2013，28（4）：69-72．

[8] Kan W，Olson J E. Numerical investigation of complexhydraulic-fracture development in naturally fractured reservoirs[J]. SPE Production & Operations，2016，31（4）：300-309．

[9] 周彤，张士诚，邹雨时，等．页岩气储层充填天然裂缝渗透率特征实验研究 [J]．西安石油大学学报（自然科学版），2016，31（1）：73-78．

[10]Blanton T L. Propagation of hydraulically and dynamically induced fractures in naturally fractured reservoirs[C]// Society of Petroleum Engineers. SPE Unconvention- al Gas Technology Symposium，1986．

[11]Wang W，Olson J E，Prodanovi M. Natural and hydraulic fracture interaction study based on semicircular bending experiments [C]// Unconventional Resources Technology Conference. 2013．

[12]侯冰，陈勉，张保卫，等．裂缝性页岩储层多级水力裂缝扩展规律研究 [J]．岩土工程学报，2015，37（6）：1041- 1046．

[13] 付海峰，刘云志，梁天成，等 . 四川省宜宾地区龙马溪组页岩水力裂缝形态实验研究 [J]. 天然气地球科学，2016，27（12）：2231-2236.

[14] 许文龙，薛世峰，张翔，等 . 裂缝性储层水力裂缝扩展规律数值模拟研究 [J]. 当代化工，2017，46（7）：1371-1374.

[15] 席一凡，李连崇，李明，等 . 天然裂缝性地层水力裂缝扩展规律的三维数值模拟研究 [J]. 科技创新导报，2017，14（10）：41-42.

[16] 刘顺，何衡，赵倩云，等 . 水力裂缝与天然裂缝交错延伸规律 [J]. 石油学报，2018，39（3）：320-326，334.

[17] 沈永星，冯增朝，周动，等 . 天然裂缝对页岩储层水力裂缝扩展影响数值模拟研究 [J]. 煤炭科学技术，2021，49（8）：195-202.

[18] 邹雨时，张士诚，马新仿 . 页岩压裂剪切裂缝形成条件及其导流能力研究 [J]. 科学技术与工程，2013，13（18）：5152-5157.

[19] WARPINSKI N R，TEUFUL L W. Influence of geologic discontinuities on hydraulic fracture propagation[J]. Pet. Technol，1984，39（2）：209-220.

深层页岩气地质工程一体化体积压裂关键技术及应用

蒋廷学[1,2]，卞晓冰[1,2]，孙川翔[1,3]，张　峰[4]，
林立世[5]，魏娟明[1,2]，仲冠宇[1,2]

（1.页岩油气富集机理与有效开发国家重点实验室；2.中石化石油工程技术研究院有限公司；3.中国石化石油勘探开发研究院；4.中国石化江汉油田分公司石油工程技术研究院；5.中国石油化工股份有限公司西南油气分公司）

摘　要： 针对深层页岩气埋深大、两向水平应力差大、垂向应力差小、岩石塑性特征强等地质特征，以地质工程一体化为设计理念，建立了包括测井曲线、页岩总有机碳含量、孔隙度、全烃、关键录井元素、矿物组分、过量硅、矿物脆性、岩石力学参数等评价方法，开展沿水平井段的地质工程双甜点研究，实现地质与工程一体化优选甜点段和最优甜点段准确识别，为深层页岩气水平井压裂改造提供依据．然后，基于高导流的立体缝网为体积压裂的目标函数，开展深层页岩气窄压力窗口下的体积压裂注入模式及工艺参数优化研究，包括迂回双暂堵工艺优化，支撑剂在复杂缝网下的动态运移规律与导流能力研究，以及一体化变黏度高降阻滑溜水研发等．研究成果在现场的应用结果表明，上述基于地质工程一体化的体积压裂技术，压后测试产量较邻井能提高 30%~50% 以上，可大幅度提高深层页岩气的经济开发效果，对今后垂深超过 4500m 的超深层页岩气的经济有效勘探与开发，也同样具有重要的指导和借鉴意义。

关键词： 深层页岩气；地质工程一体化；体积压裂；立体缝网；一体化变黏度滑溜水；石油工程

目前，随着垂深小于 3500m 的中深层页岩气勘探开发的成功实践，储量更大但垂深介于 3500~4500m 的深层页岩气逐渐进入广大科技工作者的视野，一旦突破，则必将带来中国页岩气更大的勘探开发局面[1-2]，也必将助力中国碳达峰与碳中和目标早日实现。

国外 4100m 以浅深层页岩气已实现成功商业化开发，证明了深层页岩气开发的经济、技术可行性．以 Haynesville 深层页岩为例，该区通过"密切割、强加砂"，2017 年的平均单井日产量较 2015 年提高 4.5 倍以上。Haynesville 深层页岩气井关键压裂工艺参数如下：（1）分段分簇：水平井簇间距从 15.0~30.0m 缩小至目前的 6.0~12.0m，段内分 5~6 簇射孔。（2）施工参数：用液强度由 2012 年的 18.6m³/m 提高至 2017 年的 43.5m³/m；液体类型中，为保证深层加砂量，2012—2017 年混合压裂液（滑溜水＋胶液）的比例不断提高．加砂强度由 1000lb/ft（1.49t/m）提高至 3000lb/ft（4.46t/m）。该趋势与气测产量规律致，在 2015—2017 年通过增加高黏度液体用量，进一步提高加砂强度。（3）暂堵工艺：密切割条件下采用缝口暂堵压裂工艺，以改善多簇均衡进液。

国内深层页岩气压裂技术在借鉴国外技术的基础上，整体以密段短簇、大规模改造、暂堵改造为特点提升改造效果[3-4]。关键压裂工艺参数为：（1）分段分簇：单段簇数由早期的 3~5 簇逐步过渡为 6 簇为主，逐步开展 11 簇实验，簇间距由初期的 25~30m 缩短

189

至 8~15m，孔数由早期的 48 孔 / 段逐步优化至 15 孔 / 段。（2）施工参数：排量由早期的 10~12m³/min 提高至 18~20m³/min；"密簇"压裂井平均加砂强度 3~5t/m，高于常规压裂井的 1.5~2t/m；液体类型由初期的滑溜水 + 冻胶过渡为变黏滑溜水，同时确保压裂液具备较强的携砂能力和造缝能力。（3）暂堵工艺：实施缝内暂堵转向，人为造成应力干扰，促进裂缝转向扩展，从而沟通更多的储层。暂堵剂以粉末为主，以避免造成砂堵。

目前，3500~3800m 深层页岩气开发已部分实现突破，获得工业气流。但由于埋深的增加，导致其三向应力及岩石弹塑性特征等也发生了较大的变化，并给压裂带来了一系列的挑战 [5-6]，即使通过密切割、强加砂等措施，裂缝的复杂程度、横向覆盖率、增产效果依然受限 . 技术难点主要包括地质工程双甜点的评价方法、窄压力窗口下立体缝网的形成机制及控制方法、复杂缝网下支撑剂动态运移规律及导流能力等，都与中深层相比发生了较大的变化，必须开展针对性的攻关研究。

1 深层页岩气地质工程双甜点评价方法

深层页岩气地质工程双甜点评价是其经济效益开发的基础 [7-11]，定量化评价有利于优化深层页岩气甜点优选、钻井和压裂施工，提高页岩气开发效率。前人通过地震预测了页岩气双 "甜点" 参数 [12-15]，通过对物质基础（总有机质含量、优质页岩厚度及其分布面积、储层级别和资源丰度等）和保存条件（地层压力系数、含气量等）等参数赋值定量评价了地质甜点、对体积改造各参数（地应力、应力差异系数、埋深、裂缝密度、曲率、硅质矿物含量和脆性指数等）赋值定量评价了工程甜点 [16-17]，明确了页岩气甜点区，支撑了页岩气规模有效开发。考虑到深层页岩气水平井穿行层段均在甜点区的甜点层段①~③号硅质页岩、含灰硅质页岩穿行 [18]，本次研究基于录井资料和测井解释成果，开展水平井水平段穿行小层精细识别与划分，并将①~③号层进一步细分。在此基础上，优选各细分小层单元的地质工程参数，包括测井曲线、页岩总有机碳含量、孔隙度、全烃、关键录井元素、矿物组分、过量硅、矿物脆性、岩石力学参数等，开展沿水平井段的地质工程双甜点研究，实现地质工程一体化优选甜点段和最优甜点段的准确识别，为深层页岩气水平井压裂改造提供依据。需要说明的是，由于钻时对气井气测显示影响显著，因此本次研究利用钻时对水平段气测结果进行归一化校正，结合归一化校正的气测结果进行水平段划分，增加了地质分段的科学性。另外，引入了过量硅作为地质分段的关键指标。前人研究发现，过量硅可以反映页岩中生物成因石英的含量，而生物成因石英含量高的页岩有利于有机质的富集、原始孔隙空间的保存，同时增加岩石脆性，即含量越高的层段页岩品质越好 [19-20]。基于元素录井中的 Si、Al 含量，过量硅可以通过 Si 过量 =Si－[（Si/Al）背景 ×Al] 计算得出，以此作为地质分段的关键指标之一。

以永川地区 H 井为例，通过水平段小层精细识别，实现了③号小层 3 分（31、32、33）、②号小层 2 分（2 上、2 下 GR 峰）和①号小层 2 分（观音桥层和 1 小层）。选取影响页岩品质均质性和储层改造效果的 5 个关键因素，包括黏土矿物含量（Al 元素）、碳酸盐矿物含量（Ca 元素）、过量硅、归一化全烃和应力，结合测井评价结果，将 H 井水平段划分为 24 段，各单段段长介于 33.1~120.6m。其中，第 4 段、第 9 段、第 10 段、第 14 段、第 19 段最优（Al 小于 6%，Ca 小于 8%，Si 过量大于 24%，平均全烃含量大于 14%，两向应力差小于 14%）（图 1），5 个地质工程最优甜点段均位于②小层。

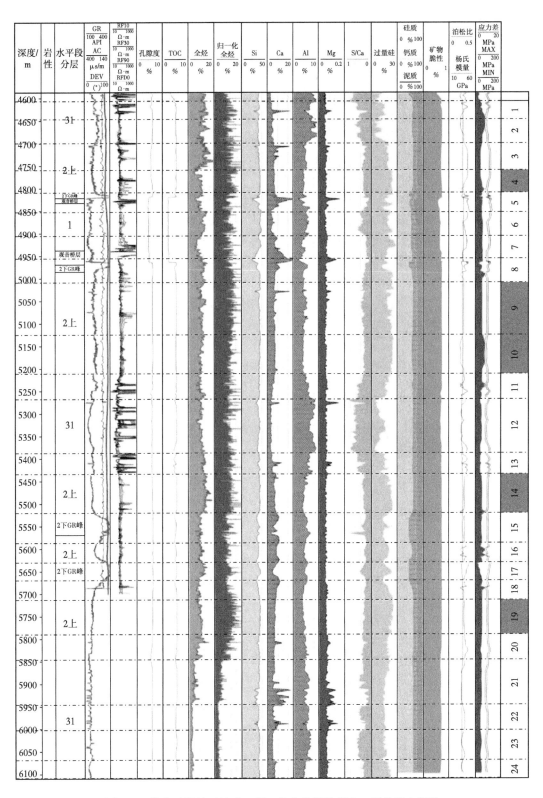

图 1 H井水平段基于地质工程一体化分析的甜点、最优甜点划分

2 深层页岩气体积压裂设计及实施控制方法

2.1 窄压力窗口下的缝网改造与暂堵压裂技术

立体缝网的主控因素是缝内净压力的大幅度提升[9]，且一般采用提高压裂液黏度与排量的乘积、施工砂液比及采用双暂堵等措施来实现上述技术目标。但深层页岩气的施工压力窗口窄（施工限压与施工压力的差值），尤其是常规的双暂堵，可操作性较差[21-23]。此外，多簇裂缝的均衡起裂与延伸控制是实现深层页岩气立体缝网和避免套管变形的主要手段。

2.1.1 深层页岩多簇裂缝起裂扩展及加砂机理

以相似性原理为基础，建立了可考虑3簇射孔的裂缝起裂扩展大型物理模拟装置，可模拟三向应力加载条件，以及水平层理缝与高角度天然裂缝等情况。采用声发射、CT扫描及示踪剂等方法，对裂缝形态及几何尺寸进行精细描述。结果表明，随着射孔簇数的增加，各簇裂缝的非均衡起裂与非均衡延伸程度加剧，即单簇、双簇、三簇的非均衡延伸程度依次为0%、86%和95%。且先压开的射孔簇裂缝对未压开的或延伸程度小的簇裂缝，具有强烈的抑制作用，裂缝形态反演结果如图2所示。层理缝对裂缝扩展形态的影响十分重大，理想的情况是形成图3中横切缝和层理缝正交组合的裂缝形态，而不是阶梯型裂缝。

另外，上述多簇裂缝内支撑剂动态分布规律的数值模拟结果也表明，受支撑剂跟随性差的影响，其更容易进入靠近趾端射孔簇，加砂初期趾部射孔簇的砂浓度是井口的2.3倍，缝内流动阻力增加1倍以上；导致进入靠近趾部射孔簇排量锐降，而靠近跟部射孔簇排量锐增（图4），致使后续的压裂液及支撑剂会绝大部分进入靠近跟部射孔簇，进而使各簇裂缝加砂的非均衡分布程度更大。

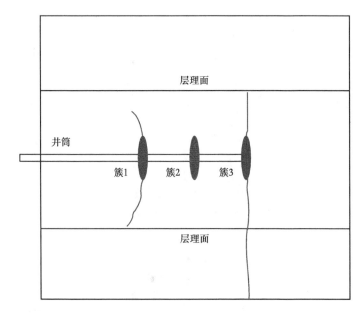

图2 3簇射孔裂缝延伸状况模拟

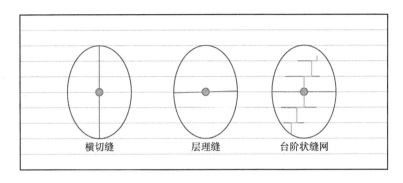

图 3　水平层理缝对裂缝扩展形态的影响

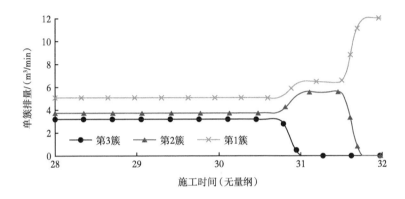

图 4　多簇射孔裂缝因支撑剂流动跟随性问题导致的排量动态变化

因此，深层页岩气多簇射孔压裂具有造缝及加砂的双重非均质性影响，必须采用缝口及缝内的双暂堵技术来进行相应的均衡性控制，以控制多簇射孔压裂中的套管变形及生产中的均衡动用。

2.1.2　窄压力窗口下各簇裂缝均衡起裂延伸及控制技术

针对起裂、造缝阶段，优化关键工艺参数，形成了"快提排量（大于 12m³/min）增压促起裂""中—低黏度（5~15mPa·s）、高排量（大于 16m³/min）、小夹角（井眼方向与最小水平主应力夹角小于 10°）促均衡"的工艺参数体系，多簇扩展的非均衡性可降低 30% 以上；针对加砂阶段，优化施工参数，形成了"高排量（大于 16m³/min）、高小粒径比例（大于 30%）、复合强加砂、慢提砂比（小于 10%）"的工艺参数体系。

2.1.3　窄压力窗口下的迂回暂堵技术

常规的双暂堵压裂技术在深层页岩气压裂中基本不适用，主要表现为暂堵压力升高后很快就会超过井口限压而过早停止施工[24]。为此提出了迂回双暂堵技术。所谓迂回双暂堵就是当井口压力接近施工限压时，主动降低排量，同时实施暂堵工艺，降低排量后，井筒沿程摩阻、孔眼摩阻、近井筒裂缝弯曲摩阻都会有相应幅度的降低，上述摩阻降低幅度之和就是井口压力的降低幅度，也是压力窗口的拓宽值。且该拓宽值随排量的不同降低幅度而变化。排量降低幅度越大，压力窗口拓宽值越大，反之则越小。如井口压力再次超过施工限压，则可重复上述的迂回暂堵作业过程。但考虑到对套管变形的影响，每次降排量的最大幅度不能超过 4m³/min。只要降低后的排量值大于 0，则在完全暂堵的前提下井筒内压力或裂缝内的净压力应该是持续增加的（图5），但排量越小，井筒内的压力或缝内净压力的增加速度越慢，直到新的射孔簇裂缝破裂或新的转向支裂缝产生，此时就可再次将排量恢复至第一次降低前的水平甚至更高。在迂回双暂堵条件下，进一步优化暂堵球的密度及注入排量，由图6可知，采用适中的排量与密度才能取得更均衡的封堵效果。

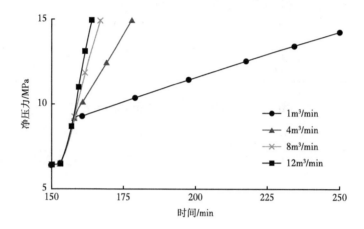

图5　不同排量下的缝内净压力增长速度模拟结果

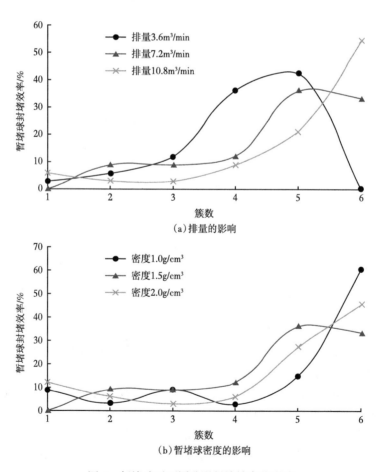

图6　暂堵球对不同孔眼封堵效率的影响

2.2　深层页岩气多簇压裂参数优化

2.2.1　极限簇间距优化

针对目前一味强调密切割的主流模式，从流动干扰及应力干扰耦合的角度进行极限簇间距的优化模拟，实例井应用效果如图 7 所示。现场应用结果统计显示，无效产气射孔簇由 3.6 簇 / 段降低至 0.3 簇 / 段。

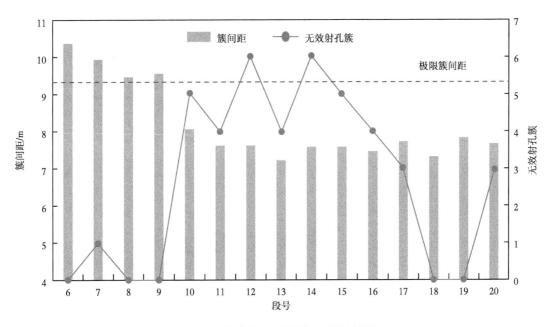

图 7　示例井各段极限簇间距计算结果

2.2.2　促进各簇射孔裂缝均衡延伸的射孔技术

考虑到深层页岩气压裂的压力窗口较窄，常规的限流或极限限流技术不适用，可变形为局部限流技术，即在部分射孔簇采用限流或极限限流，在剩余射孔簇则采用常规射孔技术，使得段内总的射孔眼数量较常规射孔技术少但比常规限流或极限限流技术多。另外，也可采用平面射孔技术（图 8）、变参数射孔技术等。上述射孔技术都具有促进各簇射孔裂缝均衡延伸的目的，同时也可促进单簇裂缝几何尺寸的增长。

2.2.3　多尺度支撑裂缝系统参数的协同优化方法

针对多尺度裂缝参数难以定量优化的难题[25-26]，基于塑性修正的诱导应力及流动耦合模型，在纵向上分别对龙马溪组①~⑤号层进行储层地质及力学特性建模，在此基础上建立了考虑三种裂缝尺度的压裂井气藏数值模拟模型，其中利用双重介质模型对页岩基质及天然裂缝特性进行差异化建模；以及考虑纵向地应力非均质性特征的三维 DFN 缝网扩展模型，基于裂缝宽度的体积占比量化多尺度裂缝的比例。采用正交设计方法，可同步优化出主、支、微三种尺度的裂缝参数、导流能力及段间距等，尤其是段间距从中深层的 20~30m 优化为 15~20m，可大幅度增加水平段的利用率。示例井的具体模拟优化结果见表 1。

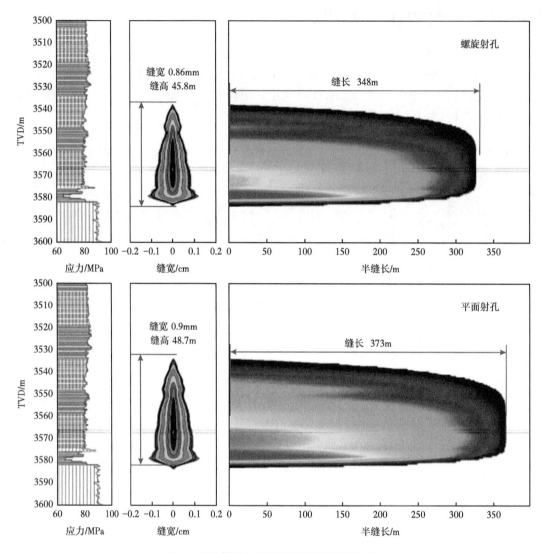

图 8　平面射孔与螺旋式射孔裂缝参数对比

表 1　示例井多尺度裂缝参数协同优化结果

序号	参数	优化结果
1	主裂缝半长 /m	260~320
2	支裂缝半长 /m	10~15
3	微裂缝半长 /m	0.5~1.0
4	主裂缝导流 / (D·cm)	1~3
5	支裂缝导流 / (D·cm)	0.2~0.8
6	微裂缝导流 / (D·cm)	0.05~0.20
7	主裂缝比例 /%	60~65
8	支裂缝比例 /%	20~25
9	微裂缝比例 /%	10~15
10	段间距 /m	15~20

2.2.4　增强多尺度裂缝系统间连通性的混合暂堵技术优化

综合材料成本及裂缝导流能力，形成了"高黏度（大于40mPa·s）+小粒径石英砂（100目）+中粒径暂堵剂（20/80目，粒径中值为50目）"的混合粒径暂堵方式．该暂堵方式的优势是可降低支撑剂与暂堵剂混合后的沉降速度（图9），且压后暂堵剂彻底溶解后仍留有支撑剂原地支撑，可以避免以往的暂堵前后支撑裂缝连通性变差甚至完全失去连通性的被动局面，具有更高的导流能力．现场应用效果表明，新暂堵技术的压后累计产量较常规方式可提高24.6%。

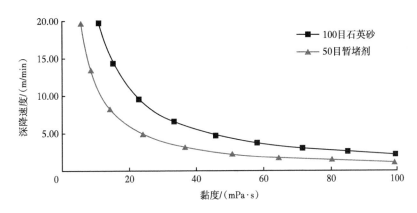

图9　小粒径支撑剂与中粒径暂堵剂沉降速度对比

2.2.5　纵向穿层压裂技术

针对深层页岩气垂向应力差相对较小导致每簇射孔裂缝的纵向缝高延伸受限的局限性，开展了多岩性/不同小层穿层压裂技术研究工作，采用Cohesive单元法描述纵向页岩不同小层力学特性，模拟砂泥岩互层及岩性界面和层理面对主裂缝缝高扩展的影响．结果表明，低隔层应力差、高注入排量和高压裂液黏度有利于水力裂缝穿层扩展．提出采用高黏度胶液及高排量组合（逆压裂），较全程滑溜水压裂缝高增加40%以上，模拟结果如图10所示。

2.2.6　压后返排制度

页岩气井压后返排可分为返排初期（油嘴放喷）、返排中期（敞喷）和返排后期（若能量充足则定产或定压生产，若能量不足则下泵助排）3个阶段．针对不同时期井底—井筒中的气液两相流动特性，优化页岩气压后返排制度，并确定最优返排设计方案．对于深层页岩气井，初期返排速率用针型阀或油嘴控制在5~20m³/h，依靠连续返排，直至见气为止；当压力降至小于裂缝闭合压力5MPa后进一步提高返排速度（前3天不超过20m³/h）；油嘴推荐为3mm、4mm、5mm、14mm，总体原则"先慢后快，逐步放大"；排液效果差不能自喷排液，则考虑气举助排或下入电潜泵进行抽汲排液。

2.3　一体化变黏度高降阻滑溜水体系研发及评价

为更好地满足深层页岩气藏储层体积压裂需求，提高压裂现场配液施工效率，降低不同压裂液间配伍性对压裂液性能的影响，综合考虑高分子聚合物的降阻剂增黏机理，用反相乳液聚合法合成了一种用于压裂用滑溜水胶液一体化变黏度高降阻降阻剂；该降阻剂低浓度可作滑溜水，高浓度可作胶液，溶解时间小于 10s。在此基础上优选了配伍性能好、协同效应好的助排剂和黏土稳定剂，优化形成了新型滑溜水胶液一体化压裂液配方体系，滑溜水黏度 1~40mPa·s 可调，胶液黏度 50~150mPa·s 可调，可满足深层页岩气藏体积压裂中不同压裂工艺对液体配方快速调整的需求。

2.3.1 研究思路

降阻性能和携砂性能是一体化压裂液体系的关键性能，也是对降阻剂分子的核心要求。以丙烯酰胺为主体结构单元，添加离子型结构单元和疏水缔合单体进行共聚，针对疏水缔合聚合物低浓度下增黏效果差等问题，进一步优化疏水单体的用量及合成工艺，兼顾降阻和携砂及速溶，通过反相乳液聚合获得聚丙烯酰胺类高分子降阻剂。由于溶解速度快，增黏效果好，低浓度可作滑溜水，高浓度可作胶液，实现滑溜水胶液一体化；可满足滑溜水压裂液在线混配的要求，其体系与钻井液配伍性好，返排液可重复利用，适用范围广。

2.3.2 一体化变黏度高降阻降阻剂的合成

在高温反应釜中按比例加入乳化剂、白油（15:100）等形成均匀油相介质，将按一定质量比混合的 AA、AM、单体 A、疏水单体 B（30:60:10:0.1）水溶液（用 NaOH 溶液中和至 pH 为 7~8）慢慢加入油相中搅拌均匀后快速乳化得到稳定的乳液体系，冷水浴恒温至 15℃ 后通入 N_2；充分乳化 20min，缓慢滴加适量引发剂，控制反应时间 4~5h，完成后加入转相剂即得到反相乳液状一体化变黏度降阻剂。

一体化变黏度高降阻降阻剂是一种乳白色或透明液体，乳液表观黏度为 30~100mPa·s，溶解速度小于 10s，使用浓度为 0.1%~1.0% 时配成的滑溜水溶液为乳白色液体，实验室测试降阻率可达 80% 以上。主要性能指标见表 2。

表2 一体化变黏度高降阻降阻剂主要性能指标

项目	测定结果		
	室内小样	中试生产	市场现有
溶胀时间 /s	10	10	20
分子量 /10^4	1.200	1400	≤ 1000
基液表观黏度（0.1%）/（mPa·s）	2.3	3.5	3.0
降阻率（室内）/（%）	80.3	83	75
剪切时间 /min	120	120	120
尾黏 /（mPa·s）	50	60	40
测试温度 /℃	160	160	140

2.3.3 一体化变黏度高降阻滑溜水配方构建及性能评价

（1）一体化变黏度高降阻降阻剂使用浓度及黏度变化。

将一体化变黏度高降阻降阻剂样品分别配制成浓度为 0.1%、0.2%、0.3%、0.4%、0.5%、0.6%、0.7%、0.8%、0.9%、1.0% 的水溶液，在室温下用六速黏度计分别测试表观黏度，测试结果如表 3 和图 11 所示。从图 10 可以看出，在乳液降阻剂的使用浓度为 0.10%~1.0% 时，黏浓曲线基本呈线性关系，低浓度可作滑溜水，高浓度可作胶液。

表 3 不同一体化变黏度高降阻降阻剂质量分数下的黏度

降阻剂浓度 /%	黏度 / (mPa·s)	表观黏度 / (mPa·s)
0.1	3	5.4
0.2	24	12.6
0.3	44	24
0.4	62	33
0.5	80	48
0.6	95	60
0.7	100	72
0.8	120	87
0.9	135	99
1.0	150	105

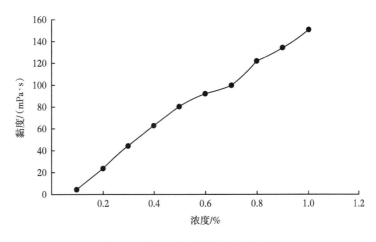

图 10 不同浓度降阻剂下黏度曲线

（2）一体化变黏度高降阻滑溜水体系配方构建。

将降阻剂与助排剂、黏土稳定剂等添加剂复配滑溜水胶液一体化配方体系，其基本配方为 0.1%~1.0%（一体化变黏度降阻剂）+0.1% 高效助排剂 +0.3% 黏土稳定剂（以下实验和现场应用体系均为该配方）。

（3）一体化变黏度高降阻滑溜水体系性能评价。

①降阻性能。采用酸蚀管路摩阻仪对滑溜水体系的降阻剂性能进行测试，测定其在室温下、直径为 15mm 的直管中不同剪切速率下的压降，并与同速下清水压降进行对比，测得不同剪切速率下的降阻率，实验数据如图 11 所示。从图 11 可以看出，在同一浓度下，随着剪切速率的增加，降阻效果明显。在 0.1% 使用浓度下，最高降阻率达到了 80%。这是由于聚合物大分子的加入，大分子线性基团在管道流体中伸展使得流体内部的紊动阻力下降，抑制了径向的湍流扰动，使更多作用力作用在沿着流动方向的轴向；同时吸收能

量，干扰薄层间的水分子从缓冲区进入湍流核心，从而阻止或者减轻湍流，湍流越大，抑制效果越明显，表现出的降阻效果越好。

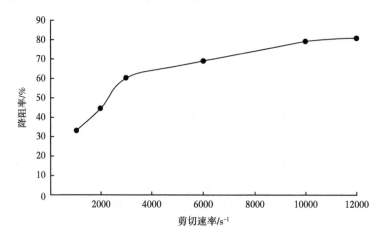

图 11　滑溜水体系在不同流速下的降阻率

②携砂性能。悬砂性能指压裂液对支撑剂的悬浮能力。悬砂能力越强，压裂液所能携带的支撑剂粒度和砂比越大，携入裂缝的支撑剂分布越均匀。如果悬砂性太差，容易形成砂堵，造成压裂施工失败。以增稠剂质量分数 1%、助排质量分数 0.1%、黏土稳定剂的质量分数 0.3% 配制滑溜水胶液一体化胶液，按照 30% 砂比（体积比）称量 30/50 目陶粒进行静态悬砂性能测试；测试结果 24h 不沉降，说明一体化胶液具有良好的携砂性能。

③配伍性及重复利用。由于采用入井液一体化设计，无论是一体化滑溜水体系，还是破胶返排液与钻井液配伍性良好，而且返排液配制可以直接配制滑溜水重复利用。一体化变黏度降阻剂用返排液直接配制滑溜水配方为 0.1% 降阻剂 +0.2% 黏土稳定剂 +0.05% 助排剂。

采用焦页 X-10HF 井返排液直接配制一体化变黏滑溜水，黏度可达 2.9mPa·s，降阻率达到 79.3%，配制胶液挑挂性良好，耐温 120℃，证明一体化变黏度降阻剂可用返排液直接配制滑溜水使用。

2.4　多尺度立体缝网指数表征及反演技术

在以往常规的裂缝复杂性指数的基础上（直井压裂的微地震事件覆盖云图的缝宽与缝长的比值）[27]，针对水平井分段多簇压裂特性，又进行了五因子修正，分别是缝长修正因子 I_1、诱导应力干扰因子 I_{fi}、缝宽修正因子 I_w、缝高修正因子 I_h 以及多簇裂缝均匀延伸程度因子 I_e。最终得出考虑主裂缝与转向支裂缝的复杂缝网指数模型见式（1）。上述 5 个修正因子的最大值为 1，此时表明该裂缝波及体积范围覆盖了井网控制的区域，而同时考虑主裂缝、转向支裂缝及三级微裂缝的多尺度立体缝网指数模型见式（2）。

$$F_{\mathrm{CI}} = I_1\left(l + I_{\mathrm{fi}}\right)\left(l + I_{\mathrm{w}}\right)\left[\frac{\int_0^L h(x)}{Lh}I_{\mathrm{h}}\right]I_{\mathrm{e}}\frac{A}{L^2} \tag{1}$$

$$F_{CI} = \left(F_{CI-1}, F_{CI-2} \right) \left(w_1, w_2 \right)^T = 0.62 F_{CI-1} + 0.38 F_{CI-2} \qquad (2)$$

式中：A 为分支裂缝渗流干扰波及面积，m^2；I_h 为缝高垂向延伸因子，$I_h = \dfrac{h}{H}$；I_l 为缝长延伸因子，$I_l = \dfrac{l}{L}$；I_{fi} 为缝间应力干扰因子，$I_{fi} = \dfrac{d}{D}$；I_w 为缝宽非平面扩展因子，$I_w = \dfrac{\sigma_w}{w}$；$I_e$ 为多簇裂缝均衡扩展因子；h 为实际的造缝高度，m；H 为贯穿整个页岩厚度的造缝高度，m；l 为实际的造缝半长，m；L 为预期的主裂缝造缝半长，m；d 为水平井相邻裂缝间的诱导应力高于原始水平应力差时的传播距离（一侧裂缝算起），m；D 为水平井相邻裂缝间的段间距的一半，m；T 为无量纲参数；σ_w 为裂缝半缝宽的均方差，m；w 为裂缝半缝宽的均值，m；F_{CI} 为多尺度立体缝网指数；F_{CI-1} 为考虑主裂缝及转向支裂缝的复杂缝网指数；F_{CI-2} 为考虑转向支裂缝及三级微裂缝的复杂缝网指数；w_1 和 w_2 分别是 F_{CI-1} 和 F_{CI-2} 的权重，依据多尺度裂缝支撑剂输砂机理研究成果，主裂缝吸收的压裂液量及支撑剂量占据 60% 以上，而转向支裂缝及三级微裂缝的相应参数占比不到 40%，本文权重分别取值为 0.62 和 0.38。

压后实际的生产数据表明，综合考虑多种尺度裂缝的立体缝网指数与压后无阻流量的相关性程度更高，见表4。而在压后反演方面，可基于压裂井底压力波动的标准差进行 2级、3级裂缝划分，大于 1MPa 是支裂缝，0.1~1MPa 是微裂缝。通过上述标准差计算各级裂缝液量及体积占比。

表4　多尺度裂缝立体缝网指数与无阻流量的对应关系

井名	水平段长 /m	排量 / m³/min	单段液量 /m³	延伸多尺度裂缝液量 /m³	多尺度裂缝半缝长 / m	多尺度裂缝数量 / 条	F_{CI-1} 只考虑主裂缝、支裂缝	F_{CI-2} 考虑主裂缝、支裂缝、微裂缝	无阻流量 / 10⁴m³/d
F1- 井	1.008	10~12	1.331	260.0	12.5（支裂缝）	6（支裂缝）	0.132	0.293	16.74
					3.2（微裂缝）	18（微裂缝）			
F2- 井	1.003	12~14	1.545	312.6	12.7（支裂缝）	8（支裂缝）	0.145	0.436	21.18
					2.6（微裂缝）	23（微裂缝）			

3　地质工程一体化体积压裂示例

按地质工程一体化理念，对川渝地区两口井进行了设计及施工，取得了更为理想的效果。

3.1　白马区块实例

A 井位于涪陵外围白马区块。本井地层倾角较大，井斜角在 70° 左右，缝间干扰更为严重，故本井在簇间距的基础上适度放大。依据裂缝发育、微幅构造、地应力特征，结合裂缝延伸难度，将水平段划分为三大类，结合地质分段开展工程分段．结合极限簇间距的优化结果，为减少段间干扰、保证动用程度，微幅构造段、中曲率段及近 B 靶埋深大的井段段间距为 23~27m，簇间距为 18~21m，减少单段簇数以保证各簇流量，减小施工难度；强挤压、漏失井段增加簇数，段间距为 21~25m，簇间距为 13~17m；其余 6 簇的段间距为 15~21m，簇间距为 10~16m，段长约 85m。

主体工艺为"多簇密切割 + 暂堵促均衡 + 差异化变排量变黏度"。依据裂缝发育、微幅构造、地应力特征，优化了施工参数，在近 B 靶埋深大的井段，为保证穿层效果采用前置胶液，全程采用高黏度滑溜水携 40/70 目和 30/50 目覆膜砂；在挤压、漏失井段，采用前置胶液减小滤失对压裂的影响，采用"快提 + 大排量（16~20m^3/min）"减小地层漏失对压裂的影响；在弱挤压段，综合考虑压裂难度及施工成本，前置液体换为高黏度滑溜水，并且控制规模。为提高多簇改造均衡性，在中途采用大粒径暂堵剂实现转向。考虑到施工压力窗口较窄，为减少暂堵剂进入地层后压力陡升对施工的影响，排量降至 5m^3/min，压力稳定后恢复排量。实际压裂施工总液量 42570m^3、砂量 2227m^3，用液符合率和加砂符合率均达到 100%，验证了本井的压裂地质环境描述及工艺对策的合理性。施工压力曲线以"爬升型"为主，说明本井通过提排量、暂堵工艺等多种提净压手段，保证了净压力的持续增加，从而有效降低了缝网形成难度。该井多尺度立体缝网指数为 0.456，测试产量较邻井提高了 50% 以上，改造效果显著。在套管生产期间，日产气稳定，但井筒存在积液，由于生产初期井底压力较高，维持了自喷生产。

3.2　永川区块实例

B 井位于永川区块局部构造的南部向斜区，埋深 4280m 左右，水平段长 1500m。由于两向应力差 20MPa 左右，因此通过增加分段和射孔簇提高储层接触面积和裂缝密度，提高横向覆盖率，降低气体渗流距离。综合考虑影响地质方面页岩品质均质性以及工程方面储层密切割改造效果等关键因素，设计 B 井分为 18 段 139 簇改造，水平段整体簇间距小于 10m，单段射孔以 9 簇为主，段长 80m 左右、段间距 16m 左右。

形成了"快提排量（大于 12m^3/min）增压促起裂""中—低黏度（5~15mPa·s）、高排量（大于 16m^3/min）、小夹角（井眼方向与最小水平主应力夹角小于 10°）促均衡"的工艺参数体系，多簇扩展的非均衡性可降低 30% 以上；针对加砂阶段优化施工参数，形成了"高排量（大于 16m^3/min）、高小粒径比例（大于 30%）、复合强加砂、慢提砂比（小于 10%）"的工艺参数体系。

主体工艺为"密切割、强加砂、缝口缝内双暂堵"，采用一体化变黏高降阻压裂液体系，100/200 目石英砂、70/140 目陶粒、40/70 目陶粒支撑剂组合．在现场施工过程中，横向上采取限流压裂及缝口暂堵转向，保障各簇改造充分性；纵向上采取"快提排量 + 前置高黏度胶液"提高净压力，实现裂缝纵向延伸，强化暂堵转向，促使多簇均匀进液，提高改造的充分性和裂缝的复杂程度。

为了获得最优改造体积，数值模拟优化得到最优排量 14~16m^3/min，总液量 34024m^3，总砂量 2873m^3。实际压裂施工排量达 14~15m^3/min，总液量 34148m^3，砂量 2373m^3。该井用液强度达到了 23.28m^3/m，加砂强度达到了 2.0m^3/m，与设计符合率较高。暂堵压力涨幅一般为 1.5~2MPa，且采用低砂比 + 大粒径暂堵剂工艺实施后加砂压力缓慢上涨，停泵

30min 压降较不暂堵工艺提高 2MPa 以上。该井多尺度立体缝网指数达 0.482，说明采用地质工程一体化压裂设计使得裂缝扩展达到了较好的转向效果。

4　结论

（1）地质工程一体化设计及实施控制是深层页岩气体积压裂技术的关键，体现在压裂前、压裂中及压裂后的全生命周期的动态一体化分析和实时参数调整上，内容涵盖压前地质工程双甜点评价、压裂段簇位置优选、立体缝网参数设计、体积压裂工艺实施控制、压后返排优化及控制、配套的一体化变黏度高降阻压裂液体系研发及压后评估分析等，共同构成了地质工程一体化的体积压裂的完整技术链。

（2）地质工程一体化体积压裂技术的核心是动静态资料的结合，以及如何基于压裂施工参数对储层参数及裂缝参数进行实时的反演分析，实现动态分析和实时调参一体化，以最大限度地挖掘储层的生产潜力。

（3）用 AA、AM、单体 A 做单体，设计合成了一体化变黏度高降阻降阻剂，溶解时间小于 10s，黏度 1~150mPa·s 可调，实验室测试降阻率达到 80% 以上。同时配套了助排剂和黏土稳定剂，构建了滑溜水胶液一体化压裂液体系，该体系具有较好的降阻、携砂、配伍、可重复利用及低伤害性能。

（4）现场实例井一体化研究及实施的效果表明，该技术适应性强，压后效果提升明显，对深层页岩气压裂突破及后续的高效开发具有重要的现实指导和借鉴意义。

（5）建议扩大在深层页岩气压裂中的应用规模，并建立相应的学习曲线，以不断地实现参数的优化调整和技术的迭代升级，最终实现深层页岩气开发效益的最大化。

参　考　文　献

[1] 何治亮，聂海宽，胡东风，等.深层页岩气有效开发中的地质问题——以四川盆地及其周缘五峰组—龙马溪组为例 [J].石油学报，2020，41（4）：379-391.

[2] 聂海宽，何治亮，刘光祥，等.中国页岩气勘探开发现状与优选方向 [J].中国矿业大学学报，2020，49（1）：13-35.

[3] 曾波，王星皓，黄浩勇，等.川南深层页岩气水平井体积压裂关键技术 [J].石油钻探技术，2020，48（5）：77-84.

[4] 张烈辉，何骁，李小刚，等.四川盆地页岩气勘探开发进展、挑战及对策 [J].天然气工业，2021，41（8）：143-152.

[5] 蒋廷学，卞晓冰，王海涛，等.深层页岩气水平井体积压裂技术 [J].天然气工业，2017，37（1）：90-96.

[6] 蒋廷学，王海涛，卞晓冰，等.水平井体积压裂技术研究与应用 [J].岩性油气藏，2018，30（3）：1-11.

[7] 吴奇，梁兴，鲜成钢，等.地质工程一体化高效开发中国南方海相页岩气 [J].中国石油勘探，2015，20（4）：1-23.

[8] 鲜成钢，张介辉，陈欣，等.地质力学在地质工程一体化中的应用 [J].中国石油勘探，2017，22（1）：75-88.

[9] 曾义金.深层页岩气开发工程技术进展 [J].石油科学通报，2019，4（3）：233-241.

[10] 张金川，陶佳，李振，等.中国深层页岩气资源前景和勘探潜力 [J].天然气工业，2021，41（1）：

15-28.

[11] 蒋廷学，路保平，左罗，等.页岩气地质工程可压度评价方法研究及应用 [J].天然气与石油，2022，40（4）：68-74.

[12] 李曙光，徐天吉，吕其彪，等.深层页岩气双"甜点"参数地震预测技术 [J].天然气工业，2019，39（S1）：113-117.

[13] 陈国辉，卢双舫，刘可禹，等.页岩气在孔隙表面的赋存状态及其微观作用机理 [J].地球科学，2020，45（5）：1782-1790.

[14] 任文希，周玉，郭建春，等.适用于中深层—深层页岩气的高压吸附型 [J].地球科学，2022，47（5）：1865-1875.

[15] 姚程鹏，伏海蛟，马英哲，等.泸州区块深层页岩裂缝脉体发育特征及成脉流体活动 [J].地球科学，2022，47（5）：1684-1693.

[16] 廖东良，路保平，陈延军.页岩气地质甜点评价方法——以四川盆地焦石坝页岩气田为例 [J].石油学报，2019，40（2）：144-151.

[17] 何希鹏.四川盆地东部页岩气甜点评价体系与富集高产影响因素 [J].天然气工业，2021，41（1）：59-71.

[18] 聂海宽，何治亮，刘光祥，等.四川盆地五峰组—龙马溪组页岩气优质储层成因机制 [J].天然气工业，2020，40（6）：31-41.

[19] 孙川翔，聂海宽，刘光祥，等.石英矿物类型及其对页岩气富集开采的控制：以四川盆地及其周缘五峰组—龙马溪组为例 [J].地球科学，2019，44（11）：3692-3704.

[20] 聂海宽，李沛，党伟，等.四川盆地及周缘奥陶系—志留系深层页岩气富集特征与勘探方向 [J].石油勘探与开发，2022，49（4）：648-659.

[21] 赵金洲，任岚，沈骋，等.页岩气储层缝网压裂理论与技术研究新进展 [J].天然气工业，2018，38（3）：1-14.

[22] 郭建春，赵志红，路千里，等.深层页岩缝网压裂关键力学理论研究进展 [J].天然气工业，2021，41（1）：102-117.

[23] 沈骋，谢军，赵金洲，等.提升川南地区深层页岩气储层压裂缝网改造效果的全生命周期对策 [J].天然气工业，2021，41（1）：169-177.

[24] 邹才能，赵群，丛连铸，等.中国页岩气开发进展、潜力及前景 [J].天然气工业，2021，41（1）：1-14，15.

[25] 卞晓冰，蒋廷学，贾长贵，等.基于施工曲线的页岩气井压后评估新方法 [J].天然气工业，2016，36（2）：60-65.

[26] 卞晓冰，侯磊，蒋廷学，等.深层页岩裂缝形态影响因素 [J].岩性油气藏，2019，31（6）：161-168.

[27] 蒋廷学，卞晓冰，袁凯，等.页岩气水平井分段压裂优化设计新方法 [J].石油钻探技术，2014，42（2）：1-6.

深层页岩气水平井体积压裂技术

蒋廷学[1,2]，卞晓冰[1,2]，王海涛[1,2]，李双明[1,2]，
贾长贵[1,2]，刘红磊[1,2]，孙海成[1,2]

（1.中国石化石油工程技术研究院；2.页岩油气富集机理
与有效开发国家重点实验室）

摘　要： 深层（深度超过3500m）页岩气储层地应力高、水平两向应力差异大、层理和天然裂隙分布复杂、岩石塑性特征强，导致水力裂缝破裂延伸困难、裂缝复杂性程度及改造体积低、导流能力低且递减快，极大制约了深层页岩气的经济有效开发。为此提出了针对性与现场可操作性均强的深层页岩气水平井体积压裂技术方案，即以平面射孔、多尺度造缝、全尺度裂缝充填及高角度天然裂缝延伸控制为核心，配套形成了多级交替注入模式（酸、滑溜水、胶液）以及以变黏度、变排量、混合粒径及小粒径支撑剂为主体的工艺方法，最大限度地提高了深层页岩气的有效改造体积（ESRV）。在四川盆地永川、威远及焦石坝南部等深层页岩气井的压裂中，部分成果获得应用，实施效果显著。其中，永页1HF及威页1HF压后初产分别为14.1×10⁴m³/d和17.5×10⁴m³/d。深层页岩气水平井体积压裂技术的突破，对确保涪陵二期深层3500~4000m深度范围内50×10⁸m³页岩气产能建设目标的实现以及垂深不超过6000m的巨大页岩气资源量的经济开发动用，都具有十分重要的现实指导意义。

关键词： 页岩气；深层；水平井；体积压裂；平面射孔；有效裂缝；改造体积；现场应用

随着涪陵、长宁、威远等页岩气勘探开发的突破和商业性开发程度的加深，页岩气开发对象逐步向深层进军。深层一般指垂深超过3500m的页岩气储层。据测算，深层页岩气资源量巨大，以大焦石坝、丁山、南川等区域为例，其深层页岩气资源量高达4612×10⁸m³，勘探开发前景十分广阔。

但随着深度的增加，页岩气的地质特征及其对压裂的影响也发生了较大变化[1]，主要表现在：（1）井筒沿程摩阻增加，由此造成井口施工压力高和注入排量受限，导致造缝宽度窄、施工砂液比低，裂缝导流能力降低；（2）三向应力增加，两向水平应力差增加，三者的大小顺序也可能发生变化，上覆应力在中浅层一般居中，在深层一般最大，由此带来裂缝转向及层理缝的横向扩展难度都相应增加；（3）岩石塑性特征增强，由于温度及围压的增加，岩石脆性特征逐渐减弱，裂缝起裂与延伸的难度逐渐增加；（4）裂缝导流能力递减快，由于闭合压力增加，支撑剂的嵌入及压碎的概率都大幅增加，导流能力的快速递减，使裂缝长度及改造体积等都会相应降低；（5）有时由于靠近构造边部，各种地质构造运动频繁，早期断层与晚期断层相互影响，甚至可能在志留系龙马溪组底部的①~⑤号小层层理缝与高角度天然裂缝共存，故裂缝的起裂与扩展规律，尤其是缝高的扩展规律已发生了较大变化。

因此，以往中浅层页岩气水平井体积压裂技术模式及工艺参数已基本不适用于深层页

岩气藏，必须在调研国内外深层页岩气压裂技术的基础上，针对具体目标区块的储层特性开展针对性的研究和改进，才能实现国内深层页岩气的经济有效开发。

1 国内外深层页岩气压裂技术对比分析

1.1 美国深层页岩气压裂现状

美国深层页岩气经过多年攻关[2-4]，在 EagleFord、Haynesville、CanaWoodford 等区块得到了商业开发，但在 Hilliard—Baxter—Mancos 和 Mancos 等区块仍未实现经济开发。具体储层参数、压裂产量及成本等数据见表 1。由表 1 可见，美国超过 4100m 的深层页岩气压裂后的产量也相对较低，单井钻井及压裂成本也超过 1 亿元人民币，无法实现经济有效动用的目标。

以 CanaWoodford 为代表，其核心技术如下:(1)多簇、大孔径射孔，单段射孔 3~6 簇，孔径 14.5mm;(2)组合应用高黏度压裂液，"预处理酸 + 线性胶 + 滑溜水 + 冻胶"组合模式;(3)采用低砂比连续加砂，平均综合砂液比 3%~6%;(4)单段压裂施工规模大，液量 1800~2800m³，砂量 80~110m³。在上述压裂模式中，主要的变化是增加单段的射孔簇数(与美国深层页岩气的高脆性矿物含量是对应的)及孔径、提高单段加砂量及综合砂液比。中黏度线性胶前置主要为提高初始缝高。

1.2 国内深层页岩气压裂现状

目前国内深层页岩气压裂也进行了许多探索[1, 5-6]，主要的储层参数与中浅层[7-9]焦页 1HF 及国外的 CanaWoodford 对比见表 2，国内深层页岩气在孔隙度、TOC、含气丰度、脆性矿物含量、水平应力差等方面都相对较差。

在深层压裂技术方面，主要体现在以下方面:

(1)常规射孔簇数与孔径，单段射孔 2 簇，孔径 10.5mm;(2)组合压裂用液模式:"预处理酸 + 胶液 + 滑溜水 + 胶液";(3)低砂液比段塞式加砂，平均综合砂液比为 1.1%~4.2%;(4)液量大、砂量少，液量 2460~3091m³，平均砂量 26~50m³。

与国外相比，主要是单段射孔簇数少、孔径小，单段加砂量及综合砂液比低，也体现了国内深层页岩气压裂的难度大。就压后效果而言，产量低(稳定产量小于 5×10⁴m³/d)、递减快(半年产量递减率达 50% 以上)，不具商业开发价值，严重制约了深层页岩气压裂的进程。

表 1 美国深层页岩气压裂及开发情况表

主要深层页岩气区块	平均埋深 / m	闭合应力梯度 / MPa/m	水平段长 /m	压裂段数	单井产量 / 10^4m³/d	单井成本 / 万美元
EagleFord（干气）	3600	0.0210	1000~2000	9~26/17	8.00~16.00	400~650
Haynesville	3658	0.0226	1000~1200	10~14/12	10.00~70.00	900~1000
CanaWoodford（气）	4115	0.0215	1000~1500	10~13/12	6.00~15.00	900~1200
Hilliard—Baxter—Mancos	4500	—	—	—	3.00	2000
Mancos	4648	—	—	—	0.14~2.80	—

表2　国内深层页岩气储层与 Cana Wood ford 页岩气区块特征表对比

井名	焦页 1HF	焦页 7HF	丁页 2HF	南页 1HF	金页 1HF	CanaWoodford
目的层位	龙马溪组	龙马溪组	龙马溪组	龙马溪组	筇竹寺组	woodford
深度 /m	2377~2415	3640~3903	4330~4363	4411	3287~3330	4115
优质页岩厚度 /m	38	49.5	33	29	43	50
孔隙度 /%	4.71	3.12	5.81	4.12	2.92	6.50
TOC/%	4.88	2.84	3.65	3.17	1.87	9.00
R_o/%	2.42	—	1.85~2.23	2.52	2.93	—
平均石英含量 /%	57.80	50.83	48.50	46.22	27.64	—
平均黏土含量 /%	34.63	41.60	30.00	35.33	40.76	—
杨氏模量 /GPa	38.00	36.70	32.32	32.00	30.19	34.00
泊松比	0.198	0.220	0.200	0.210	0.230	0.180
含气丰度 /（m³/t）	7.39	4.52	4.48	4.10	2.03	—
地层压力系数	1.55	1.10	1.40~1.55	1.00	1.10~1.30	1.58
地应力差异系数 /%	12	14~15	13	22	24~26	应力差 4MPa
层理缝发育程度	非常发育	发育	部分发育	发育	非常发育	发育

2　深层页岩气水平井体积压裂技术方法

2.1　平面射孔技术

常规的螺旋式射孔方式不利于深层页岩气压裂充分扩展裂缝，均为单孔起裂模式，且单孔排量一般低于 0.3m³/min。若多孔中的多缝同时均匀起裂，则密间距的（射孔密度 16孔 /m 时的缝间距为 0.06m）多裂缝相互干扰，射孔簇内因诱导应力叠加，应力整体加大，使多裂缝整体延伸受限。但页岩非均质较强，簇内可能仅有 1 条或 2~3 条裂缝起裂。此时，单孔流量势必大幅度增加，孔眼摩阻大幅增加，不利于裂缝的充分延伸。鉴此提出了平面射孔模式 [图 1（b）]，类似于直井的定向射孔，但直井定向射孔对裂缝方位的要求非常精确，而平面射孔对此无严格要求。

通过对套管破坏强度的计算（表 3），只要平面射孔数量小于 10 孔，对套管的破坏强度与螺旋式射孔的 16 孔 /m 相当。在 12m³/min 排量下，通过裂缝动态扩展模拟发现，与螺旋射孔（3 簇 / 段，射孔密度 20 孔 /m）相比，平面射孔（6 孔 / 周）可使缝高提高 6.3%、缝宽提高 4.6%、缝长提高 7.2%、SRV 提高 19.8%。此外，如维持螺旋式射孔的排量不变，则射孔簇数可从原来的 2 簇提高为 3~5 簇；如射孔簇数不变，则压裂设备数量可减少 50%左右。不管采用哪种方式的平面射孔策略，皆可实现降本或增效的技术目标。

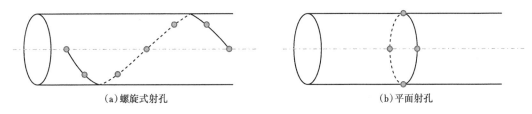

(a)螺旋式射孔　　　　　　　　　　　　　　(b)平面射孔

图 1　螺旋式射孔及平面射孔对比示意图

表 3   平面射孔与螺旋射孔对套管破坏的 Mises 应力对比表

射孔方式	平均 Mises 应力 /MPa		
	3 孔	10 孔	16 孔
螺旋射孔	412	657	747
平面射孔	489	737	929

2.2   多尺度造缝技术

2.2.1   交替注酸或小型酸压技术

深层页岩气因水平应力差异大，单纯靠压裂施工参数调整难以获得能突破天然裂缝张开的临界压力。因此，裂缝的复杂性也难以提升。而目前常用的缝内转向剂也存在诸多弊端，如深层压裂的压力窗口窄、难以有效封堵动态扩展的裂缝、高角度天然裂缝与层理缝共存，也易引起缝高的失控等。

因此，提出了一种交替注酸或小型酸压的方法。利用酸岩反应的化学作用，沟通主裂缝缝长方向上的不同天然裂缝内的碳酸盐矿物。为便于现场操作，每段注酸的体积以井筒容积为上限，为了将不同的酸替进不同的位置进行酸岩反应，酸注完后以优化设计的排量进行替酸作业，近井的低排量，远井的高排量。但由于不可能无限级注酸，总有酸未波及的区域，此处的裂缝复杂性仍难以提升，对此可用稀酸小型酸压，酸压的缝长至少应达到最终总缝长的 70% 以上。通过大量的模拟发现，在压裂施工的前 1/5 时间内，裂缝的几何尺寸已基本上达到 70%（图 2）。因此，此小型酸压的规模相对有限，不会引起施工成本的较大上升。

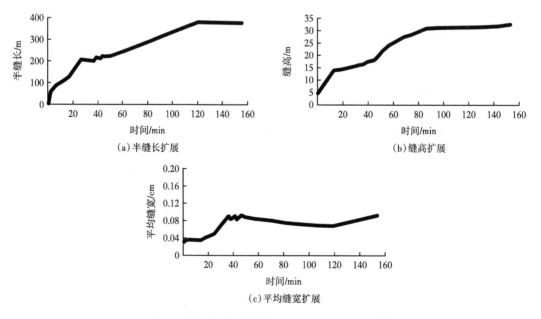

（a）半缝长扩展   （b）缝高扩展

（c）平均缝宽扩展

图 2   不同施工阶段裂缝几何尺寸的扩展过程图

2.2.2　变黏度压裂液多级交替注入技术

经缝宽、缝长、缝高及 SRV 的多因素模拟分析，认为压裂液黏度是最重要的因素如图 3 所示（以缝宽及 SRV 为例）。

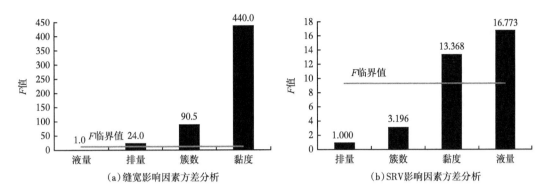

(a) 缝宽影响因素方差分析　　　　(b) SRV 影响因素方差分析

图 3　缝宽及 SRV 的多因素显著性分析图版

一般地，低黏度压裂液穿透和沟通小微裂隙的能力强，而中—高黏度压裂液因黏滞阻力高难以进入小微裂隙，因此只能沿主裂缝方向扩展。因此，充分利用好不同黏度压裂液的优点，进行变黏度、变排量压裂液的多级交替注入，既可实现主导裂缝的充分延伸，又能实现主导缝长大范围内的复杂裂缝连通效果，最终达到最大限度地提高裂缝的复杂性及改造体积的目标。

显然地，低黏度滑溜水及中—高黏度胶液的单级注入模式，只能形成近井复杂裂缝与远井单一主裂缝的裂缝组合模式；单纯的滑溜水注入只能形成近井复杂裂缝而没有主裂缝突破到远井地带；而滑溜水与胶液的多级交替注入，利用"黏滞指进"效应（黏度比 6 倍以上），后一级注入的滑溜水快速呈指状推进到上一级胶液的造缝前缘，继续沟通与延伸小微裂缝系统，再通过中—高黏度的胶液注入，将主裂缝继续往前推进。如此多级循环注入，实现复杂裂缝沿主裂缝的全覆盖。

考虑到深层因闭合压力增加，导致原生的各种层理及裂缝宽度都相对降低，需要更低黏度的滑溜水体系进行有效沟通与延伸。根据目前乳液型滑溜水的特性，可考虑选择 2~3mPa·s 的黏度。但后续滑溜水为了增加携砂性能，可考虑使用中浅层常用的粉剂型滑溜水 9~12mPa·s 的黏度。

胶液黏度上限值的优化图版如图 4 所示。可知，胶液黏度上限值可取 100mPa·s。胶液也可取以往中浅层常用的 30~40mPa·s，用在 100mPa·s 主加砂之前以沟通延伸更多的支裂缝系统。同样地，根据裂缝参数及 SRV 的敏感性模拟分析，两种胶液合计占据的比例应在 30%~40%。经模拟，不同深度不同裂缝宽度的裂缝占比计算结果见表 4。

2.2.3　全尺度裂缝充填技术

不同尺度的裂缝空间造出后，如何实现全尺度裂缝的饱充填是提高 ESRV 的终极目标。按照目前通用的造缝宽度是支撑剂平均粒径 6 倍的原则，根据表 4 得出的不同宽度的裂缝比例，可获得支撑剂不同粒径及占比的优化图版（图 5）。可知，就深层页岩气压裂而言，小粒径支撑剂的比例要大幅度增加，深度越大则增加的幅度也越大，且有必要选用更小粒径如 140~230 目的支撑剂。

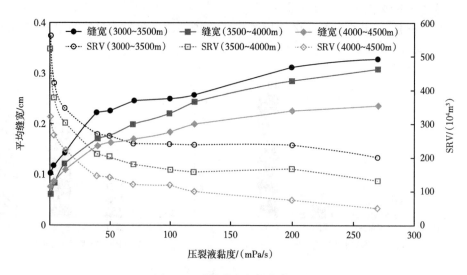

图 4　压裂液黏度界限优化图版

表 4　不同深度不同胶液比例下的平均缝宽的占比情况

深度 /m	平均裂缝尺寸 /mm	胶液比例							
		0%	10%	20%	30%	40%	50%	60%	70%
3000~3500	0.270~0.378	6%	6%	6%	6%	6%	6%	6%	6%
	0.378~0.636	14%	14%	13%	13%	12%	13%	12%	12%
	0.636~1.272	55%	47%	47%	47%	46%	46%	43%	36%
	1.272~1.800	25%	33%	34%	34%	31%	31%	32%	33%
	1.800~3.600	—	—	—	—	4%	5%	7%	11%
	2.550~5.100	—	—	—	—	—	—	—	1%
3500~4000	0.270~0.378	5%	5%	5%	5%	5%	5%	5%	5%
	0.378~0.636	47%	12%	9%	9%	9%	9%	9%	9%
	0.636~1.272	48%	82%	65%	53%	52%	49%	47%	39%
	1.272~1.800	—	—	20%	32%	32%	34%	29%	28%
	1.800~3.600	—	—	—	—	2%	3%	9%	17%
	2.550~5.100	—	—	—	—	—	—	—	1%
4000~4500	0.270~0.378	5%	5%	5%	5%	5%	5%	5%	5%
	0.378~0.636	54%	20%	17%	17%	17%	17%	17%	17%
	0.636~1.272	38%	73%	76%	71%	70%	69%	64%	54%
	1.272~1.800	3%	2%	1%	7%	7%	8%	14%	24%
	1.800~3.600	—	—	—	—	—	—	—	—
	2.550~5.100	—	—	—	—	—	—	—	—

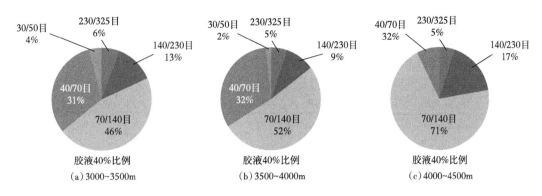

图5　不同深度支撑剂不同粒径及占比优化图版

目前研究证明[10]，对既有主裂缝（一级缝）又有分支缝（二级缝）和更次级裂缝（三级及四级等）的复杂裂缝系统而言，70~140目支撑剂能够进入二级、三级和四级缝，20~40目支撑剂则较难进入二级缝及以下级的裂缝系统中。采用多尺度小粒径支撑剂，可以进入不同分支裂缝封堵、降滤和支撑。而且，当支撑剂粒径降低一个级别后，其沉降速度可降低1/3~1/2，有利于提高小微裂缝系统的远井纵向支撑效率。另外，随闭合压力的增加，小粒径支撑剂与大粒径支撑剂导流能力的差异趋于减少，考虑到小粒径支撑剂在现场的铺砂浓度增加，则可能获得比大粒径支撑剂更大的导流能力。

值得指出的是，小粒径支撑剂的注入时间必须相对较长才能实现上述目标，否则，也会有一部分滞留于主裂缝中反而会堵塞主裂缝的导流能力。因此，加砂程序设计尤为关键。且在小粒径支撑剂的加入过程中，应当以低黏度的滑溜水携带为主，如果携带液的黏度高，则对小粒径支撑剂的拖拽力大，也难以进入小尺度的裂缝系统中。而后期高黏度胶液可采取连续加砂模式，以提高综合砂液比。

最后，考虑到表4计算的不同尺度裂缝的占比的精确性，在某些情况下可实施混合粒径加砂技术，即将小粒径与中粒径或大粒径支撑剂按一定的比例混合，以低、中黏度的滑溜水作为携带液进行注入，实际上是增大了支撑剂的粒径范围，可通过自然选择的作用将不同粒径支撑剂输送进与各自尺寸相匹配的多尺度裂缝中去。

2.2.4　高角度天然裂缝延伸控制技术

如果压裂目的层段含高角度天然裂缝，无论是否有水平层理缝/纹理缝共存，都应设法控制天然裂缝的延伸。否则，常规的高排量、大液量的做法，只能适得其反。此时，必须研究临近断层的性质及形成时间的早晚，如果是逆断层同时又是早期形成的，则可能处于充填和挤压状态，可不必过多考虑天然裂缝的影响；反之，则要考虑对天然裂缝延伸的控制技术。研究提出了高黏度液体胶塞技术，黏度高达300mPa·s，前置注入量20~30m³。若担心远井缝高再度失控，可采取交替注入的方法。但一般而言，随着裂缝的扩展，裂缝的几何尺寸越来越大，缝内净压力越往裂缝端部越小，尤其是压裂液黏度较高的中后期施工，此时裂缝内的压力梯度相对较大。因此，远井的缝高延伸动力越来越不足，此时多级交替注入意义也不大。

3　现场应用及效果分析

上述部分研究成果在永川、威远及焦石坝南部区域获得成功应用，其中威页1HF井及永页 1HF 井继丁页 2HF 井之后相继在深层页岩气储层中再获商业突破。

威页 1HF 井（垂深 3621m）是威远区块第 1 口重点探井，该井以"多级交替注入"为主体技术思路、采用压裂液"变黏度＋变排量"注入模式，成功完成了 16 段压裂施工，该井施工总液量 27763m³，总砂量 753.06m³，综合砂液比 2.7%。示例的第 2 段施工排量 10.5~12.6m³/min，施工压力 52~82.6MPa，总液量 1568m³，总砂量 71.05m³。2015 年 9 月 27 日采用 ϕ7mm 油嘴控制开井排液，日产天然气 8.5×10⁴m³，井口套压 27.4MPa，日排液 150m³，累计产气 226×10⁴m³，返排率 41.3%［图 6（a）］。

永页 1HF 井（垂深 3988m）延续了威页 1HF 井的技术思路并针对性地改进了变黏、变排注入参数，成功完成了 23 段压裂施工，该井施工总液量 37154m³，总砂量 1139m³，综合砂液比 3.1%。示例的第 5 段施工排量 14.5~15.0m³/min，施工压力 80.0~88.0MPa，总液量 1775m³，总砂量 61.1m³。2016 年 1 月 21 日采用 ϕ8.5mm 油嘴排液，日产气 11×10⁴m³，井口套压 27MPa 以上［图 6（b）］。

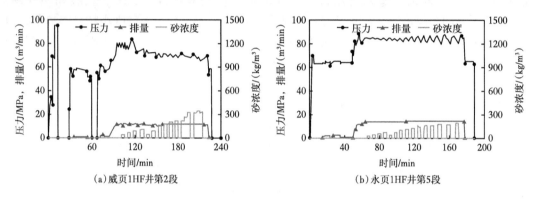

图 6 示例井压裂施工曲线图

4 结论与建议

4.1 初步结论

（1）针对深层页岩气的压裂难点，以最大限度地提高裂缝有效改造体积为目标函数，创新性提出了针对性的体积压裂技术方案，包括平面射孔、多尺度造缝、全尺度裂缝充填及天然裂缝延伸控制等方面。

（2）配套提出了交替注酸或小型酸压、变黏度变排量多级交替注入、提高小粒径支撑剂的比例或混合粒径支撑剂加砂，以及高黏度液体胶塞等技术，针对性、先进性及现场可操作性强。

（3）部分研究成果在永川、威远及焦石坝南部等深层页岩气压裂中获得成功应用，部分井取得了理想的效果。

4.2 对下一步研究的建议

（1）平面射孔技术还需加强地面实验论证，必要时应找些废弃井进行现场模拟试验其可靠性及安全性。

（2）在工艺参数及其组合上还需细化模拟研究，如不同深度对应的压裂液黏度及多种压裂液的黏度比例、液量比例、最佳的变黏度变排量及液量等参数的组合优化、小粒径支撑剂比例及混合粒径支撑剂混合比、小粒径支撑剂进入小微裂缝的泵注程序优化等。

（3）加强本技术在今后深层页岩气的系统应用，发现问题并进行持续的改进和完善。

参 考 文 献

[1] 陈作，曾义金.深层页岩气分段压裂技术现状及发展建议 [J].石油钻探技术，2016，44（1）：6-11.

[2] Pope C，Peters B，Benton T，et al. Haynesville shale-one operator's approach to well completions in this evolving play[C]//SPE125079，2009：1-3.

[3] Wood DD，Schmit BE，Riggins L，et al. Cana Woodford stimulation practices-A case history[C]//North American Unconventional Gas Conference and Exhibition，14-16 June 2011，The Woodlands，Texas，USA. DOI：http://dx.doi. org/10.2118/143960-MS.

[4] 高世葵，朱文丽，殷诚.页岩气资源的经济性分析——以 Marcellus 页岩气区带为例 [J].天然气工业，2014，34（06）：141-148.

[5] 鄢雪梅，王欣，张合文，等.页岩气藏压裂数值模拟敏感参数分析 [J].西南石油大学学报（自然科学版），2015，37（06）：127-132.

[6] 曾义金，陈作，卞晓冰.川东南深层页岩气分段压裂技术的突破与认识 [J].天然气工业，2016，36（1）：61-67.

[7] 蒋廷学，卞晓冰，王海涛，等.页岩气水平井分段压裂排采规律研究 [J].石油钻探技术，2013，41（5）：21-25.

[8] 周德华，焦方正，贾长贵，等.JY1HF 页岩气水平井大型分段压裂技术 [J].石油钻探技术，2014，42（01）：75-80.

[9] 卞晓冰，蒋廷学，贾长贵，等.基于施工曲线的页岩气井压后评估新方法 [J].天然气工业，2016，36（2）：60-65.

[10] Klingensmith B C，Hossaini M & Fleenor S. Considering far-field fracture connectivity in stimulation treatment designs in the Permian basin[C]//Unconventional Resources Technology Con-ference，20-22 July 2015，San Antonio，Texas，USA. DOI：http://dx.doi.org/10.2118/178554-MS.

水平井分段压裂多簇裂缝均衡起裂与延伸控制方法研究

蒋廷学[1, 2]

（1.页岩油气富集机理与有效开发国家重点实验室；
2.中国石化石油工程技术研究院）

摘　要： 针对水平井分段压裂中普遍存在的多簇裂缝非均匀延伸现象，研究多簇裂缝均衡起裂与延伸的控制方法。提出以下主要控制方法：（1）采用变排量酸预处理技术，以增加多簇裂缝同步起裂的概率；（2）采用低黏度滑溜水变排量注入技术，以大幅度降低水平井筒内的压力梯度；（3）采用变黏度滑溜水及变黏度胶液注入技术，逐渐增加多簇裂缝接近均匀进液的可能性；（4）采用高黏度胶液中顶技术，将高黏度胶液注入延伸程度较大的裂缝中，以阻碍后续压裂液的持续进入；（5）在段内投入与压裂液等密度的封堵球，以实现选择性封堵进液多的裂缝；（6）采用段内限流压裂技术，加大孔眼摩阻，以减缓压力的释放；（7）适当增大小粒径支撑剂的比例，使各簇裂缝支撑剂均匀进入。以上方法应用于现场多口水平井，效果显著。

关键词： 水平井；分段压裂；多簇射孔；均衡起裂与延伸

水平井分段压裂技术广泛应用于页岩气及致密砂岩油气藏中，通常其压裂效果比传统的直井压裂技术更为显著。但在实际生产中，也会出现水平井分段压裂效果不佳的情况。在水平井多簇射孔作业中，并非所有的裂缝都能达到理想的均匀起裂与延伸状态，因此，段内各簇裂缝在吸收压裂液及支撑剂方面的效果差异较大。国外一些压后监测数据表明，对于段内6簇射孔裂缝，其中大裂缝可以吸收60%的压裂液及支撑剂，小裂缝仅能吸收5%的压裂液及支撑剂[1-5]。国内也有一些页岩气压裂微地震监测资料表明[6-10]，位于不同段的裂缝，其长度有可能相差数倍。

造成上述裂缝非均匀延伸的主要原因可归结为以下4点：

（1）段内各簇射孔处的岩性、岩石力学及地应力等参数的非均质性相对较强。

（2）水平井筒内存在一定的压力梯度，压裂液的黏度越大其注入排量就越大，而压力梯度也会随之变大，从而使得不同簇射孔处的井筒压力大小不同。

（3）水平井筒通常具有一定的斜度，并不完全保持水平状态，且B靶点的位置高于A靶点，二者之间存在一定的垂深差。这种垂深差也会造成不同簇射孔处的地应力差异。此差异值或许不大，但由此导致的破裂压力却有很大差异。

（4）与压裂液相比，支撑剂的密度大很多，流动跟随性相对较差。换言之，支撑剂一般容易在靠近B靶点的裂缝中运移和堆积，促使该处的裂缝过早停止延伸，进而迫使后续的大量压裂液及支撑剂都进入靠近A靶点的裂缝中，不断加大裂缝的非均匀延伸程度。

这种段内多簇裂缝非均匀延伸会带来一系列问题，主要有：

（1）段内多簇裂缝间的诱导应力干扰效应大幅减弱，使裂缝复杂性降低、改造体积缩小。

（2）不同簇射孔吸收的压裂液比例不同，其中吸收比例高的裂缝处易产生过大的应力集中效应，从而诱发局部套管变形。在某些页岩气井，其脆性好的地方含气性也好，更容易发生套管变形。

（3）靠近 A 靶点的裂缝更易破裂和延伸，其吸收的压裂液及支撑剂最多，产生的诱导应力也相对较大，因而更容易对下一段靠近 B 靶点的裂缝产生强烈的诱导应力干扰效应，抑制其起裂和延伸。更有甚者，还可能因为过大的诱导应力效应，使下一段靠近 B 靶点的裂缝起裂方向转变为平行于水平井筒的方向，即形成所谓的纵向裂缝。在这种情况下，下一段压裂施工时段内多簇裂缝间相互串通的现象会增多，进而降低裂缝的复杂性，缩减改造体积。

因此，有必要对水平井分段压裂多簇裂缝的均衡起裂与延伸控制问题进行系统性研究，为实现国内水平井压裂开发的"降本增效"目标提供理论支撑。

1　多簇裂缝均衡起裂与延伸控制方法

1.1　变排量酸预处理技术

酸预处理是页岩气压裂的标准作业流程之一。在致密砂岩，尤其是天然裂缝性砂岩中，由于存在钻井液污染等情况，因此必须预先进行酸处理作业。

常规的酸预处理作业中一般采用的是定排量模式，这很不利于针对各簇裂缝均匀布酸。因此，可采用变排量酸预处理模式，以提高各簇裂缝均匀进酸的概率。图 1 所示为示例井变排量酸预处理施工效果。

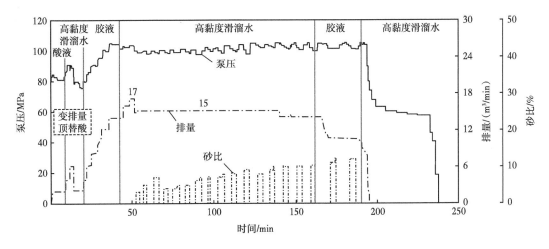

图 1　示例井变排量酸预处理施工效果

1.2　低黏度滑溜水变排量注入技术

经酸预处理后，采用低黏度滑溜水与变排量组合的注入模式，可以大幅降低水平井筒中的压力梯度。管流中的压力梯度可通过式（1）来计算[11-12]：

$$\Delta p = 0.092 \left(\frac{\mu}{\rho u d} \right)^{0.2} \frac{\rho u^2 L}{d} \qquad (1)$$

式中：Δp 为压力梯度，MPa/m；μ 为压裂液黏度，Pa·s；u 为压裂液排量，m³/min；d 为管柱直径，m；L 为管柱长度，m；ρ 为流体密度，kg/m³。

由式（1）可知，滑溜水的黏度越小，其起步排量就越低，而水平井筒内的压力梯度也会越小，从而越有利于多簇裂缝的同步起裂与同步延伸，其施工效果如图 2 所示。

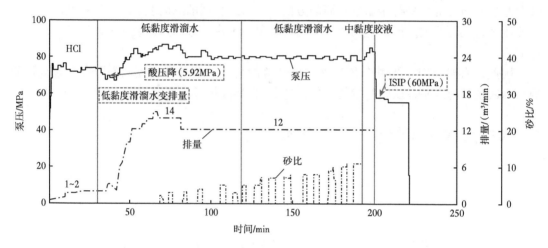

图 2　低黏度滑溜水变排量施工效果

在 ANSYS 平台上采用 Fluent 模块进行数值模拟，建立水平井筒多簇射孔模型，模拟支撑剂在水平井筒内的分布情况。结果表明，随着压裂液黏度的增大，支撑剂在水平井筒中的分布也更为均匀（图 3）。

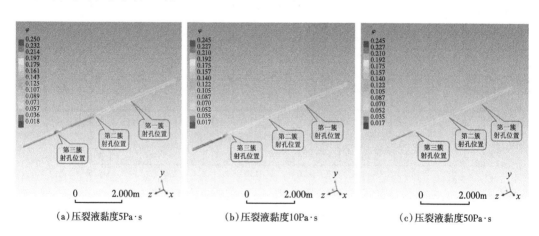

图 3　井筒内支撑剂在不同压裂液黏度下的分布

1.3　变黏度滑溜水及变黏度胶液注入技术

以往采用变黏度滑溜水及变黏度胶液时，多注重于单簇裂缝内的多尺度裂缝起裂与延伸，而很少考虑多簇裂缝接近均衡进液的可能性及优势。实际上，随着滑溜水及胶液的黏度增大，其进缝时的黏滞阻力也会相应增大。因此，可以通过对其黏度及压裂体积的优化，促使段内多簇裂缝均匀延伸，其效果如图4和图5所示。

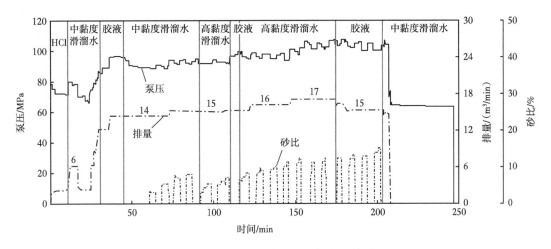

图4　变黏度滑溜水注入现场施工效果

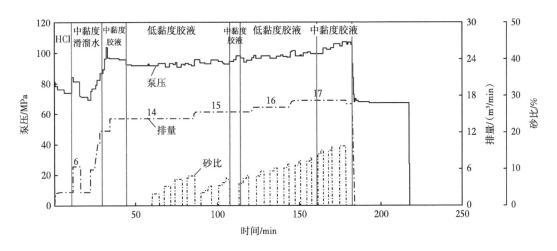

图5　变黏度胶液注入现场应用效果

1.4　高黏度胶液中顶技术

以往施工中采用高黏度胶液，主要是在单簇裂缝内起到液体暂堵剂的作用，从而迫使裂缝内的净压力大幅提升。在此过程中，并没有考虑到胶液对多簇裂缝均匀延伸的积极作用。由于胶液黏度相对较高，甚至可能在水平井筒的缝口处快速封堵，从而迫使后续压裂液进入先前进液少或不进液的簇射孔裂缝。因此，在不同的胶液黏度及体积条件下，针对不同簇裂缝的封堵效果也有所不同（图6）。

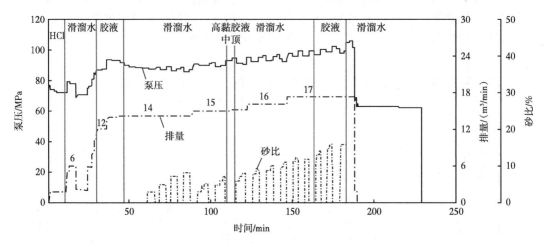

图 6 高黏度胶液中顶现场应用效果

1.5 段内封堵球技术

采用比射孔眼直径大 1~2mm 的封堵球，在高黏度携带液及低排量注入模式下，可以促使段内多簇裂缝接近均匀延伸。在 ANSYS 平台上，基于 Fluent 模块建立水平井筒多簇射孔物理模型，选用 DPM 模型模拟有限个暂堵球在井筒内的封堵规律（图 7）。采用低排量、高黏度携带液的注入方法，可以有效优化暂堵球在各簇位置上的封堵效果（图 8）。

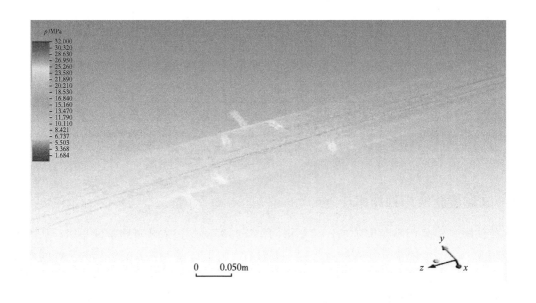

图 7 暂堵球在井筒中的运移轨迹模拟

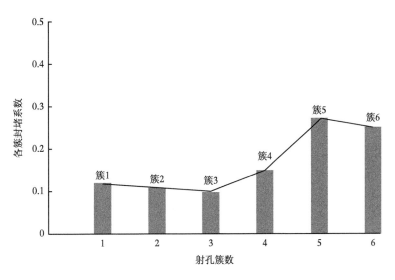

图 8　暂堵球沿井筒方向的封堵系数

由于封堵球的密度往往大于压裂液的密度，水平井筒的中上部射孔眼需要克服重力的作用，因此其封堵效率会有所降低（图 9）。

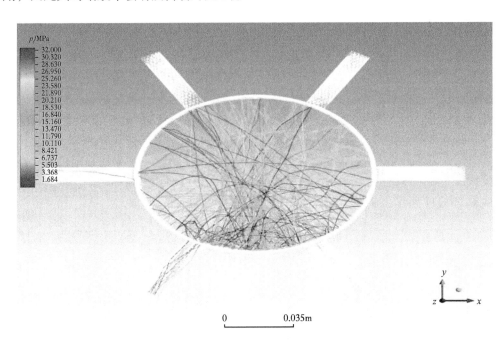

图 9　重力作用使暂堵球更容易封堵底部孔眼

1.6　段内限流压裂技术

段内限流压裂，是指在段内限制射孔数量，使孔眼摩阻进一步加大（图 10）。加大孔眼摩阻，可减缓井底压力的释放，从而有利于多个孔眼裂缝同时起裂和延伸。

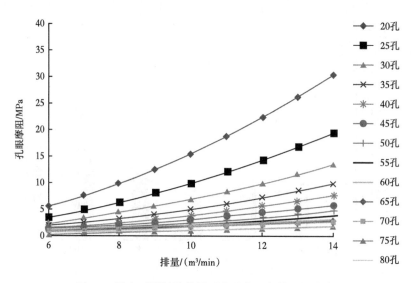

图 10　段内不同射孔数量下孔眼摩阻与排量的变化

　　如果事先已探明段内不同位置的地应力分布情况，则可以在适当的位置改变孔眼直径的大小，以取得更好的均匀进液、进砂效果。

1.7　小粒径支撑剂比例调整措施

　　以往施工中增加小粒径支撑剂，更多地是在单簇裂缝中充填小尺度裂缝，而未考虑其对多簇裂缝均匀延伸的影响。在实际生产中，支撑剂的密度远大于压裂液，其与压裂液的流动跟随性较差。相对而言，支撑剂更容易沿水平井筒向 B 靶点方向运移，最先进入靠近 B 靶点的裂缝中。如支撑剂的粒径相对较大，极易过早地在上述裂缝中产生堵塞效应。一般而言，靠近 B 靶点的裂缝延伸不够充分，且在水平井筒中又保持一定的运动惯性，支撑剂在其中优先发生砂堵的概率较大，只是砂堵发生的时机不同。若先期采用较大比例的小粒径支撑剂，则可以推迟靠近 B 靶点的裂缝砂堵时机。示例井提高小粒径支撑剂比例后的施工效果如图 11 所示，其中小粒径支撑剂的占比大于 80%。

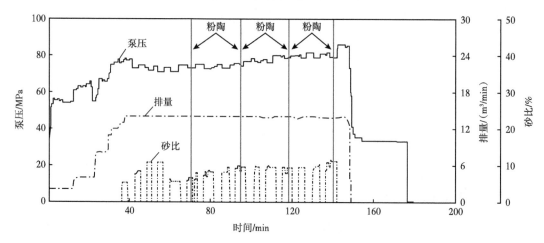

图 11　示例井提高小粒径支撑剂比例后的施工效果

2 现场应用效果分析

四川盆地某页岩气藏有 7 口压裂井,其中平均压裂 18 段,单段平均压裂液用量为 1755.13m³,平均加砂量为 55.77m³,平均砂比为 3.18%,平均无阻流量为 61.5×10⁴m³/d。对比这 7 口压裂井的地质及施工参数(表 1 和表 2),可以看出其压后平均无阻流量相比邻井大约提升了 2.8 倍。

表 1　压裂井地质参数

类别	压裂井(平均)	垂深 /m	TOC/%	孔隙度 /%	$\varphi_{石英}$ /%	$\varphi_{黏土}$ /%	杨氏模量 /GPa	泊松比
应用井	A-3	2366	3.96	5.70	46.4	34.6~46.7	18~37	0.11~0.26
	B-1	2276	2.20	4.80	44.4	34.6~46.7	18~37	0.11~0.26
	C-1	2366	3.20	5.10	44.5	34.6~46.7	25~48	0.19~0.24
	A1-1	2332	3.29	4.40	44.4	34.6~46.7	18~37	0.11~0.26
	A2-1	2470	3.73	5.80	41.7	34.6~46.7	25~48	0.19~0.24
	B-2	2504	3.24	5.70	44.4	34.6~46.7	25~48	0.19~0.24
	B-3	2532	2.87	4.70	44.4	34.6~46.7	25~48	0.19~0.24
	平均	2406	3.21	5.20	44.3	34.6~46.7	18~48	0.11~0.26
对比井	C1-1	2336	2.86	4.99	44.4	34.6~46.7	34~35	0.17~0.18
	C-3	2311	2.80	4.90	45.6	34.6~46.7	18~37	0.11~0.26
	平均	2323	2.83	4.90	45.0	34.6~46.7	18~37	0.11~0.26

表 2　压裂井施工参数

类别	压裂井(平均)	压裂段数	簇数	试气长度	单段压裂液用量 /m³	单段加砂量 /m³	平均砂比 /%	无阻流量 / 10⁴m³/d
应用井	A-3	19	48	1499.5	1714.12	48.37	2.82	58.2
	B-1	19	53	1527.5	1671.91	61.14	3.66	52.5
	C-1	20	52	1570.5	1648.99	54.79	3.32	35.6
	A1-1	17	50	1422.5	1784.45	57.21	3.21	53.4
	A2-1	16	45	1325.5	1867.52	51.32	2.75	88.7
	B-2	20	59	1326.5	1729.66	58.22	3.37	59.3
	B-3	18	53	1511.0	1869.29	59.31	3.17	82.6
	平均	18	51	1454.7	1755.13	55.77	3.18	61.5
对比井	C1-1	20	51	1587.5	1792.43	41.80	2.33	19.3
	C-3	19	56	1563.5	1653.22	52.52	3.18	13.0
	平均	19	53	1575.5	1722.80	47.20	2.80	16.2

此外，在该气藏 X-1 井实施了 16 级压裂施工，各簇产气量贡献率如图 12 所示。在该井 16 级共计 45 簇压裂簇中，仅第 13 级有 1 簇未产出气，其余压裂簇均有产气量贡献。同时，射孔 2 簇的压裂段中，各簇产气贡献率大小相当；射孔 3 簇的压裂段中，仅第 2 级、第 5 级、第 6 级、第 14 级各簇产气贡献率差异较大。由此可知，采用上述变黏度变排量等控制技术后，水平井段内多簇裂缝的均衡延伸程度有所加强，从而使裂缝的复杂性及改造体积、产量等指标得以优化。

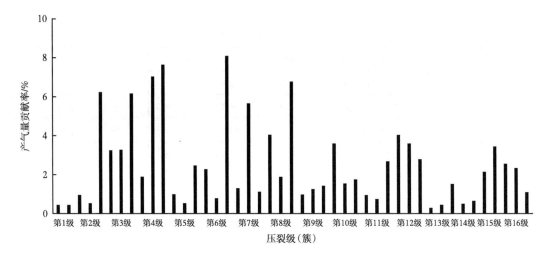

图 12　X-1 井 16 级压裂施工各簇产气量贡献率

3　结语

针对水平井分段压裂多簇裂缝非均匀起裂与延伸的特性，提出了更具系统性的现场控制方法，针对性与实用性也较强。在四川盆地某页岩气藏水平井实施了 16 级压裂施工，使裂缝的复杂性及改造体积等指标得到优化，现场应用效果较理想。这些方法的适应性较强，有很高的应用推广价值。鉴于目前的裂缝监测技术大多只能监测到段，且数据笼统，难以准确判断各分簇的情况（如产气、产水等）。因此，建议加强分段分簇裂缝监测技术的研究与应用，以便进一步验证各方法的可靠性。

参 考 文 献

[1] Chin L Y, Raghavan R S, Thomas L K. Fully Coupled Geomechanics and Fluid-Flow Analysis of Wells With Stress-Dependent Permeability[J]. SPE Jourhal, 2000, 5: 32-45.

[2] Brown M L, Ozkan E, Raghavan R S, et al. Practical Solutions for Pressure-Transient Responses of Fractured Horizontal Wells in Unconventional Shale Reservoirs[J]. SPE Res Eval & Eng, 2009, 14（6）: 663-676.

[3] Civan F, Rai C S, Sondergeld C H. Shale Gas Permeability and Diffusivity Inferred by Improved Formulation of Relevant Retention and Transport Mechanisms [J]. Transport Porous Med, 2011, 86（3）: 925-944.

[4] Ilk D, Jenkins C D, Blasingame T A. Production Analysis in Unconventional Reservoirs Diagnostics, Challenges and Methodologies[G]. SPE-144376-MS, 2011.

[5] Ajisafe F，Thachaparambil M，Lee D，et al. Calibrated Complex Fracture Modeling Using Constructed Discrete Fracture Network From Seismic Data in the Avalon Shale，New Mexico[G]. SPE-179130-MS，2016.

[6] 陈作，曾义金.深层页岩气分段压裂技术现状及发展建议 [J].石油钻探技术，2016，44（1）: 6-11.

[7] 黄世军，张雄君，贾振，等.页岩气压裂水平井开发效果的数值模拟 [J].油气井测试，2016，25(1): 4-8.

[8] 蒋廷学，卞晓冰，王海涛，等.深层页岩气水平井体积压裂技术 [J].天然气工业，2017，37（1）: 90-96.

[9] 杨瑞召，李德伟，庞海玲，等.页岩气压裂微地震监测中的裂缝成像方法 [J].天然气工业，2017，37（5）: 31-37.

[10] 邱庆伦，张木辰，李中明，等.牟页1井海陆过渡相页岩气压裂试气效果分析 [J].石油地质与工程，2017，31（2）: 111-116.

[11] 杜发勇，张恩仑，张学政，等.压裂施工中管路摩阻计算方法分析与改进意见探讨 [J].钻采工艺，2002，25（5）: 49-51.

[12] 刘合，张广明，张劲，等.油井水力压裂摩阻计算和井口压力预测 [J].岩石力学与工程学报，2010，29（增刊1）: 2833-2839.

压裂多级裂缝内动态输砂物理模拟实验研究

吴峙颖[1,2]，路保平[1]，胡亚斐[2]，蒋廷学[1]

（1.中国石化石油工程技术研究院；2.中国石油勘探开发研究院）

摘　要： 为了研究压裂过程中裂缝内支撑剂的动态输砂规律及分布形态，采用自主研制的多尺度裂缝系统有效输砂大型物理模拟实验装置，进行了压裂液黏度、支撑剂类型、注入排量和砂比等对支撑剂在不同尺寸裂缝中的动态输送和砂堤剖面高度影响的模拟实验。实验结果表明，裂缝内动态输砂规律的影响因素，按影响程度从大到小依次为压裂液黏度、支撑剂粒径、砂比和排量；压裂液黏度越高，沉砂量越少，砂堤剖面高度越小而平缓，且在主裂缝中更为明显；支撑剂粒径越大，沉砂量越多，砂堤剖面高度越大，且在主裂缝中更加明显；砂比越高，沉砂量越大，砂堤剖面高度也越大，且在分支缝中增幅更大；随排量增大，主裂缝中的沉砂量略减小，分支缝中的沉砂量差别不大。研究结果为优选压裂液、支撑剂，制定压裂方案，以及优化压裂施工参数提供了理论依据。

关键词： 多级裂缝；支撑剂；动态输砂；分布形态；物理模拟；机理研究

随着致密油气藏、非常规油气藏的深入开发，水力压裂技术已成为开发该类油气藏的核心技术之一。水力压裂的目的是在储层中形成具有高导流能力的人工裂缝，针对致密油气藏、非常规油气藏要尽可能形成复杂程度高的多级裂缝系统，而支撑剂是形成高导流裂缝的核心载体，压裂过程中支撑剂的运移及铺置规律是影响压裂改造效果的重要因素之一[1-5]。国内外学者对压裂过程中支撑剂的运移及铺置规律进行了大量的理论和实验研究[6-9]。实验装置从小型裂缝模拟装置发展为平行板模拟装置，目前主要采用可视化平行板物理模拟装置，装置规模相对较小，裂缝长度一般为2~4m，裂缝级数相对较少，多以单一直缝为主，对于带分支缝的多级裂缝的模拟研究相对较少[10-14]，导致目前针对多级裂缝系统中的支撑剂运移和沉降规律认识不清，压裂方案针对性不强。

针对以上问题，笔者采用自主研制的多尺度裂缝系统有效输砂模拟实验装置，开展了压裂液黏度、支撑剂类型、注入排量、砂比等因素对多级裂缝系统中动态输砂规律和砂堤分布形态影响的模拟实验，给出了不同实验条件下各级裂缝中的砂堤剖面高度，为压裂液、支撑剂优选及压裂施工参数优化提供了依据。

1　大型物理模拟实验装置

为了研究多级裂缝内支撑剂的运移及铺置规律，基于裂缝中流体流动相似原理，中国石化石油工程技术研究院自主研制了多尺度裂缝系统有效输砂大型物理模拟实验装置，可以模拟压裂过程中不同排量下的流体流动。利用该装置可进行压裂过程中压裂液黏度、支撑剂粒径、注入流量和砂比等对各级裂缝中支撑剂运移及铺置影响的实验研究。

该实验装置主要由主控系统、配液混砂系统、裂缝模拟系统、循环系统、数据采集和处理系统等组成。主控系统主要由计算机、控制面板、安全报警系统等组成，用来控制装置各部分的安全运行。配液混砂系统主要由配液罐、混砂罐、加温装置、搅拌系统、螺杆泵和流量计等组成，实现压裂液的快速配制、加温保温、混砂及携砂液的均匀注入。裂缝模拟系统主要由裂缝主体系统、照明系统和流量计等组成，用来模拟储层裂缝系统。循环系统主要由循环泵、相应管阀件等组成，用来泵入携砂液并进行循环。数据采集及处理系统主要由流量监测系统、压力监测系统、计算机、高速高清摄像机、模型控制软件和数据处理软件等组成，实验过程中可以采集数据和视频，并进行处理。

大型物理模拟实验装置的工作温度为 0~90℃，工作压力为 0~0.2MPa，模拟排量为 0~15m³/min。根据压裂施工过程中的射孔密度、孔径和排量等参数，按照流体线速度相似原理，设计了 4 套射孔模拟套件，具体参数见表 1。

表 1 各射孔模拟套件孔眼参数

编号	孔眼数量	模拟射孔密度 /（孔 /m）	孔径 /mm
1	8	16	10.0
2	6	12	15.0
3	3	6	30.0
4	1	2	80.0

2 多级裂缝动态输砂实验

考虑人工压裂裂缝缝长与缝高的比及实际缝宽，以及压裂施工时压裂液的黏度、支撑剂的粒径、排量和砂比等施工参数，设计了实验方案。

2.1 实验方案设计

2.1.1 裂缝参数设置

各级裂缝参数参考压裂人工裂缝缝长与缝宽比设定，模拟的裂缝系统如图 1 所示。其中，主裂缝长度 4.80m，缝高 0.50m，缝宽 10.0mm；一级分支缝缝长 1.00m，缝高 0.50m，缝宽 5.0mm；二级分支缝缝长 0.50m，缝高 0.50m，缝宽 2.0mm。各级裂缝与上一级裂缝的夹角为 60°。

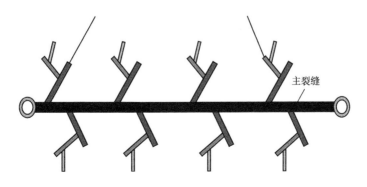

图 1 模拟裂缝示意

2.1.2 实验参数设置

实验参考常规压裂现场施工情况，考虑压裂施工时的压裂液、支撑剂、排量和砂比等，选用低黏度、中黏度和高黏度3种黏度的清洁压裂液体系，支撑剂选用30/50目、40/70目和70/140目等3种粒径的陶粒，根据不同压裂液黏度设定砂比，制定实验方案，研究不同参数下携砂液在多级裂缝中的输砂情况（表2）。

表2 实验方案设计

方案	压裂液类型	黏度 /mPa·s	陶粒粒径 / 目			排量 / (m³/min)		砂比 /%		
			粒径 1	粒径 2	粒径 3	排量 1	排量 2	砂比 1	砂比 2	砂比 3
1	低黏度	6~9	30/50	40/70	70/140	4.0	6.0	5	10	15
2	中黏度	21~24	30/50	40/70	70/140	4.0	6.0	10	15	20
3	高黏度	39~42	70/140	40/70	70/140	4.0	6.0	15	20	25

参考压裂现场施工排量，根据裂缝中流体流动相似原理设定实验排量。本文模拟压裂现场施工排量为 4.0m³/min 和 6.0m³/min，计算得到实验设定加砂泵频率分别为 13.84Hz 和 19.86Hz。参考常规压裂射孔参数，射孔模拟套件选用表1中的2号套件。

2.2 实验步骤

主要实验步骤为：（1）在配液罐中配制压裂液；（2）将压裂液注入到多级裂缝系统中，使其充满裂缝系统并循环；（3）将配液罐中的压裂液注入到混砂罐中，按砂比加入支撑剂并搅拌均匀，配制好携砂液；（4）启动数据采集系统及视频拍摄系统；（5）开启注入泵，按实验要求排量将携砂液注入裂缝系统中；（6）注入结束后，停泵，待裂缝系统中支撑剂完全沉降后，打开裂缝系统出口端阀门进行排空；（7）采集并处理实验数据；（8）清洗实验装置，结束实验。

3 动态输砂规律分析

根据实验结果，分析了压裂液黏度、支撑剂粒径、注入排量和砂液比等因素对各级裂缝中支撑剂沉降规律和砂堤剖面高度的影响，并测量了各级裂缝中砂堤剖面的高度。

3.1 压裂液黏度对输砂规律的影响

在40/70目支撑剂、排量 6.0m³/min、砂比 10% 的条件下，采用低黏度压裂液和中黏度压裂液携砂时，各级裂缝中的砂堤剖面高度如图2所示。

从图2可以看出，在低黏度、中黏度压裂液条件下，主裂缝中砂堤的最高高度分别为 18.0cm 和 11.0cm，最低高度分别为 6.0cm 和 4.0cm，平均高度分别为 13.5cm 和 6.4cm；一级分支缝中砂堤的最高高度分别为 15.0cm 和 11.0cm，最低高度分别为 10.0cm 和 6.0cm，平均高度分别为 12.3cm 和 7.9cm；二级分支缝中砂堤的最高高度分别为 14.0cm 和 10.0cm，最低高度分别为 4.0cm 和 4.0cm，平均高度分别为 9.1cm 和 6.5cm。

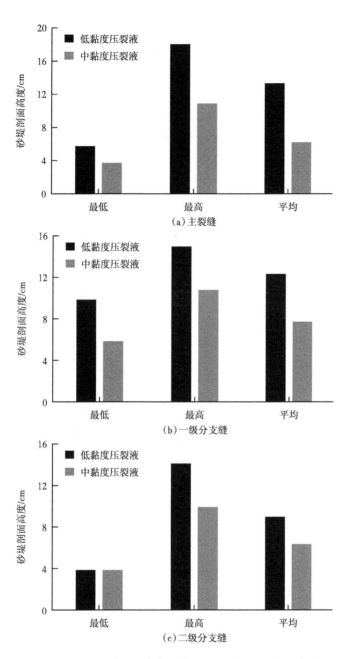

图 2　不同压裂液黏度条件下各级裂缝中的砂堤剖面高度

以上研究表明，压裂液黏度越高，其携砂能力越强，支撑剂更多地被输送至裂缝深处，砂堤剖面高度越小，且这种趋势在主裂缝中更加明显。

3.2　支撑剂粒径对砂堤剖面的影响

在低黏度压裂液、模拟排量 4.0m³/min、砂比 10% 的条件下，40/70 目和 70/140 目支撑剂在各级裂缝中的砂堤剖面高度如图 3 所示。

从图 3 可以看出，采用 40/70 目、70/140 目支撑剂时，主裂缝中砂堤的最高高度分别为 17.0cm 和 12.0cm，最低高度分别为 5.0cm 和 5.0cm，平均高度分别为 14.4cm 和 8.4cm；一级分支缝中砂堤的最高高度分别为 15.0cm 和 12.0cm，最低高度分别为 14.0cm 和 8.0cm，平均高度分别为 14.8cm 和 10.7cm；二级分支缝中砂堤的最高高度分别为 14.0cm 和 12.0cm，最低高度分别 9.1cm 和 6.5cm。

以上研究表明，支撑剂粒径越小，压裂液对其携带能力越强，支撑剂更多地被输送至裂缝深处，砂堤剖面高度越小，且这种趋势在主裂缝中更加明显。

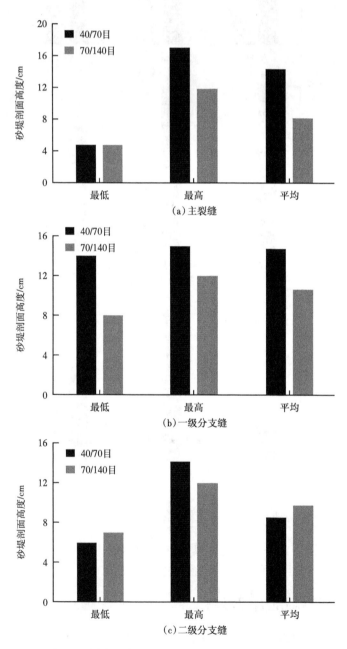

图 3　不同粒径支撑剂在各级裂缝中的砂堤剖面高度

3.3　排量对砂堤剖面的影响

在中黏度压裂液、40/70 目支撑剂、砂比 15% 的条件下，排量为 4.0m³/min 和 6.0m³/min 时，各级裂缝中砂堤剖面高度如图 4 所示。

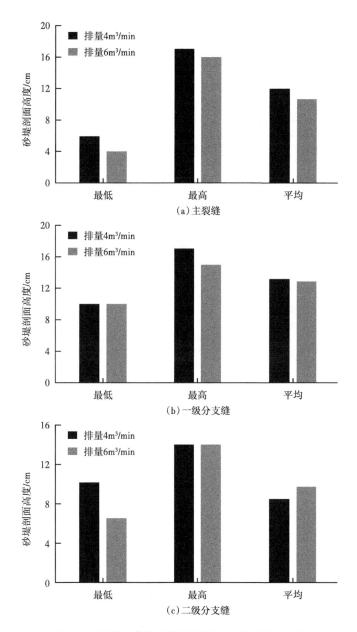

图 4　不同排量条件下各级裂缝中的砂堤剖面高度

从图 4 可以看出，排量为 4.0m³/min 和 6.0m³/min 时，主裂缝中砂堤的最高高度分别为 17.0cm 和 16.0cm，最低高度分别为 6.0cm 和 4.0cm，平均高度分别为 12.0cm 和 10.7cm；一级分支缝中砂堤的最高高度分别为 17.0cm 和 15.0cm，最低高度分别为 10.0cm

和 10.0cm，平均高度分别为 13.2cm 和 13.0cm；二级分支缝中砂堤的最高高度分别为 14.0cm 和 14.0cm，最低高度分别为 6.0cm 和 4.0cm，平均高度分别为 10.2cm 和 6.6cm。

以上研究表明，排量越大，压裂液的携砂能力越强，支撑剂越容易被输送至裂缝深处，砂堤剖面高度越小，对中大粒径支撑剂的影响更加明显。

3.4 砂比对砂堤剖面的影响

在中黏度压裂液、70/140 目支撑剂、排量 6.0m³/min 的条件下，砂比为 5% 和 20% 时，各级裂缝中砂堤剖面高度如图 5 所示。

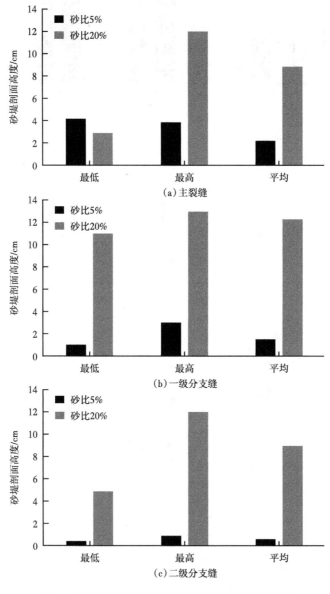

图 5 不同砂比条件下各级裂缝中的砂堤剖面高度

从图 5 可以看出，砂比为 5% 和 20% 时，主裂缝中砂堤的最高高度分别为 4.0cm 和 12.0cm，最低高度分别为 1.0cm 和 3.0cm，平均高度分别为 2.3cm 和 8.9cm；一级分支缝中砂堤的最高高度分别为 3.0cm 和 13.0cm，最低高度分别为 1.0cm 和 11.0cm，平均高度分别为 1.6cm 和 12.3cm；二级分支缝中砂堤的最高高度分别为 1.0cm 和 12.0cm，最低高度分别为 0.5cm 和 5.0cm，平均高度分别为 0.7cm 和 9.0cm。以上研究表明，砂比越高，砂堤剖面高度越大，且分支缝中砂堤高度的增大幅度大于主裂缝。

4　结论与认识

（1）利用研制的多尺度裂缝系统有效输砂大型物理模拟实验装置，开展了多级裂缝动态输砂物理模拟实验，分析了不同条件下多级裂缝系统中支撑剂的输送及沉降规律，定量评价了各因素对输砂规律的影响，为压裂液及支撑剂优选、施工参数优化提供了依据。

（2）压裂时采用低黏度压裂液携带小粒径支撑剂支撑微小分支缝，中黏度压裂液携带中粒径支撑剂支撑次级裂缝或主裂缝中部位置，高黏度压裂液携带大粒径支撑剂支撑主裂缝或缝口，有利于压裂液与支撑剂相互匹配，裂缝中支撑剂均匀合理分布，提高裂缝有效支撑率。

（3）采用等密度单一粒径支撑剂，在不同砂比下进行了不同黏度清洁压裂液的动态输砂规律实验研究，未考虑压裂液类型、密度和混合粒径支撑剂等情况，且模拟压裂施工排量较低，存在一定局限性。

（4）可参照文中思路及方法，进一步探索不同压裂液体系、不同密度压裂液、混合粒径支撑剂和高排量等条件下多级裂缝系统中的动态输砂规律，为体积压裂方案设计和施工参数优化提供理论依据。

参 考 文 献

[1] Michaelides E E. Hydrodynamic force and heat/mass transfer from particles, bubbles, and drop: the Freeman scholar lecture[J]. Journal of Fluids Engineering, 2003, 125（2）: 209–238.

[2] 侯腾飞, 张士诚, 马新仿, 等. 支撑剂沉降规律对页岩气压裂水平井产能的影响 [J]. 石油钻采工艺, 2017, 39（5）: 638–645.

[3] 温庆志, 翟恒立, 罗明良, 等. 页岩气藏压裂支撑剂沉降及运移规律实验研究 [J]. 油气地质与采收率, 2012, 19（6）: 104–107.

[4] 李靓. 压裂缝内支撑剂沉降和运移规律实验研究 [D]. 成都: 西南石油大学, 2014.

[5] 温庆志, 段晓飞, 战永平, 等. 支撑剂在复杂缝网中的沉降运移规律研究 [J]. 西安石油大学学报（自然科学版）, 2016, 31（1）: 79–84.

[6] 狄伟. 支撑剂在裂缝中的运移规律及铺置特征 [J]. 断块油气田, 2019, 26（3）: 355–359.

[7] Malhotra S, Sharma M M. Settling of spherical particles in unbounded and confined surfactant-based shear thinning viscoelastic fluids: an experimental study[J]. Chemical Engineering Science, 2012, 84: 646–655.

[8] 温庆志, 胡蓝霄, 翟恒立, 等. 滑溜水压裂裂缝内砂堤形成规律 [J]. 特种油气藏, 2013, 20（3）: 137–139.

[9] 周德胜, 张争, 惠峰, 等. 滑溜水压裂主裂缝内支撑剂输送规律实验及数值模拟 [J]. 石油钻采工艺, 2017, 39（4）: 499–508.

[10] 陈勉，葛洪魁，赵金洲，等 . 页岩油气高效开发的关键基础理论与挑战 [J]. 石油钻探技术，2015，43（5）：7–14.

[11] 陈冬，王楠哲，叶智慧，等 . 压实与嵌入作用下压裂裂缝导流能力模型建立与影响因素分析 [J]. 石油钻探技术，2018，46（6）：82–89.

[12] Ngameni K L, Miskimins J L, ABASS H H, et al. Experiment- al study of proppant transport in horizontal wellbore using fresh wa- ter[R]. SPE 184841, 2017.

[13] 刘建坤，吴崎颖，吴春方，等 . 压裂液悬砂及支撑剂沉降机理实验研究 [J]. 钻井液与完井液，2019，36（3）：378–383.

[14] 吴春方，刘建坤，蒋廷学，等 . 压裂输砂与返排一体化物理模拟实验研究 [J]. 特种油气藏，2019，26（1）：142–146.

压裂多级裂缝内流量分布规律

吴峙颖[1,2]，路保平[1]，胡亚斐[2]，蒋廷学[1]，眭世元[1]

（1.中国石化石油工程技术研究院；2.中国石油勘探开发研究院）

摘　要： 当前，以页岩油气为主的非常规油气藏开发力度日益加大，水力压裂是开发该类储层的核心技术。在该类储层的开发过程中，往往采用多级复杂裂缝压裂技术，但目前针对压裂过程中各级裂缝内流量分布规律研究甚少，而该规律对认识裂缝、指导压裂方案至关重要。为了研究压裂过程中多级裂缝内的流量分布规律，自主研制了多级裂缝系统有效输砂模拟实验装置，在模拟多级裂缝情况下，开展了不同压裂液黏度、支撑剂粒径、注入排量、砂比等因素对各级裂缝内流量的影响规律实验研究。研究结果表明，各级裂缝中流量占比逐级减小，主裂缝占比平均为64.63%，一级分支缝平均为22.14%，二级分支缝平均为13.23%；各级裂缝中流量分布比例主要受总流量大小影响，流量越大，主裂缝中流量占比越高，分支缝中流量占比越低，其次依次为支撑剂粒径、压裂液黏度和砂比。通过研究形成了一套多级裂缝内流量分布规律评价方法，揭示了各级裂缝内流量分布规律，为认识裂缝、优化压裂设计方案提供了依据。

关键词： 压裂液；多级裂缝；流量分布；物理模拟

随着页岩油气等非常规油气藏的深入开发和技术发展，水力压裂技术已成为开发该类储层的核心技术之一。在该类储层的开发过程中，往往采用多级复杂裂缝压裂技术，其目的是在储层中形成多级复杂裂缝系统。各级裂缝中的流量分布规律对认识裂缝、指导压裂设计方案具有重要意义[1-6]。

国内外学者对各级裂缝中流量分布规律研究鲜有报道，目前对各级裂缝中流量分布规律缺乏系统、定量的认识[4-11]。针对以上问题，研发了多级裂缝系统有效输砂模拟实验装置，开展了不同压裂液黏度、支撑剂粒径、注入排量、砂比等因素对各级裂缝内流量的影响规律实验研究，为认识裂缝、优化压裂施工参数提供了依据。

1　大型物理模拟实验装置

1.1　装置原理及技术参数

实验采用中国石化石油工程技术研究院自主研发的多尺度裂缝系统有效输砂大型物理模拟实验装置。该装置设计基于裂缝中流体线速度相似原理，模拟压裂过程中各排量下的流体流动。主要技术参数见表1和表2。

表 1　实验装置主要技术参数

参数	数值
工作温度 /℃	0~90
工作压力 /MPa	0~0.2
模拟注入排量 /（m³/min）	0~12

表 2　各级裂缝主要参数

参数	mm	缝高 /mm	缝宽 /mm	与上级裂缝夹角（°）
主裂缝	4800	500	10	—
一级分支缝	1000	500	5	60
二级分支缝	500	500	2	60

1.2　装置主要组成部分及功能

　　该实验装置主要由裂缝模拟系统、配液混砂系统、循环系统、主控系统、数据采集及处理系统等组成，如图 1 所示。主控系统主要由计算机、控制面板、安全报警系统等组成，用来控制装置各部分的安全运行。配液混砂系统主要由配液罐、混砂罐、加温装置、搅拌系统、螺杆泵、流量计等组成，实现压裂液的快速配制、加温保温、混砂及携砂液的均匀注入。裂缝模拟系统主要由裂缝主体系统、照明系统、流量计等组成，用来模拟储层裂缝系统。循环系统主要由循环泵、相应管阀件等组成，用来泵入携砂液并进行循环。数据采集及处理系统主要由流量监测系统、压力监测系统、计算机、高速高清摄像机、模型控制软件、数据处理软件等组成，实现实验过程中对各数据及视频的采集、处理等。

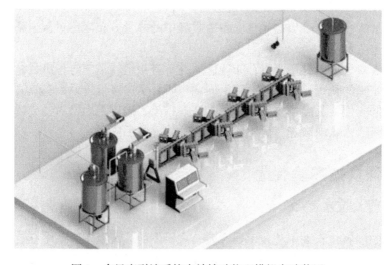

图 1　多尺度裂缝系统有效输砂物理模拟实验装置

2 多级裂缝动态输砂实验

2.1 实验方案

考虑压裂施工时压裂液、支撑剂、排量、砂比等参数实际情况，研究不同参数下携砂液在多级裂缝中的流量分布规律。实验选用低黏度（黏度为6~9mPa·s）、中黏度（黏度为21~24mPa·s）、高黏度（黏度为39~42mPa·s）3种黏度的清洁压裂液体系，支撑剂选用30/50目、40/70目、70/140目3种粒径陶粒支撑剂。

2.2 实验步骤

实验步骤主要包括：（1）在配液罐中配制压裂液；（2）将压裂液注入多级裂缝系统中，使其充满裂缝系统并循环；（3）将配液罐中压裂液注入混砂罐中，按砂比加入支撑剂并搅拌均匀，配制好携砂液；（4）打开数据采集系统及视频拍摄系统；（5）打开注入泵，按实验要求流量将携砂液注入至裂缝系统中；（6）注入结束后，停泵，待裂缝系统中支撑剂完全沉降后，打开裂缝系统出口端阀门进行排空；（7）收集并处理实验数据；（8）拆装清洗实验装置，结束本次实验。

3 实验结果与分析

3.1 流量分布情况

表3为不同实验条件下各级裂缝中流量分布情况。由表3可知，主裂缝中流量占总流量比例为55%~75%，平均为64.63%；一级分支缝中流量占总流量比例为16%~28%，平均为22.14%；二级分支缝中流量占总流量比例为7%~17%，平均为13.23%。各级裂缝中流量分布比例主要受总流量大小影响，依次为支撑剂粒径、压裂液黏度和砂比。总流量越大，主裂缝中流量占比越高，分支缝中流量占比越低。

表3 不同实验条件下各级裂缝中流量分布表

压裂液	支撑剂/目	流量/m³/min	砂比/%	各级裂缝中流量比/%		
				主裂缝	一级分支缝	二级分支缝
中黏度	30/50	4	10	57.69	26.02	16.29
			15	59.14	25.18	15.68
		6	10	65.69	21.57	12.75
			15	71.14	18.74	10.12
	40/70	4	10	58.60	25.81	15.58
			15	56.59	25.85	17.56
			15	59.43	25.54	15.04
		6	10	75.52	16.46	11.02
			15	71.60	17.75	10.65
			20	70.18	17.74	12.08

压裂液	支撑剂/目	流量/m³/min	砂比/%	各级裂缝中流量比/%		
				主裂缝	一级分支缝	二级分支缝
中黏度	70/140	4	10	61.52	23.65	14.78
		4	15	58.81	26.54	14.65
		6	5	70.83	17.67	11.50
		6	20	65.48	21.94	12.59
低黏度	40/70	4	10	55.66	27.83	16.52
		6	5	65.86	21.10	13.04
		6	10	69.33	16.26	14.42
高黏度	30/50	4	15	67.88	25.06	7.06
		6	15	69.87	20.03	10.10

3.2 压裂液黏度对流量分布的影响

在 40/70 目支撑剂、流量 6m³/min、砂比 10% 条件下低黏度压裂液和中黏度压裂液中各级裂缝内流量为：在低黏度、中黏度压裂液条件下主裂缝中流量占比分别为 69.33% 和 72.52%，一级分支缝中流量占比分别为 16.26% 和 16.46%，二级分支缝中流量占比分别为 14.42% 和 11.02%。表明压裂液黏度越高，主裂缝中流量占比越高，低级别支缝中流量占比越低。压裂液黏度越高，携砂液越难进入分支缝中，更倾向于在主裂缝中流动。

3.3 支撑剂粒径对流量分布的影响

在中黏度压裂液、流量 4m³/min、30/50 目和 70/140 目支撑剂、砂比 10% 条件下主裂缝中流量占比分别为 57.69% 和 61.58%，一级分支缝中流量占比分别为 26.02% 和 23.65%，二级分支缝中流量占比分别为 16.29% 和 14.78%。表明支撑剂粒径越小，主裂缝中流量占比越高，分支缝中流量占比越低。因为支撑剂粒径越小，其越易进入分支缝中，导致分支缝中流动阻力相对增加、主裂缝中流动阻力相对减小，从而导致主裂缝中流量占比越高，分支缝中流量占比越低。

3.4 排量对流量分布的影响

中黏度压裂液、40/70 目支撑剂、流量分别为 4m³/min 和 6m³/min、砂比 15% 条件下主裂缝中流量占比分别为 59.43% 和 71.6%，一级分支缝中流量占比分别为 25.54% 和 17.75%，二级分支缝中流量占比分别为 15.04% 和 10.65%。表明排量越大，主裂缝中流量占比越高，分支缝中流量占比越低原因为排量越大，支撑剂越易进入分支缝中，导致分支缝中流动阻力相对增加、主裂缝中流动阻力相对减小，从而导致主裂缝中流量占比越高，分支缝中流量占比越低。且排量对各级裂缝中流量分布情况影响较大。

3.5　砂比对流量分布的影响

中黏度压裂液、70/140目支撑剂、排量6m³/min、砂比为5%和20%时各级裂缝内流量分布进行对比，主裂缝中流量占比分别为70.83%和65.48%；一级分支缝中流量占比分别为17.67%和21.94%；二级分支缝中流量占比分别为11.5%和12.59%。表明砂比越高，主裂缝中流量占比越低，分支缝中流量占比越高。因为砂比越高，支撑剂进入分支缝中比例越大，导致分支缝中流动阻力相对增加、主裂缝中流动阻力相对减小，从而导致主裂缝中流量占比越高，分支缝中流量占比越低。

4　结论与认识

（1）研制了多尺度裂缝系统有效输砂物理模拟实验装置，形成了一套多级裂缝内流量分布规律研究方法；开展了多级裂缝中流量分布物理模拟实验研究，揭示了不同条件下多级裂缝系统中流量分布规律，定量分析了流量分布规律影响因素。

（2）实验研究了压裂阶段各级裂缝中流量分布规律，主裂缝占比平均为64.6%，一级分支缝平均为22.2%，二级分支缝平均为13.2%；各级裂缝中流量分布比例主要受总流量大小影响，流量越大，主裂缝中流量占比越高，分支缝中流量占比越低；其次为支撑剂粒径、压裂液黏度和砂比。

（3）在压裂方案优化设计时，可根据本文各级裂缝中流量分布的量化结果，结合压裂设计中计算所得的地层破裂压力等参数，进而求得压裂施工所需压裂液黏度、压裂施工排量等施工参数；在压后分析中，可根据流量分布的量化结果，结合压裂施工参数，分析各级裂缝开启及延伸情况。研究成果为压裂方案优化设计、压后认识裂缝提供了依据。

（4）研究工作采用等密度单一粒径支撑剂在不同砂比、不同黏度压裂液下的流量分布规律进行了实验研究，未考虑不同密度、混合粒径支撑剂等复杂情况。可参照本文思路及方法，针对不同密度、混合粒径支撑剂等条件下，进一步探索多级裂缝系统中流量分布规律，为体积压裂方案制定提供理论依据和指导。

参 考 文 献

[1] Dekee D.Transport processes in bubbles, drops and particles[M].New York, Taylor & Francis, 2002.

[2] Michaelides E E. Hydrodynamic force and heat/mass transfer from particles, bubbles, and drops-the freeman scholar lecture[J].Journal of Fluids Engineering, 2003, 125（2）: 209-238.

[3] Malhotra S, Sharma M M. Settling of spherical particles in unbounded and confined surfactant-based shear thinning viscoelastic fluids : An experimental study[J]. Chemical Engineering Science, 2012, 84 : 646-655.

[4] 郭大立，纪禄军，赵金洲.支撑剂在三维裂缝中的运移分布计算 [J].河南石油，2001，15（2）: 32-34.

[5] 刘磊，廖红伟，周芳德.砂粒与复杂流体压裂液在裂缝中的流动特性研究 [J].工程热物理学报，2008，（1）: 102-104.

[6] 张鹏.煤层气井压裂液流动和支撑剂分布规律研究 [D].青岛：中国石油大学，2011.

[7] 温庆志，翟恒立，罗明良，等.页岩气藏压裂支撑剂沉降及运移规律实验研究 [J].油气地质与采收率，

2012, 19 (6): 104-107.

[8] 温庆志, 刘欣佳, 黄波, 等. 水力压裂可视裂缝模拟系统的研制与应用 [J]. 特种油气藏, 2016, 23 (2): 136-139.

[9] 温庆志, 段晓飞, 战永平, 等. 支撑剂在复杂缝网中的沉降运移规律研究 [J]. 西安石油大学学报 (自然科学版), 2016, 31 (1): 79-84.

[10] Kamga L N, Jennifer L M, Hazim H A, et al. Experimental study of proppant transport in horizontal wellbore using fresh water [C]. SPE Hydraulic Fracturing Technology Conference and Exhibition, 2017.

[11] 梁莹, 罗斌, 黄霞. 水力压裂低密度支撑剂铺置规律研究及应用 [J]. 钻井液与完井液, 2018, 35 (3): 110-113.

页岩油水平井多段压裂裂缝高度扩展试验

张士诚[1]，李四海[1]，邹雨时[1]，李建民[2]，
马新仿[1]，张啸寰[1]，王卓飞[2]，吴　珊[1]

（1.中国石油大学（北京）石油工程学院；2.中国石油新疆油田公司工程技术研究院）

摘　要：针对吉木萨尔凹陷芦草沟组页岩油储层压裂垂向改造程度低的问题，基于真三轴水力压裂模拟试验研究 CO_2 与瓜尔胶复合压裂相比于常规水基和超临界 CO_2 压裂缝高扩展的优势。创新性建立一套针对天然页岩的水平井多段压裂模拟试验方法，并通过试样剖分、CT扫描和声发射监测等方法综合确定多段压裂裂缝形态和破裂机制。结果表明：低黏度滑溜水和超临界 CO_2 压裂缝高受限，且超临界 CO_2 压裂缝高受限更严重；高黏度瓜尔胶向层理中滤失较弱，可提高裂缝垂向扩展程度，但开启的层理较少；CO_2—瓜尔胶复合压裂时瓜尔胶的隔离作用可有效降低 CO_2 的滤失，从而促使 CO_2 突破层理对裂缝高度的限制，同时 CO_2 的高压缩性在破裂瞬间释放大量弹性能，促使层理和天然裂缝发生剪切破裂，从而形成复杂裂缝网络；提高注入排量，破裂压力升高 10.1%，剪切事件比例升高 4.2%，CO_2—瓜尔胶复合压裂形成的裂缝更复杂。进而提出并论证一种适合于层理性页岩储层的 CO_2—瓜尔胶复合压裂新方法，即先采用高黏度瓜尔胶压裂液启缝，在近井区域突破层理，然后大排量注入 CO_2 进一步提高储层压裂改造体积。

关键词：吉木萨尔；页岩油；水平井；多段压裂；CO_2—瓜尔胶复合压裂；缝高扩展

　　中国页岩油资源潜力巨大，已成为继页岩气之后非常规油气勘探开发的新热点[1-3]。吉木萨尔凹陷芦草沟组页岩油含量丰富，其井控储量为 $11.12×10^8t$，已成为中国首个国家级陆相页岩油建设示范区[4]。芦草沟组页岩油储层厚度平均为 200m，埋深平均为 3570m；储层物性差，覆压下孔隙度平均为 11%，渗透率平均为 0.01mD[5]；水平应力差（8~12MPa）较大，天然裂缝整体不发育[6]。芦草沟组页岩油的另一个重要特点是地层呈薄互层状，单层厚度为厘米级，层理弱面特征明显，同时在上下甜点体内存在高强度泥岩隔层遮挡层。由于层理面和高强度泥岩隔层的影响，采用常规水基压裂存在水力裂缝纵向穿层能力受限、油层整体动用难的问题，制约了页岩油开发效果[6-7]。马新仿等[8]曾采用层理胶结强度较弱的龙马溪组页岩开展了真三轴压裂模拟试验，发现水力裂缝容易沿着层理面转向扩展，裂缝垂向扩展受到限制。此外，相关数值模拟研究验证了层理对裂缝垂向扩展的限制作用[9-10]。从二十世纪八十年代初开始，国内外学者在常规砂岩储层进行了大量的 CO_2 压裂矿场实践，且主要应用于低压、低渗、高水敏的气井增产改造，并取得了良好的增产效果[11-15]。新疆油田针对吉木萨尔芦草沟组地层原油黏度高、流动性差的问题，正在积极推动 CO_2 前置压裂技术，通过压裂后焖井促进 CO_2 与原油混相，达到降低原油黏度的目的[16]。同时，CO 压裂还具有降低地层伤害、增加地层能量和节约水资源等优点，其独特的优势可进一步提高非常规油气资源开发的潜力[17-18]。然而，CO 具有低/超

低黏度，易向页岩储层的层理中渗滤，不利于 CO_2 在井筒中憋起高压将地层压裂，且存在裂缝易沿层理扩展的问题[19]。东胜气田已成功开展了 CO_2 复合干法压裂试验，主要利用 CO_2（前置液）的低黏度和极低表面张力的特性在相对均质的致密砂岩储层造复杂缝，并结合高黏度双极性压裂液携带支撑剂进入裂缝并支撑裂缝[20]。从综合利用不同压裂介质特性的角度考虑，能否通过高黏度瓜尔胶启缝、CO_2 进一步扩展裂缝的复合压裂方式突破层理对裂缝高度的限制，需进一步研究页岩储层 CO_2—瓜尔胶复合压裂相比于常规水基压裂、CO_2 直接压裂缝高扩展的优势。此外，针对天然页岩的室内压裂模拟试验多采用裸眼完井方法[8]，或采用预置含模拟射孔的井筒和人工浇铸岩样相结合的方法[21]，其裂缝扩展规律与实际存在差异。针对上述问题，笔者基于真三轴水力压裂模拟系统，建立一套天然岩样水平井多段压裂物理模拟试验方法，研究常规水基压裂（瓜尔胶、滑溜水）、超临界 CO_2 压裂和 CO_2—瓜尔胶复合压裂的裂缝高度扩展规律，并分析排量对复合压裂缝网形成的影响。基于试验结果，提出一种适合于层理性页岩储层的 CO_2—瓜尔胶复合压裂新方法，即先采用高黏度瓜尔胶压裂液启缝，在近井区域突破层理，然后大排量注入 CO_2 进一步扩缝高、开启层理和沟通远井天然裂缝，从而提高压裂改造体积。

1   水平井多段压裂物理模拟试验

1.1   试验装置与试样制备

1.1.1   真三轴水力压裂模拟系统

室内压裂物理模拟试验是认识裂缝扩展规律的有效手段，大量学者通过室内试验手段研究了压裂裂缝扩展规律[8-9, 21]。多段压裂试验采用一套真三轴水力压裂模拟系统，如图1所示。岩心室尺寸为 40cm×40cm×40cm，可对边长为 30cm 的立方体试样开展压裂模拟试验。应力加载系统为岩心室内的试样施加三向应力，其中 x 轴的最大加载应力为 15MPa，y 轴和 z 轴的最大加载应力为 30MPa。声发射监测系统可进行水力裂缝空间展布定位和破裂

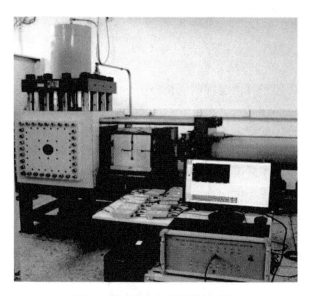

图 1   真三轴水力压裂模拟系统

机制分析。为了获得较好的声发射定位效果，在试样 5 个端面的承压板分别布置 2 个普通声发射探头，在 1 个端面的承压板上布置 2 个三分量探头，总共 16 通道采集声发射数据。恒速恒压泵的最大注入排量为 500mL/min，最高注入压力为 65MPa。低温浴槽可降低 CO_2 温度，将其转变为 CO_2 泵可增压的液态。温度控制系统可控制岩心室和中间容器温度，用于加热试样、压裂介质和染色液。数据采集系统可实时采集注入压力和排量等数据。

1.1.2　试样制备

试验所用岩样取自同一块芦草沟组页岩露头，其层理分布特征和力学性质相近。页岩岩样为边长 30cm 的立方体，层理面近似平行于岩样端面。为模拟水平井压裂，在垂直层理面的表面中心钻取 1 个直径为 2.8cm、深度约为 23.5cm 的盲孔［图 2（a）］。将外径 2.5cm、内径 2.2cm 的聚氟乙烯（PVC）管居中放置于此盲孔内，并在盲孔底部滴入深度为 1.0cm 的高强度环氧树脂，待环氧树脂胶固结（24h）后，向盲孔和 PVC 管之间的环空注入高强度环氧树脂，将 PVC 管和试样固结。采用数控割缝机在井筒不同深度位置径向切割出 6 个直径为 3.4cm 的凹槽，在岩石中的切割深度为 0.3cm，实现对套管射孔完井的模拟，射孔位置为 9.5cm、10.5cm、14.5cm、15.5cm、19.5cm、20.5cm，每两个射孔对应一个压裂段［图 2（b），其中 d 为射孔深度，h 为射孔间距，σ_h、σ_H 和 σ_v 分别为最小水平主应力、最大水平主应力和垂向应力］。

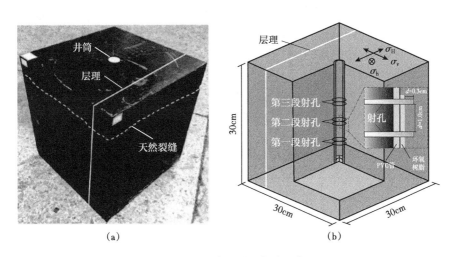

图 2　压裂物模试样及完井示意图

1.1.3　页岩物性参数测试

X 射线衍射测试结果表明，该页岩矿物组成以长石和菱镁矿为主，其中长石质量分数为 36.7%，菱镁矿质量分数为 25.7%，石英和碳酸盐岩含量适中，质量分数分别为 16.9% 和 14.8%，黏土矿物含量较低，质量分数为 5.9%。压裂前后采用大尺寸高能 CT 扫描系统（型号：IPT4106D）检测试样内部层理和裂缝分布，该系统的线性加速器可将 X 射线源的能量增大到 6MeV，空间分辨率为 4Lp/mm，对比分辨率为 0.4%。压裂前岩样 CT 扫描的结果表明，芦草沟组页岩含有大量的层理弱面和少量的天然裂缝［图 3（b）］。铸体薄片观察结果表明，该页岩含有大量厘米级矿物夹层，矿物夹层与邻近矿物之间存在明显界面特征，矿物夹层内还存在一些微裂缝（缝宽为 5~70μm）（图 4）。

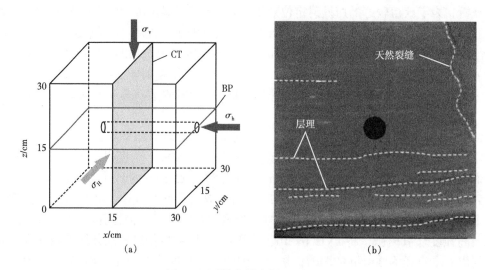

图 3　压裂前物模岩样 CT 扫描

图 4　芦草沟组页岩层理和微裂缝

通过单轴压缩和巴西劈裂试验测得的页岩岩样力学参数见表 1。由表 1 可知，垂直层理方向页岩抗张强度约为平行层理方向的 2.3~10 倍。

表 1　芦草沟组页岩岩石力学参数

取芯方向	弹性模量 E/GPa	泊松比 v	抗压强度 σ_c/MPa	抗拉强度 σ_t/MPa
平行层理	15.83	0.262	86.70	1.28~2.46
垂直层理	7.65	0.383	88.19	5.74~12.75

1.2　试验方案

根据研究区块水平应力差（8~12MPa）和垂向应力差（10~20MPa），设定压裂试验的最小水平主应力 σ_h、最大水平主应力 σ_H 和垂向应力 σ_v 分别为 10MPa、20MPa、25MPa。

采用从井筒趾部向跟部的顺序分 3 段压裂，段间距 s 根据几何相似原则确定，设定段间距为 5cm，每个压裂段设定两簇射孔，射孔簇间距为 1cm，射孔深度为 0.3cm[22]。为了考察不同压裂液的压裂改造效果，采用低黏度滑溜水压裂液（$\mu=2.5mPa \cdot s$）和超临界 CO_2 压裂液（$\mu=0.02mPa \cdot s$）、高黏度瓜尔胶压裂液（$\mu=200mPa \cdot s$）进行单一介质的压裂模拟。此外，对比分析 CO_2—瓜尔胶复合压裂与单一介质压裂效果的差异。CO_2—瓜尔胶复合压裂在现场的压裂顺序为，先采用瓜尔胶垂向启裂裂缝，然后大排量注入 CO_2 扩缝高，达到提高改造体积的目的。由于裂缝起裂瞬间的扩展速率极快，室内试验极难控制瓜尔胶仅在井筒附近有限范围内产生裂缝，而不形成贯穿试样的裂缝。同时，即使采用瓜尔胶在层理性页岩试样井筒附近形成有限范围的裂缝，新形成的裂缝可能沟通近井筒的层理，导致后续注入的 CO_2 通过层理滤失而无法在井筒憋起高压。因此在充分考虑瓜尔胶和 CO_2 在复合压裂中作用的基础上，近似模拟 CO_2- 瓜尔胶复合压裂，其方法为：低排量向井筒注入瓜尔胶直至 15MPa，稳压 5min 封堵近井区域的层理和微裂缝，然后大排量将超临界 CO_2 注入压裂试样。其中井筒中瓜尔胶段塞的隔离作用可降低 CO_2 的滤失。

由于实验室条件的限制，很难获得水力压裂应用的现场规模参数。因此根据实验室设备的性能并遵循相似准则[22]，设定不同黏度流体的注入排量：滑溜水和瓜尔胶的排量为 20mL/min，超临界 CO_2 的排量为 100mL/min 和 500mL/min。压裂过程中，试样和注入流体的温度维持在地层温度（80℃）。为了避免岩样在加工过程中潜在的损坏和岩样的非均质性对试验结果可靠性的影响，每种试验条件均开展了重复试验，试验方案见表 2。

表 2 水平井多段压裂试验方案

试样编号	压裂方式	排量 Q /（mL/min）
1#、2#	滑溜水	20
3#、4#	超临界 CO_2	100
5#、6#	瓜尔胶	20
7#、8#	CO_2—瓜尔胶复合	100
9#、10#	CO_2—瓜尔胶复合	500

1.3 试验方法

1.3.1 多段压裂注入井筒

为模拟水平井多段压裂，研制可重复使用的三段压裂注入井筒，如图 5 所示。根据试样尺寸（30cm）设定水平井长度为 22cm，根据实验室模拟射孔完井设备的性能设定井眼直径为 2.2cm。该注入井筒含有 3 个独立的内径为 0.3cm 的注入孔道。当注入井筒插入固结在试样内的 PVC 管后，3 个注入管道被 8 个密封圈分隔成 3 个互不连通的压力系统，分别对应第一压裂段、第二压裂段和第三压裂段，每一个压裂段由注入孔道和射孔（环形凹槽）组成。密封圈与 PVC 管紧密贴合。当向某一注入孔道注液时，密封圈可防止压裂液进入临近压裂段，从而实现多段压裂模拟。

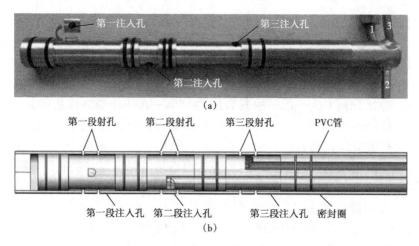

图 5　多段压裂注入井筒及其结构示意图

1.3.2　试验步骤

以 $7^\#$ 试样 CO_2—瓜尔胶复合压裂为例，说明水平井多段压裂模拟步骤：（1）连接注液管线，将安装有声发射探头和加热片的承压板固定在试样的 6 个表面，用同轴缆线连接声发射采集系统，并设置相关采集参数。（2）沿 X 轴方向将试样推入试验系统的岩心室内，通过液压站施加三向应力，并维持三向应力稳定。（3）将瓜尔胶压裂液和染色液置于中间容器内，启动温度控制系统，将试样和 3 个中间容器加热（4h）到地层温度（80℃）。（4）启动低温浴槽，当温度降低至 -4℃ 后将 CO_2 从钢瓶导入低温浴槽，使其转变为液态，然后采用 CO_2 泵将低温浴槽内的液态 CO_2 泵入中间容器，直至 CO_2 压力达到 6.3MPa，待液态 CO_2 被中间容器加热至 80℃ 后开始压裂。（5）第一段压裂时，将第一段的注入管线连接装有瓜尔胶的中间容器，开启恒速恒压泵，并开始采集声发射数据和井口压力数据；以低排量向井筒中注入瓜尔胶，当压力达到 15MPa 时，恒定压力注入 5min；恒定排量 100mL/min 注入 CO_2，当注入压力高于 7.38MPa 时，CO_2 转变为超临界态；试样破裂后，在压力波动较小时停泵，待注入压力趋于稳定时停止采集数据；在低注入压力条件下将染色液注入试样井筒，将裂缝面染色。（6）压裂第 2 段和第 3 段时，调整相应管线阀门，并重复步骤⑤。（7）试验结束后取出岩样，采用 CT 扫描方法无损检测试样某一截面位置的裂缝形态，采用沿裂缝将试样剖分的方法可直接观察裂缝在三维空间的展布和裂缝面形貌，两种方法相结合可明确裂缝在二维和三维空间的形态，从多个角度展现裂缝高度扩展结果。（8）解释声发射监测数据，获取各段声发射事件空间分布和震源（破裂）机制，并结合 CT 扫描、试样剖分结果分析裂缝扩展路径。

2　试验结果分析

2.1　破裂压力、裂缝形态及破裂机制统计结果

共开展 10 组水平井多段压裂试验，破裂压力和裂缝形态统计结果见表 3。由表 3 可知，瓜尔胶、滑溜水、超临界 CO_2 和 CO_2—瓜尔胶复合压裂的平均破裂压力分别为 27.4MPa、23.7MPa、10.3MPa 和 19.4MPa。由于 $1^\#~4^\#$ 试样形成了连通射孔的层理缝，导致滑溜水第

三段压裂、超临界 CO_2 第二段和第三段压裂未能起裂新裂缝。相同试验条件下的破裂压力和裂缝形态相近，考虑到论述逻辑和文章篇幅，本文中仅着重分析具有代表性的 5 组试验结果（1#、3#、6#、7#、10#）。根据声发射信号的 P 波极性（膨胀型初动的比例 λ）判断破裂机制：压缩破裂（$\lambda \leqslant 0.3$）、剪切破裂（$0.3 < \lambda < 0.7$）和张性破裂（$\lambda \geqslant 0.7$）[23-24]。图 6 为 5 组代表性多段压裂试验的破裂机制（剪切和张性事件的比例）。由图 6 可知，瓜尔胶、滑溜水和超临界 CO_2 压裂形成裂缝过程中张性破裂占主导（58.7%），CO_2—瓜尔胶复合压裂形成裂缝过程中剪切破裂占主导（51.8%）。

表 3　破裂压力和裂缝形态统计结果

试样编号	压裂方式	破裂压力 p/MPa			裂缝形态		
		第一段	第二段	第三段	第一段	第二段	第三段
1#	滑溜水	23.2	12.1	—	一条斜交缝+一条天然裂缝	一条贯穿井筒的层理缝	—
2#	滑溜水	24.1	13.2	—	一条横切缝	一条贯穿井筒的层理缝	—
3#	超临界 CO_2	10.7	—		两条贯穿井筒的层理缝	—	—
4#	超临界 CO_2	9.8			一条贯穿井筒的层理缝	—	—
5#	瓜尔胶	27.2	27.8	15.1	一条横切缝	一条斜交缝+一条层理缝	一条与层理连通的层理缝
6#	瓜尔胶	26.7	27.9	13.3	一条斜交缝+一条天然裂缝+一条远离井筒的层理缝	一条斜交缝	一条与井筒连通的层理缝
7#	CO_2—瓜尔胶复合	18.6	18.9	19.3	一条横切缝+一条斜交缝+一条层理缝+一条天然裂缝	一条斜交缝	一条横切缝+三条层理缝+一条天然裂缝
8#	CO_2—瓜尔胶复合	19.2	19.7	20.9	一条斜交缝+两条层理缝	一条斜交缝+一条层理缝	一条横切缝+两条层理缝+一条天然裂缝
9#	CO_2—瓜尔胶复合	19.9	20.5	20.8	两条横切缝+三条层理缝	一条横切缝+一条层理缝	一条横切缝+一条层理缝+一条天然裂缝
10#	CO_2—瓜尔胶复合	20.3	20.9	21.2	一条横切缝+一条斜交缝+四条层理缝+一条天然裂缝	一条横切缝	一条横切缝+一条纵向缝+一条层理缝

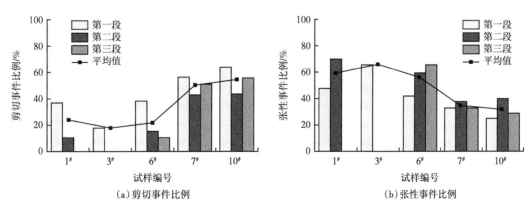

(a) 剪切事件比例　　　　　　　(b) 张性事件比例

图 6　代表性多段压裂试验的破裂机制

2.2 多段压裂动态破裂特征

图 7 为 3 段均起裂的 $6^{\#}$ 试样和 $7^{\#}$ 试样的压裂曲线，以此为例说明多段压裂的动态破裂特征。由图 7（a）可知，在 $6^{\#}$ 试样瓜尔胶压裂第一段的起压阶段（$t=0\sim157s$），注入压力以 0.175MPa/s 的速率迅速增加，当注入压力高于 21MPa 后有少量声发射事件（小于 5/s），表明近井筒区域可能有微裂隙生成。在 $t=157s$ 时，注入压力达到最高点 26.7MPa，之后注入压力急剧下降，相应地声发射率达到峰值（大于 40/s），表明试样破裂形成宏观裂缝。第二段压裂的注入压力波动和声发射响应特征与第一段压裂相似，破裂压力相当，但声发射事件略少于第一段，说明第二段裂缝形态较第一段简单[25]。第三段压裂的注入压力在达到 13.3MPa 后急剧降低，此时声发射事件达到峰值（大于 20/s），表明试样破裂。试验结果表明，相比于沿垂直于井筒方向起裂，沿层理弱面起裂的破裂压力更低，且声发射事件数量减少。

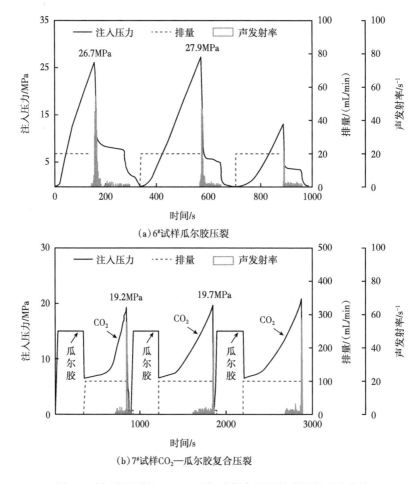

（a）$6^{\#}$试样瓜尔胶压裂

（b）$7^{\#}$试样CO_2—瓜尔胶复合压裂

图 7　瓜尔胶压裂和 CO_2—瓜尔胶复合压裂的声发射响应曲线

由图 7（b）可知：在 $7^{\#}$ 试样 CO_2—瓜尔胶复合压裂第一段的 t 为 $0\sim328s$ 时间段，瓜尔胶注入压力迅速增大到 15MPa 并保持恒定；t 为 $328\sim640s$，注入压力从 6.5MPa 以

0.005MPa/s 的速率缓慢增加至 7.93MPa，此阶段未监测到声发射事件；t 为 640~838s，注入压力从 7.93MPa 以 0.057MPa/s 的速率逐渐增加至 19.2MPa，在注入压力大于 14.5MPa 后开始有少量声发射事件（小于 5s^{-1}），说明近井筒区域可能形成了少量微裂缝；t 为 838~850s，注入压力急剧降低，试样破裂，声发射事件数量大幅增加（大于 50s^{-1}）。CO_2—瓜尔胶复合压裂的破裂压力明显高于超临界 CO_2 直接压裂，试样破裂瞬间超临界 CO_2 释放的弹性能更多。试验结果表明，在高压（15MPa）条件下向井筒内注入高黏度瓜尔胶（μ=200mPa·s）可封堵近井筒的层理和微裂缝，且瓜尔胶段塞的隔离作用大大减弱了超临界 CO_2 的滤失。然而，具有超低黏度（μ=0.02mPa·s）和高扩散率特性的超临界 CO_2 仍能穿过瓜尔胶段塞，渗入近井孔隙或微裂缝中，进而增大孔隙压力和降低有效法向应力[26]，从而使其破裂压力低于瓜尔胶压裂的破裂压力，降低幅度为 29.2%。同时，层理内孔隙压力的升高可促进层理的剪切激活，从而使开启的层理数量增多，压裂改造体积进一步提高。

2.3　低黏度滑溜水和超临界 CO_2 压裂

滑溜水体积压裂具有易形成复杂裂缝的优点，是一种广泛应用于非常规油气储层改造的技术[27]。相比于滑溜水压裂，CO_2 压裂可在均质致密砂岩储层形成多分支缝，从而提高裂缝复杂程度[28]。1# 试样滑溜水压裂和 3# 试样超临界 CO_2 压裂形成的裂缝形态如图 8 所示。由图 8（a）可知，层理发育的芦草沟组页岩采用滑溜水压裂仅有第一段正常起裂，形成一条与井筒斜交的水力裂缝，在远离井筒区域沟通一条天然裂缝。

（a）滑溜水压裂　　　　　　　　　　（b）超临界CO_2压裂

图 8　1# 试样滑溜水和 3# 试样超临界 CO_2 压裂的裂缝形态

第二段压裂形成一条连通井筒的层理缝 BP，张性事件比例高达 70.2%，层理的开启表现出明显的张开破坏特征。由于层理缝 BP 沟通了第三段射孔，进而导致第三段压裂失败。因此，建议层理性页岩储层水平井滑溜水压裂改造的段（簇）间距不宜过小，以免段间裂缝在近井区域通过层理弱面相互连通。

3# 试样超临界 CO_2 压裂第一段时，当注入压力达到 10.7MPa 时，试样破裂，形成两条与井筒连通的层理缝［图 8（b）］。第一段压裂破裂时，张性事件占主导（65.9%）（图 6）。第一段压裂形成的层理缝沟通了第二段和第三段的射孔，导致第二段和第三段因无法在井筒憋起高压而不能起裂新裂缝。超临界 CO_2 具有超低黏度和高滤失速率的特性[26]，易渗入并开启具有较高渗透率的层理，其高滤失性严重限制了裂缝的垂向扩展程度。因此，层理性页岩储层采用 CO_2 直接压裂存在缝高受限的问题。

2.4 高黏度瓜尔胶压裂

$6^\#$ 试样瓜尔胶压裂形成的裂缝形态、CT 扫描及声发射定位如图 9 所示。图 9（b）中展示在 CT 扫描切片上的圆点为分布于 CT 扫描位置（$y=15cm$）两侧 1.5cm 范围内（$Y=13.5\sim16.5cm$）的声发射事件，红点、蓝点、绿点分别代表第一段、第二段、第三段压裂声发射事件。

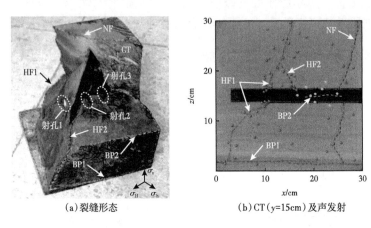

（a）裂缝形态　　　　　　（b）CT（$y=15cm$）及声发射

图 9　$6^\#$ 试样瓜尔胶压裂的裂缝形态、CT 扫描及声发射定位

由图 9 可知，第一段压裂形成一条斜交缝 HF1，声发射监测结果表明水力裂缝 HF1 沟通了远离井筒的层理 BP1 和天然裂缝 NF，其原因为天然裂缝 NF 胶结较差、黏聚力较小，水力裂缝 HF1 以大接触角与天然裂缝 NF 相交时易将其开启[29-30]；第二段压裂起裂一条偏向于 HF1 的斜交缝 HF2，HF2 在扩展过程中与 HF1 合并，并沟通天然裂缝 NF；第三段压裂形成一条与井筒相交的层理缝 BP2，声发射事件分布于第三段射孔附近［图 9（b）］。由图 6 可知，第一段压裂的剪切事件比例（38.5%）远高于第二段压裂（15.6%）和第三段压裂（10.9%），说明斜交缝的形成、层理和天然裂缝的激活过程中剪切破坏增多，裂缝形态趋于复杂。

试验结果表明，瓜尔胶压裂可以有效突破井筒附近层理，沿近似垂直于水平最小主应力方向起裂后，在缝长和缝高方向同步扩展，尤其是显著增大了垂向改造程度，沟通了远离井筒的层理和天然裂缝，从而在一定程度上提高了页岩储层的改造体积。瓜尔胶压裂的垂向扩展程度明显高于滑溜水和超临界 CO_2 压裂，说明瓜尔胶压裂对层理性页岩储层具有较好的适应性。然而，由于高黏度瓜尔胶低滤失的特性，瓜尔胶压裂开启的层理缝较少，压裂改造体积仍具有进一步提高的潜力。

2.5 CO_2—瓜尔胶复合压裂

$7^\#$ 试样 CO_2—瓜尔胶复合压裂形成的裂缝形态、CT 扫描及声发射定位如图 10 所示。

由图 10（a）、图 10（b）可知，第一段压裂形成两条水力裂缝，开启一个层理面 BP1，沟通一条天然裂缝 NF1；第二段压裂形成一条斜交缝 HF2，在扩展过程中与水力裂缝 HF1 沟通合并；第三段压裂形成一条阶梯状横切缝 HF3，形成三条层理缝（BP2、BP3 和 BP4），并沟通天然裂缝 NF2。$7^{\#}$ 试样压裂形成了一个由水力裂缝、层理缝和天然裂缝组成的复杂裂缝网络，相比于滑溜水、超临界 CO_2 和瓜尔胶压裂的裂缝形态更复杂，压裂改造体积显著提高。由图 10（c）、图 10（d）可知，声发射事件集中于射孔附近，同时声发射事件分布于水力裂缝、层理缝和天然裂缝附近，表明水力裂缝与天然裂缝或层理相遇后激活了这些力学强度弱面。CO_2—瓜尔胶复合压裂三段均正常起裂，剪切事件占主导（49.7%），高于滑溜水、超临界 CO_2 和瓜尔胶压裂的剪切事件比例（图 6）。瓜尔胶段塞的隔离作用可有效封堵近井层理，降低了超临界 CO_2 的滤失，使超临界 CO_2 可以在井筒憋起高压，从而提高了 CO_2—瓜尔胶复合压裂的成功率。此外，试样破裂瞬间，高压的超临界 CO_2 释放大量弹性能，促进了裂缝的垂向扩展，同时水力裂缝的张开可促进层理的剪切激活，从而显著提高压裂改造体积。

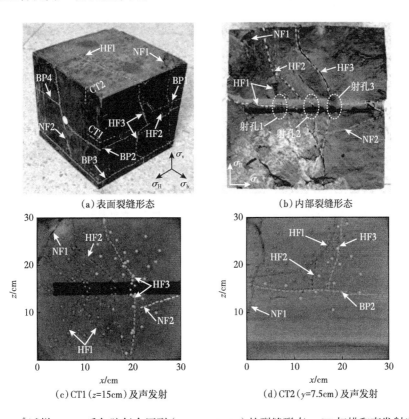

（a）表面裂缝形态　　　　　　　　（b）内部裂缝形态

（c）CT1（$z=15cm$）及声发射　　　　　（d）CT2（$y=7.5cm$）及声发射

图 10　$7^{\#}$ 试样 CO_2—瓜尔胶复合压裂（100 mL/ min）的裂缝形态、CT 扫描和声发射定位

泵注排量是影响压裂改造效果的重要工程因素之一[27]。在排量 500mL/min 条件下，$10^{\#}$ 试样 CO_2—瓜尔胶复合压裂裂缝形态、CT 扫描及声发射定位如图 11 所示。由图 11 可知：第一段压裂形成一条横切缝、一条斜交缝和 4 条层理缝，并沟通一条天然裂缝；第二段压裂形成一条横切缝；第三段压裂形成一条横切缝、一条纵向缝和一条远离井筒的层理缝。相比于 $7^{\#}$ 试样（$Q=100mL/min$），$10^{\#}$ 试样 3 段压裂（$Q=500mL/min$）的破裂压力升高

10.1%，剪切事件比例提高 4.2%，且裂缝复杂程度进一步提高。随着排量的提高，水力裂缝倾向于垂直井筒起裂扩展，开启的层理数量增多，压裂改造体积增大。其原因为：排量升高使 CO_2 增压速率增大，CO_2 向页岩中渗入的时间变短、渗入程度减弱，孔隙压力增大的幅度降低，导致破裂压力升高[31]；当试样在较高注入压力条件下破裂时，CO_2 能量释放率增大，在 10MPa 高水平应力差条件下更有利于形成垂直于井筒轴线的横切缝，且横切缝的张开变形对层理的激活作用更强，形成的层理缝更多，从而使压裂改造体积进一步增大。

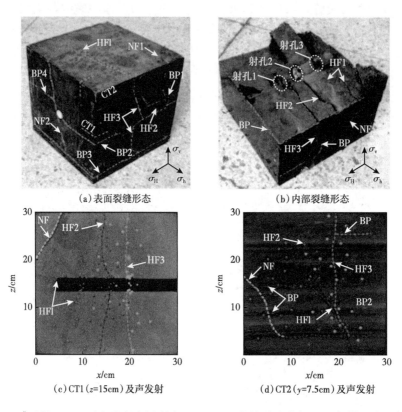

(a) 表面裂缝形态　　　　　　　　　　　　(b) 内部裂缝形态

(c) CT1 (z=15cm) 及声发射　　　　　　　(d) CT2 (y=7.5cm) 及声发射

图 11　$10^{\#}$ 试样 CO_2—瓜尔胶复合压裂（500mL/min）的裂缝形态、CT 扫描和声发射定位

前期研究发现，在相对均质的盒 8 致密砂岩储层超临界 CO_2 压裂可形成多分支裂缝，而在砂质纹层发育的长 7 致密砂岩储层超临界 CO_2 压裂可形成复杂裂缝网络[28]。然而，由于超临界 CO_2 的高滤失性和近井筒区域发育的层理弱面，$3^{\#}$ 和 $4^{\#}$ 试样超临界 CO_2 压裂仅形成与井筒连通的层理缝，缝高严重受限。$1^{\#}$ 和 $2^{\#}$ 试样滑溜水压裂虽然能在一定程度上突破层理，但近井筒的层理易于被开启，导致缝高受限。瓜尔胶压裂液具有高黏度、低滤失的特性，常与滑溜水压裂液复合应用于非常规油气储层的体积压裂改造，即利用高黏度瓜尔胶起裂造缝，然后通过低黏度滑溜水延伸裂缝，并携带支撑剂将水力裂缝支撑[27]。$5^{\#}$ 和 $6^{\#}$ 试样试验结果表明，瓜尔胶压裂可突破层理对裂缝高度的限制，然而形成的层理缝较少，裂缝改造体积仍具有进一步提高的潜力。$7^{\#}$ 和 $8^{\#}$ 试样 CO_2—瓜尔胶复合压裂形成了复杂的裂缝网络，说明综合利用瓜尔胶压裂液低滤失的特性突破层理、CO_2 的高压缩性造复杂裂缝的优势可提高压裂改造体积，即 CO_2—瓜尔胶复合压裂相比于滑溜水、超临界 CO_2 和瓜尔胶压裂，在层理性页岩储层具有更好的适应性。

3　结论

（1）滑溜水压裂在一定程度上可突破层理对缝高的限制，但由于近井筒层理的开启和平面延伸沟通了未压裂段的射孔，可能导致后续压裂失败。建议现场层理性页岩储层滑溜水压裂改造的段（簇）间距不宜过小，以免段间裂缝在近井区域通过层理连通。超临界 CO_2 压裂裂缝易沿层理方向扩展，垂向裂缝扩展严重受限，不建议直接用于层理性页岩储层压裂。瓜尔胶压裂可突破层理对裂缝高度的限制，裂缝垂向扩展程度明显高于滑溜水和超临界 CO_2 压裂，但开启层理的数量较少，水平方向改造程度较低。CO_2—瓜尔胶复合压裂可显著提高裂缝垂向扩展程度，同时在水平方向开启大量层理，并沟通远井区域的天然裂缝，从而形成复杂的裂缝网络，压裂改造体积显著提高。提高 CO_2—瓜尔胶复合压裂中 CO_2 的注入排量，水力裂缝倾向于垂直井筒起裂，开启的层理数量增多，压裂改造体积增大。

（2）提出一种针对层理性页岩储层的 CO_2—瓜尔胶复合压裂方法，即先注入高黏度瓜尔胶压裂液启裂裂缝，在近井区域垂向突破层理，然后大排量注入 CO_2，进一步在高度方向扩展裂缝，同时通过在水平方向开启大量层理、沟通远井天然裂缝，提高垂向和水平方向的改造程度，从而提高压裂改造体积。

参 考 文 献

[1] 邹才能，杨智，崔景伟，等.页岩油形成机制、地质特征及发展对策［J］.石油勘探与开发，2013，40（1）：14-26.

[2] 杨智，侯连华，陶士振，等.致密油与页岩油形成条件与"甜点区"评价［J］.石油勘探与开发，2015，42（5）：555-565.

[3] 赵文智，胡素云，侯连华，等.中国陆相页岩油类型、资源潜力及与致密油的边界［J］.石油勘探与开发，2020（1）：1-10.

[4] 王小军，杨智峰，郭旭光，等.准噶尔盆地吉木萨尔凹陷页岩油勘探实践与展望［J］.新疆石油地质，2019，40（4）：402-413.

[5] 曲长胜，邱隆伟，操应长，等.吉木萨尔凹陷二叠系芦草沟组烃源岩有机岩石学特征及其赋存状态［J］.中国石油大学学报（自然科学版），2017，41（2）：30-38.

[6] 吴宝成，李建民，邬元月，等.准噶尔盆地吉木萨尔凹陷芦草沟组页岩油上甜点地质工程一体化开发实践［J］.中国石油勘探，2019，24（5）：679-690.

[7] 胥云，雷群，陈铭，等.体积改造技术理论研究进展与发展方向［J］.石油勘探与开发，2018，45（5）：874-887.

[8] 马新仿，李宁，尹丛彬，等.页岩水力裂缝扩展形态与声发射解释：以四川盆地志留系龙马溪组页岩为例［J］.石油勘探与开发，2017，44（6）：974-981.

[9] Zou Y S，Ma X F，Zhou T，et al. Hydraulic fracture growth in a layered formation based on fracturing experi-ments and discrete element modeling［J］. Rock Mechanics and Rock Engineering，2017（2/3）：1-15.

[10] Tang J Z，Wu K，Zuo L H，et al. Investigation of rupture and slip mechanisms of hydraulic fractures in multiple-layered formations［J］. SPE Journal，2019，24（5）：2292-2307.

[11] Yost A B，Mazza R L，Gehr J B. CO_2 / sand fractu- ring in devonian shales［R］.SPE 26925，1993.

[12] Gupta D V S，Bobier D M. The history and success of liquid CO_2 and CO_2/N_2 fracturing system［R］. SPE

40016, 1998.

[13] 宋振云，苏伟东，杨延增，等 . CO_2 干法加砂压裂技术研究与实践 [J]. 天然气工业，2014，34（6）：55-59.

[14] 王香增，吴金桥，张军涛 . 陆相页岩气层的 CO_2 压裂技术应用探讨 [J]. 天然气工业，2014，34（1）：64-67.

[15] Meng S W, Liu H, Yang Q H. Exploration and practice of carbon sequestration realize by CO_2 waterless fracturing[J]. Energy Procedia, 2019, 158：4586-4591.

[16] 霍进，何吉祥，高阳，等 . 吉木萨尔凹陷芦草沟组页岩油开发难点及对策 [J]. 新疆石油地质，2019，40（4）：379-388.

[17] Sinal M L, Lancaster G. Liquid CO_2 fracturing：advantages and limitations[J]. Journal of Canadian Petroleum Technology. 1987, 26（5）：26-0.

[18] 刘合，王峰，张劲，等 . 二氧化碳干法压裂技术：应用现状与发展趋势 [J]. 石油勘探与开发，2014，41（4）：466-472.

[19] Zhao Z H, Li X, He J M, et al. A laboratory investigation of fracture propagation induced by supercritical carbon dioxide fracturing in continental shale with interbeds[J]. Journal of Petroleum Science and Engineering. 2018, 166：739-46.

[20] 贾光亮 . 东胜气田超临界 CO_2 复合干法压裂技术试验 . 重庆科技学院学报（自然科学版）.2018，20（2）：24-27.

[21] 刘乃展，张兆鹏，邹雨时，等 . 致密砂岩水平井多段压裂裂缝扩展规律团 [J]. 石油勘探与开发，2018，45（6）：10594068.

[22] Saviskt A A, Detournay E. Propagation of a penny-shaped fluid-driven fracture in an impermeable rock：asymptotic solutions[J]. International Journal of Solids and Structures, 2002, 39（26）：6311-6337.

[23] Lei X L, Nishizawa O, Kusunose K, et al. Fractal structure of the hypocenter distributions and focal mechanism solutions of acoustic emission in two granites of different grain sizes[J]. Journal of Physicsof the Earth, 1992, 40（6）：617-634.

[24] Ohtsu M. Simplified moment tensor analysis and unified decomposition of acoustic emission source：application to in situ hydro fracturing test[J]. Journal of Geophysical Research, 1991 , 96（4）：6211-6221.

[25] Li N, Zhang S C, Zou Y S, et al. Experimental analysis of hydraulic fracture growth and acoustic emission response in a layered formation [J]. Rock Mechanics and Rock Engineering, 2018, ·51（4）：1047-1062.

[26] Li B, Zheng C, Xu J, et al. Experimental study on dynamic filtration behavior of liquid CO_2 in tight sandstone[J]. Fuel, 2018, 226：10-17.

[27] 张士诚，郭天魁，周彤，等 . 天然页岩压裂裂缝扩展机理试验 [J]. 石油学报，2014，35（3）：496-503.

[28] Li S H, Zhang S C, Ma X F, et al. Hydraulic fractures induced by water-/carbon dioxide-based fluids in tight sandstones[J]. Rock Mechanics and Rock Engineering, 2019, 52（9）：3323-3340.

[29] 王海洋，卢义玉，夏彬伟，等 . 射孔水压裂缝在层状页岩的扩展机制 [J]. 中国石油大学学报（自然科学版），2018，42（2）：95-101.

[30] 张广清，周大伟，窦金明，等 . 天然裂缝群与地应力差作用下水力裂缝扩展试验 [J]. 中国石油大学学报（自然科学版），2019，43（5）：157-162.

[31] Ito T. Effect of pore pressure gradient on fracture initiation in fluid saturated porous media：rock [J]. Engineering Fracture Mechanics, 2008, 75（7）：1753-1762.

支撑剂沉降规律对页岩气压裂水平井产能的影响

侯腾飞[1]，张士诚[1]，马新仿[1]，李　栋[1]，孙延安[2]

（1. 中国石油大学（北京）石油工程学院；

2. 大庆油田有限责任公司采油工程研究院）

摘　要： 压裂工艺后支撑剂的分布及裂缝形态对页岩气井的产能有很大影响。为研究支撑剂沉降规律，建立了综合考虑页岩气吸附解吸及应力敏感的气藏数值模型，并在模型中提出了表征支撑剂沉降的方法。通过对比分析不同射孔位置、不同沉降程度、裂缝导流能力、储层基质渗透率等参数变量，考虑了支撑剂沉降的页岩气藏压力分布和产能特征，得出影响支撑剂沉降后气井产能的主控因素。结果表明：支撑剂沉降大幅度降低了气井产能；考虑压裂过程中支撑剂运移沉降，应在油气藏中下部进行射孔；页岩气藏裂缝导流能力达到 $4D \cdot cm$ 即可满足气井的有效开采，选用 40/70 目支撑剂进行压裂施工，建议优先造主缝；基质渗透率越高，支撑剂沉降对气井产能影响越大，高渗带要采取防止支撑剂沉降的措施。此模型考虑了支撑剂沉降的特性，对页岩气井产能的预测和现场压裂施工具有重要指导意义。

关键词： 支撑剂沉降；敏感性分析；页岩气；水平井；产能

页岩气是发展最迅速的非常规能源，对于缓解国内能源供需矛盾具有重要意义。水平井分段压裂技术是成功开发页岩气资源的关键技术。页岩气储层大范围有效的改造体积和足够导流能力的网络裂缝是有效增产和经济开采的重要因素[1, 2]，但目前支撑剂在页岩气缝网压裂过程中的运移、沉降和分布规律对产能的影响尚不明确。

国内外学者对支撑剂的运移和沉降规律的理论研究多集中在常规水力压裂裂缝，即对单一裂缝中的颗粒运移和沉降的研究[3]。很多学者建立了运移和沉降数学模型，分析流体特征、颗粒性质、岩石性质对颗粒沉降的影响[4]，但是对支撑剂在复杂裂缝网络体系的沉降和运移研究较少。Bokane 等根据计算流体动力学（CFD）技术建立了一个固液两相流模型，用来模拟支撑剂在一个射孔段的不同射孔簇中的运移[5]。此方法可分析一段多簇压裂中支撑剂的运移情况，但是不能分析复杂裂缝中支撑剂的运移。实验研究支撑剂的运移和沉降规律方面，多集中使用大型水力压裂平板仪器，通过相似性原理把支撑剂在压裂过程中的运移转变成室内实验研究。温庆志等设计了大型可视裂缝模拟系统，通过实验分析滑溜水的携砂能力以及支撑剂密度对滑溜水携砂性能的影响[6]。Sahai 等通过建立大型支撑剂运移复杂裂缝网络模拟装置，研究施工排量、液量、压裂液性质、支撑剂粒径密度等对支撑剂在裂缝中的运移和沉降规律[7]。尽管国外学者通过室内实验研究了支撑剂在复杂裂缝网络运移规律，但由于不能考虑储层特性、裂缝壁面粗糙度、岩石特性、裂缝扩展规律等情况，具有很大的局限性，并不能准确表征支撑剂的运移和沉降规律，也无法实现对油气井产能的分析和预测。

国外学者在数值模拟分析支撑剂沉降对产能的影响方面研究较少。CipollaC.L.等通过建立气藏数值模拟模型，分析水力裂缝闭合后，自支撑裂缝和支撑剂裂缝的不同导流能力对页岩气井产能的影响[8]。Daneshy 等指出，在桥塞射孔压裂作业中，支撑剂在不同射孔簇是非均匀分布的，大多数支撑剂会进入最后一个射孔簇，第 1 簇中的支撑剂量约是最后一簇的四分之一[9]。

考虑到实际压裂后支撑剂运移和沉降的特征，本文建立一种新的考虑支撑剂沉降的数值模型，以涪陵页岩气藏储层为研究对象，对比分析了不同支撑剂沉降程度及不同射孔位置对产能的影响，研究结果对页岩气的高效开发及气井现场压裂施工具有重要的指导意义。

1 支撑剂沉降的表征方法及模型的建立

1.1 支撑剂沉降的表征方法

Cipolla 研究发现：在页岩气藏水力压裂作业过程中，支撑剂由于重力作用、动力学因素、与压裂液运移不同步而产生沉降。在压裂施工后，未有效支撑的裂缝会因为闭合压力的作用而闭合，只有支撑剂有效支撑的裂缝才具有高导流能力。依据 Cipolla 等的研究成果，利用 CMG-GEM 模块的双重介质模型，模拟页岩气支撑剂沉降对产能的影响，并对比不同储层射孔位置、不同支撑剂沉降程度、不同自支撑裂缝渗透特性下产能的变化规律。

在 CMG 气藏数值模拟软件中，利用局部网格加密和等效导流能力的方法来描述人工裂缝。如图 1 和图 2 所示为沿水平井筒钻遇方向的纵向裂缝壁面，其支撑剂沉降规律用等效导流能力来表征。

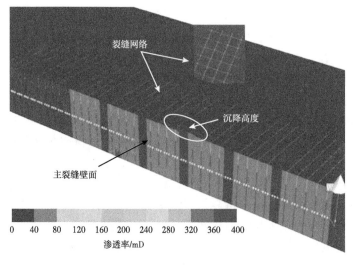

图 1　渗透率分布

次级裂缝网络导流能力由于铺砂少，多为诱导裂缝，参考 YuW 研究假设其为定值。由图可知，页岩气储层纵向等分为 5 个小层，可直观看到支撑剂的沉降高度。图 1 表示 20%的支撑剂发生沉降，第 1 小层支撑剂导流能力为自支撑剂导流（导流非常小），或裂缝视为无效裂缝（裂缝渗透率为基质渗透率）。图 2 表示横切裂缝壁面支撑剂、自支撑裂缝示意图。通过 LGR 网格加密，结合等效导流能力设置裂缝宽度、渗透率参数。参考 Cipolla 的研究结果，有效支撑的裂缝宽度设置为自支撑裂缝的 10 倍，且导流能力设置为自支撑裂缝的 500 倍。虽然弓形裂缝内部没有支撑剂支撑，但可视为大的喉道，为无限导流；由于弓形裂缝高度非常小，且无法准确表征其导流能力，故本文在下面的分析中忽略这一特征。

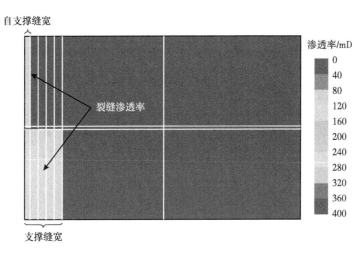

图 2　横切裂缝壁面支撑剂沉降表征

针对 4 种支撑剂沉降程度 20%、40%、60%、80%，建立如图 3 所示支撑剂沉降在数值模拟中的表征方法。在支撑剂沉降后，未有支撑剂支撑的裂缝，定义其导流能力为

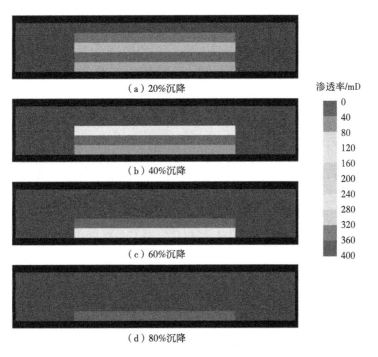

图 3　4 种支撑剂沉降类型在数值模拟中的表征

0.001D·cm。支撑剂支撑的裂缝，通过裂缝等效导流能力方程，结合 LGR 网格加密技术，对其渗透率进行赋值。支撑裂缝的导流能力主要参考 CipollaC.L. 对不同支撑剂粒径下导流能力的研究，以及参考贾长贵研究涪陵地区不同支撑剂粒径下导流能力与闭合应力的关系，设置主裂缝导流能力 4D·cm 为基础模型的导流能力[10]。

1.2　页岩气数值模型建立

以涪陵页岩气藏储层为研究对象，建立了考虑支撑剂沉降的水平井分段多簇压裂的双重介质产能模型。运用对数网格加密（LGR）方法来模拟双翼水力裂缝，此方法可以准确地模拟流体从页岩基质到水力裂缝的流动。使用等效导流能力的方法来表征人工裂缝，裂缝导流能力定义为裂缝宽度和裂缝渗透率的乘积。

模型假设封闭边界条件，考虑了气体的非达西流动。通过非达西流动来模拟水力裂缝中高速流体产生的紊流现象，在基质系统不考虑非达西流动。模型中非达西现象通过 Forchheimer 修正的达西公式模拟为

$$-\nabla p = \frac{\mu}{k}v + \beta\rho v^2 \tag{1}$$

$$\beta = 1.485 \times 10^9 / \phi K^{1.021} \tag{2}$$

式中：p 为压力梯度，10^{-1} MPa/cm；μ 为黏度，mPa·s；K 为渗透率，D；ρ 为相密度，g/cm^3；β 为 Forchheimer 校正中使用的非达西因子，它由 Evans 和 Civan 提出的相关性来确定，cm^{-1}；v 为流速，cm/s；ϕ 为孔隙度。

式（1）描述气体在人工裂缝中的非达西流动，并且已经得到 Rubin B 等的验证[11]。式（2）用于描述水力裂缝中的非达西现象，也常用来模拟页岩气藏水力裂缝中的瞬态流。模型考虑了气体吸附解吸附作用，通过 Langmuir 等温吸附，即 Langmuir 压力和 Langmuir 体积来表征。此方法假设在恒温恒压下，吸附气和游离气之间存在动态平衡。Langmuir 吸附方程为：

$$V_E = V_L \frac{p}{p_L + p} \tag{3}$$

式中：V_E 为吸附气量，m^3/m^3；V_L 为饱和吸附气量，m^3/t，即兰格缪尔体积，反映页岩有机质的最大吸附能力；p_L 为兰格缪尔压力，MPa，此压力下吸附量为最大吸附能力的 50%；p 是地层压力，MPa。

在压力较低时，吸附量随压力增大呈近似线性增长，随着压力的逐渐增大，气体在基质表面的吸附逐渐达到饱和，吸附量无限接近朗格缪尔体积。研究使用的吸附解吸附数据 Langmuir 吸附常数 0.002 71，Langmuir 最大吸附量 0.11 kg/mol。此吸附解吸附数据是通过现场实测数据计算得出的。

模型考虑了应力敏感对裂缝导流能力的影响，裂缝导流能力随着应力的增大而减小。通过支撑裂缝导流能力实验，得出裂缝导流能力系数随压力的变化规律，如图 4 所示[12]。建立的页岩气气藏数值模型，需要使用现场生产数据进行验证，以确保模拟结果的可靠

性。应用此规律对涪陵地区一口页岩气井的井底流动压力和气体的生产数据进行历史拟合，并开展敏感性研究和产量预测。

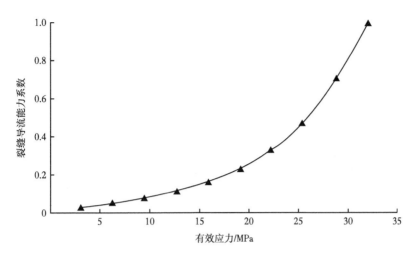

图 4　裂缝导流能力随应力变化曲线

图 5 是页岩气 YY1 井的历史拟合结果，从图中可以看出，考虑了支撑剂沉降（沉降程度为 20%）、气体吸附解吸附、地应力影响的数值模拟结果和现场实际产量拟合较好。拟合的裂缝网络平均导流能力为 0.1~0.4D·cm，历史拟合后，预测了 10 年后的累计产气量，开展了一系列影响因素敏感性分析。

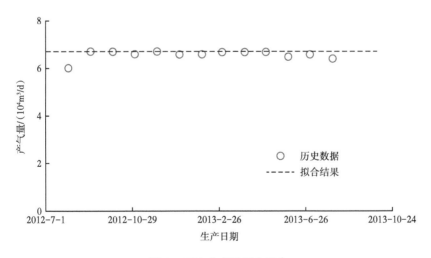

图 5　YY1 井产量历史拟合

在进行历史拟合过程中，对模型的天然裂缝导流能力、水力裂缝导流能力、相渗等数据做了调整，兰氏吸附常数和最大吸附量均保持不变。拟合后的参数用于支撑剂非均匀分布的研究。YY5 设计水平井长 1200m，并未进行压裂施工，应用分段多簇压裂技术，压裂共分为 8 段，每段 4 簇，所以水力主裂缝总数是 32，主次裂缝间距均为 30m。文中数值模型大小为 2100m×1200m×80m，水力裂缝均为裂缝网络模型，主裂缝导流能力为

4D·cm，次级裂缝导流能力为 0.04D·cm。模型水平井在裂缝中间如图 1 所示，基础模型的储层参数和裂缝参数见表 1。

2 考虑支撑剂沉降的产能研究

2.1 支撑剂沉降对产能的影响

在建立的双重介质模型中，使用的气藏数据均来自涪陵页岩气藏基础数据，见表 1。

表 1 基础模型储层和裂缝参数

参数	数值	参数	数值
网格（长×宽×高）/（m×m×m）	70×40×5	裂缝高度 /m	60
主裂缝导流能力 /（D·cm）	4	气藏深度 /m	2480
次裂缝导流能力 /（D·cm）	0.04	生产时间 /a	20
平均基质孔隙度 /%	4.6	气藏温度 /℃	92.5
孔隙压力梯度 /（MPa/m）	1.29	次裂缝间距 /m	30
初始气藏压力 /MPa	32	裂缝半长 /m	180
初始含气饱和度 /%	65	簇间距 /m	30
综合压缩系数 /MPa^{-1}	1.45×10^{-4}	水平井长度 /m	1200
平均基质渗透率值 /mD	1.0×10^{-4}	压裂段数	8
井底流压 /MPa	24	裂缝总簇数	32

水平井筒设置在气藏中部，即射孔位置设置在气藏中部。对比分析支撑剂未发生沉降、沉降程度为 20%、40%、60%、80% 的数值模型。支撑剂沉降在数模上的表征为 LGR 网格加密缝宽和导流能力的非均匀分布，其单位均取 D·cm。4 种支撑剂沉降方式的模型图如图 3 所示，数值模拟不同支撑剂沉降程度下的产量结果如图 6 所示。

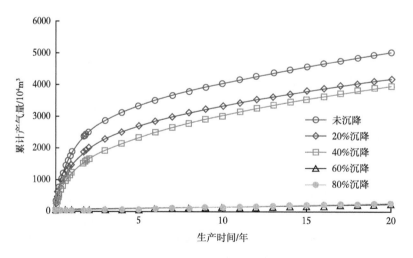

图 6 不同支撑剂沉降程度下的累计产量对比

由图 6 可看出，支撑剂不发生沉降产能最大，沉降的程度越小产能越高，这和油气藏实际生产相一致；对比未发生支撑剂沉降情况，以及分别产生 20% 沉降、40% 沉降、60% 沉降、80% 沉降下，20 年累计产气量下降分别为 17.6%、19.3%、93%、93.6%。在气藏中部射孔情况下，发生 60% 沉降时产能发生突变，压裂气井基本无有效产能。这是因为基础模型是射孔位置在油藏中部，支撑剂沉降 60% 时，裂缝有效高度仅为下面两个小层，且射孔位置和有效支撑裂缝并没有沟通，导致产量的急剧降低。这可以作为对于有较好油气丰度且顺利压裂施工后依然没有经济产量的区块一种解释，即支撑剂发生运移沉降、未有效支撑剂水力裂缝，从而气井产能较低。气藏顶层、中部压力降分布分别如图 7 和图 8 所示。

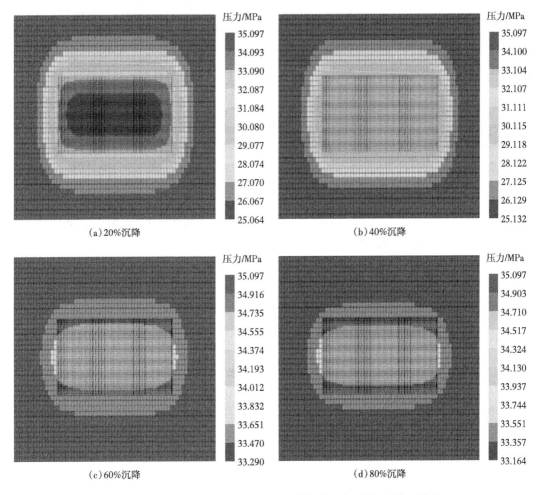

图 7　4 种支撑剂沉降程度下生产 10 年气藏顶部（第 1 层）压力降

由图 7 可看出，在发生 20% 沉降时，顶层较大范围仍有较为明显的压力降，说明顶部气藏气体流动产出，可视为有效改造带，对气井产能是有贡献的；而 60%、80% 支撑剂沉降时，气井生产 10 年，顶部气藏基本无压力降产生，压力波波及范围小，并不能为气井的生产提供气源和能量，导致气井产量低。

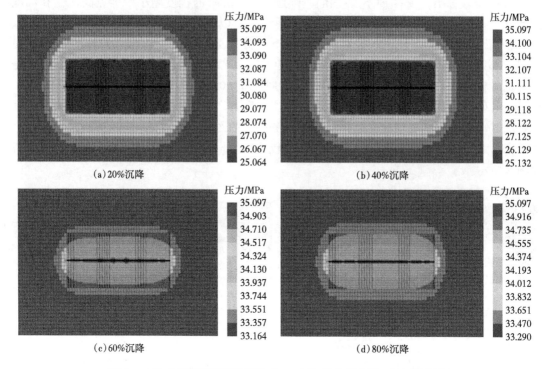

图8　4种支撑剂沉降程度下生产10年气藏中部（第3层）压力降

由图8可看出，在发生20%、40%沉降时，气藏中部具有较为明显的压力降，压力波波及范围大，说明顶部气藏气体流动产出；而60%、80%支撑剂沉降时，气井生产10年，气藏中部仍无明显压力降，仅在水平井筒射孔位置有较小的压力降，泄气面积小，气井产量低。此结论是水平井段在气藏中部，即射孔位置在储层中部的前提下得出的。当支撑剂沉降程度大于60%时，页岩气井产能下降90.2%，基本失去经济可采价值。

2.2　不同射孔层位对产能的影响

压裂过程中支撑剂沉降不仅与施工参数、气藏岩性、物性、支撑剂性质、压裂液体系相关，与油气井射孔位置也是密不可分的。分析5个射孔层位在5种不同的支撑剂沉降程度下对页岩气井产能的影响，第3层射孔如图6所示，其余4层射孔如图9所示。

综合图6、图9共计5个不同的射孔层位、5种不同的支撑剂沉降程度，生产20年后的页岩气井累计产气量进行对比研究。由表2可以看出，在顶部层位射孔，仅未发生支撑剂沉降下的气井具有较高的经济产量，一旦发生支撑剂沉降，气井产能迅速下降；在气藏中下部射孔（第4层射孔），80%的支撑剂发生沉降产能才明显降低。若支撑剂发生80%的沉降，对比5种射孔位置，在气藏底部层位射孔的20年累计产气量最大。但是此模拟结果基于一个假设：目标储层有非常好的隔层，且压裂后不会沟通水层。因此，在油气藏底部射孔存在较大风险，即使考虑支撑剂沉降条件，也不建议在油气藏底层射孔。

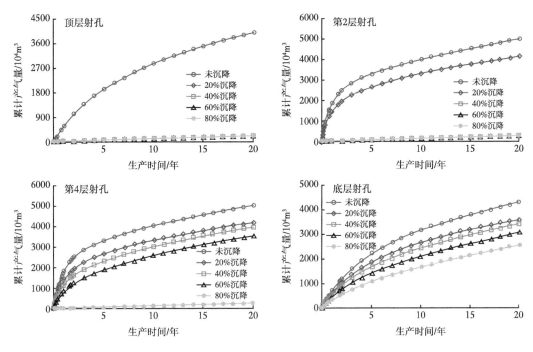

图9　4 种射孔条件下支撑剂沉降对产能的影响

表2　不同射孔层位 20 年累计产气量

沉降程度	累计产气量 /10^4m³				
	顶部	第 2 层	中部	第 4 层	底部
未沉降	4015.5	5006.4	5074.5	5045.2	4300.2
20% 沉降	207.8	4156.6	4313.6	4184.6	3607.3
40% 沉降	200.3	211.7	4108.9	3974.6	3415.4
60% 沉降	199.0	208.3	355.4	3561.6	3080.3
80% 沉降	198.7	207.4	350.5	242.2	2557.8

值得注意的是，在顶层射孔，由于日产量较小，生产时间较长，使得后 10 年产气量占气井生产 20 年的累计产气量较大，达到 33%；而在第 2 层射孔、中部射孔、第 4 层射孔都与国外学者研究相近，即生产 20 年，后 10 年产气量较小。综上，模拟结果可指导现场页岩气压裂施工，考虑压裂过程中支撑剂运移沉降，应在油气藏中下部选取油气丰度较高、脆性较高的位置射孔，可最有效地开发页岩气气藏。

2.3　不同裂缝主导流能力对产能的影响

一般认为，裂缝导流能力越大，压裂水平井产能越高，但是有个阈值，导流能力大于这个临界值，对产能提高很小。考虑支撑剂沉降后的裂缝导流能力对产能的影响，更符合实际气井的生产情况。图 6 为基础模型参数里面给出的主裂缝导流能力为 4D·cm 时的产能变化，图 10 和图 11 分别为导流能力为 0.4D·cm、40D·cm 时的产能变化。可以看出，20 年累计产气量是随着导流能力的增大而增大的，然而 4D·cm 与 40D·cm 的导流能力下，累计产气量差别较小。因此，页岩气藏裂缝导流能力达到 4D·cm 即能满足气井的有效开采。

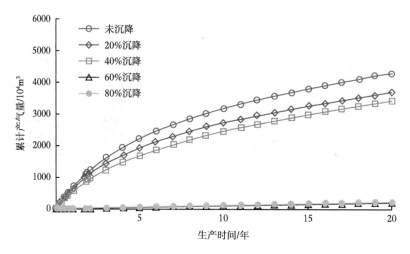

图 10 主裂缝导流能力 0.4D·cm 时 5 种支撑剂沉降程度对产能的影响

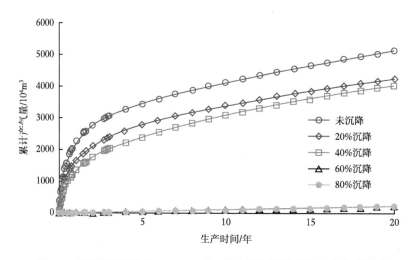

图 11 主裂缝导流能力 40D·cm 时 5 种支撑剂沉降程度对产能的影响

定义基本模型为：在支撑剂未发生沉降情况下，运用表 1 和表 2 中的页岩气藏参数和裂缝参数，其中裂缝导流能力 4D·cm 为基本模型参数，各方案的累计产气量差异为：

$$D = \frac{Q_2 - Q_1}{Q_b} \tag{4}$$

式中：D 为差异程度系数；Q_1 为支撑剂沉降的 10 年（20 年）累计产气量，m^3；Q_2 为未沉降的 10 年（20 年）累计产气量，m^3；Q_b 为基本模型的 10 年（20 年）累计产气量，m^3。

计算累计产气量见表 3，可以看出，主导流能力为 0.4D·cm、4D·cm、40D·cm 下，相比于未发生沉降，20% 支撑剂沉降时 10 年累计产气量分别下降了 10.9%、17.5%、18.2%；20 年累计产气量分别下降了 12.4%、17.0%、17.6%，裂缝导流能力越大，考虑支撑剂沉降时的累计产气量差异越大。40% 支撑剂沉降时 10 年、20 年累计产气量差异与 20% 的支撑剂沉降下的累计产气量差异不大。3 种主裂缝导流能力下，60% 支撑剂沉降累计产气量差异均突然激增，10 年累计产气量分别下降了 75%、97.0%、99.5%。在优化裂缝导流能力的时候，应该考虑支撑剂的沉降对气井产能的影响。

表 3　5 种支撑剂沉降程度下 10 年、20 年累计产气量对比

累计产气时间 / a	导流能力 / D·cm	累计产气量 /$10^4 m^3$				
		未沉降	20% 沉降	40% 沉降	60% 沉降	80% 沉降
10	0.4	3155.4	2713.4	2438.5	123.6	122.4
	4	4033.7	3329.8	3025.8	123.7	122.5
	40	4136.8	3401.4	3100.1	123.8	122.5
20	0.4	4274.1	3651.0	3412.9	241.3	238.3
	4	5028.5	4174.8	3960.3	241.6	238.4
	40	5123.4	4237.4	4027.7	241.6	238.4

2.4　不同储层基质渗透率对产能的影响

页岩气藏储层各向异性明显，渗透率变化较大，应分析不同储层基质渗透率对产能的影响。射孔层位在气藏中部，分别对基质渗透率为 0.00001mD（图 12）、0.0001mD（图 6）、0.001mD（图 13）的 3 种情况分析支撑剂沉降对气井生产的影响。

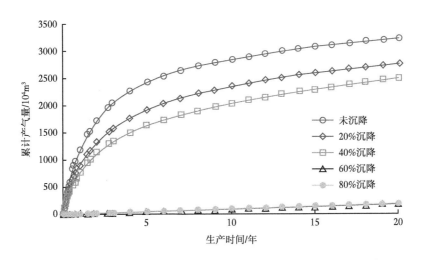

图 12　基质渗透率 0.00001mD 时 5 种支撑剂沉降程度对产能影响

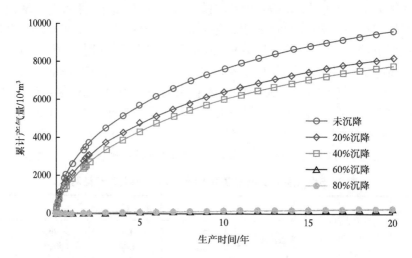

图 13　基质渗透率 0.001mD 时 5 种支撑剂沉降程度对产能影响

对比基质渗透率 0.00001mD、0.001mD，在 20% 的支撑剂沉降下，累计产气量差异分别为 9.5%、28.0%，表明在沉降程度较小时，高渗透储层对产能的影响更大；40% 的支撑剂沉降下，累计产气量差异分别为 14.5%、35.7%，随着支撑剂沉降程度的增大，累计产气量差异增大。基质渗透率 0.00001mD 时，60%、80% 的支撑剂沉降对比未发生沉降情况，累计产气量减小 $3000×10^4m^3$；基质渗透率 0.001mD 时，60%、80% 的支撑剂沉降对比未发生沉降情况，累计产气量减小近 $10000×10^4m^3$，高基质渗透率（0.001mD）储层产能比低基质渗透率（0.00001mD）储层受支撑剂沉降影响更大。

3　结论与建议

（1）支撑剂沉降大幅度降低了页岩气井的产能。对于有较好油气丰度且顺利压裂施工后依然没有经济产量的区块，支撑剂的沉降可以作为上述问题的一种解释，即支撑剂发生运移沉降，未有效支撑水力裂缝，从而导致气井产能较低。建议现场应用较高黏度压裂液和大排量等施工条件，减小支撑剂沉降的程度。

（2）通过对比 25 组考虑了压裂过程支撑剂运移沉降的数值模拟结果，得出在油气藏中下部选取油气丰度较高、脆性较高的位置射孔，可最有效地开发页岩气气藏，降低支撑剂沉降对气井产能的副作用。

（3）对于涪陵页岩气区块，页岩气藏裂缝导流能力达到 4D·cm，即能满足气井的有效开采，可选用 40/70 目支撑剂进行压裂施工。主裂缝导流能力越大，未考虑支撑剂沉降和考虑支撑剂沉降时的累计产气量差异越大，而对次裂缝导流能力要求较低。建议现场分段多簇压裂时优先造主缝，并考虑支撑剂沿着主裂缝方向运移沉降特点，再设计复杂缝网的施工。

参 考 文 献

[1] 董大忠，邹才能，杨桦，等 . 中国页岩气勘探开发进展与发展前景 [J]. 石油学报，2012，33（增刊）：

107-114.

[2] 陈作，曾义金．深层页岩气分段压裂技术现状及发展建议 [J]．石油钻探技术，2016，44（1）：6-11.

[3] 曲占庆，曹彦超，郭天魁，等．一种超低密度支撑剂的可用性评价 [J]．石油钻采工艺，2016，38（3）：372-377.

[4] Dontsov E V, Peirce A P. Proppant transport in hydraulic fracturing：crack tip screen-out in KGD and P3D models[J]. International Journal of Solids and Structures, 2015, 63：206-218.

[5] Bokane A, Jain S, Deshpande Y, CRESPO F.Transport and distribution of proppant in multistage fractured horizontal wells：a CFD simulation approach[R]. SPE 166096, 2013.

[6] 温庆志，高金剑，刘华，等．滑溜水携砂性能动态实验 [J]．石油钻采工艺，2015，37（2）：97-100.

[7] Cipolla C L, Lolon E, Mayerhofer M J, et al.The effect of proppant distribution and un-propped fracture conductivity on well performance in unconventional gas reservoirs[R]. SPE 119368-MS, 2009.

[8] Sahai R, Miskimins J L, Olson K E. Laboratoryresults of proppant transport in complex fracture systems[R]. SPE 168579, 2014.

[9] Daneshy A. Uneven distribution of proppants in porfclusters[J]. World Oil, 2013, 232：75-76.

[10] 贾长贵．页岩气网络压裂支撑剂导流特性评价 [J]．石油钻探技术，2014，42（5）：42-46.

[11] Rubin B. Accurate simulation of non-darcy flow in stimulated fractured shale reservoirs[R]. SPE 132093, 2010.

[12] 张烨，潘林华，周彤，等．龙马溪组页岩应力敏感性实验评价 [J]．科学技术与工程，2015，15（8）：37-41.

致密砂岩薄层压裂工艺技术研究及应用

刘建坤 [1,2]，蒋廷学 [1,2]，万有余 [3]，吴春方 [1,2]，刘世华 [1,2]

（1.页岩油气富集机理与有效开发国家重点实验；2.中国石化石油工程技术研究院；
3.中国石油青海油田分公司钻采工艺研究院）

摘 要：针对致密砂岩薄层压裂面临缝高难控、改造体积小、裂缝支撑效率低及导流能力保持较差等难题，从压裂工程角度出发，通过压裂工艺参数优化模拟研究了不同黏度压裂液在不同的压裂施工参数下对裂缝延伸参数的影响规律，分析了薄层体积压裂存在的问题及难点，得出了主控因素，并在此基础上提出了薄层压裂控缝高措施及提高裂缝支撑效率工艺方法。研究表明：压裂液黏度是影响裂缝扩展、延伸的主要因素，其次是排量、液量；薄层压裂应以控缝高为前提，充分利用天然裂缝的作用，提高改造体积及裂缝支撑效率；低黏度压裂液能兼顾薄层压裂控缝高及造缝长的作用，有利于开启及扩展天然裂缝，进一步降低储层伤害，适宜作为薄层体积压裂的前置液；施工不同泵注阶段采用多黏度组合的压裂液体系，既可以扩大有效造缝体积及形成多尺度的裂缝系统，又能兼顾前置液阶段控缝高及携砂液阶段加砂的要求；采取变密度支撑剂结合多尺度组合加砂方式可实现不同粒径支撑剂与不同尺度裂缝系统的匹配，提高多尺度裂缝系统及远井地带裂缝的支撑效率。研究成果在龙凤山薄层气藏及江陵凹陷薄层油藏的多口井进行了试验，压裂后增产及稳产效果显著高于常规改造工艺，且稳产有效期明显增长，提高了该类储层压裂的有效性。

关键词：致密砂岩；薄层压裂；裂缝参数；正交模拟；裂缝缝高；多尺度裂缝；支撑效率

薄层油气藏在国内松辽、鄂尔多斯、江汉等盆地广泛分布，已成为老油田挖潜稳产及新区增储上产的主要接替领域，但是目前诸多已探明的薄层潜力油气藏，均面临压裂后初产低、产量递减快、稳产周期短等问题，难以达到经济有效开发的目标。近年来，国内学者针对薄层压裂影响缝高控制因素以及控缝高技术 [1-5]、薄互层压裂施工工艺技术 [6-9] 做了大量研究，有效指导了薄层储层的压裂开发。然而，目前薄层压裂过程中依然存在诸多问题：压裂液及施工参数优化不合理，导致缝高难控，改造体积受限，裂缝内支撑剂的支撑效率低；支撑剂及加砂方式优化不合理，导致裂缝支撑剖面不理想，远井地带裂缝支撑效率低，裂缝复杂程度低；压裂液选择过于单一，且压裂液优化更多强调与储层的匹配性，而忽略了与隔层的匹配性，存在对储层造成二次伤害的现象；储层较薄以及致密砂岩储层本身水平层理缝、纹理缝相对不发育，造成薄层压裂缝高难控、改造体积小、支撑剖面不合理及裂缝支撑效率较低，进而导致裂缝导流能力下降，压裂后增产及稳产效果受到一定影响。基于以上问题，以典型薄层储层为例，研究压裂施工参数变化对裂缝延伸参数（缝高、缝长、缝宽、造缝效率等）的影响规律，找出影响裂缝参数的主控工程因素，并在此基础上，通过控缝高工艺优化、低伤害压裂液优化及应用、压裂造缝与裂缝支撑效率优化，提出适合薄层压裂的造缝及加砂模式，以期为薄层油气藏有效、高效压裂提供理论依据。

1 压裂工艺参数优化模拟

1.1 模拟条件

裂缝延伸参数及裂缝剖面优化合理与否，直接影响着压裂施工的成败及压裂后增产、稳产效果。龙凤山地区薄层致密砂岩气藏[10]评价井 A 井，压裂目的层段深度为 3250.7~3261.5m，10.8m 层；岩性为灰色含砾细砂岩，平均孔隙度和平均渗透率分别为 9.73% 和 0.259mD，压力系数为 1，温度为 120℃；目的层岩石碳酸盐矿物体积分数为 8.6%~15.3%，以方解石为主；岩心观察及成像测井资料显示，地层天然裂缝发育，裂缝宽度为 1~5mm。以该井为例，结合储、隔层实际地应力分布情况（目的层、目的层上部隔层、目的层下部隔层最小主应力均值分别为 44.1MPa，47.5MPa，49.7MPa），应用 GOHFER 压裂裂缝模拟软件，采用高黏度瓜尔胶压裂液（0.50%SRFP-1 增稠剂 +0.20%SRFC-1 交联剂 +0.30%SRCS-1 黏土稳定剂 +0.10%SRCU-1 助排剂，黏度为 100~120mPa·s，破胶剂采用过硫酸铵和胶囊）、中黏度瓜尔胶压裂液（0.35%SRFP-1 增稠剂 +0.30%SRCS-1 黏土稳定剂 +0.10%SRCU-1 助排剂，黏度为 30~50mPa·s）及低黏度瓜尔胶压裂液（0.20%SRFP-1 增稠剂 +0.30%SRCS-1 黏土稳定剂 +0.10%SRCU-1 助排剂，黏度为 10~15mPa·s）等 3 种压裂液体系，在 6 种注入模式（$2m^3/min$，$3m^3/min$，$4m^3/min$，$5m^3/min$，$6m^3/min$ 及 $2m^3/min \rightarrow 3m^3/min \rightarrow 4m^3/min \rightarrow 5m^3/min \rightarrow 6m^3/min$ 变排量）下，开展不同注入阶段的压裂模拟研究，分析液体类型、施工排量、注入液量等压裂施工工艺参数变化对裂缝参数的影响。

1.2 压裂工艺参数与缝高关系

压裂液黏度越高，缝高越难控，而采用低黏度压裂液造缝，能有效控制裂缝高度的延伸（图 1）。（1）高黏度压裂液控缝高效果较差，当采用低排量（排量小于 $3m^3/min$）施工时，施工初期缝高就大于目的层厚度，当排量大于 $3m^3/min$ 后，缝高无法得到有效控制甚至会严重失控，即使采用变排量方式进行施工，也无法有效控制缝高的纵向过度延伸；（2）中黏度压裂液在低排量（排量小于 $3m^3/min$）施工时具有较好的控缝高作用，且整体控缝高效果优于高黏度压裂液，但随着压裂液用量及施工排量增大，缝高出现失控现象；（3）低黏度压裂液控缝高效果良好，在不同排量下造缝缝高均在储层有效厚度范围内延伸。

压裂施工排量越大，缝高越难控，而低排量造缝施工可有效控制缝高（图 1）。低黏度、中黏度、高黏度压裂液在较低排量施工时，控缝高效果均优于高排量施工；变排量施工控缝高效果优于恒定高排量施工，且变排量压裂技术可兼顾薄层造缝阶段控缝高、加砂阶段高砂比携砂的要求。

在压裂施工过程中，随着低黏度、中黏度、高黏度压裂液注入量的增大，缝高总体均呈现阶梯性增加的特点（图 1）。注入高黏度压裂液时缝高增加幅度较大，当达到一定注入量时，缝高会突然增加甚至失控；注入低黏度和中黏度压裂液时缝高增加幅度均较小，尤其是低黏度压裂液，随其液量增加缝高仍基本维持在储层有效范围内，不会造成缝高纵向过度延伸或者失控现象。因此，在保证充分造缝及有效加砂的情况下，应该尽量减少压裂液的注入量。

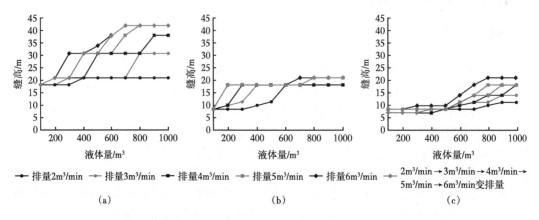

图1 造缝缝高与高黏度（a）、中黏度（b）、低黏度（c）压裂液的关系

1.3 压裂工艺参数与缝长关系

裂缝缝长的增加分为3个阶段：快速增加阶段、稳步增加阶段、缓慢增加阶段。在裂缝缝长快速增加阶段，采用高黏度压裂液，裂缝缝长达到总缝长的66.0%~72.5%，平均为70.0%；采用中黏度压裂液，裂缝缝长达到总缝长的71.2%~78.1%，平均为73.3%；采用低黏度压裂液，裂缝缝长达到总缝长的60.9%~65.3%，平均为62.8%。由此可见70%左右的裂缝缝长是在裂缝快速增加阶段形成的，该阶段即最佳前置液造缝阶段。

压裂液黏度对裂缝缝长延伸的影响不是很明显，尤其在裂缝缝长快速增加阶段，3种黏度的压裂液体系在缝长扩展以及延伸方面的作用基本相当（图2）。低黏度压裂液不仅具有较好的造缝长的能力，而且还能兼顾控缝高的作用，更适合作为前置液。

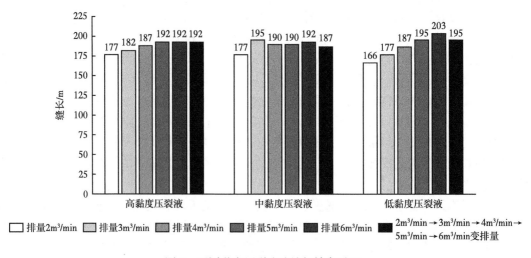

图2 不同黏度压裂液造缝长效率对比

3种黏度的压裂液其造缝缝长均与压裂排量成正比，即压裂施工排量越大，缝长越长。缝高失控对缝长延伸有一定影响，特别是在前置液造缝阶段；在缝长稳步增加阶段及缓慢增加阶段，缝高失控对缝长延伸的影响均不明显。

1.4　压裂工艺参数与缝宽关系

在前置液造缝阶段，高黏度压裂液的造缝缝宽（平均缝宽和最大缝宽）最大，而低、中黏度压裂液的造缝缝宽相对较小（图3）。剔除缝高失控的情况，压裂排量与缝宽成正比，即压裂排量越大，缝宽越大；采用变排量造缝方式时，裂缝缝宽介于恒定低排量造缝缝宽和恒定高排量造缝缝宽之间。

随着低黏度压裂液注入量的增加，缝宽表现出逐渐增大的趋势；剔除缝高失控的点，随着中、高黏度压裂液注入量的增加，缝宽也逐渐增大。采用中、高黏度压裂液时，缝高的突然失控对缝宽延伸有非常明显的影响。缝高在施工造缝初期及加砂阶段失控，缝宽均表现出急剧减小的趋势，且随着后续压裂液的持续注入，缝宽增加幅度很微弱，很难恢复到缝高失控前的宽度，这种现象在压裂施工中后期更为明显。

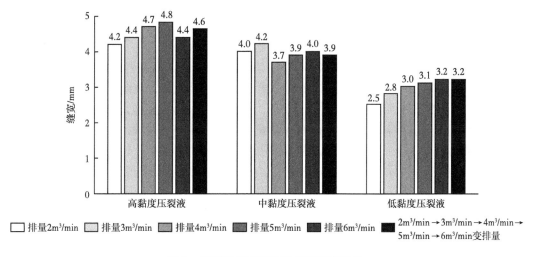

图3　不同黏度压裂液造缝宽效率对比

2　薄层压裂工艺技术优化

2.1　射孔优化技术

对于上、下隔层应力遮挡条件较差的薄层储层，通过优化射孔位置，人为增加隔层的厚度，可达到减缓缝高过度延伸直至控缝高的目的，使裂缝造缝及支撑剖面更为合理。对于上隔层应力遮挡条件较差的储层，可向改造层段底部射孔；对于下隔层应力遮挡条件较差的储层，可向改造层段顶部射孔；对于上、下隔层应力遮挡条件均较差的储层，可向改造层段中部射孔。另外，在套管强度允许范围内，采取在目的层增大射孔密度、优化射孔方位角、增大射孔孔眼直径等方法，可最大限度地减小近井地带的弯曲摩阻和孔眼摩阻，从而直接或间接地降低地层破裂压力，避免压裂施工初期因破裂压力过高而穿透隔层，引起裂缝纵向过度延伸甚至失控的现象[11]。

2.2 压裂前酸液预处理技术

对于埋藏深、构造应力异常、泥质含量高以及钻完井过程中存在地层伤害等的致密薄层，压裂施工时破裂压力异常高，施工初期缝高就会出现突然纵向过度延伸甚至失控的现象，造成压裂改造体积受限，裂缝支撑效率低，导致压裂后增产及稳产效果大打折扣。针对此类薄层，尤其是压裂目的层岩石矿物成分中碳酸盐或其他可溶蚀性矿物含量较高的储层，压裂施工前可先采用与其配伍性较好的前置酸对地层进行预处理。酸液预处理一方面可有效降低地层破裂压力并解除近井地带的污染物及堵塞[11-15]，另一方面还具有控制初始裂缝高度的作用，可以防止因破裂压力过高致使裂缝造缝初期缝高在纵向过度延伸甚至失控，这对薄层或者具上、下隔层遮挡条件的储层的压裂是极为有利的，也为后期加砂阶段排量、静压力提升以及顺利加砂打下了基础。

2.3 液体优化应用技术

目前，在常规砂岩油气藏的压裂改造过程中，通常采用一种黏度接近恒定的压裂液类型，且其黏度相对较高。高黏度压裂液对提高造缝效率非常有利，但是不利于薄层压裂时控缝高，因为液体难以进入较小尺度的微裂缝并延伸；压裂液的黏度越低，其流动性越好，也越容易沟通尺度较小的微裂隙及分支缝体系。因此，采用统一压裂液黏度的压裂液设计思路，不利于造缝期间控缝高。造缝初期缝高失控会造成缝宽过窄，造缝不充分，从而导致携砂液阶段加砂难度增大甚至无法顺利进行加砂；主加砂阶段缝高突然失控会造成砂液比无法提高，以及施工压力持续升高乃至瞬间砂堵，进而导致整个施工失败；缝高失控会使加砂阶段大量支撑剂流向隔层，造成支撑剂在储层中的支撑剖面不合理，支撑剂有效支撑效率降低，从而影响后期有效导流能力；缝高失控还会制约天然裂缝和微裂隙系统的有效张开以及支撑剂的有效充填，甚至造成有的天然裂缝和微裂隙从未张开，致使压裂效果大打折扣。

低黏度压裂液具有较好的造缝、控缝高、开启并扩展天然裂缝的作用，适宜作为薄层压裂的前置液。目前，薄层储层多数为低孔、低渗储层，品质较差，微观孔喉尺寸小，更易受到外来液体的伤害，而在满足压裂工艺要求的前提下，采用低黏度压裂液，一方面可以降低稠化剂使用浓度，从而减小压裂液对储层基质的液相、固相伤害以及对导流能力的伤害；另一方面稠化剂使用浓度的降低，可直接降低压裂液成本，降本增效效果明显。中黏度压裂液具有较好的保持缝高，扩展天然裂缝、分支缝及携带小粒径低砂比支撑剂的作用，适宜在薄层压裂加砂初期携带小粒径支撑剂，对微裂缝及分支缝进行充分支撑。高黏度压裂液具有较好的携砂性能，适宜在薄层压裂主加砂阶段携带大粒径支撑剂对主裂缝进行充分支撑。因此，在薄层压裂施工中，在施工不同阶段采用不同黏度组合的压裂液体系，可同时兼顾前置液阶段控缝高与携砂液阶段加砂的要求，并能最大限度地降低压裂液对储层基质及导流能力的伤害。

2.4 变密度支撑剂应用技术

目前，在常规砂岩油气藏的压裂改造过程中所采用支撑剂的密度相对单一（多数为一种密度），且以中密度支撑剂应用较为广泛，而这种单一密度支撑剂加入方式极不利于裂缝支撑剖面的优化及远井裂缝支撑效率的提高。

当储层底板隔层遮挡条件较差时，可在加砂初期采用高密度小粒径的支撑剂，使其沉降在裂缝底部，人为增强裂缝底部遮挡性，从而减缓或控制缝高的下窜；在压裂的不同阶段也可通过注入不同密度的支撑剂组合，利用不同密度支撑剂沉降速度和压裂液携带性的差异，使高密度支撑剂沉降在裂缝底部，中密度支撑剂填充于储层中部，低密度支撑剂填满裂缝上部并保持缝宽，从而提高支撑剂在裂缝纵向上的充填度，实现支撑剂在裂缝横向上的均匀铺置，提高裂缝内支撑剂的支撑效率和裂缝长期导流能力，进而达到提高压裂后初期产量、延缓产量递减速度及提高稳产周期的目标。

以华北某区块致密气藏 X 井（表 1）为例，采用数值模拟方法，模拟支撑剂不同支撑效率对产量的影响。模拟结果表明，支撑剂支撑效率对压裂后产量影响显著，全支撑（支撑效率为 100%）情况下 3 年累计产量最高，而支撑剂支撑效率为 75%、50%、25% 等 3 种情况下分别使 3 年累计产量降低 2.9%、8.5%、20.7%。

表 1　X 井数值模拟基础参数

参数	数值	参数	数值
气藏面积 /m²	2000×1500	水平段长度 /m	750
平均孔隙度 /%	10	有效厚度 /m	5~15
平均渗透率 /mD	0.2	边底水情况	底水
束缚水饱和度 /%	0.4	压裂段数 / 段	6

2.5　多元组合加砂技术

目前，在国内一部分常规砂岩油气藏的压裂改造过程中，仍沿用整个压裂阶段采用单一大粒径支撑剂（粒径为 300~600μm 或 425~850μm）的加砂方式，有时也加入少量小粒径支撑剂，但主要是作为前置液段塞用来降低近井裂缝弯曲摩阻，或是为了封堵微裂缝以提高压裂液造缝效率。这种单一大粒径支撑剂的加砂方式，一方面会造成在加砂初期就加不进去砂或早期砂堵的风险；另一方面，单一大粒径支撑剂通常只能进入并支撑裂缝宽度较大的主裂缝系统，即使存在缝宽相对较小的支裂缝及微裂缝系统，大粒径支撑剂也难以进入并使其获得有效支撑，更谈不上提高压裂裂缝复杂性[16-17]，进而影响压裂后产能及稳产周期了。

对于具有潜在天然裂缝或天然裂缝比较发育的砂岩储层，压裂形成的裂缝一般具有多尺度特征，即形成多尺度的裂缝系统：既有缝宽较大的主裂缝系统，又有天然裂缝张开后形成的缝宽较小的次裂缝系统，甚至还有细裂缝张开后形成的缝宽更小的微裂缝系统。微细裂缝及分支缝系统由于缝宽较小，只能与粒径较小的支撑剂颗粒优先进行匹配，而大粒径的支撑剂颗粒由于粒径及运移阻力均较大，难以进入微细裂缝及分支缝系统，通常只能进入并支撑主裂缝系统[18, 19]。

对于天然裂缝比较发育的储层，可采用混合粒径加砂模式（将粒径为 106~212μm 的小粒径支撑剂和粒径为 212~425μm 或 300~600μm 的主体支撑剂进行混合后统一注入，而不是以往按支撑剂粒径为 106~212μm、212~425μm、300~600μm 的顺序加入），让支撑剂有选择性地进入与其粒径相匹配的不同尺度的裂缝系统中，实现压裂过程中裂缝系统的充分支撑。

综上所述，在压裂施工过程中，采用多尺度的裂缝系统配合多粒径支撑剂的多元加砂方式，根据压裂不同阶段裂缝系统开启及延伸情况，依次加入与裂缝缝宽相匹配的支撑剂，可实现不同粒径的支撑剂充填于与其相匹配的裂缝系统中，以及主裂缝全缝长范围内不同尺度微裂缝、分支裂缝系统的充分扩展、延伸和有效支撑。通过采取多尺度裂缝加砂方式，实现了压裂施工过程中的安全加砂，延缓裂缝导流能力的递减速度，提高压裂后长期导流能力及稳产周期。

3　薄层压裂工艺泵注模式优化

基于压裂工艺参数优化模拟研究结果，以主裂缝净压力为目标函数，考察注入参数对净压力的敏感性，进而优化各种注入参数组合及其压裂泵注模式，以期在控缝高基础上，充分利用天然裂缝的作用，扩大有效改造体积，并通过压裂泵注模式优化（图4），实现充分造缝以及多尺度裂缝加砂，从而实现微裂缝、分支缝、主裂缝多尺度裂缝系统[17, 18]的有效支撑。

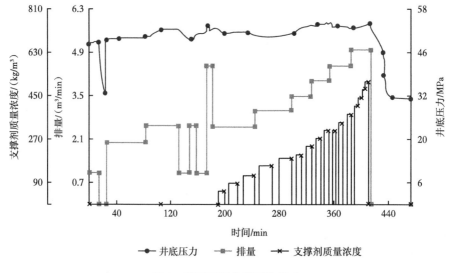

图 4　薄层压裂参考泵注模式

前置液造缝阶段：对于致密储层或滤失性较差的储层，该阶段可采用低黏度压裂液以最高设计排量的 40%~50% 注入；若储层天然裂缝发育或滤失量较大，也可采用 2 个阶段注入（第一阶段采用低黏度压裂液以最高设计排量的 40%~50% 注入，第二阶段采用中黏度压裂液以最高设计排量的 50%~60% 注入），或者直接采用中黏度压裂液以最高设计排量的 40%~60% 注入。该阶段主要是控缝高、探天然裂缝以及沟通并延伸尺度较小的裂缝系统，即使没有形成各种复杂裂缝，低黏度及中黏度压裂液仍有造主裂缝的作用。

携砂液加砂阶段：（1）第一步采用低黏度压裂液以最高设计排量的 60%~70%，并且以低砂比（以小段塞多次试探加砂的方式进行综合权衡确定，一般情况下砂液比以 1%~12% 为宜）携带小粒径支剂（可选择粒径为 106~212μm 的陶粒支撑剂）以段塞式加砂方式注入，延伸并支撑微细尺度及尺度较小的天然裂缝和微裂缝系统。该阶段压裂液体积占该阶段注入总体积的 40% 左右。（2）第二步采用中黏度压裂液以最高设计排量的 70%~85%，并且以中砂比（以小段塞多次试探加砂的方式进行综合权衡确定，一般情况下砂液比以 5%~15% 为宜）携带中粒径支撑剂（可选择粒径为 212~425μm 的陶粒支撑剂）以段塞式加砂方式注入，延伸并支撑尺度较大的微裂缝及分支缝系统。（3）第三步采用高黏度压裂液以最高设计排量的 85%~100%，并且以高砂比（一般情况下砂液比以 15%~40% 为宜）携带大粒径支撑剂（可选择粒径为 300~600μm 或 425~850μm 的陶粒支撑剂）以段塞式或连续式加砂方式注入（若储层对高砂比比较敏感，可采用段塞式试探加砂方式；也可先采用段塞式加砂方式，施工最后阶段采用连续式加砂方式），延伸并支撑主裂缝系统。

4 现场试验应用

基于上述薄层压裂工艺参数优化模拟及泵注模式优化结果，在龙凤山致密砂岩薄层气藏、江陵凹陷致密砂岩薄层油藏等区域对多口井进行了压裂优化设计及施工现场试验应用，以下重点以龙凤山探井 A 井为例说明具体实施过程。

A 井裂缝上隔层应力遮挡性较差，且目的层碳酸盐岩含量较高，为了降低破裂压力及控制初始裂缝高度，采取向目的层底部（3256.7~3261.5m）射孔、压裂前采用土酸对储层进行预处理以及前置液造缝阶段采用低黏度液体以低排量造缝 3 种手段，防止裂缝纵向过度延伸，以达到控缝高的目的。在携砂液阶段采用中、高黏度压裂液携带不同粒径支撑剂并逐渐提高排量的多元加砂模式。压裂全程采用变排量施工，通过排量与液体的优化组合，达到施工全程对裂缝内静压力控制、调节的目的，从而实现控缝高、前置液充分造缝、造缝中后期提高静压力使天然裂缝张开以及多元加砂充分支撑多尺度裂缝的目的，进而扩大压裂有效改造体积，提高裂缝内支撑剂充填度。

根据气藏数值模拟及压裂工艺正交模拟结果，A 井压裂试验压裂液体优化总量为 1050m³，初步估算低黏度压裂液、中黏度压裂液、高黏度压裂液在总压裂液中所占比例分别为 40%、35%、25%。在低黏度及中黏度压裂液压裂阶段，裂缝缝高 100% 在储层有效厚度范围内延伸，在后期高黏度压裂液压裂阶段，70% 的裂缝缝高仍然在储层有效厚度范围内延伸，从而有效控制了缝高在储层有效范围内的延伸。裂缝快速增加阶段液体占总液体比例为 24%，优化支撑剂总量为 72.5m³，小粒径支撑剂（粒径为 106~212μm 的粉陶）、中粒径支撑剂（粒径为 212~425μm 的陶粒）和大粒径支撑剂（粒径为 300~600μm 的陶粒）分别占支撑剂总量的比例优化为 25%、25%、50%。

在 A 井压裂施工过程中，经前置酸处理后破裂压力降低 6MPa。压裂后裂缝反演造缝剖面较理想，井温测井解释缝高 80% 都在储层纵向范围内延伸，表明施工中缝高控制良好；压裂施工过程中不同粒径支撑剂都顺利加入了不同尺度裂缝内，裂缝反演支撑剂在整个造缝裂缝空间横向上铺置比较均匀，纵向上充填度高，支撑剂对储层有效支撑率较好。龙凤山试验井压裂后试采统计，初期产气量达到（3.0~4.5）×10⁴m³/d，稳产后产气量稳定在（2.0~2.5）×10⁴m³/d，是该区邻井常规压裂工艺实施井产量的 2~3 倍；江陵凹陷 4 口试验井，压裂后压裂液返排率和见油时间均明显优于同类型油藏压裂井，初期产油量达到6t/d，后期产油量稳定为4t/d左右，是相邻区块产量的3~4倍。两试验区试验井压裂后产量递减速率均明显减慢，有效期增长50%以上，薄层试验井的压裂增产及稳产效果显著。

5 结论

（1）压裂液黏度是控制裂缝缝高的主要影响因素，其次是压裂施工排量及压裂液液量。70%左右的裂缝缝长是在裂缝快速增加阶段形成的，缝长快速增加阶段即最佳的前置液造缝阶段。缝高失控会造成裂缝宽度急剧减小，且很难恢复到失控前的宽度。

（2）在薄层压裂改造过程中，通过射孔优化技术、压裂前酸液预处理技术及低黏度压裂液造缝工艺的应用，可有效延缓裂缝纵向延伸，达到控缝高的目的。压裂加砂时变密度支撑剂的应用，可大幅度提高支撑剂在裂缝纵向的充填度及横向的铺置广度，优化裂缝支撑剖面。采用多粒径或混合粒径支撑剂配合多尺度裂缝的多元加砂方式，可实现支撑剂粒径与不同尺度裂缝系统的匹配，提高压裂后长期导流能力。

（3）薄层压裂改造要在控缝高的基础上，以在储层有效厚度范围内最大限度地挖掘储层增产潜质为目的，充分利用天然裂缝的作用，实现多尺度造缝及缝内饱填砂，扩大压裂改造体积，提高裂缝支撑效率。现场应用表明，通过对压裂施工工艺参数的协同优化及压裂工艺泵注模式的精细控制，可有效改善薄层压裂改造效果。

参 考 文 献

[1] 周祥，张士诚，马新仿，等.薄差层水力压裂控缝高技术研究.陕西科技大学学报，2015，33（4）：94-99.

[2] 杨兆中，苏洲，李小刚，等.水平井交替压裂裂缝间距优化及影响因素分析.岩性油气藏，2015，27（3）：11-17.

[3] 熊健，曾山，王绍平.低渗透油藏变导流垂直裂缝井产能模型.岩性油气藏，2013，25（6）：122-126.

[4] 宋毅，伊向艺，卢渊.地应力对垂直裂缝高度的影响及缝高控制技术研究.石油地质与工程，2008，22（1）：75-77.

[5] 李勇明，李崇喜，郭建春.砂岩气藏压裂裂缝高度影响因素分析.石油天然气学报（江汉石油学院学报），2007，29（2）：87-90.

[6] 金智荣，张华丽，周继东，等.薄互层大型压裂组合加砂技术研究与应用.石油钻探技术，2013，41（6）：86-89.

[7] 尹建，郭建春，曾凡辉.低渗透薄互层压裂技术研究及应用.天然气与石油，2012，30（6）：52-54.

[8] 刘钦节，闫相祯，杨秀娟.分层地应力方法在薄互层低渗油藏大型压裂设计中的应用.石油钻采工艺，2009，31（4）：83-88.

[9] 牟善波，刘晓宇.高89块低孔、特低渗薄互层大型压裂技术研究与应用.断块油气田，2006，13（2）：74-76.

[10] 刘曦翔，张哨楠，杨鹏，等.龙凤山地区营城组深层优质储层形成机理.岩性油气藏，2017，29（2）：117-124.

[11] 黄禹忠.降低压裂井底地层破裂压力的措施.断块油气田，2005，12（1）：74-76.

[12] 邓燕，薛仁江，郭建春.低渗透储层酸预处理降低破裂压力机理.西南石油大学学报（自然科学版），

2011，33（3）：125-129.

[13] 曾凡辉，刘林，郭建春，等.酸处理降低储层破裂压力机理及现场应用.油气地质与采收率，2010，17（1）：108-110.

[14] 郭建春，辛军，赵金洲，等.酸处理降低地层破裂压力的计算分析.西南石油大学学报（自然科学版），2008，30（2）：83-86.

[15] 刘平礼，兰夕堂，李年银，等.酸预处理在水力压裂中降低伤害机理研究.西南石油大学学报（自然科学版），2016，38（3）：150-155.

[16] 蒋廷学.页岩油气水平井压裂裂缝复杂性指数研究及应用展望.石油钻探技术，2013，41（2）：7-12.

[17] 张杰，张超谟，张占松，等.基于应力－应变曲线形态的致密气储层脆性研究.岩性油气藏，2017，29（3）：126-131.

[18] Klingensmith B C，Hossaini M，Fleenor S. Consi-dering far- field fracture connectivity in stimulation treatment designs in the Permian Basin. SPE 178554，2015.

[19] Sahai R，Miskimins J L，Olson K E，et al. Laboratory re-sults of proppant transport in complex fracture systems. SPE 168579，2014.

致密油藏水平井体积压裂裂缝扩展及产能模拟

周　祥[1]，张士诚[1]，邹雨时[1]，潘林华[2]，柳凯誉[3]，张　雄[4]

（1.中国石油大学（北京）石油工程学院；2.重庆地质矿产研究院页岩气分院；
3.中石油长城钻探井下作业公司；4.西北油田分公司工程技术研究院）

摘　要： 阐述了地质因素和工程因素对体积压裂裂缝形态的影响；利用数值模拟方法，模拟了不同储层条件下水平井体积压裂裂缝扩展情况，分析了不同裂缝参数下水平井产能变化规律。结果表明：（1）对于高水平主应力差且天然裂缝欠发育储层，增加射孔簇数有利于提高裂缝复杂性；对于低水平主应力差且天然裂缝较发育储层，适当减少射孔簇数有利于增强体积压裂效果。（2）水平井体积压裂后产能比常规压裂有大幅增加，改造体积越大、导流能力越高，则产能越大；当地层渗透率从 0.1mD 降低至 0.001mD 时，次裂缝对产能的贡献程度从近 1/6 增加至近 1/3。（3）当储层渗透率大于 0.01mD 时，较大的簇间距（30m）能减弱缝间压力干扰，保持较高产能；当储层渗透率小于 0.01mD 时，压力传播速度慢，压力干扰相对较弱，较小的簇间距（15m）有利于获得较高产能。

关键词： 致密油藏；体积压裂；裂缝扩展；产能；数值模拟

20 世纪末，美国将页岩气的勘探开发理念引入 Bakken 致密油藏区并获得巨大成功，以此为突破，实现了以 Bakken、Eagleford 等致密区为代表的规模化开发，扭转了美国多年石油产量下降的趋势[1-2]。国内学者通过分析美国页岩气开发的经验并借鉴相关理念，提出了"体积压裂"的新概念。体积改造技术是指通过分段分簇射孔，高排量、大液量、低黏度液体压裂等技术，在产生主裂缝的同时，充分沟通天然裂缝和岩石层理，在主裂缝的侧向形成分支裂缝，最终形成复杂的裂缝网络，实现一定空间范围的充分改造[3]。目前，有关致密油藏的研究多集中于地质特征和开发关键技术[1-5]，而关于致密油藏裂缝扩展和产能方面的数值模拟研究相对较少。深入和细化研究致密油藏水平井体积压裂裂缝扩展规律和产能变化规律对现场施工工艺的选择和施工参数的优化设计有重要的指导作用。

1　裂缝扩展形态的影响因素

1.1　地质因素

岩石矿物组成影响岩石的力学特性，继而影响水力裂缝扩展路径。黏土矿物含量增加，岩石脆性减弱，不利于储层的压裂改造；随着碳酸盐含量的增加，岩石显示中等脆性；石英成分含量较高且钙质充填天然裂缝发育的储层脆性较强，水力压裂时易于形成复杂裂缝网络[6-7]。储层最大/最小水平主应力差是体积压裂能否形成复杂裂缝的重要影响因素。应力差越小，与水力裂缝相遇的天然裂缝越容易被开启，主裂缝两侧越容易产生次生裂缝，更有利于形成复杂裂缝；应力差越大，水力裂缝遇上天然裂缝时越易于穿过天然裂缝，沿最大主应力方向扩展[8-9]。充填的天然裂缝是力学上的薄弱环节，水力裂缝开启并沟通天然裂缝有助于形成复杂缝网。因此，天然裂缝的性质和发育程度对体积压裂有重要影响。天然裂缝性质包括天然裂缝尺寸、方位和岩石密度及力学特性（摩擦系数、黏聚力）。研究表明：当天然裂缝与水力裂缝夹角较小（小于30°）时，水力裂缝容易开启天然裂缝并发生转向；当两者夹角较大（大于60°）时，水力裂缝容易穿过天然裂缝；当两者夹角为中等（介于30°~60°）时，低应力差条件下易开启天然裂缝并发生转向，高应力差条件下易穿过天然裂缝[10]。天然裂缝摩擦系数或黏聚力降低，天然裂缝更容易开启，水力裂缝形态由平面缝趋向复杂裂缝网络[11]。

1.2　工程因素

储层地质条件是体积压裂能否成功的基础，而适配的压裂工艺和施工参数是体积压裂成功的保障。国内外研究和经验表明：形成复杂裂缝的有利条件是大排量、大液量、低黏度压裂液和低砂比。对于同一地层，泵注排量与缝内净压力呈正比，净压力升高有利于提高裂缝的复杂性[12]；增大压裂液量能增大储层的改造体积；低黏度压裂液有利于增加裂缝的复杂性，但是携砂性能变差；混合压裂液体系结合小粒径支撑剂能兼顾增加裂缝复杂程度和改善压后裂缝网络的有效性[13]。另外，同步压裂、重复压裂以及改变压裂顺序等技术都有助于扩大改造区域，增强改造效果。

2　裂缝扩展模拟分析

基于复杂裂缝扩展模拟软件，对体积压裂裂缝扩展情况展开了模拟分析。模型中岩石变形是基于线弹性断裂理论，岩石破裂遵循最大拉应力准则和摩尔库伦准则，考虑了裂缝—块体系统的渗流应力耦合，采用有限元和离散元的混合方法求解。能模拟不同岩石力学参数、就地应力、天然裂缝性质、施工排量和压裂液黏度等关键参数对裂缝扩展的影响[14]。为了模拟不同储层条件下体积压裂裂缝扩展情况，以红岗油田扶余储层和长7致密砂岩储层主要地质参数为基本输入参数展开了模拟分析（表1）。

表1　扶余储层和长7致密砂岩储层岩石力学性质

岩石参数	扶余储层	长7储层	岩石参数	扶余储层	长7储层
抗拉强度 /MPa	4.3	3.0	孔隙度 /%	9	5
杨氏模量 /GPa	20.8	23.0	渗透率 /mD	0.10	0.01
泊松比	0.18	0.22	黏聚力 /MPa	4.5	5.0
水平地应力差 /MPa	10	3	内摩擦角 /(°)	28	30

2.1　红岗扶余储层裂缝扩展模拟结果

红岗扶余储层代表高水平主应力差和天然裂缝欠发育储层。共设计了3组方案，方案一［图1（a）］，天然裂缝主要以高角度缝存在，与最大主应力夹角为0°~15°，天然裂缝密度为0.03m/m²，单级4簇射孔，簇间距20m，施工排量为12m³/min。方案二中改变天然裂缝性质，天然裂缝密度设定为 0.06m/m²，角度设定为 15°~30°[图 1（b）]，方案三天然裂缝密度 0.06m/m²，角度 15°~30°，簇间距 15m，共 5 簇射孔[图 1（c）]。对比方案一和方案二可知，高水平主应力差条件下，天然裂缝密度和角度较低时，水力裂缝趋向于平面缝；随着裂缝密度及角度的增加，裂缝复杂性增强，改造效果增强。更大的天然裂缝密度和角度增加了其与水力裂缝相遇的概率，且增强了水力裂缝局部范围内转向的可能性，所形成裂缝更复杂。由方案二和方案三的模拟结果可知，水平主应力差较大条件下，单级段长固定时，簇间距减小，簇数增加，裂缝改造体积增加。由于水平主应力差大（10MPa），足以抵消缝间应力干扰对裂缝扩展路径的影响，水力裂缝穿过天然裂缝，仍沿最大主应力方向扩展，所以五簇射孔比四簇射孔能更大程度改造储层。

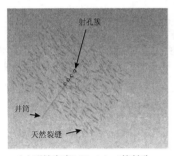  

（a）裂缝密度0.03m/m²，4簇射孔，　　（b）裂缝密度0.06m/m²，4簇射孔，　　（c）裂缝密度0.06m/m²，5簇射孔，
　　　簇间距20m　　　　　　　　　　　　　簇间距20m　　　　　　　　　　　　　簇间距15m

图 1　高地应力差下裂缝扩展模拟（10MPa）

2.2　长 7 致密砂岩储层裂缝扩展模拟结果

长 7 致密砂岩储层代表低水平主应力差和天然裂缝发育类储层。对比分析了 3 种方案，方案一天然裂缝与最大主应力夹角为 0°~30°，天然裂缝密度为 0.12m/m²，单级 4 簇射孔，簇间距 20m，施工排量为 12m³/min[图 2（a）]；方案二天然裂缝密度为 0.14m/m²，角度为 0°~30°，簇间距 20m，4 簇射孔[图 2（b）]；方案三天然裂缝密度为 0.12m/m²，角度为 0°~30°，簇间距 15m，5 簇射孔[图 2（c）]。由模拟结果可知，低水平主应力差条件下，

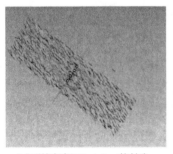 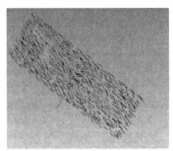 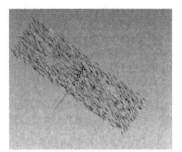

（a）裂缝密度0.12m/m²，4簇射孔，　　（b）裂缝密度0.14m/m²，4簇射孔，　　（c）裂缝密度0.12m/m²，5簇射孔，
　　　簇间距20m　　　　　　　　　　　　　簇间距20m　　　　　　　　　　　　　簇间距15m

图 2　低地应力差下裂缝扩展模拟（3MPa）

裂缝密度越大，网络越复杂。由于储层就地应力差小，在应力干扰作用下，缝间的天然裂缝更易被激活，水力裂缝容易沿天然裂缝扩展发生转向甚至合并，当单级段长固定时，簇间距的减小将导致合并转向更严重，最终减小改造体积。所以簇间距 20m 比 15m 时效果更佳。

对比红岗储层与长 7 储层裂缝扩展结果，低水平主应力差天然裂缝发育类致密砂岩储层，具有良好的体积压裂先天基础，压后裂缝网络复杂，改造效果更显著。这类地层簇间距不宜太小，否则应力干扰太强而降低裂缝复杂性。高水平应力差天然裂缝欠发育致密储层，先天地质条件不利于缝网的形成，这类地层减小簇间距有利于增强体积压裂效果。簇间距的设定除了要从力学角度考虑其对裂缝扩展的影响，还应从产能角度分析与优化，从而获得最佳经济效益。

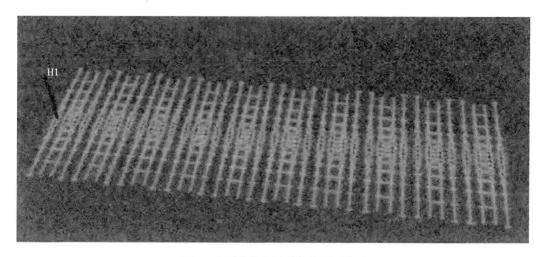

图 3　水平井体积压裂产能预测模型

3　产能变化规律数值模拟

基于红岗油田扶余致密砂岩储层流体物性和地层数据，建立了水平井体积压裂理论数值模型，模拟衰竭式开发 2a 产能的变化规律。储层埋深 2200m，有效厚度 6m，地层压力 20.3MPa，渗透率 0.1mD，孔隙度 9%，水平段长 850m，压裂 10 级，单级 4 簇射孔，水平井方向沿最小主应力方向。体积压裂形成的复杂裂缝网络采用离散裂缝网络模型模拟，用等效渗流阻力法和局部网格加密技术对裂缝网络进行处理，如图 3 所示。

3.1　改造体积对产能的影响

缝网的改造体积一般定义为缝网长度、宽度和高度的乘积。考虑到实际施工时，改造井水平段长度和储层厚度是一定的，即缝网宽度和高度不变，改造体积因缝网长度不同而有差异，如图 4，改造体积分别为 $102 \times 10^4 m^3$、$119 \times 10^4 m^3$、$136 \times 10^4 m^3$、$153 \times 10^4 m^3$，增幅分别为 16.7%、33.3% 和 50.0%，相应的累计产油量增幅分别为 10.6%、20.9% 和 31.1%。致密储层渗透率低，体积压裂后改造区域内流体运移至裂缝的距离大大缩短，渗流能力极大提高，而未改造区域渗流阻力仍然很大，产能贡献主要来自改造区域，产能与改造体积呈正相关。但是考虑到经济效益问题，更大的改造体积需要更多的人工成本和材料成本。因此，改造体积不是越大越好，需结合净收益进行优化。

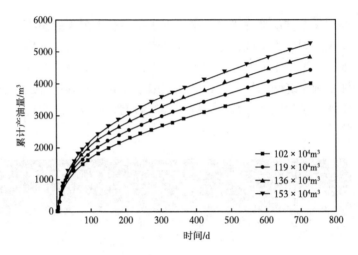

图 4　改造体积对产能的影响

3.2　导流能力对产能的影响

水力裂缝是致密储层生产的主要渗流通道，其导流能力的大小对产能影响很显著。国外学者[15]模拟体积压裂缝网导流能力时有 2 种方法。其一是支撑剂均匀分布，即主裂缝和次裂缝导流能力相同；其二是支撑剂主体分布在主裂缝中，主裂缝导流能力较强，次裂缝因剪切错位自支撑或是支撑剂局部支撑具有一定导流能力。本文中采用第二种方法，次裂缝导流能力假定为主裂缝的 1/50[16]。图 5 为导流能力对致密砂岩储层水平井产能的影响，导流能力从 10D·cm 增加至 20D·cm，产能提高了 6.4%；而从 20D·cm 增加至

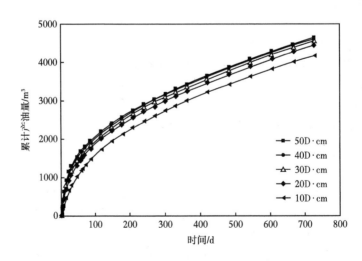

图 5　裂缝导流能力对产能的影响

30D·cm，产能提高了 2.3%；从 30D·cm 增加至 40D·cm，产能仅提高了 1.3%。由于储层渗透率很低，渗流阻力大，当水力裂缝导流能力大于 20D·cm 后继续增加导流能力值对产能的贡献不明显。所以，对于致密储层，水力裂缝导流能力达到一定水平即可，需从其他方面如裂缝密度、改造体积着手，综合考虑提高产量。

3.3　次裂缝对产能的影响

水平井体积压裂后会在主裂缝周边产生大量次生裂缝，笔者定量研究了不同地层渗透率条件下次生裂缝对水平井产能的贡献程度。次裂缝导流能力仍假定为主裂缝导流能力的 1/50，模拟地层渗透率分别为 0.001mD、0.005mD、0.01mD、0.05mD、0.1mD，主裂缝导流能力从 10D·cm 增加至 50D·cm。模拟结果如图 6 所示，随着地层渗透率的增加，次生裂缝对水平井产能的贡献程度逐渐减小；不同裂缝导流能力条件下，次裂缝对产能贡献的程度非常接近。当地层渗透率为 0.001mD、主裂缝导流能力为 10D·cm 时，次裂缝对产能贡献程度为 28.98%；而当地层渗透率为 0.1mD 时，次生裂缝对产能的贡献程度为16.39%。因此，地层渗透率越低，次生裂缝对产能的贡献程度越高，施工设计时应以更大程度改造目标区为目标。

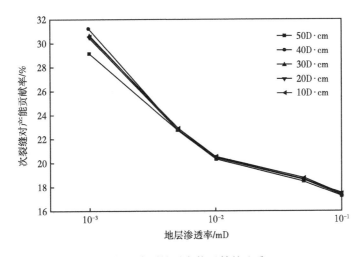

图 6　次裂缝对产能贡献的比重

3.4　簇间距对产能的影响

如前所述，水力裂缝扩展时，附近的应力状态将发生改变，距离水力裂缝越近的区域，应力状态改变越大。应力状态的改变将会影响裂缝扩展轨迹，从而影响体积压裂效果；另一方面，水平井投入生产后，各裂缝的压力波会相互干扰，从而影响产能。为研究簇间距对不同致密储层产能的影响，对比分析了 3 种地层渗透率 0.1mD、0.01mD、0.001mD，簇间距分别为 15m、20m 和 30m（对应单级 5 簇、4 簇和 3 簇）时的产能变化。模拟结果如图 7 所示。各方案采用相同的施工液量，簇数少时，半缝长较大，裂缝密度较小；簇数多时，半缝长较短，裂缝密度较大。通过对比可知，投产初期，射孔簇间距越小，裂缝越密对应的产能越大。

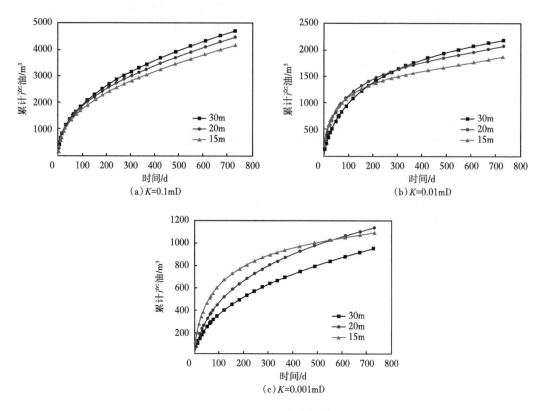

图 7　簇间距对产能的影响

随着生产的进行，不同渗透率的地层生产规律出现差异。当地层渗透率为 0.1mD 时，单级 3 簇射孔，簇间距为 30m 对应的产能最大；当地层渗透率为 0.001mD 时，生产 540d 之前，单级 5 簇射孔，簇间距为 15m 对应的产能最大，540d 以后，4 簇射孔对应的产能最高；当地层渗透率为 0.01mD 时，生产 270d 之前，4 簇射孔产能更佳，而 270d 之后，3 簇射孔产能最大。地层渗透率较高时，压力传播较快，缝间压力干扰明显，裂缝密度不宜过大，较少的射孔簇数有利于提高产能；地层渗透率较低时，压力传播较慢，压力干扰不显著，此时增大裂缝密度有利于提高产能。

4　结论

（1）体积压裂的效果受储层地质条件和工程因素的双重影响，应充分了解储层地质特点，针对性地制定合理的施工方案。

（2）就地应力差越小，天然裂缝越发育，越有利于提高裂缝网络的复杂性。对于低地应力差天然裂缝发育的致密储层，簇间距不宜太小，否则应力干扰太强而降低裂缝复杂性；对于高地应力差天然裂缝欠发育致密储层，应力干扰对裂缝扩展轨迹的影响有限，宜减小簇间距以增强体积改造效果。

（3）红岗储层中，水平井产能随改造体积增大而增加，考虑到经济效益，改造体积存在最优值。裂缝导流能力增大有利于提高单井产能，但是当导流能力超过 20D·cm 时，继续增大导流能力产能增幅有限。当储层渗透率大于 0.01mD 时，较大的簇间距（30m）能减弱缝间压力干扰，保持较高产能；当储层渗透率小于 0.01mD 时，压力传播速度慢，压力干扰相对较弱，较小的簇间距（15m）有利于获得较高的产能。

参 考 文 献

[1] 庞正炼，邹才能，陶士振. 中国致密油形成分布与资源潜力评价［J］. 中国工程科学，2012，23（4）：607-615.

[2] 贾承造，邹才能，李建忠，等. 中国致密油评价标准：主要类型：基本特征及资源前景［J］. 石油学报，2012，33（3）：343-350.

[3] 吴奇，胥云，王晓泉. 非常规油气藏体积改造技术：内涵：优化设计与实现［J］. 石油勘探与开发，2012，39（3）：352-358.

[4] 窦宏恩，马世英. 巴肯致密油藏开发对我国开发超低渗透油藏的启示［J］. 石油钻采工艺，2012，34（2）：120-124.

[5] 林森虎，邹才能，袁选俊. 美国致密油开发现状及启示［J］. 岩性油气藏，2012，23（4）：25-30.

[6] Larry K B，Jerry S. The geomechanics of a shale play：what makes a shale prospective［C］. SPE 125525，2009.

[7] King G E. Thirty years of gas shale fracturing：what have we learned［C］. SPE 133456，2010.

[8] Chacon A，Tiab D. Effects of stress on fracture properties of naturally fractured reservoirs［C］. SPE 107418，2007.

[9] Olson J E，Dahi-Taleghani A. Modeling simultaneous growth of multiple hydraulic fractures and their interaction with natural fractures［C］. SPE 119739，2009.

[10] 王文东，苏玉亮，慕立俊，等. 致密油藏体积压裂技术应用［J］. 新疆石油地质，2013，34（3）：345-348.

[11] Weng X，Kresse O，Cohen C，et al. Modeling of hydraulic fracture network propagation in a naturally fractured formation［C］. SPE 119739，2011.

[12] Palmer I，Moschovidis Z，Cameron J. Modeling shear failure and stimulation of the Barnett shale after hydraulic fracturing［C］. SPE 106113，2007.

[13] Rushing J，Sullivan R. Evaluation of a hybrid water-frac stimulation technology in the Bossier tight gas sand play［C］. SPE 84394，2003.

[14] 赵振峰，王文雄，邹雨时，等. 致密砂岩油藏体积压裂裂缝扩展数值模拟研究［J］. 新疆石油地质，2014，35（4）：447-451.

[15] Cipolla C L，Lolon E P，Erdle J C，et al. Modeling well performance in shale-gas reservoirs［C］. SPE125532，2009.

[16] Cipolla C L，Lolon E P. Reservoir modeling and production evaluation in shale gas reservoirs［C］. IPTC 13185，2009.

第三部分 高抗盐纳米复合减阻剂的研发与应用

减阻剂是滑溜水压裂液中重要的添加剂之一。常规类减阻剂存在高剪切速率条件下会发生机械降解、溶解困难、溶解后水面上浮现油花溶解速率慢等问题，若包含有机溶剂和表面活性剂还会造成环境污染和储层伤害。

非常规油气藏体积压裂施工耗水量巨大，而我国非常规油气区块往往都处于地形复杂的山区和淡水资源缺乏的西北地区，高抗盐纳米复合减阻剂及体系可实现油田开采过程中的压裂返排液及采油污水等大量废液的重复使用，进而实现绿色环保和大幅度降低油气生产成本的目的，这对充分循环利用好油田区域宝贵的淡水资源，对于我国非常规油气藏的低成本持续高效开发意义重大。

本部分内容从减阻剂分子结构需要，设计合成了绿色清洁纳米复合减阻剂，研究了其抗盐、生物毒性、储层伤害和对表面活性剂性能的影响。为了定量评价减阻剂的减阻效果，设计制作了用于室内模拟评价的高温高压动态减阻仪 JHJZ-I 装置。

一体化多功能减阻剂的研究与应用

李玉敏[1]，李　嘉[2]，赵　伟[3]，孙亚东[2]，
周　丰[4]，蒋廷学[5]，苏建政[6]，余维初[1, 7]

（1.长江大学化学与环境工程学院；2.中国石油集团川庆钻探井下作业公司；
3.中国石油西南油气田公司重庆气矿；4.中国石油集团长城钻探工程有限公司；
5.中国石化石油工程技术研究院有限公司；6.中国石化石油勘探开发研究院；
7.油气田清洁生产与污染物控制湖北省工程研究中心）

摘　要：传统压裂液一般是以减阻剂为核心，配合使用防膨剂、助排剂等多种添加剂而形成的溶液体系，配液流程复杂，体系配伍性以及稳定性不佳，并且对储层伤害高。为解决传统压裂液存在的问题，文章以反相乳液聚合法合成了一种兼具减阻、携砂、助排、防膨、低伤害等性能的一体化多功能减阻剂 JHFR-Ⅱ，并对其进行室内试验及现场施工。室内实验结果表明：JHFR-Ⅱ溶液黏度在 1.0~90.0mPa·s 可调，岩心渗透率的伤害率低于 20.0%。优选出 0.10% 的 JHFR-Ⅱ溶液作为减阻水，在储层矿化度下，减阻率达 73.2%；优选出 0.40% 的 JHFR-Ⅱ溶液作为携砂液，其携砂能力为清水的 90 倍，破胶液黏度低于 5.0mPa·s，表面张力低于 28.0mN/m，防膨率高于 85%。通过现场施工表明，JHFR-Ⅱ减阻剂不但能够满足致密油气藏大规模体积压裂施工的减阻和携砂需求，还可以用于常规以及其他非常规油气藏的复杂缝网压裂中。一体化多功能减阻剂 JHIFR-Ⅱ 具有一剂多效的特点，其单剂水溶液即可作为压裂施工液体，在压裂施工作业中可有效简化操作流程，降低施工成本。

关键词：压裂液；多功能减阻剂；携砂；低伤害；复杂缝网

对于致密油气的开采大多采用大规模体积压裂的方式，在段内形成人工裂缝网络，增大井筒与储层的接触面积，促进产油产气[1-2]。压裂施工多用水基压裂液进行储层改造[3-5]，但储层遇压裂液后形成的膨胀黏土颗粒以及减阻剂的不溶固体或絮凝残渣，滞留在裂缝或支撑剂孔道中，造成油气运移通道堵塞，降低裂缝的导流能力，削弱压裂效能，甚至对储层造成不可逆转的伤害[6-9]。因此，要求压裂液不仅具有良好的减阻性能，还要具有优异的溶解性能、防膨性能、助排性能以及对储层伤害低。

传统压裂液体系一般通过添加减阻剂、防膨剂、助排剂等多种添加剂来达到上述多种性能。近两年国内逐渐开始对一体化压裂液进行研究，其主要是引入有抗温抗盐以及亲水等功能性基团的高分子聚合物，利用高分子聚合物在不同浓度下的黏度不同发挥其减阻及携砂作用，但少有研究者提到一体化压裂液对于储层的伤害。本文研发了一种集速溶、性能稳定、携砂能力强、防膨性能优异、储层伤害低等优势于一体的多功能减阻剂 JHFR-Ⅱ，室内实验评价其减阻、携砂以及储层伤害等性能，并在 JQ 12-6-H2 井和其他油气井进行压裂施工，取得了显著的成效。

1 实验部分

1.1 材料与仪器

丙烯酰胺（AM）、丙烯酸（AA）、2-丙烯酰胺基-2-甲基丙磺酸（AMPS）、二甲基二烯丙基氯化铵（DMDAAC）、α-烯烃磺酸钠（AOS）分析纯，上海麦克林生化科技有限公司；司盘 80、吐温 80，上海阿拉丁生化科技股份有限公司；环己烷、过硫酸铵、亚硫酸氢钠、氯化钠、氯化钙、氯化镁、氯化钾，分析纯，国药集团化学试剂有限公司；膨润土，荆州众天科技有限公司；人造岩心（直径 2.5cm，长 5cm，气测岩心渗透率约 1.051mD）、煤油、石英砂，荆州市现代石油科技有限公司；ZNN-D6 六速旋转黏度计，青岛海通达专用仪器有限公司；JHFR-2 高温高压页岩气井滑溜水减阻率测试仪，荆州市现代石油科技有限公司；QBZY 表面张力仪，上海方瑞仪器；TX-500C 旋转滴界面张力仪，美国科诺工业有限公司；LDZ4-1.8 平衡离心机，北京雷勃尔离心机。

1.2 实验方法

（1）减阻剂的制备：向反应装置内通氮气 20 min 后加入一定量的环己烷、白油、复配乳化剂，调整搅拌器转速在 350 r/min 并继续通氮气；称取一定量的 AM、AMPS、DMDAAC 溶解于去离子水中，向单体水溶液加入 AA 并用氢氧化溶液调节 pH 值至 7，10 min 后将水溶液加入三口烧瓶，调节水浴锅温度至 35℃，继续通氮气并搅拌 30min；加入过硫酸铵与亚硫酸氢钠的复合引发剂体系，引发剂质量分数为反应物单体质量分数的 0.05%，升温至 50℃ 继续通氮气并搅拌 6h，至反应物有一定黏度，关闭搅拌器和水浴锅；用无水乙醇清洗产物至产物变成纯白色固体；将产物剪碎并放入真空干燥箱干燥 24h，取出后粉碎、研磨得到一体化多功能减阻剂 JHFR-Ⅱ粉剂；取 JHFR-Ⅱ粉剂，用 80~100 目的分样筛过筛后放入真空干燥箱干燥 24h，将适量处理后的 JHFR-Ⅱ粉末分散于白油中并添加 OP 系列乳化剂，在 20000r/min 下搅拌 30min，向其中加入除氧剂继续搅拌 2h 得到一体化多功能减阻剂 JHFR-Ⅱ乳液。

（2）减阻率测试：实验采用 JHFR-Ⅱ高温高压页岩气井滑溜水减阻率测试仪测试，该仪器包含了循环泵、模拟管道、压力传感器、差压传感器、温度传感器、磁力流量计等核心部件。具体测定方法为：向配液罐中加入清水，选定管道，开启循环泵，设定排量，待压力稳定数据采集系统自动采集压差 p_0，将其设置为空白参照；关闭循环泵后，向进样口注入待测减阻剂后，开启循环泵，设定排量，待压力稳定数据采集系统自动采集压差 p，数据由软件系统自动进行处理，计算出减阻率。

$$\eta = \left[(p_0 - p)/p_0 \right] \times 100\% \tag{1}$$

式中：η 为减阻率，%；p_0 为加入待测样品前清水的摩阻压差，kPa；p 为加入待测液体后的摩阻压差，kPa。

（3）表观黏度、表面张力及界面张力测试：依据 NB/T 14003.3—2017《页岩气压裂液 第 3 部分：连续混配压裂液性能指标及评价方法》测试。

（4）防膨率测试：依据 SY/T 5971—2016《油气田压裂酸化及注水用黏土稳定剂性能评价方法》测试。

（5）溶解时间、残渣含量测试：依据 NB/T 14003.2—2016《页岩气压裂液　第 2 部分：降阻剂性能指标及测试方法》测试。

（6）岩心渗透率损害率测试：依据 SY/T 6376—2008《压裂液通用技术条件》测试。

（7）静态携砂性能测试：将 70/140 目石英砂与携砂液按照 3∶10 的比例，在 500 r/min 的转速下混合 10min，停止搅拌后迅速倒入量筒，静置，记录石英砂的沉降情况。

2　结果与讨论

2.1　溶解性能

高分子聚合物减阻剂的溶解性能是压裂液的一个重要指标，若溶解时间过长则会导致添加后不能迅速达到减阻的功效；而溶解不彻底则会导致固体不溶物堵塞油气运移通道，影响采收效率，甚至伤害储层[10]。由于减阻剂溶解时间是通过测定减阻剂达到最佳减阻率时间长短来反映的，因此溶解时间只针对低黏度的 JHFR–Ⅱ溶液。对于中黏度和高黏度的 JHFR–Ⅱ溶液，通过其溶解状态来评价溶解性能。不同加量 JHFR–Ⅱ的溶解时间如图 1所示，溶解状态如图 2 所示。

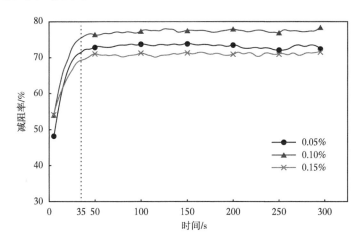

图 1　减阻率随时间的变化规律

（a）浓度为 0.10%　　　（b）浓度为 0.50%　　　（c）浓度为 1.00%

图 2　不同浓度的 JHFR–Ⅱ溶液

由图 1 可知，30L/min 的排量下，低浓度 JHFR-Ⅱ加入到减阻率测试仪后减阻率迅速增大，在 35s 左右减阻率曲线达到拐点，说明在 35s 左右低浓度 JHFR-Ⅱ能够完全溶解并达到最佳减阻效果，小于行业标准中对于乳液类减阻剂的溶解时间标准（不大于 40s）。由图 2 可知，0.10%、0.50%、1.00% 的 JHFR-Ⅱ在清水中的溶解状态，液体均一、无分层并且未出现有固体不溶物。综上，JHFR-Ⅱ能够满足行业对于页岩气用减阻剂的溶解性能要求。

2.2　表观黏度

减阻剂溶液的黏度直接关系到压裂液的减阻性能和携砂性能，该一体化减阻剂可以实现在线调控压裂液黏度以满足现场施工需求。实验测定了系列浓度 JHFR-Ⅱ水溶液的表观黏度，如图 3 所示。

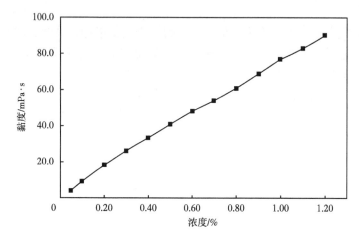

图 3　JHFR-Ⅱ水溶液表观黏度随浓度变化的关系

由图 3 可知，JHFR-Ⅱ水溶液表观黏度随浓度的增加而增大，当 JHFR-Ⅱ浓度为 0.05% 时，表观黏度为 4.0mPa·s；当 JHFR-Ⅱ浓度为 1.20% 时表观黏度最高达到 90.0mPa·s。JHFR-Ⅱ水溶液表观黏度随浓度变化曲线近似为正相关，其水溶液的黏度在 4.0~90.0mPa·s 可调，能够实时调整黏度以应对施工过程中不同的阶段。

2.3　减阻性能

压裂液由高压泵注增压后通过管柱高速泵入地层，管内会出现严重的湍流摩阻情况，造成能量损失和设备磨损，加入减阻剂不仅能减小施工摩阻，而且降低设备对水马力的要求[11]。实验测定不同排量下 JHFR-Ⅱ浓度与减阻率的关系，结果如图 4 所示。

由图 4 可知：（1）一定浓度下，随着排量从 20L/min 依次增大到 50L/min，减阻率也对应升高，这是由于随着排量增大，雷诺系数增大，流体由层流状态变为湍流，加入减阻剂后湍流漩涡中的一部分动能被吸收转化为弹性势能，减小了流体的湍流程度，从而提高了减阻效率[12]；（2）一定排量下，JHFR-Ⅱ浓度增大，减阻率出现先升高后降低的趋势，当浓度为 0.1% 时减阻率最高，达到 81%，这是由于浓度在一定限度内减阻剂分子线性结构可以舒展排列，但超过这个限度减阻剂分子互相缠绕形成网状结构，黏度增大，阻碍流体的流动，从而出现随浓度的增大，减阻率先升高后下降的趋势[13-14]。

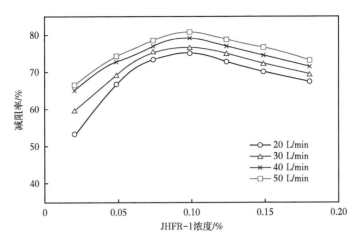

图 4　JHFR-Ⅱ在不同排量下浓度与减阻率的关系

2.4　携砂性能

为阻止因应力释放而导致裂缝闭合，通常向压裂液中加入支撑剂，保持裂缝流通状态。当支撑剂在压裂液中沉降速度过快则会造成砂堵，压裂砂堵事故轻者会导致延长气井作业时间，影响生产，重者会造成卡管柱，甚至大修作业，这对压裂液的携砂性能有一定要求[15]。实验测定了不同浓度的 JHFR-Ⅱ水溶液的静态携砂性能，结果如图 5 所示。

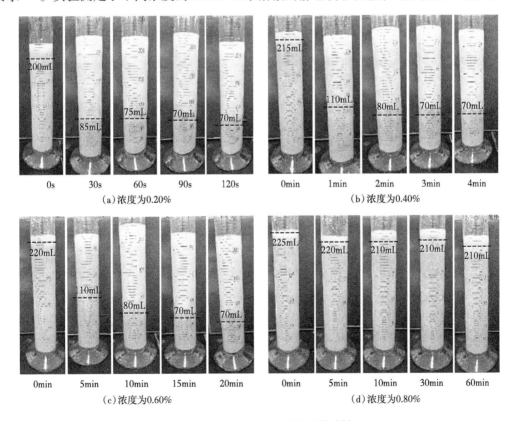

图 5　不同浓度 JHFR-Ⅱ溶液的携砂情况

由图 5 可知，0.20%JHFR-Ⅱ 水溶液中的石英砂在 60s 左右基本全部沉降；0.40%JHFR-Ⅱ 水溶液中的石英砂在 3min 左右基本全部沉降；0.60%JHFR-Ⅱ 溶液中的石英砂 15min 左右基本完全沉降；0.80%JHFR-Ⅱ 溶液中的石英砂 1h 后基本未发生沉降。同时实验测定了相同条件下石英砂在清水中的沉降时间为 2s，0.2%JHFR-Ⅱ 溶液的携砂能力是清水的 30 倍，0.4%JHFR-Ⅱ 溶液的携砂能力是清水的 90 倍，随着 JHFR-Ⅱ 的加量增大，石英砂的沉降明显减缓，携砂能力显著提高，现场施工可根据实际情况选择适合的浓度作为携砂液。

2.5 稳定性能

溶液中多功能减阻剂舒展的分子链能吸收涡流能量降低湍流阻力，从而达到减阻目的；当减阻剂浓度进一步增大，分子链会相互缠绕形成具有黏弹性的分子链网状结构，黏度增大，携砂能力增强。但是在不适宜的外界环境下，减阻剂分子链发生断裂，网状结构被破坏，黏度急剧下降，减阻和携砂性能都会大打折扣甚至完全丧失[16]。配液用水矿化度高、压裂液的流动剪切以及储层温度过高等因素均可能造成减阻剂分子链断裂，网状结构被破坏。

现场采用矿化度较高地层水或返排水配液，以及压裂过程中的流动剪切和储层温度也会影响到压裂液的性能。实验测定了储层条件下，系列浓度 JHIFR-Ⅱ 在 170/s 持续剪切 2h 后的黏度和减阻率，结果见表 1。

表 1　JHFR-Ⅱ 在模拟地层水中的黏度和减阻率变化情况

浓度 /%	黏度 /mPa·s		减阻率 /%	
	清水	模拟地层水，62℃下剪切 2h	清水	模拟地层水，62℃下剪切 2h
0.05	6.0	4.0	73.3	70.1
0.10	9.0	6.0	77.1	73.2
0.15	12.0	9.0	72.5	71.0
0.20	18.0	14.5	70.5	68.8
0.40	33.0	25.0	—	—
0.60	41.0	32.0	—	—
0.80	61.0	50.0	—	—
1.00	77.0	62.0	—	—

由表 1 可知，储层温度 62℃ 下，盐水基 JHFR-1 溶液在 170/s 持续剪切 2h 后黏度以及减阻率均未出现大幅度下降。因此，多功能减阻剂 JHFR-Ⅱ 具有良好的抗盐和耐温耐剪切性能，在施工中可采用返排液或地层水作为配液用水，这既能降低成本又能节约水资源。

2.6 破胶性能

压裂结束后，为了便于压裂液返排，需要对其进行破胶，这就要求破胶后的压裂液低黏度、低残渣含量、低表面张力，并且具有较好的抑制黏土膨胀能力。向一体化多功能减阻剂溶液中加入 0.02% 过硫酸铵并置于 62℃ 水浴锅中，2h 后完全破胶，测定破胶液的参数见表 2。

由表 2 可知，破胶液黏度均小于 5.0mPa·s，表面张力小于 28.0mN/m，防膨率大于 85.0%，残渣含量低于 100 mg/L，符合行业对于破胶液的技术要求。

表 2　破胶液性能参数

JHFR-Ⅱ加量 / %	黏度 /mPa·s		表面张力 / mN/m	界面张力 / mN/m	防膨率 / %	残渣含量 / mg/L
	破胶前	破胶后				
0.20	18	2.0	27.3	0.085	85.0	31
0.40	33.0	2.5	27.4	0.081	85.3	36
0.60	41.0	3.0	26.1	0.075	87.5	43
0.80	61.0	4.0	26.1	0.061	88.6	51
1.00	77.0	4.0	26.3	0.058	88.8	57

2.7　储层伤害评价

在致密气的开发过程中，应尽可能减小压裂造成的储层伤害，压裂液自身的性质差异极大地影响了储层伤害程度[17]。测试 JHFR-Ⅱ 对岩心渗透率的影响情况，实验采用岩心为人造岩心，以岩心渗透率的变化来评价岩心的伤害程度，结果见表 3。

由表 3 可知，JHFR-Ⅱ 对岩心渗透率的伤害率小于 20.0%，低于行业标准中对水基压裂液（不大于 30.0%）的要求。

表 3　JHFR-Ⅱ对岩心渗透率的伤害率

JHFR-Ⅱ加量 /%	岩心伤害前气测渗透率 /mD	岩心伤害后气测渗透率 /mD	渗透率伤害率 /%
0.05	1.035	0.871	15.8
0.10	1.021	0.854	16.4
0.20	1.046	0.859	17.9
0.40	1.102	0.892	19.1

一体化多功能减阻剂 JHFR-Ⅱ 具有良好的溶解性能和稳定性能，在 JQ5H 井区的储层温度和地层水的矿化度下，减阻率依旧维持在 70.0% 以上，黏度也未出现大幅度下降情况。高黏度 JHFR-Ⅱ 溶液具有较强的携砂能力，其破胶液表面张力低，利于后续的退排，并且能够有效抑制黏土膨胀，对储层的伤害小。

3　现场应用

JQ 12-6-H2 井位于四川盆地中部地区侏罗系沙溪庙组，是金华区块 JQ5H 井区的一口先导试验井，储层总厚度为995.5m，储层平均温度为62℃，孔隙度为7.4%~12.8%，渗透率为0.025~2.104 mD，平均含水饱和度为26.3%，属于典型的致密气储层。根据JQ12-6-H2井储层低渗透率低孔隙度的特点，采用大液量、大排量、分段压裂工艺。经过实验测定并结合现场施工的实际情况，优选了0.10%JHFR-Ⅱ溶液作为低黏度压裂液用以储层造复杂缝，优选了0.40%JHFR-Ⅱ溶液作为高黏度压裂液用以造主缝和携砂。本井分13段压裂，单段施工段长80~104 m，每段射孔8簇，每簇6孔，射孔密度20孔/m，每段总孔数48孔。分段泵注参数见表4。

表4　JQ 12-6-H2 井分段泵注参数

压裂段	70/140 目石英砂 /t	40/70 目覆膜石英砂 /t	JHFR-Ⅱ压裂液 /m³
第1段、第2段	384	96	1920
第3段	247	62	1235
第4段至第8段	1105	275	5526
第9段至第12段	872	220	4380
第13段	250	62	1242

全井施工总砂量3573t（70/140目石英砂2858t、40/70目覆膜石英砂715t），总液量14302m³，平均加砂强度3t/m，用液强度12m³/m。例如：第七段段长92m，高黏度压裂液用量为940m³，低黏度压裂液用量为165m³，总加砂量276t（70/140目石英砂221.1t、40/70目覆膜石英砂54.9t），排量为18m³/min，压裂施工曲线如图6所示。在压裂过程中采用连续加砂模式，最高加砂浓度480kg/m³，利用高黏度压裂液造主缝，并携带大粒径支撑剂，满足现场施工大液量高砂比的携砂需求；利用低黏度压裂液造复杂缝，并携带小粒

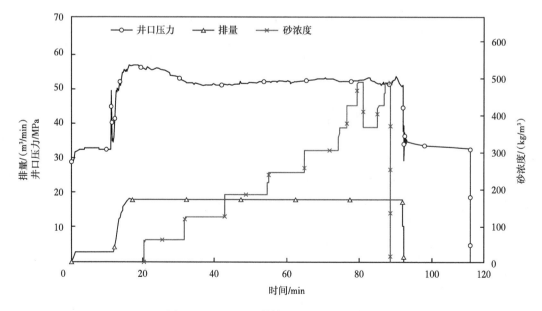

图6　JQ 12-6-H2 井第七段压裂施工曲线

径支撑剂支撑微裂缝，满足现场施工减阻等技术需求。加入压裂液后井口压力下降并平稳保持在 50MPa 以下，压裂液性能稳定，按原定方案顺利完成施工。一体化多功能减阻剂 JHFR-Ⅱ 能够迅速溶解，实现了在线混配压裂液，简化操作步骤，提高了施工效率，能够满足大液量、大排量、高砂比的现场施工需求。

同时该项技术成果被应用于威远、长宁、昭通三大国家级页岩气示范区和鄂尔多斯盆地的致密油井，在上述地区进行了先导性应用实践，一体化多功能减阻剂 JHFR-Ⅱ 均能够满足施工设计方案和现场大规模体积压裂在线连续混配的施工需求。

4　结论

（1）以反相乳液聚合法合成了一体化多功能减阻剂 JHFR-Ⅱ，该减阻剂单剂水溶液可作为压裂液，通过调节一体化多功能减阻剂浓度，实现了压裂液黏度在 1.0~90.0mPa·s 内可调，使用低黏度减阻，高黏度携砂。

（2）通过室内实验评价，一体化多功能减阻剂 JHFR-Ⅱ 可在 35 s 左右完全溶解，在 30 000 mg/L 的矿化度、62℃ 下持续剪切 2h 减阻率仍可高达 73.2%；携砂能力强，破胶液黏度小于 5.0mPa·s，表面张力低于 28.0mN/m，防膨率大于 85%，岩心渗透率的损害率低于 20%，可以满足压裂施工设计的减阻和携砂一体化技术需求。

（3）一体化多功能减阻剂 JHIFR-Ⅱ 在金浅 12-6-H2 井、鄂尔多斯盆地和威远、长宁、昭通三大国家级页岩气示范区进行了应用，针对性解决了压裂施工所遇到的压裂液性能不稳定、携砂能力弱和储层伤害高等技术难题。该减阻剂具有广泛的适用性，可以用于常规与非常规油气开发。

参 考 文 献

[1] 孙龙德，邹才能，贾爱林，等.中国致密油气发展特征与方向 [J].石油勘探与开发，2019，46（6）：1015-1026.

[2] 杨杰友，于宏超.长庆低渗透油藏开发关键技术与应用 [J].石油化工应用，2021，40（7）：69-70.

[3] 张扬，赵永刚，闫永强，等.页岩储层新型清洁滑溜水压裂液体系 [J].钻采工艺，2020，43（4）：89-92，11.

[4] 冯逢，张琳，刘波，等.高黏度滑溜水在秋林致密砂岩气压裂中的应用 [J].钻采工艺，2021，44（1）：115-119.

[5] 罗明良，杨宗梅，巩锦程，等.压裂液技术及其高压流变性研究进展 [J].油田化学，2018，35（4）：715-720.

[6] Christopher M，White M，Godfrey M. Mechanics and Prediction of Turbulent Drag Reduction with Polymer Additives [J]. Annual Review of Fluid Mechanics，2008，40.

[7] 黄波，徐建平，蒋官澄，等.黏土膨胀储层伤害数值模拟研究 [J].钻井液与完井液，2018，35（4）：126-132.

[8] 郑晓军，苏君惠，徐春明.水基压裂液对储层伤害性研究 [J].应用化工，2009，38（11）：1623-1628.

[9] 王建东，周广清，孟宪波，等.敏感性储层低伤害压裂液体系研究 [J].当代化工研究，2021（24）：17-19.

[10] 李杨，郭建春，王世彬，等.低伤害压裂液研究现状及发展趋势 [J].现代化工，2018，38（9）：20-22，24.

[11] 司晓冬，罗明良，李明忠，等.压裂用减阻剂及其减阻机理研究进展 [J].油田化学，2021，38（4）：732-739.

[12] 冯玉军，王兵，张云山，等.一种两性离子聚合物"油包水"乳液滑溜水减阻剂的研制与现场应用 [J].油田化学，2020，37（1）：11-16.

[13] 张颖，周东魁，余维初，等.玛湖井区低伤害滑溜水压裂液性能评价 [J].油田化学，2022，39（1）：28-32.

[14] 余维初，周东魁，张颖，等.环保低伤害滑溜水压裂液体系研究及应用 [J].重庆科技学院学报（自然科学版），2021，23（5）：1-5，15

[15] 毛峥，李亭，刘德华，等.水力压裂支撑剂应用现状与研究进展 [J].应用化工，2022，51（2）：525-530，537.

[16] 何乐，王世彬，郭建春，等.高矿化度水基压裂液技术研究进展 [J].油田化学，2015，32（4）：621-627.

[17] 范宇恒，丁飞，余维初.一种新型抗盐型滑溜水减阻剂性能研究 [J].长江大学学报（自然科学版），2019，16（9）：49-53，62.

页岩气开发用绿色清洁纳米复合
减阻剂合成与应用

余维初 [1,2]，吴　军 [2,3]，韩宝航 [3]

（1.长江大学化学与环境工程学院；2.非常规油气湖北省协同创新中心；
3.国家纳米科学中心）

摘　要： 针对页岩气井现场压裂施工过程中亟待解决的问题，研发了 JHFR-2 绿色清洁纳米复合高效液体减阻剂。该减阻剂为易溶于水的乳白色液体，密度 1.05~1.26g/cm³，黏度小、体系稳定性好。性能评价表明，该减阻剂不起泡，抗温达到 130℃，抗钙离子污染能力强，几乎无地层伤害，性价比高。通过现场施工应用，该减阻剂只需柱塞泵按比例泵入，实现在线配制滑溜水，节约设备、运输和土地使用等费用，可满足现场即配即注的工艺要求。

关键词： 纳米复合减阻剂；绿色清洁；压裂液；页岩气井

页岩气等非常规油气资源的勘探开发不仅是我国能源战略的重点 [1]，也是全世界的热点，其中的关键是水平井分段压裂和滑溜水压裂液 2 项新技术。滑溜水压裂液是指在清水中加入一定量的减阻剂、表面活性剂、黏土稳定剂等添加剂的一种新型压裂液。在滑溜水压裂技术领先的美国，使用最普遍的减阻剂为乳液减阻剂。这种减阻剂溶解困难，溶解后在水面漂浮油花，即使放置一周甚至更长的时间，仍然是浑浊状态。国内目前普遍使用的是固体粉末减阻剂，该减阻剂溶解困难，溶解长时间后仍呈浑浊状态，且溶解时会产生大量的气泡，这会影响施工设备的正常运转，需要额外添加消泡剂，使成本增加 [2-6]。因此，研发达标的减阻剂产品具有重要的现实意义，对页岩气大规模开发将产生重大影响。

针对页岩气井现场施工过程中亟待解决的各种问题，本文自主设计研发了 JHFR-2 绿色清洁纳米复合高效液体减阻剂（简称 JHRF-2 减阻剂）。与同类产品相比，JHRF-2 减阻剂具有以下优异的性能：（1）无毒，成分中去除了对环境有害物质，与其他产品相比更加绿色环保；（2）对储层渗透率几乎没有任何损害；（3）抗盐、抗钙、既抗高温又抗低温；（4）溶解速度快，可满足现场即配即注的工艺要求。该产品具有独特性和革命性，在滑溜水压裂液领域处于国际最前列，并且已经完成现场试验，处于全面推广阶段。

1　减阻剂合成

从分子结构设计开始，通过反应过程、工艺与配方的持续优化与调整，合成出了 JHRF-2 减阻剂系列，物性参数见表 1。

表 1　纳米复合减阻剂 JHFR-2 系列的物性参数

密度 /（g/cm³）	形态	颜色	气味	pH 值	水溶性
1.05~1.26	微黏性液体	乳白色	无	6~8（1% 溶液）	溶于淡水、盐水

2　减阻剂技术指标表征

2.1　减阻率的测定

减阻率测定的基本原理是加入减阻剂前后测定一定管径内流体在相同排量和运行距离管道内的压降。减阻率计算式：

$$\eta_{DR} = \frac{\Delta p_0 - \Delta p}{\Delta p_0} \times 100\% \tag{1}$$

式中：η_{DR} 为减阻剂的减阻率，%；Δp_0 为特定流速下的清水摩阻压降，MPa；Δp 为同一流速下加减阻剂后的摩阻压降，MPa。

2.2　常温减阻性能

表 2 为 JHRF-2 减阻剂样品常温（25~30℃）时在清水中的减阻率。可以看出 JHRF-2 减阻剂样品为 1000~2000mg/L 时，常温减阻率均超过了 70%。

表 2　JHFR-2 减阻剂样品的减阻性能

减阻剂样品	添加质量浓度 /（mg/L）	减阻率 /%
ID061214	1200	74.1
	2000	75.2
ID061414	1200	75.3
	2000	76.2
ID071514	1000	74.1
	2000	75.3
ID071614	1000	75.2
	2000	76.0

注：减阻仪测试管径为 6.8mm，流量为 20L/min。

2.3　耐温性能

选取 JHRF-2 减阻剂样品 ID061414，分别测试 25℃ 和 70℃ 的减阻性能。由表 3 可见，当减阻剂质量浓度 2000mg/L 时，在常温和高温减阻率下都能达到 65% 以上。选取国外油基乳液减阻剂 HB750 做对比试验（表 4），其在高温下减阻率降到 32% 和 47%。因此 JHFR-2 减阻剂耐高温性能良好。

表3 JHFR-2减阻剂（样品ID061414）的耐温性能

添加质量浓度/（mg/L）	温度/℃	流量/（L/min）	减阻率/%
1200	25	30	68
1200	70	30	70
2000	25	30	74
2000	70	30	75

表4 国外油基乳液减阻剂HB750的耐温性能

添加质量浓度/（mg/L）	温度/℃	流量/（L/min）	减阻率/%
1200	25	10.77	68
1200	70	10.75	32
2000	25	6.04	75
2000	70	6.35	47

进一步验证JHRF-2减阻剂的耐温性能，取2000mg/L的样品ID071614，设定流量为20L/min，分3组进行试验。第1组常温下测得减阻率74.8%；第2组在-16℃下冷冻3d，未结冰，再配成溶液，测得减阻率74.6%；第3组在130℃下热滚8h，恢复至室温，测得减阻率70.2%。尽管测试温差较大（-16~130℃），但减阻率的降低幅度仍然只有4.6%（小于5%），可以看出JHFR-2减阻剂耐高温、低温性能好。

2.4 抗盐（钙）性能

滑溜水中减阻剂对地层水和压裂液中抗盐（钙）性评价见表5，JHFR-2减阻剂在质量分数为6%和10%的$CaCl_2$溶液中减阻性能与在清水中相比，不降反略微升高。对比国外乳液减阻剂、粉末减阻剂与JHFR-2减阻剂的抗盐性能见表6，将减阻剂配制成质量浓度1200mg/L，JHFR-2减阻剂抗盐（钙）性能最好。

表5 JHFR-2减阻剂（样品ID061414）在清水和盐水中的减阻性能

添加质量浓度/（mg/L）	盐类溶液	减阻率/%
1200	清水	75
	质量分数6%$CaCl_2$溶液	78
	质量分数10%$CaCl_2$溶液	75
2000	清水	76
	质量分数6%$CaCl_2$溶液	78
	质量分数10%$CaCl_2$溶液	77

表6 几种减阻剂抗盐性能对比

减阻剂	减阻率 /%	
	清水	10% 质量分数 CaCl₂ 溶液
国外乳液减阻剂	> 60	50
粉末减阻剂	67.5	29
JHFR-2 减阻剂	70~77.8	70~77.8

2.5 在现场返排液 / 海水中的减阻性能

页岩压裂施工中滑溜水使用了大量的淡水资源，压裂后有 1/10~3/4 的水会回流到地表。如果将这些返排水回收，用于下次水力压裂，对于节约水资源和充分开发页岩气资源具有重大的现实意义。目前所使用的各种化学助剂中很多对水质的要求很高，往往只有采用清水才能使施工顺利进行。因此，研制一种适用于压裂液返排水和海水的减阻剂极具理论和现实意义。

取 JHRF-2 减阻剂样品 ID061214 分别在返排液和模拟海水中进行评价试验。减阻仪测试管径为 10mm，流量为 30L/min，减阻剂配制质量浓度为 20000mg/L。第 1 组试验取焦页 10-HF 井现场返排液，返排液的相对密度为 1.0397，pH 值为 6.51，总矿化度为 57249mg/L，属于 CaCl₂ 水型。常温下分别在清水和返排液中进行测试，减阻率均为 71%。第 2 组试验取总矿化度为 35000 mg/L，pH 值为 8.1 的模拟海水。分别在清水和模拟海水中进行测试，减阻率分别为 71% 和 72%。由两组试验结果可知，JHRF-2 减阻剂减阻性能几乎不受返排液和海水的影响。

2.6 岩心储层保护评价

滑溜水压裂液所造成的储层伤害一直是页岩气开发中首要关注的问题。有研究[7-10]表明页岩压裂后的油气日产量大大低于预期，而压裂液选择不当导致的储层伤害极有可能是产生这一现象的关键因素。

对比几种减阻剂（2000mg/L）所配制的滑溜水对岩心储层伤害进行评价。由表7可见，驱替体积为 84PV 时，粉末减阻剂有高达 76.51% 的岩心渗透率伤害；驱替体积为 504PV 时，国外乳液减阻剂对岩心的伤害高达 98.6%；与之相比较，JHRF-2 减阻剂（样品 ID061214）驱替体积为 20PV 时，渗透率的恢复值达到了 79.5%，远远超过 70% 的恢复值标准。

表7 减阻剂对岩心液相渗透率恢复值测试

减阻剂	岩心渗透率 /mD	驱替孔隙体积 /PV	驱替时间 /h	渗透率恢复率 /%
粉末减阻剂	46	20	1	17.57
		60	8	21.29
		84	24	23.49
国外乳液减阻剂	134	28	1	0.5
		57	2	0.78
		504	19	1.4
JHFR-2 减阻剂（样品 ID061214）	161	20	1	79.50
		225	8	81.52
		610	24	99.35

表 8 是减阻剂对岩心的气测渗透率恢复值。可以看出，粉末减阻剂和国外乳液减阻剂对岩心渗透率伤害率分别为 92.6% 和 99.75%，相比之下 JHRF-2 减阻剂（样品 ID061214）造成的岩心渗透率伤害只有 0.8%（几乎没有任何伤害）。

表 8 减阻剂对岩心气相渗透率恢复值测试

减阻剂	岩心渗透率 /mD	原始渗透率 /mD	污染后渗透率 /mD	渗透率恢复率 /%
粉末减阻剂	121	172.7	12.76	7.4
国外乳液减阻剂	132	166.3	0.5	0.25
JHFR-2 减阻剂（样品 ID061214）	118	147.7	146.5	99.2

2.7 生物毒性测试

由于压裂液潜在与地层中的饮用水或者农田灌溉水有接触的可能，因此滑溜水压裂液的生物毒性关系环境保护。试验发现，JHRF-2 减阻剂（样品 ID061214）溶解速度快，10s 左右完全溶解，滑溜水完全清澈；粉末减阻剂溶解速度慢，20min 后还没有溶解，变成浑浊状；国外乳液减阻剂溶解困难，溶解过程中还在水面漂浮油花，放置 14d 时仍是浑浊状态。生物毒性测试见表 9，可以看出 JHRF-2 减阻剂为无毒，而与之相对应的国外乳液减阻剂和粉末减阻剂则分别为微毒和重毒。

表 9 减阻剂的生物毒性

减阻剂	检测结果	
	EC50/（mg/L）	毒性分级
粉末减阻剂	63.27	重毒
国外乳液减阻剂	1129	微毒
JHFR-2 减阻剂（样品 ID061214）	1.89×10^6	无毒

2.8 与同类产品的对比

表 10 列举了 JHRF-2 减阻剂与粉末减阻剂、国外乳液减阻剂对比的优缺点。

表 10 减阻剂的优缺点对比

项目	配制工艺	物性参数
粉末/国外乳液减阻剂	固体粉末，溶解与添加困难，配制工艺复杂；需手工加药，每年增加 25 万元左右工资支出；至少增加 15 个 50m³ 的配水罐，增加 100 万元以上的设备、运输、土地使用费用	起泡，需添加消泡剂；抗钙离子污染能力差；抗温能力弱（70~80℃ 左右）；溶解性差，产生大量油花导致压裂液浑浊；具有地层伤害性能
JHFR-2 减阻剂	易溶于水的乳白色液体，可在线加入，配制简单；只需柱塞泵按比例泵入，实现在线配制滑溜水；节约混配车 2 台，配液罐 14 具，减少固定资产投资 450 万元左右	不起泡，不需加消泡剂；抗钙离子污染能力强；抗温达到 130℃；水溶性极强，几乎无地层伤害；性价比高

3 现场试验

3.1 洗井现场试验

将使用 JHRF-2 减阻剂滑溜水和现场正在使用的粉末减阻剂滑溜水的洗井性能进行了对比。JHRF-2 减阻剂滑溜水配方：0.2%JHRF-2 减阻剂 + 0.2% 防膨剂 + 0.1% 助排剂；粉末减阻剂滑溜水配方：0.1% 粉末减阻剂 + 0.2% 防膨剂 + 0.1% 助排剂（配方中的百分数为质量分数，下同）。

图 1 是 2 种滑溜水泵压对流量的曲线。在低排量（0.2~0.3m³/min）情况下，2 种减阻剂减阻性能无明显差异。随着排量的提高，JHRF-2 减阻剂相对于粉末减阻剂显现较好的减阻效果，且排量不小于 0.55m³/min 时减阻优势更明显。

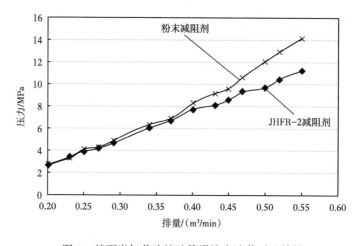

图 1　某页岩气井连续油管滑溜水洗井对比效果

3.2 现场压裂试验

某页岩气井某段主体使用粉末减阻剂，待压裂后期排量泵压比较稳定时切换到使用 JHRF-2 减阻剂。试验前、中、后 3 个阶段各取 27min，共计 81min。压裂施工滑溜水排量均为 12m³/min，这 3 个时间段的施工压力直观反映 JHRF-2 减阻剂和粉末减阻剂的减阻性能（图 2）。

试验前注入粉末减阻剂 27min 的平均泵压 57.4MPa；试验中注入 JHRF-2 减阻剂 27min 的平均泵压 58.4MPa；试验后重新注入粉末减阻剂 27min 的平均泵压 54.0MPa。可见 JHRF-2 减阻剂比粉末减阻剂施工泵压上升了 1~4.4MPa，且压力变化走势趋于平缓，说明 JHRF-2 减阻剂与该页岩气井正在使用的粉末减阻剂效果相当。JHRF-2 减阻剂注入满井筒 35m³，其溶胀速率快（遇水在几秒内溶胀），在注入的前 6min 内施工泵压降到 52MPa（经压裂软件模拟计算，摩阻压降梯度约为 6.45MPa/km，与清水摩阻相比降低了 68%），反映出良好的降阻性能，可满足即配即注工艺要求，提高工作效率，节约施工成本。

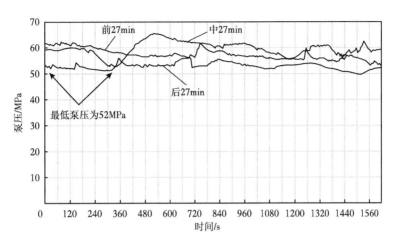

图 2　某页岩气井某段压裂施工曲线

4　结论

（1）JHRF-2 减阻剂是针对页岩气现场施工中亟待解决的问题而设计的无毒、无储层伤害、抗盐（钙）、抗温、抗水质污染的全新高效纳米复合减阻剂，具有本体黏度小、体系稳定性好、溶解速度快、配伍性好等一系列优异性能。

（2）JHRF-2 减阻剂在某页岩气井某段进行施工评价，使用 JHRF-2 减阻剂可以在线配制滑溜水，节约大量的施工成本，经济效益巨大，投入产出比高。

参 考 文 献

[1] 柳慧，侯吉瑞，王宝峰. 减阻水及其添加剂的研究进展及展望 [J]. 广州化工，2012，40（11）；35-37.

[2] 蒋官澄，许伟星，李颖颖，等. 国外减阻水压裂液技术及其研究进展 [J]. 特种油气藏，2013，20（1）；1-5.

[3] 刘通义，向静，赵众从，等. 滑溜水压裂液中减阻剂的制备及特性研究 [J]. 应用化工，2013，42（3）：484-487.

[4] Bkihly J B，Raphsel A，Raj Malpani，et al. Study assesses shale decline rates [J]. The American Oi 8. Gas Reporter，2011，5.

[5] 王冕冕，郭肖，曹鹏，等. 影响页岩气开发因素及勘探开发技术展望 [J]. 特种油气藏，2010，17（6）；12-17.

[6] Sun H，Stevens R F，Cutler JL，et al. A novel non damaging friction reducer：development and successful slik water fracaplcations [J].SPE136807，2010.

[7] Schein G. The application and technology of slick water fracturing [J]. SPE108807，2005.

[8] Arthur J D，Brian B P G，Bobbi JC，et al. Evaluating implications of hydraulic fracturing in shale gas reservoirs [J]. SPE121038，2009.

[9] King G E. Thirty years of gas shale fracturing：what have we learned [J]. SPE133456，2010.

[10] Candau F，Leong Y S，Pouyet G，et al. Inverse micro emulsion polymerization of acrylamide：Characterization of the water in oil microemulsion and the final microlatexes [J]. Journal of Colloid and Interface Science，1984，101（1），167-183.

一种新型抗盐型滑溜水减阻剂性能研究

范宇恒[1]，丁　飞[2]，余维初[3, 4]

（1.长江大学化学与环境工程学院；2.荆州市现代菲氏化工科技有限公司；
3.长江大学化学与环境工程学院；4.非常规油气湖北省协同创新中心（长江大学））

摘　要：JHFR-2A 是一种高抗盐、低伤害、低摩阻的减阻剂。针对当前油田现场使用的减阻剂存在的耐盐性差的问题，优选出与减阻剂 JHFR-2A 配套的关键助剂 JHFD-2，采用 JHFR-2A 与 JHFD-2 配制了一种新型抗盐型滑溜水减阻剂，对该减阻剂的减阻性能、生物毒性及其他性能等进行了研究，并在四川某油气田进行了现场试验。室内试验结果表明，该减阻剂在清水和盐水中都具有良好的减阻效果，减阻率分别为 74% 和 75%；现场试验表明，该减阻剂能有效降低压裂施工时的摩阻和大排量施工时的压力，有利于减小对管道的损伤和降低施工安全风险，并能节约压裂施工费用，具有广阔的应用前景。

关键词：减阻剂；滑溜水体系；抗盐型；减阻性能；防膨性能；生物毒性

目前，随着非常规油气资源的不断开发，大型体积压裂已逐渐成为非常规油气储层的主流改造技术，是低渗以及超低渗油气储层经济开发的关键技术。体积压裂最突出的特点为大液量、大排量，要求压裂液需要具备有效降低摩阻、较低伤害等性能。滑溜水压裂液是目前大型体积压裂技术中应用最为广泛的压裂液体系[1-5]。过去进行压裂施工时一般采用清水配制滑溜水压裂液，但随着压裂施工规模的扩大，水资源的需求量也越来越大。为了节约水资源以及实现返排液的零排放和循环利用，油田目前多采用返排液配制滑溜水，这导致配制滑溜水的水质的矿化度越来越大，对滑溜水中减阻剂抗盐性能的要求也越来越高[6-11]。

聚丙烯酰胺类减阻剂与表面活性剂类减阻剂在油田应用范围较广，相关研究也较多，但这两类减阻剂对压裂返配液的高盐度环境仍无法具有良好配伍性[12-15]。当压裂层靠近含水层时，压裂液有可能会进入含水层进而污染含水层，因此考察压裂液的生物毒性也十分有必要[16]。为此，笔者研究了抗盐型减阻剂 JHFR-2A 及多功能添加剂 JHFD-2 所组成滑溜水减阻剂的减阻性能、防膨性能及生物毒性等，并在四川页岩区块进行了现场试验。

1　试验部分

1.1　药品与仪器

（1）药品：①水基乳液抗盐减阻剂 JHFR-2A，由水溶性单体（丙烯酸类、丙烯酰胺类、丙烯酸酯类、丙烯酸盐类、磺酸盐类）、含氟丙烯酸酯、互溶剂（醇）、表面活性剂 /

分散剂（聚丙烯铵盐）和无机铵盐在水中通过自由基引发分散聚合而获得，减阻性能优异；减阻剂分子含有阳离子基团，与返排液中含有的阳离子互相排斥，从而能起到抗盐抗钙的作用，在海水和返排液中也能迅速起效；在合成减阻剂的成分选取上去除对环境有害物质，全部采用至少达到 FDAGRAS（generally regarded as safe）安全标准的物质，尽可能地降低产品的毒性。②表面活性剂类减阻剂 CQ-2。③多功能添加剂 JHFD-2，其兼具防膨与助排的功效。④ $CaCl_2$、$MgCl_2$、$NaCl$；⑤膨润土。

（2）仪器：① ZNN-D6 六速旋转黏度计（青岛海通达专用仪器有限公司）；② QBZY 表面张力仪（上海方瑞仪器）；③ LDZ4-1.8 平衡离心机（北京雷勃尔离心机）；④ #Z-1 减阻性能测试装置（荆州市现代石油科技有限公司）。

1.2　试验方法

（1）减阻率测试方法。

减阻率测试系统由试验装置和数据采集处理装置两部分构成，试验装置的核心为测试管路，其中有 2 根管长 2m，内径分别为 6.8mm 和 10mm 的模拟管道以及循环泵，模拟管道采用耐压材料制成，能经受得住高流速下液体对管路的冲击。数据采集系统包括差压传感器、压力传感器、流量计。

首先，将配制好的待测液体倒入减阻率测试系统的配料罐中；打开电脑操作界面，通过软件控制系统，打开相应阀门，使待测液体进入加热罐，如需进行高温试验，则打开温度控制系统进行加热；待达到预设定的条件后，将循环泵打开，使待测液体在测试管路中正常运行；通过电脑控制界面设定流量与测试时间，待流量稳定后，开始采集相应测试管路的差压传感器的数据，并由软件系统自动进行处理，计算出减阻率，结合系统记录的流量、温度以及压差，从而对待测液体的减阻效果进行评价。

减阻率的计算公式如下：

$$\eta = \frac{p_0 - p}{p_0} \times 100\%$$

式中：η 为减阻率，%；p_0 为加入待测液体前清水的摩阻压降，kPa；p 为加入待测液体后的摩阻压降，kPa。

（2）表面张力测试方法。

依据 SY/T 5370—1999《表面及界面张力测定方法》[17] 测定压裂液溶液的表面张力。

（3）膨胀体积测试方法。

依据 Q/SH 0053—2010《黏土稳定剂技术要求》[18] 测试压裂液溶液的膨胀体积。

（4）表观黏度测试方法。

参照能源行业标准 NB/T 14003.3—2017《页岩气压裂液　第 3 部分：连续混配压裂液性能指标及评价方法》[19] 测试压裂液溶液的表观黏度。

（5）生物毒性测试方法。

参见标准 Q/SY 111—2007《油田化学剂、钻井液生物毒性分级及检测方法发光细菌法》[20] 测试压裂液溶液的生物毒性。

2 结果与讨论

2.1 减阻性能

2.1.1 清水中的减阻性能

利用自有的减阻率测试系统对不同加量减阻剂在清水中的减阻率进行测定，测试管径为 10mm。JHFR-2A 与 JHFD-2 混合后无絮状现象，无沉淀产生（图 1），说明二者配伍性良好。

图 1　JHFR-2A 与 JHFD-2 配制而成的滑溜水压裂液

按照表 1 的配方配制滑溜水，滑溜水减阻率的测试结果如图 2 所示。由图 2 可以看出，含 0.1%（配方中的百分数均为质量分数，下同）CQ-2 减阻剂的滑溜水溶液在 80s 内减阻率由 0 升高至 70.8%，减阻率随着时间在缓慢下降，5min 时减阻率下降至 66.2%。含 0.07%、0.1%、0.15%、0.2%JHFR-2A 的滑溜水在 70s 内减阻率均由 0 升高至 74%，且减阻率在 5min 内能保持基本阻剂，这说明 JHFR-2A 溶解速度快，减阻性能优异。与此同时，当 JHFR-2A 质量分数为 0.1% 时，其减阻效果明显好于 0.07% 时的情况，当 JHFR-2A 质

表 1　滑溜水清水减阻的配方

编号	减阻剂加量 /%	FD-2 加量 /%
1	0.1CQ-2	0.2
2	0.07FR-2A	0.2
3	0.08FR-2A	0.2
4	0.1FR-2A	0.2

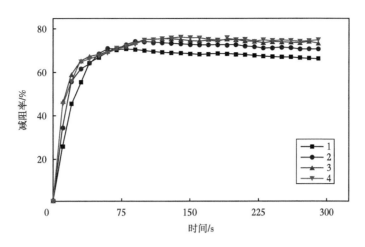

图 2　清水中的减阻剂加量对滑溜水减阻率的影响

量分数超过 0.1%，即 0.15% 与 0.2% 时，其减阻效果相较于 0.1% 时的减阻效果提升较小。因此，从减阻效果以及经济性这两个因素考虑，确定减阻剂的最佳质量分数为 0.1%。

2.1.2　盐水中的减阻性能

在油气田施工现场，水的用量比较大，现场使用过的水一般要经过水处理工序，虽然这些处理工序能除去返排液中的杂质并将 COD 值降低，但返排液中仍会存在已溶解的盐类，这些盐都是原先在地层里面后来溶解在压裂用水中，其中溶解的盐在现有技术条件下需要花费较大代价才能去除且不能除尽，为节约成本和保护环境，现场通常采用返排液来配制滑溜水。因此，在实验室内配制盐水来测试减阻剂在盐水中的减阻率，这对于油气田开发应用现场有重大现实意义。

鉴于目前压裂施工现场配液用水矿化度一般均在 20000mg/L 以上，使用 $CaCl_2$、$MgCl_2$、$NaCl$ 来配制混合盐水溶液，其中 Mg^{2+} 质量浓度为 200mg/L，用 $NaCl$ 来调控总矿化度。滑溜水配方见表 2，盐水中的减阻性能如图 3 所示。由图 3 可见，在矿化度为 20000mg/L、$CaCl_2$ 质量浓度为 600mg/L 时，减阻剂 CQ-2 的减阻率较其在清水中的减阻率下降明显，由最高值 70.8% 下降为 64.1%。且其减阻率在达到最高值后一直下降，不能保持稳定，说明其减阻剂分子可能已经发生卷曲，渐渐失去减阻性能。在矿化度为 20000mg/L、$CaCl_2$ 质量浓度为 600mg/L 时，JHFR-2A 减阻剂配制的滑溜水最终减阻率达 75% 左右，且能在测试时间内保持稳定，表明其在模拟现场配液水条件下仍能发挥出较好的减阻性能，抗盐性能良好。

表 2　滑溜水盐水减阻的配方

编号	矿化度 /（mg/L）	$CaCl_2$ 质量浓度 /（mg/L）	减阻剂类型	减阻剂质量分数 /%	JHFD-2 质量分数 /%
1	20000	600	CQ-2	0.1	0.2
2	0	0	JHFR-2A	0.1	0.2
3	20000	600	JHFR-2A	0.1	0.2
4	30000	800	JHFR-2A	0.1	0.2

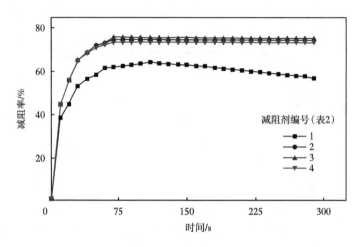

图3   盐水中矿化度对滑溜水盐水中减阻率的影响

2.1.3   返排液中的减阻性能

为节约水资源以及实现返排液的零排放和循环利用，油田目前多采用返排液配制滑溜水。因此，考察 JHFR-2A 在返排液中的减阻性能显得十分有必要。由图 4 所示，用现场返排液配制的滑溜水（0.1%JHFR-2A+0.2%JHFD-2）减阻率能达到 71.5%，说明该减阻剂在返排液中也能发挥较好的减阻效果，有利于返排液的重复利用，其中返排液的总矿化度为 18987.16mg/L，Ca^{2+} 质量浓度为 2743.32mg/L；Mg^{2+} 质量浓度为 495.23mg/L；$Na^{+}+K^{+}$ 质量浓度为 3394.64mg/L；Cl^{-} 质量浓度为 1236.55mg/L；SO_4^{2-} 质量浓度为 64.10mg/L；HCO_3^{-} 质量浓度为 754.43mg/L。

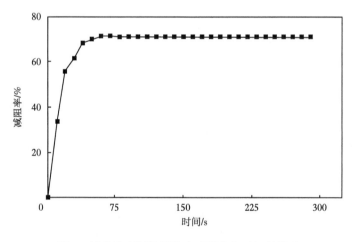

图4   返排液配制的滑溜水减阻率与时间的关系

2.2   生物毒性

在油气开发过程中，各种化学药剂会随着水进入储层，存在着污染地层水与农田灌溉水的可能。因此，需要考虑入井流体中各化学药剂是否具有毒性即需要对其进行生物毒性分析。减阻剂作为压裂液的核心添加剂，更应该考察其生物毒性，测试结果见表3。其中EC50值是指发光细菌发光能力减弱一半时样品的浓度，根据该值可对样品的生物毒性进行分级。测试结果表明，粉末减阻剂、油基乳液减阻剂与CQ-2的EC50值均较低，具有不同程度的毒性，而JHFR-2A为无毒，说明JHFR-2A更加环保，对环境更友好。

表3　生物毒性测试结果

减阻剂	EC_{50}/（mg/L）	毒性等级
某油基乳液减阻剂	1120	微毒
某粉末减阻剂	68.25	重毒
CQ-2	1260	微毒
FR-2A	$1.86×10^6$	无毒

2.3　其他性能

对于滑溜水压裂液，应优先考虑其减阻性能，但同时也需要考虑其他方面的性能指标，主要包括表面张力、膨胀体积与表观黏度，测试结果见表4。由测试结果知，JHFR-2A减阻剂配制的滑溜水压裂液表面张力为22.47mN/m，膨胀体积为2.85mL，表观黏度为1.26mPa·s，CQ-2减阻剂配制的压裂液的表面张力更低，但膨胀体积与表观黏度更大，说明其在现场的返排率比JHFR-2A压裂液更好，但其抑制黏土矿物水化膨胀的能力较弱，更容易堵塞孔喉伤害储层，且泵入井底所需要消耗的能量更大。测试结果表明，使用JHFR-2A配制的滑溜水压裂液体系具有良好的表面活性和防膨性能，有利于施工现场的液体返排与储层保护。

表4　测试结果

样品	表面张力/（mN/m）	膨胀体积/mL	表观黏度/（mPa·s）
0.2%FD-2	22.28	2.90	0
0.2%FD-2+0.1%FR-2A	22.47	2.85	1.26
0.2%FD-2+0.1%CQ-2	21.38	3.6	2.43

3　现场试验

某井位于四川省宜宾市兴文县毓秀苗族乡鳡源村6组，构造位置为长宁背斜构造中奥顶构造南翼。该井完钻井深4740m，完钻层位龙马溪组，采用139.7mm套管完井，水平段长1441m。该井设计压裂21段，采用大通径桥塞作为分段工具、JHFR-2A体系滑溜水为主要压裂液体系、粉砂+40/70目陶粒组合为支撑剂、设计施工排量13.5m³/min以上（要求压裂设备满足14m³/min长时间作业要求），采用段塞式加砂模式，设计最高砂浓度240kg/m³；设计单段注入滑溜水1800~2000m³、加砂量80~120t。

压裂液的配制工艺是连续在线混配注入工艺，该井 21 段压裂注入压裂液及酸 40677.96m³，其中滑溜水 39916.96m³、线性胶 459m³、交联液 130m³、12% 盐酸 30m³；加入支撑剂 2001.3t，其中 70/100 目石英砂 665.48t、40/70 目陶粒 1335.79t。排量 11~14.0m³/min，压力 68.7~80.7MPa，最高施工压力 86.5MPa，破裂压力 67~86.4MPa，停泵压力 46.1~54.0MPa。

该井平均单段注入液体 1937.05m³，单段加砂量 60.1~123.87t，平均 95.299t，最大加砂质量浓度达到 240kg/m³，不同质量浓度计算的降阻率为 62.2%~79.1%，如第 8 段加砂 120.36t，表现出了 79.1% 的降阻率。

在该井的压裂施工中，压力降低明显（图 5），有助于大排量压裂施工；即配即注的连续混配工艺，实现了在线自动化配制滑溜水，提高了施工效率；满足现场大液量大砂量的页岩气井压裂施工要求。

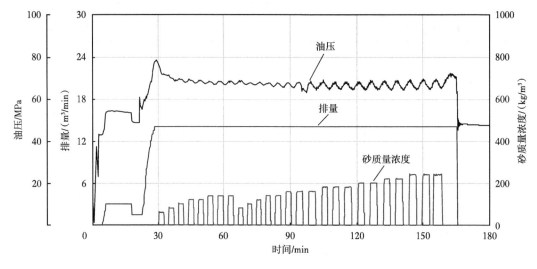

图 5　第 8 段压裂施工曲线

4　结论

（1）使用该减阻剂配制的压裂液在清水和盐水中的减阻率分别为 74% 和 75%，在返排液中的减阻率仍能达到 71.5%，体现出其具有良好的减阻效果，不但能降低施工压力，还能大量节约水资源，节约施工成本。

（2）使用该减阻剂配制的压裂液的表观黏度为 1.26mPa·s，表面张力为 22.47mN/m，膨胀体积为 2.85mL，表明该体系具有良好的表面活性和防膨性能，有利于施工现场的液体返排与储层保护。生物毒性测试结果表明该减阻剂对环境友好，不会污染水资源。

（3）通过在现场使用，顺利完成了压裂施工，为页岩气井现场压裂施工提供了技术支撑，同时也为其他同类非常规油气开发提供了借鉴。

参 考 文 献

[1] 孙赞东，贾承造，李相方.非常规油气勘探与开发（下册）[M].北京：石油工业出版社，2011.

[2] 蒋官澄, 许伟星, 李颖颖, 等. 国外减阻水压裂液技术及其研究进展 [J]. 特种油气藏, 2013, 20(1): 1-6.

[3] 范宇恒, 肖勇军, 郭兴午, 等. 清洁滑溜水压裂液在长宁 H26 平台的应用 [J]. 钻井液与完井液, 2018, 35 (2): 122-125.

[4] 唐颖, 唐玄, 王广源. 页岩气开发水力压裂技术综述 [J]. 地质通报, 2011, 30 (2): 393-399.

[5] 余维初, 吴军, 韩宝航. 页岩气开发用绿色清洁纳米复合减阻剂合成与应用 [J]. 长江大学学报 (自然科学版), 2015, 12 (8): 78-82.

[6] 刘通义, 黄趾海, 赵众从, 等. 新型滑溜水压裂液的性能研究 [J]. 钻井液与完井液, 2014, 31 (1): 80-83.

[7] 陈鹏飞, 刘友权, 邓素芬, 等. 页岩气体积压裂滑溜水的研究及应用 [J]. 石油与天然气化工, 2013, 42 (3): 270-273.

[8] 肖博, 张士诚, 雷鑫, 等. 页岩气藏清水压裂减阻剂优选与性能评价 [J]. 油气地质与采收率, 2014, 21 (2): 102-105.

[9] 王娟娟, 刘通义, 赵众从, 等. 减阻剂乳液的合成与性能评价 [J]. 应用化工, 2014, 43 (2): 308-310.

[10] 张东晓, 杨婷云. 页岩气开发综述 [J]. 石油学报, 2013, 34 (4): 792-801.

[11] 邱正松, 逄培成, 黄维安, 等. 页岩储层防水锁微乳液的制备与性能 [J]. 石油学报, 2013, 34 (2): 334-339.

[12] Aften C W. Study of friction reducers for recycled stimulation fluids in environmentally sensitive regions. [J]. SPE138984, 2010.

[13] Tamano S, Ikarashi H, Morinishi Y, et al. Drag reduction and degradation of nonionic surfactant solutions with organic acid in turbulent pipe flow [J]. Journal of Non-Newtonian Fluid Mechanics, 2015, 215: 1-7.

[14] 何乐, 王世彬, 郭建春, 等. 高矿化度水基压裂液技术研究进展 [J]. 油田化学, 2015, 32 (4): 621-627.

[15] 何飞, 胡耀强, 李辉, 等. 陆相页岩气井压裂返排液处理工艺 [J]. 油田化学, 2014, 31 (3): 357-360.

[16] 柳志齐, 丁飞, 张颖, 等. 页岩气用滑溜水压裂液体系的储层伤害与生物毒性对比研究 [J]. 长江大学学报 (自然科学版), 2018, 15 (5): 56-60.

[17] SY/T 5370—1999 表面及界面张力测定方法 [S].

[18] Q/SH 0053—2010 黏土稳定剂技术要求 [S].

[19] NB/T 14003.3—2017 页岩气压裂液 第 3 部分: 连续混配压裂液性能指标及评价方法 [S].

[20] Q/SY 111—2007 油田化学剂、钻井液生物毒性分级及检测方法发光细菌法 [S].

非常规油气开发用滑溜水压裂液
体系生物毒性评价实验研究

张　颖[1]，余维初[1]，李　嘉[2]，佘朝毅[3]，周　丰[4]，王香增[5]

（1.长江大学化学与环境工程学院；2.中国石油集团川庆钻探工程有限公司；
3.四川长宁天然气开发有限公司；4.中国石油集团长城钻探工程有限公司；
5.陕西延长石油（集团）有限责任公司研究院）

摘　要：非常规油气大规模体积压裂施工中滑溜水的用液量大，若滑溜水压裂液体系不环保，则极易对水资源造成污染，目前国内主要关注滑溜水的减阻性能、防膨性能等，鲜有环保方面的性能测试。文中利用发光细菌法和糠虾毒性测试法，对不同类型的滑溜水体系进行生物毒性评价。结果表明，用粉末减阻剂和油基乳液减阻剂配制的滑溜水压裂液体系均具有一定程度的生物毒性，水基乳液减阻剂配制的滑溜水压裂液体系无生物毒性；同时本文也比较了发光细菌法和糠虾毒性测试法这两种方法的优缺点，结果表明发光细菌法更适合用于滑溜水压裂液生物毒性的评价。

关键词：水力压裂；滑溜水；生物毒性；发光细菌法；毒性评价

我国的非常规油气资源多位于淡水资源匮乏地区，一旦开采过程污水处理不当，就会造成水资源短缺和水污染的双重灾难，其中以水污染问题最令人堪忧[1-2]。页岩气开发主要是通过水力压裂，在储层内构建复杂的裂缝网络而实现增产。目前，水力压裂所用压裂液主要为滑溜水压裂液体系，其由99.5%左右的水和0.5%左右的化学添加剂组成。虽然化学添加剂所占比例很小，但是如果其有毒，无论是滞留在地层或者发生泄漏，都可能对地下水、河流等水资源造成严重污染[3-4]。此外，我国非常规油气开采的主要开采区域位于地质条件复杂与水资源非常短缺的川渝、新疆等地区，若地下水被污染，则很难进行治理。目前，国内现场在选用滑溜水时，主要评价其减阻性能、防膨性能、返排性能等，鲜有对滑溜水进行环保方面的性能测试。因此，随着环保问题的日益突出以及油气开发过程中的环保法规的愈加严格，油气开发中的环境保护问题需要引起油气开发从业者的高度重视，本文将生物毒性等级作为滑溜水的性能指标之一，建立滑溜水毒性分级，在杜绝有毒滑溜水使用的同时，严格把控有毒压裂返排液的排放[5]。针对油田化学剂的生物毒性评价，美国石油学会曾提出糠虾生物实验方法，中国国家标准也提出过以小于10d期的小仔虾或由卤虫卵孵化20~24h后卤虫幼体作实验生物[6-7]。目前，应用较广的生物毒性评价方法是发光细菌法，其具有反应快、灵敏度高、成本低等优点[8-9]。文中利用发光细菌法和糠虾生物实验测试法对由不同类型减阻剂（目前国内常用的）配制的滑溜水进行毒性测试，并且对比了两种实验方法的优缺点。研究成果将有助于建立系统、科学的评价滑溜水性能的方法，并为现场压裂液的合理选用提供依据[10]。

1　实验仪器与药品

（1）实验仪器：DXY-3智能化生物毒性测试仪、全自动表面张力仪、界面张力仪、减阻率测试仪、毛细管吸收时间测定仪、搅拌器、电子天平、高速搅拌器、测试样品管等。

（2）实验药品：粉末类减阻剂1#、2#；油基乳液类减阻剂3#、4#；水基乳液减阻剂5#、6#；多功能添加剂、发光细菌；氯化钠（分析纯）、海水素、黑褐新糠虾。

2　实验方法

2.1　发光细菌法

正常条件下，发光细菌可发出一定波长的光，同时许多有毒物质可抑制其发光，即发光细菌的发光强度与接触物质的生物毒性之间存在着很强的关联性[11]。因此，利用灵敏的光度计测定滑溜水压裂液对发光细菌发光能力的影响，即可对其生物毒性的等级进行评价。

实验步骤如下：（1）按照配方用蒸馏水配制好实验液，按体积比取1份实验液加入9份30g/L氯化钠溶液混合均匀，作为样品液；（2）按体积比取1份①中的样品液加入9份30g/L氯化钠溶液稀释成第二份样品液；（3）以此类推将第一份实验液依次稀释成5个不同浓度的样品液，共得到6个样品液；（4）将6个不同浓度的样品液分为6组，每组样品设置三个样品管作为平行样，同时设置三个空白管（30g/L氯化钠溶液）；（5）分别测试不同浓度的样品管和对应空白管的发光强度，记录每个浓度C_i下样品管和空白管的发光强度$E_{0,i}$和E_i。具体实验步骤参见标准《SY/T 6787—2010 水溶性油田化学剂环境保护技术要求》[12]和《SY/T 6788—2010 水溶性油田化学剂环境保护技术评价方法》[13]。根据下式可计算出相对发光度：

$$E = \frac{E_i}{E_0} \times 100 \tag{1}$$

式中：E为相对发光度，%；E_0为空白管的发光强度，mV；E_i为样品管的发光强度，mV。

计算出相对发光度E后，建立样品浓度（C）与其相对发光度（E）的一元一次线性回归方程，根据该方程做出关系曲线，曲线推算出相对发光度为50%时样品的浓度EC_{50}值，对照生物毒性等级划分范围表即可确定该样品的生物毒性等级。

表1　生物毒性等级分类

EC_{50}/（mg/L）	＜1	1~100	101~1000	1001~20000	＞20000
毒性等级	剧毒	重毒	中毒	微毒	无毒

2.2　糠虾生物实验测试法

糠虾法是由美国石油学会（API）和美国实验与材料学会（ASTM）推荐的一种用于评

价钻井液体系及各组分生物毒性的标准方法，该方法使用巴西拟糠虾作为标准的试验生物。中国科学院海洋研究院的周名江等人将黑褐新糠虾经过实验室驯化培养后作为试验生物，来测定几种钻井液添加剂的生物毒性[14]。试验发现，这种黑褐新糠虾与巴西拟糠虾对标准毒物的敏感性在一个数量级上，通过黑褐新糠虾在测试液中96h的存活情况可以确定其生物毒性。

实验步骤如下：(1)按照配方用蒸馏水配制实验液，以1:9（V/V）将实验液与海水（使用海水素与蒸馏水按比例勾兑）混合后搅拌均匀，作为样品液；(2)按体积比取1份(1)中的样品液加入9份海水稀释成第二份样品液；(3)以此类推将第一份实验液依次稀释成不同浓度的样品液，得到6个样品液；(4)将6个不同浓度的样品液分为6组，每组使用两个1000mL的烧杯加入800mL样品液做平行样；(5)向烧杯中随机循环加入(5±1)d、健康活泼的糠虾，每个烧杯中加入20尾；(6)每隔24h观察和记录糠虾的存活情况，清理烧杯中的杂质和死虾，至96h后结束试验。建立96h糠虾的存活率与样品液的浓度之间的一元一次线性回归方程，求出96h糠虾存活率为50%时的样品浓度LC_{50}值，对照毒性评定标准（表2）进行毒性评价。

表2 污染物毒性评定标准

96h LC_{50}/（μg/L）	< 1	1~100	101~1000	1001~20000	> 20000
毒性等级	剧毒	重毒	中毒	微毒	无毒

3 实验结果与讨论

3.1 不同类型滑溜水的主要性能

目前，国内常用的减阻剂类型分为粉末类、油基乳液类、水基乳液类，在三种类型减阻剂中分别选用2个油田现场使用的减阻剂样品配制成滑溜水，配方为0.1%减阻剂+0.2%多功能添加剂。分别对6种滑溜水的主要性能进行了测试，测试方法参见标准NB/T 14003-1—2015《页岩气压裂液 第1部分：滑溜水性能指标及评价方法》，结果见表3。

表3 不同类型滑溜水的主要性能参数

编号	类型	配伍性	减阻率/%	运动黏度/mm²/s	界面张力/mN/m	表面张力/mN/m	CST比值
滑溜水1#	粉末减阻剂配制	悬浮小颗粒不溶物	76.7	4.3	1.8	23.7	0.8
滑溜水2#		悬浮小颗粒不溶物	77.5	3.9	1.7	24.3	0.7
滑溜水3#	油基乳液减阻剂配制	白色絮状不溶物	80.7	4.4	1.9	23.5	0.8
滑溜水4#		白色絮状不溶物	79.1	4.1	1.8	24.1	0.9
滑溜水5#	水基乳液减阻剂配制	无絮凝、无沉淀	75.2	1.4	0.7	24.2	0.7
滑溜水6#		无絮凝、无沉淀	76.1	1.3	0.8	23.7	0.8

由表 3 可以看出，用三种类型减阻剂配制的滑溜水均表现出良好的减阻性能，减阻率大于 75%，并且能有效降低表面张力，有效抑制储层水化膨胀，完全能够满足现场的压裂施工要求。

3.2 生物毒性评价

本文评价了 6 种减阻剂、1 种多功能添加剂以及相应减阻剂配制的滑溜水体系的生物毒性，实验液的配方分别为 0.1% 减阻剂，0.2% 多功能添加剂，0.1% 减阻剂 +0.2% 多功能添加剂。实验结果见表 4。

按照表 1、表 2 列出的生物毒性等级分类标准，对照表 4 实验数据可以看出：两种生物毒性测试方法测定的结果一致，多功能添加剂无生物毒性，粉末减阻剂 1# 的生物毒性为重毒，由该减阻剂配制成的滑溜水 1# 生物毒性也是重毒，粉末减阻剂 2#、油基乳液减阻剂 3# 和 4# 的生物毒性都为微毒，由这 3 种减阻剂配制的滑溜水 2#、3#、4# 均为微毒，水基减阻剂 5# 和 6# 的生物毒性为无毒，由水基减阻剂 5#、6# 配制的滑溜水 5#、6# 无生物毒性。

3.3 实验分析

3.3.1 测试方法比较

发光细菌法中选用明亮发光杆菌为试验菌种，该菌种的发光能力源于细胞内的 ATP、荧光素（FMN）和萤光酶等发光要素。当细菌细胞活动性高时，细胞内发光要素的含量高，则细菌发光强度高；当细菌处于休眠状态时，细胞内发光要素的含量就会出现明显的下降，随之细菌的发光强度就会变弱。但是，当与毒性物质接触，菌体就会受抑制甚至死亡，即发光强度会下降。也就是说，如果实验中的滑溜水的毒性越强，那么发光细菌的发光强度就越弱。

糠虾法中选用的黑褐新糠虾对标准毒物有一定的敏感性，在没有被污染的海水中，黑褐新糠虾可以正常存活，当与毒性物质接触，黑褐新糠虾的存活率会受到影响，如果实验中滑溜水的毒性越强，则黑褐新糠虾的存活率越低。

从两种方法测试的生物毒性数据可以看出，对于本实验中测试液的生物毒性测试结果一致。实验过程中发现两种实验方法各有弊益：发光细菌法快速、简便，测定一个样品只需半个小时就能完成，发光菌冻干粉易于保存，试验方法和操作步骤比较简单，可随时进行试验，由于其测定过程是通过灵敏的光度计来感应发光菌的发光强度，样品的色度和浊度对实验的结果会有很大的干扰，如果被测样品具有较深的颜色或者浑浊，则光度计感应到发光菌的发光强度会受到一定的影响；糠虾法直观地通过黑褐糠虾的存活状况来测定样品的生物毒性，几乎可以用于检测所有的油田化学品的生物毒性，但是使用糠虾法检测生物毒性耗时长，而且黑褐新糠虾的驯化过程烦琐，对糠虾的保存方法也有较高的要求。因此，发光细菌法更适合用于评价滑溜水的生物毒性。

3.3.2 滑溜水毒性来源分析

减阻剂是滑溜水压裂液体系中最关键的添加，实验中选取了不同减阻剂、多功能添加剂和相应配方的滑溜水压裂液体系作为实验对象，从实验结果（表 4）可以得出：多功能添加剂为无毒，由粉末减阻剂和油基乳液减阻剂配制的滑溜水均具有一定程度的生物毒性，水基乳液减阻剂配制的滑溜水为无毒，滑溜水的生物毒性与其配制所用减阻剂的生物毒性是一一对应的，也就是如果使用的减阻剂具有一定程度的生物毒性，则用该减阻剂配制的滑溜水压裂液体系也会具有生物毒性。因此，本文中选取的滑溜水体系生物毒性来源主要是减阻剂。

表 4　不同样品的 EC_{50} 和 96h LC_{50} 值

评价液体	EC_{50}/（mg/L）	96hLC_{50}/（μg/L）	生物毒性分级
粉末减阻剂 1#	63.27	90	重毒
粉末减阻剂 2#	$1.68×10^4$	6000	微毒
油基乳液减阻剂 3#	4342	4000	微毒
油基乳液减阻剂 4#	$1.72×10^4$	7000	微毒
水基乳液减阻剂 5#	$1.63×10^6$	$8×10^5$	无毒
水基乳液减阻剂 6#	$1.83×10^6$	$6×10^5$	无毒
多功能添加剂	$9.26×10^5$	$5×10^5$	无毒
滑溜水 1#	63.27	73	重毒
滑溜水 2#	$1.42×10^4$	8000	微毒
滑溜水 3#	1129	2000	微毒
滑溜水 4#	$1.28×10^4$	7000	微毒
滑溜水 5#	$1.00×10^6$	$1×10^6$	无毒
滑溜水 6#	$1.89×10^6$	$1×10^6$	无毒

4　结论

文中选取的三种类型的滑溜水中，由粉末类减阻剂和油基乳液减阻剂配制的滑溜水压裂液体系均具有一定程度的生物毒性，水基乳液减阻剂配制的滑溜水压裂液体系无生物毒性，实验中具有生物毒性的滑溜水压裂液体系毒性的来源主要是减阻剂。

（1）对于发光细菌法和糠虾生物实验测试法两种生物毒性评价方法，发光细菌法更适合用于滑溜水压裂液生物毒性的评价，该方法具有快速、高效且操作简单的优点。

（2）不环保的压裂液对井场环境会产生不可修复的伤害，在实现高效开发非常规油气资源的同时，也应该注重压裂液的环保性，建议建立压裂液的生物毒性分级，为现场压裂液的选择提供依据。

参 考 文 献

[1] 李武广，杨升来，殷丹丹，等. 页岩气开发技术与策略综述 [J]. 天然气与石油，2011，29（1）：7，34-37.

[2] 钱伯章，李武广. 页岩气井水力压裂技术及环境问题探讨 [J]. 天然气与石油，2012，31（1）：48-53.

［3］Gregory K B, Vidic R D, Dzombak D A. Water management challenges associated with the production of shale gas by hydraulic fracturing［J］. Elements, 2011, 7（3）: 181-186.

［4］Rozell D J, Reaven S J. Water pollution risk associated with natural gas extraction from the Marcellus shale［J］. Risk Analysis, 2012, 32（8）: 1382-1393.

［5］黄雪静，崔茂荣，周长虹，等. 钻井液生物毒性评价方法对比［J］. 油气田环境保护, 2006, 16（3）: 25-27.

［6］易绍金，向兴金，肖稳发，等. 油田化学剂生物毒性的测定及其分级标准［J］. 油气田环境保护, 1996, 6（3）: 45-49.

［7］李秀珍，李斌莲，范俊欣，等. 油田化学剂和钻井液生物毒性检测新方法及毒性分级标准研究［J］. 钻井液与完井液, 2004, 21（6）: 44-46.

［8］朱文杰，徐亚同，张秋卓，等. 发光细菌法在环境污染物监测中的进展与应用［J］. 净水技术, 2010, 29（4）: 4-59.

［9］薛建华，王君晖，黄纯农. 发光细菌应用于监测水环境污染的研究［J］. 科技通报, 1998, 14（5）: 339-342.

［10］宁晓刚. 浅析废压裂液的危害及处理［J］. 中国石油和化工标准与质量, 2013（13）: 268.

［11］Maria R. Plata, Ana M. Contento. Development of a novel biotoxicity screening assay for analytical use［J］. Chemosphere, 2009, 76: 959-966.

［12］国家能源局. 水溶性油田化学剂环境保护技术要求: SY/T 6787—2010［S］. 北京: 石油工业出版社, 2010: 10

［13］国家能源局. 水溶性油田化学剂环境保护技术评价方法: SY/T 6788—2010［S］. 北京: 石油工业出版社, 2010: 10

［14］周名江，颜天，李钧，等. 黑褐新糠虾的急性毒性测试方法及在钻井液毒性评价中的作用［J］. 海洋环境科学, 2001（03）: 1-4.

［15］国家能源局. 页岩气压裂液 第1部分: 滑溜水性能指标及评价方法: NB/T 14003.1—2015［S］. 北京: 中国电力出版社, 2016: 6.

页岩气用滑溜水压裂液体系的储层
伤害与生物毒性对比研究

柳志齐[1]，丁　飞[2]，张　颖[2]，吴　军[3]，余维初[1,3]

（1.长江大学化学与环境工程学院；2.荆州市现代菲氏化工科技有限公司；
3.非常规油气湖北省协同创新中心（长江大学））

摘　要： 压裂液选择不当会对储层造成伤害，降低页岩气井的产能，造成巨大的经济损失。目前，无论是室内还是现场，多是单一研究滑溜水的减阻性能，并未与环境保护和储层保护相联系。针对国内常用的粉末类、油基乳液类和纳米复合类减阻剂配制的滑溜水，在评价减阻性能的基础上，进行了生物毒性和储层伤害方面的试验研究，以探索有效、系统评价滑溜水性能的方法。试验结果发现，纳米复合类减阻剂减阻性能与粉末类减阻剂和油基乳液类减阻剂相近，减阻率都能达70%以上，具有较好的减阻效果；纳米复合滑溜水压裂液的渗透率恢复值为95%~98.6%，EC_{50} 值为（1~1.89）$\times10^6$mg/L，具有良好的储层保护和环境保护性能；而粉末类减阻剂配制的滑溜水渗透率恢复值仅为 5.7%~19.5%，EC_{50} 值为 1120~1180mg/L（微毒、微毒）；油基乳液类减阻剂配制的滑溜水渗透率恢复值仅为 1.4%~3.4%，EC_{50} 值为 71.25~2180mg/L（重毒、微毒），实际应用过程中会对环境和储层造成严重的损害。该研究成果不仅可为压裂现场选用滑溜水提供依据，也可为非常规油气藏储层伤害评价方法研究提供借鉴，对实现页岩气持续高效、经济与绿色开发具有重大意义。

关键词： 滑溜水压裂液；储层伤害；生物毒性；环境污染；绿色开发

　　页岩气是一种非常规油气，其储层具有低孔隙度、低渗透率、富含有机质等特点[1-2]。我国页岩油气储量丰富，开采前景巨大，但是由于地层构造运动复杂、埋藏较深、保存条件差等原因开发难度较大。目前国内页岩气勘探开发尚处于起步阶段，核心技术不成熟，没有实现工业开采，想要提高页岩气的产量并进行大规模开采很困难[3-5]。随着页岩气的勘探开发技术的日益精进，特别是水平井与水力压裂技术的推广与发展，让页岩气的大规模勘探开发成为可能。滑溜水压裂技术是在清水中添加微量添加剂（如减阻剂、黏土稳定剂、表面活性剂等）作为压裂液进行储层改造的一种压裂技术[6-9]。减阻剂是压裂液中的关键添加剂，常见的有粉末减阻剂、油基乳液减阻剂、水基乳液减阻剂3类。纳米复合类减阻剂是一种水基乳液减阻剂，性能比普通水基乳液减阻剂更加优越。

　　中国的页岩气产区主要位于水资源匮乏和人口密集地区，地质条件复杂，对压裂液的要求更高，不仅需要满足施工要求，同时要满足储层保护和环境保护的需求。若水资源受到污染，不仅处理难度大、成本高，而且严重威胁到当地居民的日常生产和生活[10]。如果不采取科学有效的储层保护和环境保护措施，盲目地追求一时的产量，这对页岩储层和环境而言都将是一场灾难，最终可能造成严重的经济损失和环境污染。目前，国内在选用压裂液时关注的仍然仅是减阻性能，并未能有机地将其与储层保护、环境保护相结合。因此，笔者针对国内常用的粉末类、油基乳液类和纳米复合类减阻剂配制的滑溜水，在评价滑溜水的减阻性能的基础上，开展了储层伤害和生物毒性方面的试验，以探索有效、系统评价滑溜水性能的方法，从而为现场选用压裂液提供依据；同时，尝试探寻可实现高效减阻、储层保护和环境保护的滑溜水压裂液。

1　试验

1.1　试验仪器与材料

（1）试验仪器。JHJZ-1 高温高压动态减阻评价系统，如图 1 所示；电子天平；DXY-3 智能化生物毒性测试仪。

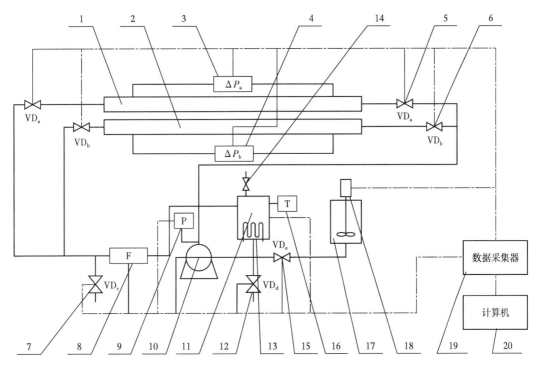

图 1　JHJZ-1 高温高压动态减阻评价系统

1—模拟管道 G_a；2—模拟管路 G_b；3—差压传感器 ΔP_a；4—差压传感器 ΔP_b；5—电动阀 VD_a；6—电动阀 VD_b；7—电动阀 VDC；8—流量计 F；9—压力传感器 P；10—循环泵；11—加热罐；12—电动阀 VDD；13—加热管；14—排气阀；15—电动阀 VDE；16—温度控制系统 T；17—配料罐；18—搅拌电机；19—数据采集器；20—计算机

（2）材料。1#、2# 滑溜水压裂液（由粉末类减阻剂配制）；3#、4# 滑溜水压裂液（由油基乳液类减阻剂配制）；5#、6# 滑溜水压裂液（由纳米复合类减阻剂配制）；发光杆菌。

1.2　试验方法

1.2.1　减阻率试验方法

主要试验步骤如下：测定 30L/min、10mm 管径室温（25℃）下清水的摩阻；测定同样条件下滑溜水压裂液的摩阻；利用计算机软件系统计算出减阻率。

减阻剂的减阻性能具体表现为减阻剂溶液流速增大和摩阻压降降低。当输送压力不变时，减阻性能表现为溶液流速的增加；当输送的流速不变时，减阻性能表现为溶液摩阻压降的降低。因此，可以用增输率和减阻率这2个指标来评价减阻剂的减阻性能。目前国内外大多使用减阻率作为减阻性能的指标。减阻率可通过下式计算：

$$FR = \frac{P_0 - P}{P_0} \times 100\% \qquad (1)$$

式中：FR 为减阻率，%；P_0 为清水的摩阻，kPa/m；P 为添加减阻剂后滑溜水压裂液的摩阻，kPa/m。减阻率越高，说明滑溜水压裂液的减阻性能越强。

1.2.2　渗透率试验方法

目前关于滑溜水压裂液对页岩储层的伤害方面的研究还不够成熟，特别是评价方法和评价标准方面仍然处于探索阶段，尚未形成标准的评价方法[11-14]。因此，笔者尝试依据常规油气储层的评价方法进行试验，即通过测试滑溜水压裂液污染前后的渗透率进行评价。

此外，天然页岩岩心的渗透率极低，很难利用常规油气储层的评价仪器进行测试。但是页岩储层经压裂改造后的渗透率与人造岩心相似，因此可选用人造岩心进行试验。为了得到渗透率恢复值，需要测试人造岩心的原始渗透率，然后测试不同滑溜水压裂液伤害后的渗透率，通过公式计算得到渗透率恢复值，使用基质渗透率恢复值表征岩心受伤害程度。主要试验步骤如下：测试岩心长度、直径、孔隙体积；将岩心放入夹持器中组合好装置，调整进口压力并测气体流速。通过渗透率公式计算岩心原始气体渗透率，再测试不同压裂液伤害后的岩心渗透率，通过公式计算岩心渗透率恢复值，具体测试方法参见标准 GB/T 29172—2012 和 SY/T 6540—2021[15-17]。

岩心渗透率恢复值的计算公式如下：

$$\eta = \frac{K_2}{K_1}, \quad K = \frac{Q\mu L}{\Delta PA} \qquad (2)$$

式中：η 为岩心渗透率恢复值，%；K 为渗透率，mD；K_1 为污染前的岩心渗透率，mD；K_2 为污染后的岩心渗透率，mD；Q 为流动液体的体积流量，cm^3/s；μ 为流动液体的黏度，mPa·s；L 为岩心轴向长度，cm；ΔP 为岩心进出口的压差，MPa；A 为岩心横截面积，cm^2。

1.2.3　生物毒性试验方法

水质检测和评价的方法有很多，其中应用最广的是发光细菌法，该方法具有反应快、灵敏度高、成本低等优点[18-19]。试验中选用明亮发光杆菌为试验菌种，该菌种的发光能力源于细胞内的发光要素 ATP。当细菌细胞活性高时，细胞内 ATP 含量高，则细菌发光强度高；反之，则发光强度变弱，如与毒性物质接触。也就是说，发光细菌的发光强度与滑溜水压裂液的毒性成正相关关系。因此，可根据发光细菌法评价滑溜水压裂液的生物毒性。主要试验步骤如下：（1）将 DXY-3 智能化生物毒性测试仪校准调零并预热 15min；（2）将试管排列好同时加入 3%NaCl 溶液及样品溶液；（3）复苏发光菌；（4）检验发光菌是否复苏，测试并读数。

推算出相对发光度为 50% 时样品的浓度 EC_{50} 值（发光细菌发光能力减弱一半时样品

的浓度），根据该值可将样品的生物毒性进行分级。相对发光度的计算公式为：

$$E = \frac{100E_i}{E_{0,i}} \qquad (3)$$

式中，E 为相对发光度，%；$E_{0,i}$ 为空白管的发光强度，mV；E_i 为样品管的发光强度，mV。

2　结果与讨论

2.1　减阻性能

依据所添加减阻剂的类型，将试验中选用的 6 种滑溜水压裂液（1#、2#、3#、4#、5#、6#）进行分类。所添加减阻剂除了国内常用的粉末类（1#、2#）和油基乳液类（3#、4#）外，还有新型的纳米复合类减阻剂（5#、6#）。每种类型的减阻剂选取 2 种样品进行平行测试。测试结果如表 1 所示，其中，滑溜水压裂液配方中减阻剂的作用是减少压裂液流动时的摩擦系数，从而减少施工压力，助排剂降低表面张力，黏土稳定剂抑制黏土膨胀，所有配方中所用助排剂和黏土稳定剂都相同，减阻剂各不相同。

表 1　不同类型滑溜水压裂液的减阻率

滑溜水压裂液类型	配方	减阻率 /%
粉末类	1#	74.7
	2#	75.1
油基乳液类	3#	77.6
	3#	78.4
纳米复合类	5#	73.2
	6#	72.7

注：1#、2# 配方为 0.1% 粉末减阻剂 +0.1% 助排剂 +0.2% 黏土稳定剂；3#、4# 配方为 0.1% 油基乳液减阻剂 +0.1% 助排剂 +0.2% 黏土稳定剂；5#、6# 配方为 0.1% 纳米复合类减阻剂 +0.1% 助排剂 +0.2% 黏土稳定剂。

从表 1 可以看出，6 种滑溜水压裂液的减阻率都高于 70%，都具有良好的减阻效果，但滑溜水压裂液中的化学添加剂（如大分子聚合物）有可能造成储层堵塞和水污染等问题。另一方面，这 6 种滑溜水压裂液是否无毒环保还未可知。因此，3 种类型减阻剂配制的滑溜水压裂液的储层伤害和环境污染程度如何还有待进一步的研究。

2.2　储层伤害评价

采用渗透率恢复值来表征储层伤害程度，渗透率测试试验结果见表 2。

由表 2 可以看出，1#~4# 配方的渗透率恢复值很小，其原因是粉末类减阻剂与油基乳液类减阻剂的相对分子质量大，分子粒径大，不易通过孔喉直径较小的裂缝通道，造成孔喉堵塞。另外，这 2 类减阻剂配制的滑溜水压裂液配伍性差，产生不溶絮凝物从而造成裂缝的堵塞，导致渗透率恢复值低，会对储层造成严重的伤害，大幅降低页岩气井的开采寿命。5# 和 6# 配方渗透率恢复值很大，这是因为纳米复合类减阻剂分子粒径小，是纳米级别，能容易通过储层中裂缝和喉道，同时配伍性好，不会产生不溶絮凝物，不会对微裂缝造成堵塞，对储层造成的伤害非常低，有利于储层保护。因此，从储层保护角度出发，$1^{\#} \sim 4^{\#}$配方不适用于页岩气的开发，$5^{\#}$ 和 $6^{\#}$ 配方可广泛应用于页岩气的开发。

表2　不同类型滑溜水压裂液的岩心渗透率恢复值

滑溜水压裂液类型	配方	K_1/mD	K_2/mD	η/%
粉末类	$1^{\#}$	163.2	9.3	5.7
		171.3	12.7	7.4
	$2^{\#}$	169.8	31.2	18.4
		158.1	30.9	19.5
油基乳液类	$3^{\#}$	167.8	5.7	3.4
		153.7	2.1	1.4
	$4^{\#}$	171.6	2.4	1.4
		188.6	5.7	3.0
纳米复合类	$5^{\#}$	165.9	157.7	95.0
		177.3	173.1	97.6
	$6^{\#}$	147.7	145.7	98.6
		167.7	159.8	95.3

2.3　生物毒性检测

根据生物毒性分级见表3，不同类型滑溜水压裂液的生物毒性检测结果见表4。

表3　生物毒性等级分类

EC_{50} 值/（mg/L）	毒性等级
＜1	剧毒
1~100	重毒
101~1000	中毒
1001~25000	微毒
＞25000	无毒

表4　不同类型滑溜水压裂液的生物毒性分级检测结果

滑溜水压裂液类型	配方	EC_{50} 值/（mg/L）	毒性等级
粉末类	$1^{\#}$	1120	微毒
	$2^{\#}$	1280	微毒
油基乳液类	$3^{\#}$	71.25	重毒
	$4^{\#}$	2180	微毒
纳米复合类	$5^{\#}$	1×10^6	无毒
	$6^{\#}$	1.89×10^6	无毒

由表 4 可以看出，$1^{\#}\sim4^{\#}$ 配方都有毒，会造成环境污染；$5^{\#}$ 和 $6^{\#}$ 都无毒，EC_{50} 值与自来水相当（自来水的 EC_{50} 值为 1×10^6mg/L），有利于环境保护。

3 试验分析

页岩储层是裂缝型储层，裂缝既是储集空间又是渗流通道，具有低渗低孔、以纳米级孔隙为主等特点，极易受到伤害。此外，研究发现减阻剂的相对分子质量越高，则减阻效果越好。$1^{\#}\sim4^{\#}$ 配方之所以会造成严重的储层伤害，可能是由于为了提高其减阻性能而将减阻剂的相对分子质量做得很高，且分子的粒径较大，因而引发储层堵塞等问题；而 $5^{\#}$ 和 $6^{\#}$ 配方减阻效果与 $1^{\#}\sim4^{\#}$ 配方相当，但由于选用了纳米复合材料，相对分子质量较小且粒径小，所以对储层几乎不会造成伤害。

从生物毒性试验结果来看，粉末减阻剂和油基乳液减阻剂 EC_{50} 值很低，这 2 种压裂液体系会对环境造成严重的伤害，在 3 类减阻剂的减阻效果相当的情况下，纳米复合类减阻剂的 EC_{50} 值高，绿色环保。基于环境保护的理念，选择合适的滑溜水压裂液显得异常重要，根据试验研究结果，建议优先使用纳米复合类减阻剂配制滑溜水压裂液体系。

4 结语

通过上述研究结果可以看出，虽然粉末类和油基乳液类减阻剂配制的滑溜水压裂液的减阻率较高，但是粉末类减阻剂的渗透率恢复值仅为 5.7%~19.5%，EC_{50} 值为 1120~1180mg/L（微毒、微毒），油基乳液类减阻剂的渗透率恢复值仅为 1.4%~3.4%，EC_{50} 值为 71.25~2180mg/L（重毒、微毒），会造成严重的储层伤害和环境污染；而由纳米复合材料减阻剂配制的滑溜水压裂液虽然减阻率与前 2 种相当，但是渗透率恢复值高达 95%~98.6%，EC_{50} 值高达 $(1\sim1.89)\times10^6$mg/L（无毒），具有环境保护和储层保护的双重效果。综合考虑，由纳米复合材料配制的滑溜水压裂液更适用于页岩气的开采，有助于解决我国页岩气开发过程中的水资源污染等环境问题，同时也会大幅减少储层伤害引起的产能降低等问题。

参 考 文 献

[1] 杨春鹏，陈惠，雷亨，等.页岩气压裂液及其压裂技术的研究进展 [J].工业技术创新，2014，1（4）：492-497.

[2] 曾少军，杨来，曾凯超，等.中国页岩气开发现状、问题及对策 [J].中国人口资源与环境，2013，23（3）：33-38.

[3] 李元灵，杨甘生，朱朝发，等.页岩气开采压裂液技术进展 [J].矿探工程（岩土钻掘工程），2014，41（10）：13-16.

[4] 石晓闪，刘大安，崔振东，等.页岩气开采压裂技术分析与思考 [J].天然气勘探与开发，2015，38（3）：12-13，62-65，69.

[5] 程兴生，卢拥军，管保山，等.中石油压裂液技术现状与未来发展 [J].石油钻采工艺，2014，36（1）：1-5.

[6] 唐颖，唐玄，王广源，等.页岩气开发水力压裂技术综述 [J].地质通报，2011，30（Z1）：393-399.

[7] 董大忠，邹才能，杨桦，等.中国页岩气勘探开发进展与发展前景 [J].石油学报，2012，33（S1）：107-114.

[8] 梁文利，赵林，辛素云，等.压裂液技术研究新进展 [J].断块油气田，2009，16（1）：95-98，117.

[9] Rozell D J, Reaven S J. Water pollution risk associated with natural gas extraction from the Marcellus shale[J].

[10] 谭茜，宋忠福，张代均，等.页岩气开发水力压裂活动的环境监管对策 [J].环境影响评价，2015，37（6）：68-73.

[11] BahramiH, Rezaee R, Ostojic J, et al. Evaluation of damage mechanisms and skin factor in tight gas reservoirs [J]. SPE 142284, 2011.

[12] 高建国.压裂液对低渗储层人工裂缝伤害评价及影响因素实验研究——以 M 储层为例 [D].西安：西安石油大学，2015.

[13] 庄照锋，张士诚，李宗田，等.压裂液伤害程度表示方法探讨 [J].油气地质与采收率，2010，17（5）：108-110，118.

[14] Siddiqui M A, Nasr-EI-Din H A. Evaluation of special enzymes as ameans to remove formation damage induced by drill-in fluids inhorizontal gas wells in tight reservoirs [J]. SPE81455, 2003.

[15] Bazin B, Bekri S, Vizika O, et al, Fracturing in tight gas reservoirs：Application of specialcore-analysis methods to investigate formation damage mechanisms [J]. SPE 112460, 2008.

[16] GB/T 29172—2012，岩心分析方法 [S].

[17] SY/T 6540—2021，钻井液完井液损害油层室内评价方法 [S].

[18] 朱文杰，徐亚同，张秋卓，等.发光细菌法在环境污染物监测中的进展与应用 [J].净水技术，2010，29（4）：54-59.

[19] 岳舜琳.用发光细菌监测水质突发性污染 [J].净水技术，2008，27（1）：65-68.

减阻剂对表面活性剂性能的影响研究

丁　飞[1]，柳志齐[1]，余维初[1,2]，吴　军[2]，张　颖[1]，银　伟[3]
（1.长江大学化学与环境工程学院；2.长江大学非常规油气湖北省协同创新中心；
3.中原石油工程井下特种作业公司）

摘　要：滑溜水压裂施工过程中的用液量大，为了减少压裂液滞留而引起的储层伤害，需加入促返排的表面活性剂。通过研究油基乳液类、粉末类以及 JHFR 纳米复合减阻剂对 TMAC（四甲基氯化铵）、BTAC（丁基三甲基氯化铵）、OTAC（辛基三甲基氯化铵）和 DTAC（十二烷基三甲基氯化铵）4 种表面活性剂的影响，表明 JHFR 纳米复合减阻剂对多数表面活性剂具有增效作用，如二者协同使用，则可增强表面活性剂的促返排效果。研究成果可为滑溜水中化学剂的选择提供参考依据，并为研究滑溜水中化学剂之间的相互作用提供借鉴。
关键词：滑溜水压裂；促返排；减阻剂；表面活性剂；增效作用

页岩气的勘探开发不仅是我国能源战略的重点，也是全世界的热点。与常规储层相比，页岩气储层具有低孔、低渗的特点，单井一般无自然工业产量[1-3]。因此需要采取一定的增产改造措施，才能实现非常规油气的高效开发，其中的关键技术是水平井分段压裂和滑溜水压裂液 2 项技术。滑溜水压裂液由 99.5% 左右的水与一定比例的减阻剂、表面活性剂和黏土稳定剂等化学添加剂组成。

虽然滑溜水在降低施工摩阻方面已经能够满足页岩气压裂现场的要求，但由于其自身黏度较低，其携砂能力低，限制了施工砂比。为了增加施工加砂量，就需要增加滑溜水的用液量。大液量的滑溜水压裂液会附带产生储层伤害等问题[4-6]。如滑溜水无法及时返排，就会在储层内滞留，从而对储层造成永久性伤害，导致单井产量降低，甚至丧失产能，这严重限制了我国页岩气产业的发展[6-11]。有学者在前期研究中发现，滑溜水压裂液中的减阻剂会影响表面活性剂的性能，因此研究减阻剂与表面活性剂之间的相互作用显得尤为重要[12]。笔者通过试验，研究 3 种减阻剂对 4 种表面活性剂的性能的影响，从而为滑溜水中化学添加剂的选择提供依据，并为研究滑溜水中化学添加剂之间的相互作用提供借鉴。

1　试验设备与试剂

（1）试验设备。

JHJZ 减阻仪；全自动表面张力仪（QBZY 系列）；恒温水浴锅（0.1℃）；搅拌器；电子天平。

（2）试验试剂。

季铵盐类表面活性剂：TMAC（四甲基氯化铵）；BTAC（丁基三甲基氯化铵）；OTAC（辛

基三甲基氯化铵）和 DTAC（十二烷基三甲基氯化铵）。

减阻剂：1#（油基乳液类减阻剂）；2#（粉末类减阻剂）和 3#（JHFR 纳米复合减阻剂，一种绿色清洁类减阻剂）。

2 试验方法

（1）在 20℃、40℃、60℃ 和 80℃ 条件下，利用全自动表面张力仪测定 TMAC、BTAC、OTAC 和 DTAC 的表面张力；

（2）在 20℃、40℃、60℃ 和 80℃ 条件下，利用全自动表面张力仪测定在 TMAC、BTAC、OTAC 和 DTAC 中分别加入 0.1% 的 3 种减阻剂（1#、2# 和 3#）后其混合溶液的表面张力。

选用挂片法测定溶液的表面张力，主要测试步骤为：（1）首先预热和校正仪器，使挂片的初值为零；（2）将待测样品倒入表面皿中，启动仪器进行自动测试，待表盘读数稳定后读取测试值即可，该值即为样品的表面张力值。具体测试步骤参见标准 SY/T 5370—2018[13]。

3 试验结果及分析

在滑溜水压裂液中加入表面活性剂，可以增强滑溜水的返排能力，降低滑溜水对储层的伤害[14-15]。滑溜水的表面张力越低，越有利于其在页岩气储层中的返排。

通过测定 4 种季铵盐类表面活性剂的表面张力，然后与加入不同减阻剂后各自的表面张力进行对比分析。试验中采用的季铵盐类表面活性剂的主要区别是取代基不同。测试温度为分别为 20℃、40℃、60℃ 和 80℃，各减阻剂加量为 0.1%，表面活性剂加量为 0.1%。

3.1 不同类型减阻剂的减阻性能试验

减阻剂是滑溜水中的最关键的添加剂，其主要性能就是减阻。试验中选取国内现场常用的具有代表性的 3 种减阻剂进行试验，分别为 1#（油基乳液类减阻剂）、2#（粉末类减阻剂）和 3#（JHFR 纳米复合减阻剂）。在评价减阻剂对表面活性剂的影响之前，首先对 3 种减阻剂进行减阻性能的测试。以减阻率表征减阻剂的减阻效果，利用 JHJZ 减阻仪进行测试，配制溶液用水为清水（对水质无特殊要求）。减阻率计算如式（1），测试结果如图 1 所示。

$$DR = \frac{\Delta P - \Delta P_0}{\Delta P} \times 100 \tag{1}$$

式中：DR 为减阻率，%；ΔP 为同一流速下添加减阻剂后的摩阻压降，kPa；ΔP_0 为同一流速下未添加减阻剂的摩阻压降，kPa。

由图 1 可以看出，3 种减阻剂的减阻率均 ≥ 70%（根据标准 NB/T 14003.1—2015 页岩气压裂液第 1 部分：滑溜水性能指标及评价方法，减阻率指标 ≥ 70%），差距较小，都具有良好的减阻效果，都能够满足现场压裂施工中降低摩阻的需求[16]。因此笔者对选用的 3 种减阻剂进行研究均具有代表性。

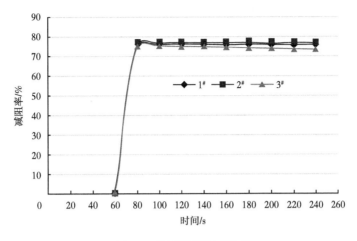

图 1　3 种减阻剂的减阻率

3.2　不同类型减阻剂对季铵盐类表面活性剂的影响

试验中，配制溶液用水为清水，减阻剂和表面活性剂的加量均为 0.1%，分别测试了表面活性剂单剂的表面张力值与减阻剂和表面活性剂二者的混合溶液的表面张力值，测试温度分别为 20℃、40℃、60℃ 和 80℃。试验结果如图 2 至图 5 所示。

由图 2 至图 5 可以看出：（1）与初始值（即图中的空白值）相比，4 种表面活性剂在 1# 溶液中的表面张力都上升了，说明 1# 抑制了该 4 种表面活性剂的性能；（2）与初始值相比，TMAC、BTAC 和 OTAC 在 2# 和 3# 溶液中的表面张力都下降了，其中在 3# 溶液中的下降幅度更大，说明 3# 比 2# 对 TMAC、BTAC 和 OTAC 的增效作用强；（3）3 种减阻剂都对 DTAC 具有抑制作用，2# 最强，3# 次之，1# 最弱。

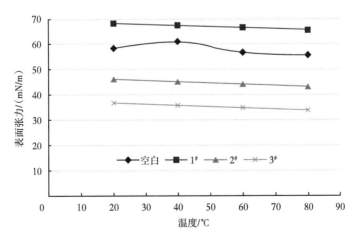

图 2　TMAC 在 3 种减阻剂溶液中的表面张力

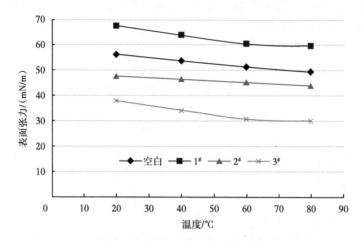

图 3 BTAC 在 3 种减阻剂溶液中的表面张力

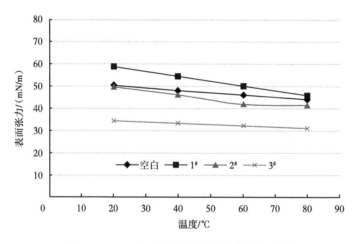

图 4 OTAC 在 3 种减阻剂溶液中的表面张力

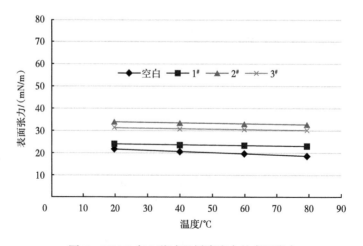

图 5 DTAC 在 3 种减阻剂溶液中的表面张力

3.3 试验分析

1#减阻剂由于其难溶于水，因此对 4 种表面活性剂都有抑制作用，且无法与 4 种表面活性剂形成均一的溶液，故而降低了 4 种表面活性剂的表面活性；2#减阻剂虽然难溶于水，但可与 TMAC、BTAC 和 OTAC 这 3 种表面活性剂形成均一的溶液，加上自身的表面活性，就与这 3 种表面活性剂产生了协同、增效作用；3#减阻剂由于其自身具有表面活性，易溶于水，可与 TMAC、BTAC 和 OTAC 这 3 种表面活性剂形成均一的溶液，且在合成时加入了特殊成分，具有分散剂的效果，产生增效作用（图 6）。同样，2#和 3#减阻剂由于无法与 DTAC 形成均一的溶液，所以对 DTAC 具有抑制作用。

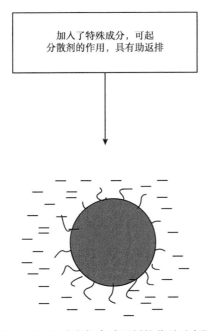

加入了特殊成分，可起
分散剂的作用，具有助返排

图 6 JHFR 纳米复合减阻剂的分子示意图

4 结论与建议

（1）JHFR 纳米复合减阻剂在高效减阻的同时，对多种表面活性剂具有增效作用，应用前景广阔，可推广应用于滑溜水的配制。

（2）研究仅针对了减阻剂对季铵盐类表面活性剂的影响，还未进行反向研究，关于二者之间的相互作用，乃至滑溜水中化学剂之间的相互作用，还有待进一步研究，这也是拓荒性的研究工作，可以推动滑溜水压裂液的发展，有助于页岩气开发过程中的节本增效。

参 考 文 献

[1] 蒋裕强，董大忠，漆麟，等.页岩气储层的基本特征及其评价 [J].天然气工业，2010，30(10)：7-12，113-114.

[2] 聂海宽，张金川.页岩气储层类型和特征研究——以四川盆地及其周缘下古生界为例［J］.石油试验地质，2011，33（3）：219-225，232.

[3] Geoge E King .Thirty years of gas shale fracturing: what have we learned?［C］. SPE Annual Technical Conference and Exhibition, Florence, Italy, 2010.

[4] 卢占国，李强，李建兵，等.页岩储层伤害机理研究进展［J］.断块油气田，2012，19（5）：629-633.

[5] Bazin B , Bekri S , Vizika O, et al. Fracturing in tight gas reservoirs: Application of special-core-analysis methods to investigate formation damage mechanisms［R］. SPE 112460, 2008.

[6] 刘有权，陈鹏飞，吴文刚，等.加砂压裂用滑溜水返排液重复利用技术［J］.石油与天然气化工，2013，42（5）：492-495.

[7] Kaufman P, Penney G S. Critical evaluations of additives used in shale slickwater fracs［C］. SPE Shale Gas Production conference, Fort Worth, Texas, USA, 2008.

[8] 兰昌文，刘通义，唐文越，等.一种压裂用水溶性减阻剂的研究［J］.石油化工应用，2016，35（2）：119-122.

[9] 乔振亮，熊党生.减阻表面活性剂的研究进展［J］.精细化工，2007，24（1）：39-43.

[10] 张春辉.低渗透油田压裂液返排规律研究［D］.大庆：大庆石油学院，2008.

[11] 王尤富，周克厚，汪伟英，等.入井液表面张力与储层损害关系的实验室研究［J］.江汉石油学院学报，1999，1（2）：44-46.

[12] 廖锐全，徐永高，胡雪滨.水锁效应对低渗透储层的损害及抑制和解除方法［J］.天然气工业，2002，22（6）：87-89.

[13] SY/T 5370 —2018，表面及界面张力测定方法［S］.

[14] 高树生，胡志明，郭为，等.页岩储层吸水特征与返排能力［J］. 天然气工业，2013，33（12）：71-76.

[15] 邵立民，靳宝军，李爱山，等.非常规油气藏滑溜水压裂液的研究与应用［J］. 吐哈油气，2012，17（4）：383-387.

[16] NB/T 14003.1—2015 页岩气压裂液第 2 部分：滑溜水性能指标及评价方法［S］.

滑溜水压裂液体系高温高压动态减阻评价系统

余维初[1, 2]，丁 飞[1]，吴 军[2]

（1.长江大学化学与环境工程学院；2.非常规油气湖北省协同创新中心）

摘 要：滑溜水压裂液体系是针对页岩气储层改造而发展起来的一种新的压裂液体系，减阻剂是滑溜水体系中的最关键助剂，其研究与应用日益增加。为了定量评价减阻剂的减阻效果，室内需要有效的模拟评价实验仪器，但目前的评价装置都无法模拟高温高压的储层条件。JHJZ-1高温高压动态减阻评价系统，就是为真实全面地评价各种储层条件下减阻剂的减阻效果而研制出的评价装置。该评价系统能在高温高压下对减阻剂的减阻效果进行评价。通过测算减阻剂的减阻率，从而优选出满足各种储层条件下的减阻剂。该评价系统功能强、效率和自动化程度高，可模拟高温高压条件下管道流体在不同剪切速率下流变性的研究，对减阻剂的研究和生产具有指导意义。

关键词：滑溜水；评价；高温高压；减阻率

页岩气藏的储层一般呈低孔隙度、低渗透率的物性特征，所有的井都需要实施储层压裂改造才能开采出来。滑溜水压裂液体系是针对页岩气储层改造而发展起来的一种新的压裂液体系，而减阻剂是滑溜水压裂液中最关键的添加剂[1-5]。页岩气储层由于埋藏较深，压力一般较高，具有轻微超压的特点，且储层所在的地层温度高。为了定量地评价减阻剂的减阻效果，近年来研制出了一些测试装置，但是这些装置都是在常温常压下对减阻剂的减阻效果进行评价，无法模拟高温高压的储层环境。为了真实全面地评价各种储层环境下减阻剂的减阻效果，需要研制出能在高温高压下评价减阻剂减阻效果的装置。JHJZ-1高温高压动态减阻评价系统通过控制加热罐温度及循环泵转速来实现不同高温高压及不同流量下的管路模拟实验，实现管路流动阻力的测试及减阻率测试；同时模拟高温高压下管道流体在不同剪切速率下的流变性的研究，真实全面地评价各种储层环境下减阻剂的减阻效果[6-10]。

1 评价系统的结构特点与主要技术参数

1.1 仪器的主要结构

JHJZ-1高温高压动态减阻评价系统的结构见图1。

由图1可以看出，实验时，首先在配料罐中配制好待测液体；通过软件控制系统，根据实验要求，打开相应的电动阀，使待测液体进入加热罐，如需进行高温实验，则打开温度控制系统进行加热；达到实验条件后，打开循环泵，使待测液体在测试管路中运行；保持特定的流量点，取数个流量点，然后采集相应测试管路的差压传感器的读数，并进行处理，对待测液体的减阻效果进行评价。

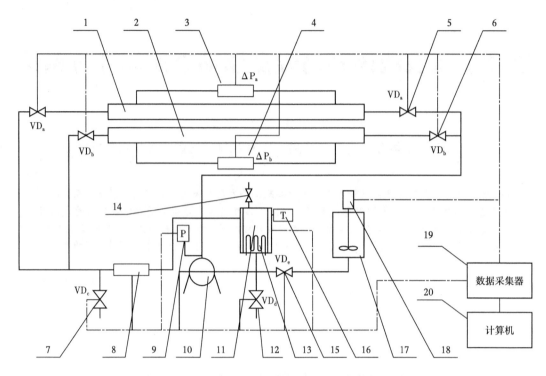

图 1　JHJZ-1 高温高压减阻剂评价系统结构示意图

1—模拟管路 G_a；2—模拟管路 G_b；3—差压传感器 ΔP_a；4—差压传感器 ΔP_b；5—电动阀 VD_a；6—电动阀 VD_b；
7—电动阀 VD_c；8—流量计；9—压力传感器；10—循环泵；11—加热罐；12—电动阀 VD_d；13—加热管；14—排气阀；
15—电动阀 VD_e；16—温度控制系统；17—配料罐；18—搅拌电机；19—数据采集器；20—计算机

1.2　仪器的主要技术指标

（1）工作温度为室温 ~150℃，精度为 ±1℃；（2）测试管路的管径分别为 6.8mm 和 10mm；（3）可测流速范围为 1~10m/s；（4）可测压差范围为 1~100kPa（6.8mm 管径），1~500kPa（10mm 管径）；（5）体系承压能力为 2.5MPa。

2　评价系统的应用

运用 JHJZ-1 高温高压动态减阻评价系统可定量测出不同温度和压力下减阻剂的减阻率，且测试成本低，操作便捷安全，工作稳定性强，数据准确可靠，能够客观全面地评价减阻剂的减阻效果。

2.1　实验参数及数据处理方法

2.1.1　流体流速计算

待测液体在管路中的流速可用线速度描述：

$$v=4Q/\pi D^2 \tag{1}$$

式中：v 为液体线速度，m/s；Q 为液体流量，m^3/s；D 为测试管路内径，m。

2.1.2　剪切速率计算

　　管流液体的有效剪切速率是宏观表征摩阻特性的参数，待测液体在管路中的有效剪切速率可用如下公式计算：

$$\tau=c \cdot 32Q/\pi D^3$$

$$c=0.00494Re^{0.75}$$

$$Re=4Q/\pi Dv \tag{2}$$

式中：τ 为剪切速率，s^{-1}；c 为修正系数；Re 为液体雷诺数；v 为液体的运动黏度，m^2/s。

2.1.3　减阻率计算

　　可以根据计算出的减阻率，评价减阻剂的减阻效果，减阻率越高，减阻效果越好。减阻率可用如下公式计算：

$$DR=(\Delta P_0-\Delta P)/\Delta P_0 \times 100\% \tag{3}$$

式中：DR 为减阻剂的减阻率，%；ΔP_0 为同一流速下未加减阻剂时的摩阻压降，kPa；ΔP 为同一流速下含有减阻剂时的摩阻压降，kPa。

2.2　常温实验

　　选用 1# 减阻剂（JHFR-2 减阻剂）进行实验，测试管径为 10mm，实验温度为 20℃，具体参数如表 1 所示。从表 1 可以看出，1# 减阻剂的减阻率随着浓度和流速的增大而上升。第 3 方实验室同类仪器对 1# 减阻剂的减阻率进行测试，用 10mm 管径，减阻剂浓度为 1000g/m^3，实验温度为 20℃，当流速为 6 L/min 时，减阻率为 69%，说明该评价系统测试数据具有可比性，真实可靠。

表 1　1# 减阻剂在不同流速下的减阻率

流速 /（m/s）	剪切速率 /s^{-1}	500g/m^3 的减阻率 /%	1000g/m^3 的减阻率 /%
2	1697	42	53
4	3395	59	65
6	5092	64	68
8	6791	65	69

2.3　耐温实验

　　选用 2 种减阻剂 1#、2#（一种美国乳液减阻剂）进行实验，测试管径为 10mm，具体参数如表 2 所示。从表 2 可以看出，在 25℃ 和 70℃ 时，随着流速的增大，1# 减阻剂和 2# 减阻剂的减阻率都逐渐升高；在 70℃ 时，1# 减阻剂的减阻率无明显下降，2# 减阻剂的减阻率均大幅度降低，均比 1# 减阻剂的减阻率低，且二者差距很大。所以得出，1# 减阻剂抗高温性能明显优于 2# 号减阻剂。

表 2　两种减阻剂不同温度下的减阻率

流速 / m/s	剪切速率 / s⁻¹	1# 减阻剂的减阻率 /%		2# 减阻剂的减阻率 /%	
		25℃	70℃	25℃	70℃
2	1697	59	42	68	23
3	2546	66	56	70	26
4	3395	69	64	72	28
5	4244	71	70	74	33
6	5092	72	73	76	34

2.4　抗盐实验

选用 2 种减阻剂 1#、3#（一种粉末减阻剂）进行实验，测试管径为 10mm，实验温度为 20℃，减阻剂浓度为 1000g/m³，具体参数见表 3。

表 3　两种减阻剂在不同盐浓度下的减阻率

流速 /（m/s）	剪切速率 /s⁻¹	1# 减阻剂的减阻率 /%		3# 减阻剂的减阻率 /%	
		清水	5% 氯化钙	清水	5% 氯化钙
2	1697	59	45	52	8
4	3395	65	63	68	28
6	5092	68	68	71	38

从表 3 可以看出，在清水中，随着流速的增大，1# 减阻剂和 3# 减阻剂的减阻率都逐渐升高；在 5% 氯化钙溶液中，1# 减阻剂的减阻率无明显下降；3# 减阻剂的减阻率都大幅度下降，都比 1# 减阻剂的减阻率低，且二者差距很大。所以得出，1# 减阻剂的抗钙性能明显优于 3# 减阻剂。

2.5　模拟地层水实验

选用 1# 减阻剂（JHFR-2 减阻剂）进行测试，测试管径为 10mm，液体流速为 6m/s，实验温度为 27℃，减阻剂浓度为 2000g/m³。现场返排液取自焦页 10-HF 井，该地层水的相对密度为 1.0397，pH 值为 6.51，总矿化度为 57249mg/L，属于氯化钙水型。1# 减阻剂在清水及模拟地层水中的减阻率均为 71%。可以看出，1# 减阻剂在模拟地层水中的减阻率无明显下降，仍然拥有良好的减阻效果。

3　结论

1. JHJZ-1 高温高压动态减阻评价系统针对现有技术不足，在结构原理及流体流动的剪切速率上采用相似原理进行模拟，模拟高温高压的储层条件，对减阻剂的减阻效果进行评价，测试结果准确可靠，客观全面。

2. JHJZ-1 高温高压动态减阻评价系统，能够评价减阻剂在不同流速条件下的抗温性能、抗盐性能等，能够评价不同减阻剂在各种模拟储层条件下的减阻效果，并优选出最佳的减阻剂，对减阻剂性能的研究和现场压裂施工具有重要的指导意义。

3. JHJZ-1 高温高压动态减阻评价系统是最新、最实用的评价系统，其功能强、效率和自动化程度高，操作简单快捷，安全可靠，推广应用前景广阔。

参 考 文 献

[1] 柳慧，侯吉瑞，王宝峰. 减阻水及其添加剂的研究进展及展望[J]. 广州化工，2012，40（11）：35-37.

[2] 邵立民，靳宝军，李爱山，等. 非常规油气藏滑溜水压裂液的研究与应用[J]. 吐哈油气，2012，17（4）：383-387.

[3] King G E. Thirty years of gas shale fracturing：what have we learned[C]. SPE Annual Technical Conference and Exhibition，Florence，Italy：SPE，2010.

[4] Sun H. A novel nondamaging friction reducer：development and successful slickwater frac applications[C]. SPE Tight Gas Completions Conference，San Antonio，Texas，USA，2010（11）：2-3.

[5] Arthur J D，Bohm Brian，Layne Mark. Evaluating implications of hydraulic fracturing in shale gas reservoirs[C]. SPE Americas E&P Environmental & Safety Conference，San Antonio，Texas，USA，2009（3）：23-25.

[6] 蒋官澄，许伟星，黎凌，等. 减阻水压裂液体系添加剂的优选[J]. 钻井液与完井液，2013，30（2）：69-72.

[7] 刘通义，向静，赵众从，等. 滑溜水压裂液中减阻剂的制备及特性研究[J]. 应用化工，2013，42（3）：484-487.

[8] 张波. 管道减阻剂实验评价系统[D]. 济南：山东大学，2010.

[9] 税碧坦，刘兵，李国平，等. 减阻剂的模拟环道评价[J]. 油气储运，2001，20（3）：45-50.

[10] 管民，李惠萍，卢海鹰. 减阻剂室内环道评价方法[J]. 新疆大学学报（自然科学版），2005，22（1）：59-62，75.

第四部分　多功能变黏滑溜水压裂液体系的研发与应用

　　页岩气和致密油是非常规油气中重点勘探开发领域。由于储层物性极差，与常规油气相比，非常规油气储层需要大规模储层压裂改造，形成裂缝网络，实现体积改造。为了满足大规模体积压裂的需求，滑溜水压裂液体系因为具有较强的裂缝形成能力和网络裂缝沟通能力而被广泛使用。

　　多功能变黏滑溜水压裂液体系具有黏度可调节和多项关键性能融于一体的特点，用低黏度高效减阻水体系，可剩余更大的动能用于储层改造，有利于形成复杂的体积裂缝。同时，用高黏度压裂液体系实现高砂比施工，将更多支撑剂输送到裂缝深部，可大幅提高压裂缝波及体积，增产效果明显。压裂施工过程中可自动化在线添加核心助剂、井场布置简化、施工工艺简单，减少了常规压裂液需预先配制而产生的一系列经济投入，大幅度降低了非常规油气藏的压裂施工成本，有助于实现我国非常规油气工业化开采的"降本增效"目标。

　　本部分内容结合鄂尔多斯盆地、玛湖油田、长宁页岩气田、查干四陷、南泥湾油田、乌里雅斯太凹陷等区域开发了环保低伤害滑溜水压裂体系以及新的施工工艺，如：压裂三采一体化、"两大一低"、大液量大排量低砂比等。同时针对深层页岩气开发中常规压裂液对储层伤害大、携砂能力差、变黏工序复杂等技术难题开发了变黏压裂液体系。

致密油新一代驱油型滑溜水压裂液体系研究与应用

樊平天[1,2]，刘月田[1]，冯　辉[2]，周东魁[3]，李　平[2]

周　丰[4]，秦　静[5]，余维初[3]，史黎岩[6]

（1.中国石油大学（北京）；2.延长油田股份有限公司南泥湾采油厂；3.长江大学化学与环境工程学院；4.中国石油集团长城钻探工程有限公司；5.中国石化共享服务有限公司东营分公司濮阳服务部；6.中国石化中原油田分公司勘探开发研究院）

摘　要：鄂尔多斯盆地致密油藏储层渗透率低，地层压力低，油井依靠压裂投产。油藏开发中普遍呈现初期产量高、递减快、稳产难度大，采收率低等特征。为实现油井压裂施工中补充地层能量、储层低伤害，降低界面张力以及提高洗油效率等目的，文中提出了在 JHFR-2 减阻剂+JHFD-2 多功能添加剂滑溜水压裂液体系中加入 HE-BIO 生物驱油剂，并且在压裂液减阻效果，抗盐性、储层伤害、生物毒性、洗油效率，驱油效率等实验研究的基础上，研制了集压裂、增能、驱油为一体的致密油新一代驱油型滑溜水压裂液体系。该体系具有速溶、无毒、环保低伤害、减阻、抗盐、防膨、超低界面张力等特点。利用该压裂液体系，在南泥湾油田 P132 平 2 井开展压裂三采一体化先导试验取得圆满成功，为我国致密油藏的高效开发进行了有益尝试。

关键词：压裂三采一体化；驱油型滑溜水压裂液；储层低伤害；提高采收率；致密油

　　鄂尔多斯盆地延长组蕴含丰富的致密油气资源，勘探开发潜力较大，近年来，体积压裂逐渐成为致密油藏储层改造的主要措施[1-2]。另外，致密油藏体积压裂改造后，对人工裂缝发育储层实施注水吞吐工艺已经成为有效补充地层能量、改善致密油藏开发效果的重要方法[3]。目前，水平井压裂所用压裂液体系仍以瓜尔胶体系为主。由于该压裂体系残渣含量高，在储层中长时间滞留容易造成储层伤害，并对油藏开发效果产生不利影响[4]。与此同时，压裂液的返排释放了压裂过程中注入储层的能量，造成能量的极大浪费[5]。

　　针对上述问题，本文旨在研制一种能降低压裂液滞留带来的不利影响、利用大量压裂液滞留地层补充地层能量以及进行油水置换的新一代驱油型压裂液体系。具体思路为：在环保低伤害滑溜水压裂液[6-7]中加入生物驱油剂，以形成集压裂、增能、驱油为一体（即压裂三采一体化）的驱油型滑溜水压裂液体系；并且利用其环保低伤害、耐盐不絮凝以及超低界面张力等特性，在压裂后的焖井过程中，不仅可以实现储层低伤害，还可以通过焖井过程中的压力扩散传导，在毛细管力的作用下使得压裂液与中—小孔喉及基质中的油水产生置换，实现产层油水重新分布。在开井放喷及生产过程中，基质内置换至大孔道及裂缝中的油气得到有效动用和采出，油井体积压裂后增产效果明显[8-9]。

1　新一代驱油型滑溜水压裂液体系

　　本研究通过实验，研制了一种具有速溶、无毒、环保低伤害、减阻、抗盐、防膨、超低界面张力等特点的新一代驱油型滑溜水压裂液体系。其配方为 0.1%JHFR-2 减阻剂 +0.2%JHFD-2 多功能添加剂 +0.5%HE-BIO 生物驱油剂（配方中的百分数为质量分数，下同）。

1.1 减阻剂

配制本文压裂液的减阻剂为 JHFR-2 减阻剂，其组成为：（1）水溶性单体。其包括 5.0% 的 2- 羟丙基甲基丙烯酸酯、5.0% 乙氧基化 -2- 羟乙基丙烯酸酯、5.0% 乙氧基化 -2- 羟乙基甲基丙烯酸酯和 10.0% 丙烯酰胺。（2）分散相。采用复合溶剂，即 10.0% 聚二甲基二烯丙基氯化铵 +10.0% 聚乙烯基苄基三甲基氯化铵 + 无机盐（5.0% 硫酸铵 +10.0% 氯化钾 +5.0% 硫酸钠）。JHFR-2 减阻剂是通过 0.1% 过硫酸铵自由基引发分散聚合，形成的一种牛奶状"水包水"乳液。该减阻剂的作用机理为：由于高分子减阻剂稀溶液的黏弹性，湍流旋涡的一部分动能被减阻剂分子吸收，以弹性能形式储存起来；旋涡动能减小，旋涡消耗的能量也随之减小，从而显著降低流动摩阻。

1.2 多功能添加剂

将 20.0% 聚二甲基二烯丙基氯化铵、5.0% 氯化钙和 20.0% 聚醚表面活性剂复配，得到一种具有防止黏土膨胀和助排功能的 JHFD-2 多功能添加剂。当其质量分数为 0.2% 时，防膨率为 80%，表面张力达 21.73mN/m。这说明该添加剂能有效抑制黏土膨胀，降低表面张力，达到相关行业标准。

1.3 生物驱油剂

首先，利用微生物发酵装置，在实验温度 60℃ 下，以 20g/L（质量浓度，下同）糖蜜为碳源，添加 5g/L 绿脓素作为抑制剂，加入 1g/L 酵母粉发酵，放入水溶液培养基中培养；然后，离心除去菌体，用硫酸调节上层液体的 pH 值，加入硫酸铵静置；最后，用氯仿和甲醇进行萃取，除去其中的溶剂，形成以糖脂为主且具有较长烷基链的 HE-BIO 生物驱油剂。

采用旋转滴定法，在实验温度 60℃ 下，测定 HE-BIO 生物驱油剂溶液界面张力与质量分数的关系（图 1）。当其质量分数为 0.5% 时，界面张力达 0.018mN/m；进一步增加质量分数，界面张力无明显变化。

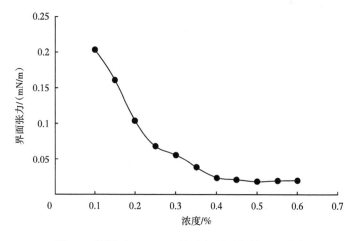

图 1　不同浓度 HE-BIO 溶液与原油间的界面张力

2 性能评价

2.1 减阻效果

大多数高分子聚合物减阻剂加入清水中时，都需要一定的时间溶解；之后，减阻剂溶液才能进入套管或油管，这样减阻剂才能发挥最大的减阻效果。本研究参照 NB/T 14003.2—2016《页岩气压裂液　第 2 部分：降阻剂性能指标及测试方法》，提出了减阻率测定以及利用减阻率评价减阻剂溶解性的方法（即通过减阻剂起效时间判断其溶解速度），并采用 JHJZ-1 高温高压动态减阻评价系统[10]进行实验研究。

2.1.1 减阻率测定

减阻率测定的基本原理是在一定尺寸管道内加入减阻剂，测定流体在减阻剂加入前后的压降，以此计算减阻率。测试方法为：将清水注入减阻仪的整个循环管路，待管路充满液体后开启循环泵；然后通过可在线添加的系统，在循环的清水中注入减阻剂，依据循环管路压差减小的时间来计算减阻率。

本研究采用长 2.5m、内径 10mm 的高精度拉光 316L 型不锈钢管，利用软件控制系统，根据实验要求，打开相应的电动阀、循环泵，使得测试液体（JHFR-2 减阻剂溶液）在减阻仪循环管路中运行；保持流量不变，取数个流量点，采集相应测试管路中差压传感器的读数并进行处理，测试液体的减阻率 η。

$$\eta = \frac{\Delta P_1 - \Delta P_2}{\Delta P_1} \times 100 \tag{1}$$

式中：ΔP_1 为清水流经管路时的稳定压差，kPa；ΔP_2 为与清水同一测量条件下加入减阻剂后加减阻剂后流经管路时的稳定压差，kPa。

2.1.2 减阻剂溶解性评价

加入 0.1%JHFR-2 减阻剂，测试系统每 5s 检测 1 个减阻率。由图 2 可以看出：减阻剂在 30s 时减阻率为 75.8%，在 90s 时减阻率达到最大，为 83.4%，且减阻率保持平稳，直至

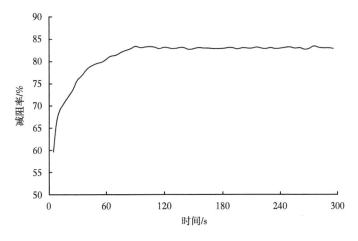

图 2　0.1%JHFR-2 减阻率随时间的关系

5min 后实验结束。这说明，该减阻剂具有速溶能力，无须事先配液，可直接泵入混砂车并实现在线自动化添加，满足现场连续混配的要求。另外，还分别测试了 2 种压裂液（本文压裂液和低黏度瓜尔胶压裂液）在清水中不同排量下的减阻效果，实验对比结果如图 3 所示。

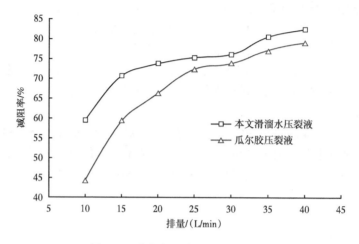

图 3　压裂液在不同排量下的减阻率

由图 3 可知：在实验条件下，2 种压裂液减阻率随排量的增大而增大；本文压裂液减阻效果优于低黏度瓜尔胶压裂液，在低排量下减阻效果更好。分析原因认为，压裂液运动黏度越大，其沿程摩阻越大，本文压裂液运动黏度仅为 $1.5mm^2/s$，低黏度瓜尔胶压裂液采用 0.1% 瓜尔胶配制，运动黏度为 $3.0mm^2/s$。

2.2　抗盐性

本文压裂液分别采用不同盐水溶液配制，该压裂液在一价（氯化钠）、二价（氯化钙）、三价（氯化铁）盐水溶液中均无沉淀、不分层、无絮状物如图 4 所示。

(a)10%氯化钠+10%氯化钙　　　　　　　　　(b)100ppm氯化铁

图 4　不同盐水溶液配制压裂液情况

利用品氏黏度计，测试了本文压裂液在清水中的运动黏度为 1.53mm²/s，在 50g/L 的标准盐水溶液（0.50% 氯化钾 +4.00% 氯化钠 +0.15% 氯化镁 +0.35% 氯化钙 + 清水）中的运动黏度为 1.33mm²/s。这说明该压裂液耐盐性较好。

在遇到盐水溶液时，长链高分子聚合物使分子链发生卷曲，因而不能利用其自身的弹性吸收能量，以减小高速流动过程中液体与管路的摩擦阻力，即无法达到减阻的目的[11]。因此，在室内实验测试本文压裂液的减阻性能时，不仅要测试其在清水中的减阻性能，还要测试在盐水溶液中的抗盐减阻性能，以及在 30L/min 排量下本文压裂液在不同盐水配液中的减阻率。

由图 5 可知，25% 氯化钠配制的本文压裂液减阻率为 75.0%，在清水中（氯化钠质量分数为 0）的减阻率为 76.5%，说明其减阻性能几乎不受氯化钠的影响。

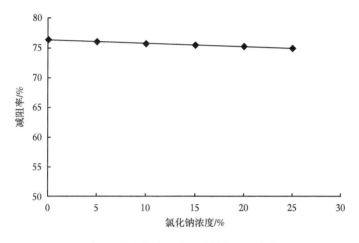

图 5　滑溜水减阻率氯化钠加量的变化

由图 6 可以看出，压裂液减阻率随氯化钙质量分数的增加而降低；在清水中（氯化钙质量分数为 0）减阻率为 76.5%，当氯化钙质量分数达到 10% 时，减阻率下降速度减缓。

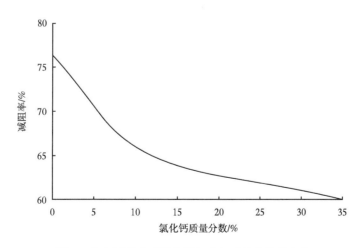

图 6　本文压裂液减阻率随氯化钙质量分数的变化

综上所述，本文压裂液具有良好的高抗盐性能。因此，采用盐水配液可保障压裂施工；同时在压裂液进入或滞留地层时，不会受矿化度影响而发生絮凝导致地层堵塞。

2.3 储层伤害

当压裂液滞留储层时，由于其残渣或黏土矿物的膨胀、运移，储层渗透率大大降低，孔隙半径变小，最终会导致开发井产量下降[12-15]。残渣质量分数也可以反映入井流体对储层的伤害程度。按照 NB/T 14003.2—2017《页岩气压裂液　第 3 部分：连续混配压裂液性能指标及评价方法》，对本文压裂液进行了残渣质量分数测试，结果为 0。参照 SY/T 5107—2016《水基压裂液性能评价方法》，测试分析了本文压裂液对储层岩心渗透率的影响，结果见表 1。

表 1　液测渗透率损害率

渗透率 /mD		渗透率损害率 /%
伤害前	伤害后	
162.6	149.3	8.16
179.4	165.6	7.68

由表 1 可知，本文压裂液造成的储层岩心渗透率损害率低于 10%，表明压裂后的焖井过程中本文压裂液对储层伤害非常小。

2.4 生物毒性

由于压裂液体系会在压裂后焖井过程中滞留在地层中，可能对地下水、河流等水资源造成污染[7]。因此，需对其生物毒性进行评价。参考 SY/T 6788—2020《水溶性油田化学剂环境保护技术评价方法》，室内采用 DXY-3 生物毒性测试仪，利用发光细菌法，评价滑溜水的生物毒性[12]，测试结果见表 2。

表 2　生物毒性测试

样品	EC_{50}/（mg/L）	毒性分级
清水	1.0×10^6	无毒
滑溜水	1.89×10^6	无毒

依据该标准，发光细菌的 $EC_{50} > 20000$mg/L 为无毒，因此，本文压裂液无生物毒性，滞留地层不会对地层水造成严重污染。

2.5 洗油效率

选取 100~500 目的石英砂与原油进行 1∶1 的混合，过滤多余的原油，制成油砂。取一定量的油砂放入不同的玻璃瓶中，分别加入清水和本文压裂液，并在 80℃ 下静置 24h。实验结果如图 7 和表 3 所示。

（a）清水

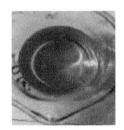
（b）本文压裂液

（c）水清洗后油砂

（d）本文压裂液清洗后油砂

图 7　油砂清洗结果

表 3　油砂清洗前后质量变化

压裂液类型	油砂质量 /g		质量差值 /g
	清洗前	清洗后	
清水	9.9901	9.7683	0.2218
	10.2463	10.0271	0.2192
本文压裂液	10.0981	8.4160	1.6821
	10.2780	8.6972	1.5808

静置 24h 后，装清水的瓶中仅在表面漂浮一点原油，而装本文压裂液的瓶中漂浮了一层油，并且将油砂烘干后，明显发现经本文压裂液清洗后的油砂更为干净，表明本文压裂液比清水洗油能力更好。

2.6　驱油效率

首先，采用 2 块人造岩心，抽真空，饱和清水，测试孔隙体积和水相相对渗透率；然后，在 50℃下用原油驱替岩心中的水，直至出口产出液的含水率小于 2%，计量驱出水体积（即原油饱和体积），计算原始含油饱和度；最后，用清水驱替原油（一次水驱），至含水率达到 98% 后，再注入本文压裂液驱替（后续水驱），至含水率达到 98% 后计算采收率。由表 4 可知，本文压裂液的驱油效率（后续水驱与一次水驱原油采收率的差值）为 9.36%~10.09%，平均值为 9.73%，具有良好的驱油效果，可以提高原油采收率。

表 4　滑溜水的驱替结果

岩心编号	孔隙度 /%	渗透率 /mD	原始油饱和度 /%	原油采收率 /%		驱油效率 /%
				一次水驱	后续水驱	
1	35.23	426.3	95.48	50.64	60.73	10.09
2	36.51	384.8	96.27	51.33	60.69	9.36

3 现场应用

南泥湾油田储层致密，天然裂缝发育。其所在区域两向水平主应力相差较小，为形成复杂的裂缝形态提供了有利条件；并且由于钻井方向沿最小水平主应力方向，体积压裂会形成垂直于井筒方向的复杂网状裂缝形态，有利于沟通天然裂缝，以及增大裂缝、油气与致密储层的接触面积，提高致密油井产量[16-29]。为此，采用本文压裂液对该油田 P132 平2 井进行了压裂三采一体化先导试验。

P132 平 2 井为南泥湾油田一口水平井，水平井段长 733m，在 ϕ215.9mm 井眼下入 139.7mm 套管固井完井。该井压裂改造级数为 8，具体压裂井段原始储层参数见表 5，表中参数由测井解释获得。

表 5　P132 平 2 井压裂井段原始储层参数

压裂段数编号	中部垂深 /m	渗透率 /mD	孔隙度 /%	含水饱和度 /%
1	516.84	9.26	0.99	60.57
2	522.24	7.00	0.30	73.22
3	518.56	7.31	0.50	73.34
4	519.29	7.85	0.63	72.78
5	514.55	8.47	0.74	65.99
6	521.67	8.22	0.78	71.63
7	520.67	8.53	0.83	66.75
8	525.58	7.69	0.51	71.24

3.1 体积压裂参数优化

大排量体积压裂有利于形成复杂裂缝形态，使得支撑剂在裂缝中有效铺置，从而实现有效裂缝与储层的接触面积最大化。本文压裂液在造缝时由于低黏度，在地层中所遇阻力小于瓜尔胶压裂液，在大排量下可形成更长、更复杂的裂缝；并且本文压裂液携砂能力不如瓜尔胶压裂液，须以大排量注入，用机械动能来弥补浮力的不足。为此，P132 平 2 井体积压裂施工设计采用本文压裂液，并且采取大液量、大排量、大量前置液、低砂比、低黏度、间断柱状加砂和加入 HE-BIO 生物驱油剂的方式，以达到压裂、增能、驱油的目的。

需要注意的是：（1）体积压裂施工时，要用大量的前置液先造缝，之后泵入携砂液，可达到更佳的施工效果；（2）单独吞吐压裂及返排工艺不受油层连通性好坏的影响，原油及水原路返回，其效果取决于压裂改造体积大小以及水、原油驱替机理；（3）加砂时，采用低砂比，以及多台阶诊断地层临界进砂敏感性，可提高加砂施工成功率；（4）压裂后焖井时间不少于 15d，进一步实现储层中的压力扩散和油水置换，以提高压裂改造效果。

3.2　压裂施工情况及效果

P132 平 2 井体积压裂的井段共 8 段，压裂液用量为 11148.1m³。其中，JHFR-2 减阻剂为 11.1m³，HFD-2 多功能添加剂为 22.3m³，HE-BIO 生物驱油剂 12.0m³（表 6）。P132 平 2 井压裂液连续混配施工，加砂量 461.00m³，施工排量 12m³/min，施工压力为 13~23MPa，破裂压力为 20.5~34.0MPa，停泵压力为 9.8~11.8MPa（表 7）。整个施工过程顺利完成，本文压裂液满足长时间大液量大砂量连续混配压裂的施工方式，表现出良好的适应性。由图 8 可以看出，压裂施工压力明显降低后保持平稳，说明本文压裂液有助于大排量压裂施工。

表 6　P132 平 2 井压裂液用量统计

压裂井段编号	压裂液用量 /m³	压裂液组成用量 /m³		
		JHFR-2 减阻剂	JHFD-2 多功能添加剂	HE-BIO 生物驱油剂
1	1472.2	1.4722	2.9444	1.5
2	1472.2	1.4722	2.9444	1.5
3	1471.7	1.4717	2.9434	1.5
4	1370.9	1.3709	2.7418	1.5
5	1370.7	1.3707	2.7414	1.5
6	1371.4	1.3714	2.7428	1.5
7	1309.5	1.3095	2.6190	1.5
8	1309.5	1.3095	2.6190	1.5
合计	11148.1	11.1481	22.2962	12.0

表 7　P132 平 2 井压裂施工参数统计

压裂井段编号	排量 /（m³/min）	加砂量 /m³	破裂压力 /MPa	施工压力 /MPa	停泵压力 /MPa
1		65.04	20.5	13~18	10.5
2		65.04	22.0	14~20	9.8
3		65.04	23.1	14~22	10.0
4	12	55.22	31.6	16~23	11.1
5		55.22	26.6	17~22	11.8
6		55.22	21.8	16~20	10.4
7		50.11	34.0	15~19	10.3
8		50.11	24.4	14~16	10.5

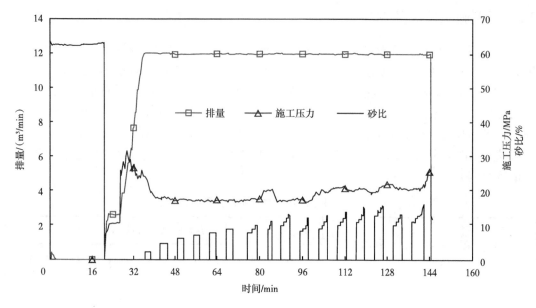

图 8　P132 平 2 井第 5 段压裂施工曲线

该井压裂施工结束后，焖井 36d，然后放喷、返排、抽汲，累计产液量为 1821.5m³，入井压裂液的返排率为 16.3% ，含水率较为稳定。与常规瓜尔胶压裂液体系相比，本文压裂液的返排率低 30%。这说明，利用本文压裂液体系，可实现将大量压裂液滞留地层增能、驱油的工艺目的。

4　结论

（1）新一代驱油型滑溜水压裂液体系（0.1%JHFR-2 减阻剂 +0.2%JHFD-2 多功能添加剂 +0.5%HE-BIO 生物驱油剂）减阻率达 83%、耐钙盐、30s 内速溶、岩心伤害率低于 10%、EC_{50} 值为 189×10⁴mg/L、绿色环保、界面张力达 0.018mN/m。同时，它具有良好的洗油驱油能力，有利于提高致密油藏采收率。

（2）利用本文压裂液体系，在南泥湾油田 P132 平 2 井进行的压裂三采一体化先导性试验取得成功，发挥了大液量（大于 10m/m）、大排量（8~12m³/min），低砂比（10%~15%）、低黏度（小于 3mPa·s）、非连续段塞阶梯加砂、冲量携砂和生物驱油剂的协同作用。整个施工过程平稳，满足了连续在线混配施工要求，显著降低施工摩阻及压力，达到了体积压裂施工设计指标。该井放喷 36d 后，压裂液返排率比常规瓜尔胶体系低 30%，实现了油井稳定生产，达到了将大量压裂液滞留地层增能、驱油的工艺目的。

参 考 文 献

[1] 孙敏，樊平天，李新，等 . 鄂尔多斯盆地南泥湾异常低压油藏成因及异常低压对油藏开发的影响 [J]. 西安石油大学学报（自科版），2013，28（6）：22-26，45.

[2] 王文东，赵广渊，苏玉亮，等 . 致密油藏体积压裂技术应用 [J]. 新疆石油地质，2013，34（3）：345-348.

[3] 樊建明, 王冲, 屈雪峰, 等. 鄂尔多斯盆地致密油水平井注水吞吐开发实践—以延长组长 7 油层组为例 [J]. 石油学报, 2019, 40（6）: 706-715.

[4] Xing J, Wu A, Shu W, et al. Laboratory Research on the Performance of Fracturing Fluid System for Unconventional Oil and Gas Reservoir Transformation [J]. Open Journal of Yangtze Oil and Gas, 2020, 5（4）: 176-186.

[5] 魏宁, 贺怀军, 张建成. 特低渗油田压裂兼驱油一体化工作液体系评价 [J]. 化学工程师, 2020, 34（7）: 38, 44-46.

[6] 余维初, 周东魁, 张颖, 等. 环保低伤害滑溜水压裂液体系研究及应用 [J]. 重庆科技学院学报（自然科学版）, 2021, 23（5）: 1-5, 15.

[7] 张颖, 余维初, 李嘉, 等. 非常规油气开发用滑溜水压裂液体系生物毒性评价实验研究 [J]. 钻采工艺, 2020, 43（5）: 106-109.

[8] 邢继钊, 张颖, 周东魁, 等. 乌里雅斯太凹陷砂砾岩油藏压裂三采一体化技术与应用 [J]. 长江大学学报（自科版）, 2020, 17（6）: 5-6, 37-43.

[9] 严娇. 压裂驱油一体化工作液研制与应用基础研究 [D]. 西安: 西安石油大学, 2019.

[10] 余维初, 丁飞, 吴军. 滑溜水压裂液体系高温高压动态减阻评价系统 [J]. 钻井液与完井液, 2015, 32（3）: 90-92, 109-110.

[11] 周东魁, 李宪文, 肖勇军, 等. 一种基于返排水的新型滑溜水压裂液体系 [J]. 石油钻采工艺, 2018, 40（4）: 503-508.

[12] 柳志齐, 丁飞, 张颖, 等. 页岩气用滑溜水压裂液体系的储层伤害与生物毒性对比研究 [J]. 长江大学学报（自科版）, 2018, 15（5）: 7, 56-60.

[13] 余维初, 吴军, 韩宝航. 页岩气开发用绿色清洁纳米复合减阻剂合成与应用 [J]. 长江大学学报（自科版）, 2015, 12（8）: 78-82.

[14] 范宇恒, 肖勇军, 郭兴午, 等. 清洁滑溜水压裂液在长宁 H26 平台的应用 [J]. 钻井液与完井液, 2018, 35（2）: 122-125.

[15] Wu J J, Yu W, Ding F, et al. A Breaker-Free, Non-Damaging Friction Reducer for All-Brine Field Conditions [J]. Journal of Nanoscience and Nanotechnology, 2017, 17（9）: 6919-6925.

[16] 郝丽华, 甘仁忠, 潘丽燕, 等. 玛湖凹陷风城组页岩油巨厚储层直井体积压裂关键技术 [J]. 石油钻探技术, 2021, 49（4）: 99-105.

[17] 王磊, 盛志民, 赵忠祥, 等. 吉木萨尔页岩油水平井大段多簇压裂技术 [J]. 石油钻探技术, 2021, 49（4）: 106-111.

[18] 陈超峰, 王波, 王佳, 等. 吉木萨尔页岩油下甜点二类区水平井压裂技术 [J]. 石油钻探技术, 2021, 49（4）: 112-117.

[19] 徐加祥, 杨立峰, 丁云宏, 等. 致密油水平井体积压裂产能影响因素 [J]. 大庆石油地质与开发, 2020, 39（1）: 162-168.

[20] 王波, 王佳, 罗兆, 等. 水平井段内多簇清水体积压裂技术及现场试验 [J]. 断块油气田, 2021, 28（3）: 408-413.

[21] 王兴文, 何颂根, 林立世, 等. 威荣区块深层页岩气井体积压裂技术 [J]. 断块油气田, 2021, 28（6）: 745-749.

[22] 黄有泉, 李永环, 顾明勇, 等. 松北致密油水平井体积压裂技术适应性分析 [J]. 石油地质与工程, 2021, 35（5）: 80-84.

[23] 尹虎, 董满仓, 李旭, 等. 致密油藏水平井前置增能体积压裂高效开发技术研究及应用——以延长油田 FL121 平 2 井为例 [J]. 石油地质与工程, 2021, 35（3）: 97-100.

[24] 刘威. 固井滑套多簇体积压裂在大牛地气田致密砂岩气藏的应用 [J]. 石油地质与工程, 2021, 35（3）:

101-104.

[25] 陈志明，陈昊枢，廖新维．致密油藏压裂水平井缝网系统评价方法——以准噶尔盆地吉木萨尔地区为例 [J]．石油与天然气地质，2020，41（6）：1288-1298.

[26] 张矿生，唐梅荣，陶亮，等．庆城油田页岩油水平井压增渗一体化体积压裂技术 [J]．石油钻探技术，2022，50（2）：9-15.

[27] 慕立俊，吴顺林，徐创朝，等．基于缝网扩展模拟的致密储层体积压裂水平井产能贡献分析 [J]．特种油气藏，2021，28（2）：126-132.

[28] 吴忠宝，李莉，阎逸群．超低渗油藏体积压裂与渗吸采油开发新模式 [J]．断块油气田，2019，26（4）：491-494.

[29] 安杰，刘涛，范华波，等．鄂尔多斯盆地致密油滑溜水压裂液的研究与应用 [J]．断块油气田，2016，23（4）：541-544.

玛湖井区低伤害滑溜水压裂液性能评价

张　颖[1]，周东魁[1]，余维初[1]，张凤娟[1]，董景锋[2]，王牧群[2]，张　磊[3]

（1. 长江大学化学与环境工程学院；2. 中国石油新疆油田公司工程技术研究院；3. 中国地质大学（武汉）资源学院）

摘　要：玛湖 1 井区百口泉组为典型的低孔低渗致密油储层。该井区大规模水力压裂面临 3 大难题，如压裂液减阻效果差、对储层伤害大；水资源匮乏，油田污水处理困难；缝间剩余油分布，采收率有待提高。针对这些问题，以羟甲基苯乙烯、醋酸乙烯酯、丙烯酰胺、聚乙烯基苄基三甲基氯化铵等为原料，通过分散聚合法制备了减阻剂（JHFR），将其与多功能添加剂（JHFR）复配制得滑溜水压裂液。研究了目标区块的压裂水源、储层岩石的黏土矿物含量对黏土在滑溜水中水化膨胀性能的影响，评价了滑溜水对玛湖致密油藏储层的伤害情况。结果表明，减阻剂 JHFR 溶解时间（15s）短，可实现免配直混。由 0.1% JHFR 和 0.2% JHFD 组成的滑溜水具有高效减阻（减阻率 76.9%）、低油水界面张力（0.89mN/m）、防膨效果好（防膨率81.12%）等特点，且与玛湖 1 井区的地层水和返排水的配伍性良好、对岩心渗透率损害程度低，适用于该井区的大规模连续压裂施工。

关键词：致密油；压裂液；滑溜水；减阻剂；储层伤害

随着中国探明石油地质储量中致密油藏所占比例大幅增加，尤其是十亿吨级的玛湖砂砾岩油藏的发现，标志着越来越多的致密油田将投入开发[1-2]。玛湖 1 井区百口泉组整体为向东南倾的单斜构造，储层孔隙度为 5.1%~14.7%，渗透率 0.027~82.4mD，属于典型的低孔低渗致密油储层，无自然产能，均需要压裂建产。针对致密油藏的高效开发，大规模水力压裂是非常有效的开发技术之一。压裂液是压裂施工的血液，其性能决定了压裂的成败，目前现场应用最广泛的是滑溜水压裂液。水基压裂液进入地层后，易造成黏土矿物的水化膨胀和颗粒运移，而对储层造成无法修复的伤害，导致产能下降[3]。此外，压裂液的残渣含量过高或压裂液体系与地层流体不配伍会使压裂液残渣或固相滞留在裂缝中，导致支撑剂孔道堵塞，降低导流能力[4]。传统的压裂理念及行业标准中对压裂液的防膨性能有要求，需要添加黏土稳定剂实现，增加了压裂成本和环境压力。研究表明，黏土矿物主要包括高岭石族、伊利石族、蒙皂石族等矿物，不同矿物的水化膨胀性不同。储层中蒙脱石的含量决定了储层的水化膨胀程度[5-8]。

玛湖 1 井区百口泉组大规模水力压裂面临的难题主要为：（1）所用压裂液减阻效果差、残渣含量高、溶解速度慢、对储层伤害大；（2）淡水资源匮乏，压裂耗水量巨大，油田污水处理困难；（3）缝间剩余油分布，采收率有待提高。针对上述难题，本文以研发新型低伤害减阻剂为突破口，构筑了高效减阻、速溶的低伤害滑溜水压裂液，研究了目标区块水源和储层岩石的黏土矿物含量对黏土在滑溜水中水化膨胀性能的影响，考察了滑溜水对玛湖 1 井区百口泉组天然岩心的伤害。

1　实验部分

1.1　材料与仪器

（1）羟甲基苯乙烯、醋酸乙烯酯、丙烯酰胺、焦磷酸钠、氯化亚锡（Ⅱ）二水合物，分析纯，上海麦克林生化科技有限公司制；（2）聚乙烯基苄基三甲基氯化铵，自制；（3）氯化钠、硫酸铵、三水合亚甲基蓝、过硫酸铵、亚硫酸氢钠，分析纯，国药集团化学试剂有限公司制；（4）多功能添加剂 JHFD，聚醚类表面活性剂和双子季铵盐类黏土稳定剂按质量比 1∶2 复配，自制；（5）现场滑溜水压裂液，主要成分为减阻剂 XJ-A（油包水聚丙烯酰胺类减阻剂）和助排剂 XJ-B（氟碳类表面活性剂），取自新疆油田；（6）1#~6# 黏土的来源如表 1 所示；（7）玛湖 1 井区天然岩心，层位 T_1b_2，井段 3294.6~3302.0m；（8）去离子水、地层水、返排水、净化水 -1、净化水 -2，均来自玛湖 1 井区，水质分析数据如表 2 所示；（9）2%KCl 溶液、5%KCl 溶液。

表 1　黏土样品信息

编号	类型	来源	层位	深度 /m
1#	钠膨润土	胜利油田		
2#	钠膨润土	新疆油田		
3#	天然岩心粉	上乌尔禾组	P_3W	3647.5~3651.2
4#	天然岩心粉	上乌尔禾组	P_3W	3725.1~3731.3
5#	天然岩心粉	百口泉组	T_1b	3294.6~3302.0
6#	天然岩心粉	百口泉组	T_1b	3534.8~3542.0

表 2　玛湖 1 井区不同水样的离子含量

水样名称	pH 值	离子质量浓度 /（mg/L）						矿化度 / mg/L
		Na^+	K^+	Mg^{2+}	Ca^{2+}	Cl^-	SO_4^{2-}	
地层水	6.0	1707.25	394.70	13.49	1548.54	4080.00	19.15	11 933.33
返排水	6.0	97.02	8.61	13.58	45.87	201.06	48.39	800.00
净化水 -1	6.5	3683.49	48.12	94.81	509.48	5542.25	120.29	11 200.00
净化水 -2	6.5	3635.52	48.08	96.34	524.56	5667.91	115.98	10 800.00

注：净化水 -1 和净化水 -2 为取自联合站处理后的采油污水。

（1）JHFR-2 高温高压页岩气井滑溜水减阻率测试仪、JHMD-Ⅱ 高温高压岩心动态损害评价系统，荆州现代石油科技发展有限公司；（2）TX-500C 旋转滴界面张力仪，美国科诺工业有限公司；（3）微量滴定管，比克曼生物科技有限公司；（4）HH-2S 恒温水浴锅，常州恩培仪器制造有限公司；（5）LDZ4-1.8 低速平衡离心机，北京雷勃尔医疗器械有限公司。

1.2　实验方法

（1）减阻剂的制备。

采用分散聚合法制备水包水的减阻剂 JHFR。将适量（占反应物总质量的 50%~80%）的去离子水加入 500mL 三口烧瓶中，分别称取适量的水溶性单体羟甲基苯乙烯、醋酸乙烯酯、丙烯酰胺（三者质量比为 1:1:2）、分散剂聚乙烯基苄基三甲基、质量比为 1:2 的无机盐氯化钠和硫酸铵加入三口烧瓶后搅拌升温，并不间断地通入氮气，待温度升至 35℃后加入 0.005%~0.01% 过硫酸铵／亚硫酸氢钠（质量比为 1:1）复合引发剂，反应 10h 后得到乳白色液体状的减阻剂 JHFR。

（2）减阻剂性能评价。

参照国家能源行业标准 NB/T 14003.2—2016《页岩气压裂液　第 2 部分：降阻剂性能指标及测试方法》，评价 JHFR 的溶解时间、减阻性能和对岩心的伤害性。

（3）滑溜水性能评价。

参照国家能源行业标准 NB/T 14003.1—2015《页岩气压裂液　第 1 部分：滑溜水性能指标及评价方法》，评价滑溜水压裂液的性能。

（4）蒙皂石含量的测定。

将黏土样品烘干后加入焦磷酸钠使黏土晶层分散，加入过量的三水合亚甲基蓝溶液使土样充分吸附染料，静置取出上层液体，再用高速离心机将上层清液与颗粒分离，以排除沙粒等颗粒物质对检测结果的干扰。用氯化亚锡对上层清液进行反滴定，即可计算出土样中蒙脱石的含量。

（5）黏土膨胀体积的测定。

参照石油天然气行业标准 SY/T 5971—2016《油气田压裂酸化及注水用黏土稳定剂性能评价方法》，测定不同黏土样品在去离子水、地层水、返排水、净化水、2% KCl 溶液、5% KCl 溶液和用不同水质配制的滑溜水中的膨胀体积。

（6）滑溜水对岩心渗透率损害率的测定。

参照国家能源行业标准 NB/T 10030—2016《钻井液完井液对煤层气储层损害室内评价方法》中的孔隙压力振荡法，评价滑溜水对玛湖 1 井区天然岩心基质渗透率的影响。主要步骤为：测定岩样初始渗透率；用滑溜水驱替 10~15PV 后停止驱替；保持围压和温度不变，使滑溜水充分与岩石矿物反应 2h；测定伤害后的渗透率；计算岩心渗透率损害率。

2　结果与讨论

2.1　减阻剂性能

2.1.1　溶解时间

按 0.1% 的加量将减阻剂与自来水混合。JHFR 约 15s 即完全溶解，溶液澄清透明；而现场所用减阻剂（XJ-A）需要 1h 才能完全溶解，溶液为白色浑浊状。说明 JHFR 具有速溶的特点，更适用于大规模水力压裂的连续混配作业，有利于提高作业效率，降低施工成本。

2.1.2 减阻性能

如图 1 所示，在不同条件下 JHFR 的减阻率规律表现为：（1）随着浓度的增加，减阻率先增加后降低，在加量约为 0.1% 时的减阻率达到最大；（2）同一加量下，随着排量的增加，减阻率呈上升趋势。前者是由于 JHFR 为线性高分子聚合物，其水化体积有限，在一定浓度下聚合物分子可以完全伸展，但当浓度超过这一极限时，聚合物分子会相互缠结，形成网状结构而阻碍了液体的流动，造成减阻率下降[9]。后者是由于液体在密闭管路中的摩阻随流速增加而增大。在较高流速下，液体流动的层状结构被破坏形成湍流状态，大量的能量被消耗于涡流及其他随机运动中，因此，流体压力损失也就迅速增加[10]。在排量越大的条件下，JHFR 表现出的减阻效果越好，即减阻率越高。减阻剂主要通过减弱流体的湍流程度来起到减阻作用。在固定管径下，排量越大，则流体的湍流程度越大，JHFR 改变湍流程度的效果就越明显，其减阻效果越好；反之如果排量小则流体湍流程度不明显，甚至是处于层流的情况下，JHFR 的减阻效果不明显。

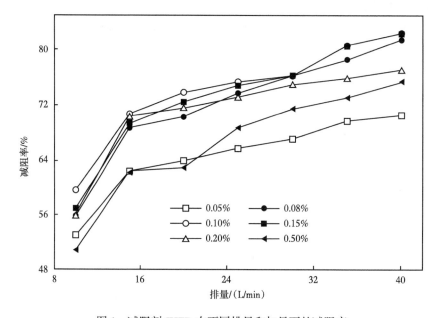

图 1　减阻剂 JHFR 在不同排量和加量下的减阻率

2.2 滑溜水压裂体系性能

多功能添加剂 JHFD 在 0.2% 的加量下即可满足相关行业标准的要求。因此，构筑的 JHFR 滑溜水体系的配方为：0.1% JHFR+0.2% JHFD。两种滑溜水压裂液的性能如表 3 所示。由表 3 可知，与清水（去离子水）相比，JHFR 滑溜水压裂液和现场滑溜水压裂液均能大幅降低油水界面张力，同时具有良好的减阻效果；在溶解时间、降低表面张力以及防膨率方面，JHFR 滑溜水压裂液的性能优于现场滑溜水压裂液。另外，在室温和储层温度下，现场滑溜水压裂液与玛湖 1 井区的地层水和返排水会产生少量悬浮的小颗粒不溶物，JHFR 滑溜水压裂液具有更好的配伍性。

表 3　两种压裂液性能评价结果

项目	JHFR 滑溜水压裂液	现场滑溜水压裂液
溶解时间 /s	15	3600
pH 值	7.0	7.5
运动黏度 / (mm²/s)	1.37	3.21
表面张力 / (mN/m)	25.42	29.92
油水界面张力 / (mN/m)	0.89	0.55
与地层水、返排水配伍性	室温和储层温度下均无絮凝现象，无沉淀产生	室温和储层温度下均有少量悬浮小颗粒不溶物
减阻率 /%	76.9	79.5
防膨率 /%	81.12	69.41

2.3　滑溜水对玛湖致密油藏储层的伤害

在大规模水力压裂过程中，大量的外来液体进入储层后会造成黏土吸水膨胀、颗粒分散运移，压裂液残渣或与地层不配伍生成的不溶物等造成孔喉道堵塞，导致储层渗透率下降，对储层造成无法修复的伤害[11-14]。研究分析了目标区块的压裂水源、储层岩石的黏土矿物含量、岩粉的水化膨胀特性，并通过岩心渗透率恢复值评价了 JHFR 滑溜水对玛湖致密油藏储层的伤害情况。

2.3.1　配液水质和蒙皂石含量

玛湖 1 井区 4 种压裂配液水的矿化度均较低，其中返排水的矿化度最低，仅为 800 mg/L，地层水的矿化度最高，约为 11.9g/L。

蒙皂石含量可以表征黏土矿物的水化膨胀程度。实验测得 1#~6# 黏土样品的蒙皂石含量分别为 48.83%、27.64%、7.37%、8.75%、2.53%、2.75%。两种膨润土的蒙皂石含量远高于天然岩粉；4 种天然岩粉中的蒙皂石含量均小于 9%，3# 和 4# 天然岩粉的蒙皂石含量明显高于 5# 和 6#，即上乌尔禾组 P_3W 砂砾岩的水敏性强于百口泉组 T_1b 砂砾岩。

2.3.2　黏土膨胀情况

黏土样品在不同水质中的膨胀体积如表 4 所示，黏土样品在不同水质配制的 JHFR 滑溜水压裂液中的膨胀体积如表 5 所示。由表 4 可知，6 种黏土样品在不同水质中的膨胀体积与其蒙皂石含量成正相关关系；两种膨润土在去离子水中的膨胀体积分别为 8.5mL 和 4.4mL，远高于天然岩粉；4 种天然岩粉的膨胀体积均小于 1mL，水化膨胀程度很低。2 种膨润土的膨胀体积与水样的矿化度之间呈负相关，即水样的矿化度越高，则膨润土的膨胀体积越小，但 4 种天然岩粉的膨胀体积与水样矿化度之间无明显关系。这是由于在矿化度较高的水样中，一价阳离子、二价阳离子含量较高，阳离子与膨润土表面的阳离子交换多，稳定了黏土晶体结构，因而其防膨效果越显著。

由表 5 可见，用去离子水和油田水样配制的 JHFR 滑溜水的黏土膨胀体积都很小。两种膨润土在去离子水配制的滑溜水中的膨胀体积分别为 2.6mL 和 2.2mL，在其他水样配制的滑溜水中，膨润土的膨胀体积与配制滑溜水的矿化度之间仍然呈负相关关系。

在滑溜水体系中，通常会加入一定量的黏土稳定剂来降低储层中黏土水化膨胀的程度。黏土稳定剂的加量则根据室内实验评价结果确定。对于黏土矿物含量不同的储层，其使用黏土稳定剂的加量有所不同；对于矿化度不同的压裂水源，其使用黏土稳定剂的加量也有所不同。储层黏土的膨胀程度除了与自身矿物含量有关之外，水质的矿化度也影响黏土的膨胀程度。对同一种黏土而言，水质的矿化度越高，则黏土的膨胀越不明显。因此，在不易膨胀的目标储层中，应使用具有一定矿化度的现场水源，即使不添加黏土稳定剂也能达到技术要求。滑溜水体系中黏土稳定剂的加量应根据目标区块的储层特性来确定。

表 4　黏土在不同水质中的膨胀体积

水样	黏土膨胀体积 /mL					
	1#	2#	3#	4#	5#	6#
去离子水	8.50	4.40	0.50	0.55	0.50	0.50
地层水	1.50	1.20	0.50	0.50	0.50	0.50
返排水	8.50	4.50	0.50	0.50	0.50	0.50
净化水 1	1.65	1.45	0.50	0.50	0.50	0.50
净化水 2	1.95	1.55	0.50	0.50	0.50	0.50
2% KCl	1.20	1.10	0.50	0.50	0.50	0.50
5% KCl	0.80	0.80	0.50	0.50	0.50	0.50

表 5　黏土在不同水质配制的滑溜水中的膨胀体积

水样	黏土膨胀体积 /mL					
	1#	2#	3#	4#	5#	6#
去离子水	2.60	2.20	0.50	0.55	0.50	0.50
地层水	1.80	1.40	0.50	0.50	0.50	0.50
返排水	2.40	2.00	0.50	0.50	0.50	0.50
净化水 1	1.50	1.20	0.50	0.50	0.50	0.50
净化水 2	1.50	1.20	0.50	0.50	0.50	0.50

2.3.3　对储层的伤害评价

由表 6 可知，JHFR 滑溜水压裂液对玛湖 1 井区天然岩心的渗透率损害率为 17.80% 和 18.34%，低于石油天然气行业标准 SY/T 7627—2021《水基压裂液技术要求》中对水基压裂液的要求（30%）。JHFR 滑溜水压裂液对玛湖 1 井区储层的伤害率较低，适用于该井区的水力压裂施工。

表 6　滑溜水对天然岩心的渗透率损害率

岩心孔隙度 /%	原始渗透率 /mD	伤害后渗透率 /mD	渗透率伤害率 /%
11.45	2.87	2.36	17.80
12.43	7.87	6.43	18.34

3　结论

　　JHFR 滑溜水体系性能优良，满足玛湖致密油藏的压裂施工。该体系对储层渗透率的伤害小，减阻率可达到 75% 以上，能有效降低表面张力和油水界面张力，防膨性能优良。减阻剂 JHFR 在较短时间（15s）内完全溶解，可实现油田现场的免配直混工艺。

　　与钠膨润土相比，玛湖 1 井区百口泉组和上乌尔禾组的砂砾岩岩粉的蒙皂石含量（小于 10%）低，水化膨胀性弱，砂砾岩岩粉的膨胀体积（小于 1mL）小。水化膨胀程度与蒙皂石含量之间呈正相关，与水样的矿化度之间成负相关关系。

　　黏土稳定剂应结合目标区块储层的岩样分析进行应用。目标区块的压裂水源有一定的矿化度，具有良好的防膨效果，且目标区块的储层岩石水化膨胀性弱。综合性能、成本和环境考虑，建议玛湖 1 井区百口泉组水力压裂时少加或不添加黏土稳定剂。

参 考 文 献

[1] 许江文，李建民，邬元月，等 . 玛湖致密砂砾岩油藏水平井体积压裂技术探索与实践 [J]. 中国石油勘探，2019，24（2）：241-249.

[2] 李建民，吴宝成，赵海燕，等 . 玛湖致密砾岩油藏水平井体积压裂技术适应性分析 [J]. 中国石油勘探，2019，24（2）：250-259.

[3] 王静仪 . 适用于页岩气开发的高效滑溜水压裂液体系研究 [J]. 能源化工，2019，40（2）：51-55.

[4] 袁旭，许冬进，陈世海，等 . 压裂液侵入对页岩储层导流能力伤害 [J]. 科学技术与工程，2020，20（9）：3591-3597.

[5] 王家骅 . 黏土矿物的结构及其层间膨胀 [J]. 安庆师范学院学报（自然科学版），1995，1（4）：14-16.

[6] 刘光法，苗锡庆 . 黏土矿物水化膨胀影响因素分析 [J]. 石油钻探技术，2009，37（5）：81-84.

[7] 赵福麟 . 油田化学：第 2 版 [M]. 东营：中国石油大学出版社，2010：13.

[8] Carman P S, Lant K S. Making the case for shale clay stabilization [C]//SPE Eastern Regional Meeting. West Virginia, USA, 2010: 1-8.

[9] 孟磊，周福建，刘晓瑞，等 . 滑溜水用减阻剂室内性能测试与现场摩阻预测 [J]. 钻井液与完井液，2017，34（3）：105-110.

[10] White C M, Mungal M G. Mechanics and prediction of turbulent drag reduction polymer additives [J]. Annu Rev Fluid Mech, 2008, 40（1）: 235-256.

[11] 邵立民，靳宝军，李爱山，等 . 非常规油气藏滑溜水压裂液的研究与应用 [J]. 吐哈油气，2012，17（4）：383-387.

[12] Zhang S F, Sheng J J, Shen Z Q. Effect of hydration on fractures and permeabilities in Mancos, Eagleford, Barnette and Marcellus shale cores under compressive stress conditions [J]. J Pet Sci Eng, 2017, 156: 917-926.

[13] 杨柳，石富坤，赵逸清，等. 页岩储层黏土矿物对裂缝导流能力伤害的影响 [J]. 科学技术与工程，2020，20（1）：153-158.

[14] Liu X J，Zeng W，Liang L X，et al. Experimental study on hydration damage mechanism of shale from the Longmaxi formation in Southern Sichuan Basin，China[J]. Petroleum，2016，2（1）：54-60.

环保低伤害滑溜水压裂液体系研究及应用

余维初[1]，周东魁[1]，张　颖[1]，王永东[2]，樊平天[3]，银　伟[4]

（1.长江大学化学与环境工程学院；2.延长油田股份有限公司南泥湾采油厂；
3.延长油田股份有限公司；4.中原石油工程井下特种作业公司）

摘　要： 致密油气储层具有低孔、低渗的特性，压裂液选择不当能够引起致密储层的伤害。针对延长组长6储层地质特征，通过对滑溜水压裂液减阻、生物毒性以及岩心伤害性能进行评价试验，优选出一种环保低伤害滑溜水压裂液体系，该体系具有保护环境、保护储层、抗盐、高效减阻与快速溶解自动化添加等一系列优异性能。通过在南泥湾油田 N199 平 2 井现场施工及微地震检测表明，该滑溜水压裂液体系加量少、溶解速度快、无残渣，减阻效果明显，排量在 12m³/min 时减阻率达到 70% 以上，压裂液配方体系不仅满足大液量、大排量、低砂比压裂施工工艺技术要求，且能有效形成压裂缝网，油层改造体积（SRV）较常规技术大幅度提高，缝长、缝宽、缝高及改造体积均达到一定规模，第五段 SRV 达到 $251.771×10^4m^3$，第六段 SRV 达到 $248.175×10^4m^3$，储层改造体积与施工液量成正比例相关趋势，较好地实现体积压裂开发效果。压后累计 6 月产油达到邻井产量的 2 倍，为我国致密油气储层高效开发进行了有益的尝试。

关键词： 滑溜水压裂液；环保低伤害；大液量；大排量；低砂比

延长油田主力开发区块位于鄂尔多斯盆地陕北斜坡东部，勘探、开发生产实践表明，延长组低渗油藏蕴含丰富的油气资源，具有较大的勘探开发潜力。区域延长组油藏以河流、三角洲、湖泊沉积为主，岩石类型主要为陆源碎屑岩：包括砂岩，粉砂岩，泥岩等并普遍夹有薄层凝灰岩[1-5]。N199-2 井位于全区东部，构造处于鄂尔多斯盆地伊陕斜坡。主要为灰白色厚层块状中‐细粒长石砂岩与灰绿、深灰色—黑色砂质泥岩和粉砂岩的不等厚互层。区域天然裂缝发育，以高角度、张性构造裂缝为主，且由于钻井方向沿最小主应力方向，所以水力压裂会形成垂直于井筒方向的裂缝，有利于增大裂缝与储层的接触面积，达到体积压裂的效果。

水力压裂中压裂液的作用至关重要，压裂液与储层流体及岩石不配伍，会造成严重的储层伤害[6]。资料显示，压裂液侵入是造成低孔、低渗油层储层伤害和后续产能低的重要因素，因此优选一种适用的低伤害的压裂液对改善压裂投产效果意义重大。本文针对目标区域油藏特征，研发优选了一种矿场适用的低伤害、环保、高效减阻滑溜水压裂液体系并在油田现场施工效果良好，在低渗透油气藏勘探开发领域具有重大意义。

压裂液体系研究通过室内试验研究，确定了一种溶解效果好，具有减阻、抗盐、助排、防膨、环保低伤害的滑溜水压裂液体系，配方为 0.1%JHFR-2 减阻剂 +0.2%JHFD-2 多功能添加剂。

1 压裂液体系研究

1.1 减阻剂研究

减阻剂是组成滑溜水压裂液的核心助剂。本文所研究的减阻剂为 JHFR-2 减阻剂，由丙烯酰胺、2- 丙烯酰胺基 -2- 甲基丙磺酸及含氟功能单体等按一定比例混合，分散相采用含有降低分子摩擦系数基团复合溶剂，在水中以过硫酸铵为引发剂通过自由基引发分散聚合。JHFR-2 减阻剂的溶液中由于其黏弹性在湍流旋涡中发生相互作用，湍流旋涡的一部分动能被聚合物分子吸收，以弹性能形式储存起来，使溶液在管道或地层裂缝中流动时进行有序的排列，从而显著降低压裂液的流动摩阻。

1.1.1 溶解性能研究

大多数高分子聚合物减阻剂加入水中时，需要一定的时间溶解之后，才能发挥其减阻作用，减阻剂的溶解性越好，则减阻效果越好。另外，减阻剂的溶解性还关乎着储层伤害的问题，减阻剂的溶解性太差，将面临着不溶物堵塞岩石孔喉和人工裂缝的风险，因此要求减阻剂有很好的溶解性才能更好地满足储层增产改造的需求。

自来水中加入 0.1% 的 JHFR-2 减阻剂，室温下搅拌 5min 后静置，观察减阻剂的溶解状态，如图 1 所示。同时利用 JHJZ-I 高温高压动态减阻评价系统[7]，通过减阻剂在循环管道（内径 10mm）中发挥减阻效果的时间来评价其 0.1% 溶解速度，测试结果如图 2。

图 1　0.1%JHFR-2 减阻剂溶解情况

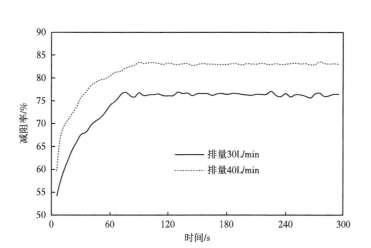

图 2　0.1%JHFR-2 减阻率随时间的关系

从图 1 中减阻剂溶液的溶解状态可以看出，JHFR-2 减阻剂溶液呈无色透明状态，说明其溶解性好。从图 2 可以看出其在 30s 就能达到 70% 的减阻效果，即减阻剂具有速溶能力，无须事先配液，可直接泵入混砂车实现在线自动化添加，对目标区块压裂施工、井场操作具有重要意义。

1.1.2　减阻性能研究

目前而言，减阻率这一指标比较通用。实验测试 JHFR-2 减阻剂不同排量，不同加量下在自来水中的减阻率，结果如图 3 所示。

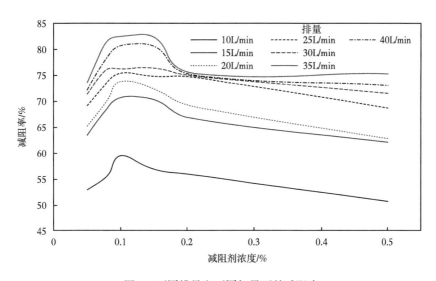

图 3　不同排量和不同加量下的减阻率

由图 3 可以看出其在实验范围内减阻率规律表现为：（1）随着浓度的增加，减阻率先增加后下降，在浓度为 0.1% 左右减阻率达到最大；（2）在一定排量下，随着排量的增加，减阻率呈上升趋势。在 0.1% 加量时减阻效果最佳，在排量 10L/min 时达到 59.5%，当排量在 40L/min 时减阻率最大，达到 82.5%。减阻率在减阻剂的加量达到 0.5% 减阻效果表现较差，该加量下，在 40L/min 的排量下，减阻率为 75.3%，在低排量（10L/min）下减阻率为 50.7%，其原因主要是因为在较高的浓度下压裂液黏度较大导致减阻效果大大下降，在低排量下尤其明显。因此在压裂施工中应选择合适的加量和排量才能使压裂液发挥其最佳的减阻效果。

1.1.3 抗盐性能评价

抗盐性能是滑溜水压裂液的一项重要性能指标，抗盐性能好的滑溜水压裂液采用地层水、海水及压裂返排水配液减阻性能不受影响，并且使用各种水质配液都能满足施工要求，实现压裂返排液的重复利用[8, 9]。实验在 25℃ 下测定 30L/min 排量下滑溜水压裂液在清水、5%NaCl、3% CaCl$_2$ 溶液中的减阻率，测试结果见表 1。

表 1 减阻率测试

样品	减阻率 /%
清水	75.8
5%NaCl	75.7
3% CaCl$_2$	74.3

由表 2 可以看出，滑溜水压裂液在不同的水质中都能达到 70% 以上的减阻率。滑溜水压裂液的减阻性能几乎不受返排液和盐水的影响，因此施工过程中的压裂返排液及油藏生产水可循环使用于后续的压裂施工中，可大幅度节约水资源，缓解压裂用水压力、降低水处理的成本。

1.1.4 生物毒性评价

由于大量的滑溜水压裂液在进入地层之后，即使经过返排也有大量的压裂液会滞留在地层，因此，选择无生物毒性的滑溜水压裂液对环境保护有着重要的意义[10]。室内采用 DXY-3 生物毒性测试仪，参考标准 SY/T 6788—2020《水溶性油田化学剂环境保护技术评价方法》，评价滑溜水压裂液的生物毒性，测试结果见表 2。

表 2 生物毒性测试

样品	EC$_{50}$/（mg/L）	毒性分级
清水	1.0×10^6	无毒
0.1%JHFR-2	1.89×10^6	无毒

SY/T 6787—2010《水溶性油田化学剂环境保护技术要求》中规定，发光细菌的 EC$_{50}$ > 20000mg/L 为无毒，从表 2 中可以看出，JHFR-2 减阻剂无生物毒性，对环保具有重要意义。

1.1.5 储层伤害评价

压裂所造成的储层伤害一直是低渗透油田开发中首要问题。在实施压裂增产的过程中，应尽量减少压裂液对储层造成的伤害。其中，选择合适的压裂液体系特别是减阻剂的选用是减少压裂液对储层伤害，提高单井产量的关键技术之一[11]。

残渣含量也可以反应入井流体对储层的伤害程度，按照能源行业标准 NB/T 14003.3—

2017《页岩气压裂液第 3 部分：连续混配压裂液性能指标及评价方法》对减阻剂溶液进行残渣含量的测试发现 0.1%JHFR-2 溶液残渣含量为零。

通过岩心流动实验测试 JHFR-2 减阻剂对岩心渗透率的影响，实验岩样为人造岩心，通过岩心渗透率的变化来评价其岩心伤害。表 3 是减阻剂对岩心的液测渗透率损害率。可以看出，JHFR-2 减阻剂造成的岩心渗透率损害率为不到 10%，表明在压裂施工时对储层伤害小，有利于储层改造效果。

表 3　岩心液测渗透损害率

序号	伤害前液测渗透率 /mD	伤害后液测渗透率 /mD	渗透率损害率 /%
1	113.6	104.5	8.01
2	176.6	161.4	8.61
3	147.7	133.2	9.82

1.2　多功能添加剂研究

通过将不同的助剂进行复配，得到一种具有黏土稳定和助排功能的多功能添加剂，评价多功能添加剂的表面张力和防膨效果，最后筛选出合适的多功能添加剂。参考国家能源行业标准 NB/T 14003.1—2015《页岩气压裂液第 1 部分：滑溜水性能指标及评价方法》，SY/T 5971—2016《油气田压裂酸化及注水用黏土稳定剂性能评价方法》对其降低表面张力、防膨性能进行测试。多功能添加剂的评价结果见表 4。

表 4　多功能添加剂评价结果

样品	加量 /%	表面张力 /（mN/m）	黏土膨胀体积 /mL
JHFD-1	0.1	32.46	3.20
	0.2	28.46	2.55
	0.3	27.21	2.30
JHFD-2	0.1	26.43	3.00
	0.2	21.73	2.75
	0.3	20.12	2.30
JHFD-3	0.1	25.74	4.50
	0.2	21.36	3.70
	0.3	20.25	3.05

从表 4 可以看出，JHFD-1 能有效地抑制黏土膨胀，但是表面张力偏高，JHFD-3 能有限降低表面张力，但是黏土膨胀体积偏大，对比三种多功能添加剂可发现，相同加量下，JHFD-2 的性能最佳，并且在 0.2% 的加量下就能达到相关标准的要求。通过以上实

验研究，确定了以 0.2%JHFD-2 为辅剂，配方为 0.1%JHFR-2+0.2%JHFD-2。其性能测试结果见表 5。

表 5　表面张力、防膨性能评价结果

样品	表面张力 / (mN/m)	黏土膨胀体积 /mL
0.2%JHFD-2+0.1%JHFR-2	22.04	2.50
0.2%JHFD-2	21.73	2.75
清水	72.93	8.50

根据相关标准的要求，压裂液满足表面张力不大于 28mN/m，黏土膨胀体积不大于 3.0mL 方为合格，从表 4 的测试结果可以看出，滑溜水压裂液完全满足要求，能显著降低表面张力、抑制黏土膨胀。

2　现场应用

压裂设计针对长 6 储层致密、天然裂缝发育的特点，借鉴国外非常规油气藏开发的成功经验，采用大液量、大排量、低砂比分段压裂，沟通天然裂缝，形成复杂网状缝网，使油层改造体积（SRV）大幅度提高。同时利用大排量在形成复杂缝网过程中支撑剂同步在裂缝中有效铺置和支撑，从而在保证施工安全的前提下，有效形成油流通道。在射孔方式上，根据生产层位的地理位置及构造特征，结合各项参数，选择水平井多簇射孔（球笼式）+ 速钻桥塞分段压裂，提高施工效率。压裂施工结束，放喷并迅速钻塞、清除井筒残留物，以降低储层伤害。

2.1　施工参数

N199P2 井采用环保低伤害滑溜水压裂液体系，共施工八段，第一段、第二段注入滑溜水压裂液 1325m³，40/70 目的支撑剂（石英或陶粒）15m³，30/50 目支撑剂 32m³，20/40 目支撑剂 20m³；第三到六段注入滑溜水压裂液 1100m³，40/70 目的支撑剂（石英或陶粒）13.5m³，30/50 目支撑剂 32.5m³，20/40 目支撑剂 12m³；第七段、第八段注入滑溜水压裂液 880m³，40/70 目的支撑剂（石英或陶粒）13m³，30/50 目支撑剂 20m³，20/40 目支撑剂 12m³。总计注入 8810m³ 滑溜水压裂液，110m³ 40/70 目支撑剂，234m³ 30/50 目支撑剂，112m³ 20/40 目支撑剂。其中 JHFR-2 纳米减阻剂总用量为 8.8m³；JHFD-2 多功能添加剂总用量为 18m³，滑溜水总量达 8800m³，前置液超过总液体量的 30%，滑溜水体系运动黏度小于 2mm²/s，采用先造缝，后小阶梯、段塞填砂参数施工。前置液中加细粒 40/70 目陶粒段塞，携砂液用 30/50 目石英砂支撑剂，尾部追加 20/40 目石英砂。加砂方式一是用小阶梯，二是段塞式。小阶梯先用低砂比，逐渐增加砂比，目的同加大前置液一样，让造缝的压裂液含砂量少一点，以减少阻力和沉降。段塞式加砂实际是更进一步降低砂比，注入一个段塞后用滑溜水向油藏中将砂段塞向地层裂缝深部推进。

现场的施工发现在采用大排量低砂比桥塞分段压裂施工技术时，减阻率可达 70%。第 5 段、第 6 段施工图及整个压裂参数如图 4、图 5 和表 6 所示。

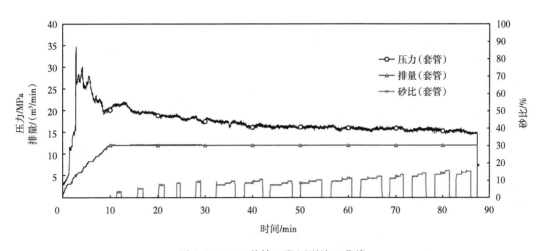

图 4　N199P2 井第 5 段压裂施工曲线

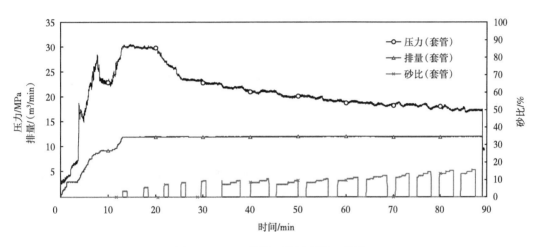

图 5　N199P2 井第 6 段压裂施工曲线

表 6　N199P2 井 压裂参数统计表

段数	破压 /MPa	排量 /（m³/min）	总液量 /m³	砂量 /m³	工作压力 /MPa	停泵压力 /MPa
5	34.5	12	1002.9	51.7	14~17	7.4
6	19.8	12	1002.1	51.7	17~22	9.4

由图 3、图 4 通过第五段、第六段的压裂施工图可知压裂施工中排量在 12m³/min 时减阻率可达 70%。通过表 6 可以发现采用环保低伤害滑溜水压裂液满足低渗透长 6 层现场压裂要求并且减阻性能出色，施工压力稳定表现了良好的适应性。

压裂同时进行压裂微地震井中检测，监测 7 段 193 个事件点，整体来看压裂裂缝东西两翼基本相等，裂缝网络内微地震事件密度较大，改造较为充分。第五段、第六段微震事件密度体及改造体积 SRV 如图 5 和图 6❶所示，裂缝解释结果见表 7。

❶《南泥湾采油厂 N199 平 2 井压裂微地震井中监测报告》东方地球物理公司。

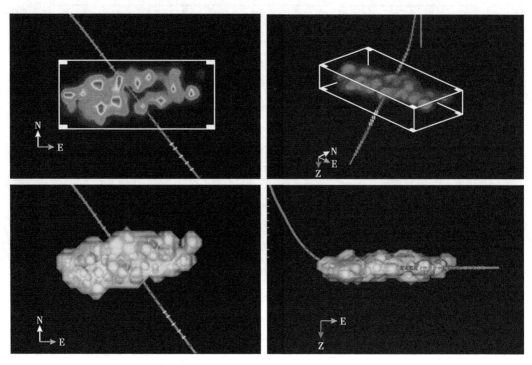

图 6　第五段微地震事件密度体及储层改造体积（SRV $251.775 \times 10^4 \mathrm{m}^3$）

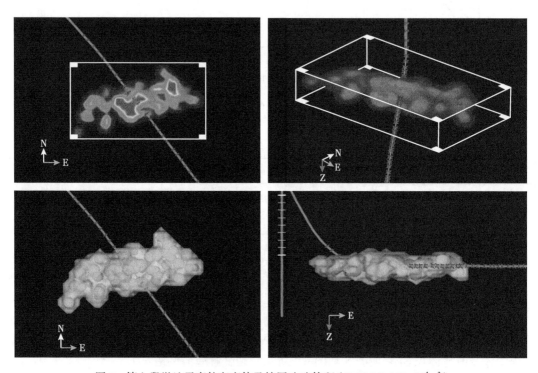

图 7　第六段微地震事件密度体及储层改造体积（SRV $248.175 \times 10^4 \mathrm{m}^3$）

表7　N199P2井裂缝参数统计表

段数	裂缝网络长 /m		裂缝网络宽 /m	裂缝网络高 /m	储层改造体积 /10⁴m³
	西翼	东翼			
5	161	185	111	33	251.775
6	192	154	104	35	248.175

由图6和表7可以看出本井第5段、第6段压裂裂缝东西两翼基本相等，缝长、缝宽、缝高及改造体积均达到一定规模，改造较为充分，为本井实现高产和稳产奠定的工程基础。

2.2　应用效果

使用环保低伤害滑溜水压裂液进行压裂施工的N199P2井与邻井N199P1井、N199P3井、N199P4井井产量对比情况见表8。

表8　N199P2井压裂效果

井号	生产时间 /mon	累计产油 /t	累计产水 /t
N199P1	9	1118.02	1836.45
N199P2	6	2138.09	2295.39
N199P3	12	1168.58	1553.92
N199P4	6	1372.00	1201.89

由表8数据可以看出，使用环保低伤害滑溜水压裂液的N199P2井压裂后6个月的累计产油量是邻井6个月、甚至12个月累计产油量的近2倍，压裂增产效果显著，表明本次压裂达到了对储层增产改造的目的，具有良好的应用前景。

3　结论

（1）室内研究表明0.1%JHFR-2+0.2%JHFD-2滑溜水压裂液具有对延长储层基本无伤害对岩心的气测渗透率损害率值小于10%，在清水以及盐水中均达到70%以上的减阻率，绿色环保无生物毒性。

（2）通过在南泥湾油田N199P2井现场应用表明，环保低伤害滑溜水压裂液体系加量少、溶解速度快、无残渣，施工顺畅，减阻效果明显，排量在12m³/min时减阻率达到70%以上，满足大液量、大排量、低砂比多簇射孔桥塞分段压裂施工技术要求，不仅可以有效形成压裂缝网，降低长6储层的伤害，也能够有效降低作业成本。

（3）N199P2井是首次在该区域延长组长6油层开展的大排量、大液量、环保低伤害滑溜水体系压裂试验，油层改造体积（SRV）较常规技术大幅度提高，缝长、缝宽、缝高及改造体积均达到一定规模，第五段SRV达到251.771×10⁴m³，第六段SRV达到248.175×10⁴m³，储层改造体积与施工液量成正比例相关趋势，通过后续产能可以看出压裂后6个月的累计产油量是邻井累计产油量的近2倍，压裂增产效果显著。

参 考 文 献

[1] 孟延斌，李玉宏，李金超.延长油田石油地质特征 [J].内蒙古石油化工，2014，40（22）：59-62.

[2] 薛军民，李玉宏，高兴军，等.延长油田递减规律与采收率研究 [J].西北大学学报（自然科学版），2008，38（1）：112-116.

[3] 孙敏，樊平天，李新，等.鄂尔多斯盆地南泥湾异常低压油藏成因及异常低压对油藏开发的影响 [J].西安石油大学学报（自然科学版），2013，28（6）：7，22-26，45.

[4] 杨诚，董帅.鄂尔多斯盆地伊陕斜坡三叠系延长组沉积演化特征分析与研究 [J].石化技术，2016，23（12）：144-145.

[5] 唐颖，唐玄，王广源，等.页岩气开发水力压裂技术综述 [J].地质通报，2011，30（2）：393-399.

[6] 周东魁，李宪文，肖勇军，等.一种基于返排水的新型滑溜水压裂液体系 [J].石油钻采工艺，2018，40（4）：503-508.

[7] 余维初，丁飞，吴军.滑溜水压裂液体系高温高压动态减阻评价系统 [J].钻井液与完井液，2015，32（3）：90-92，109-110.

[8] Wu J J，Yu W，Ding F，et al. A Breaker-Free，Non-Damaging Friction Reducer for All-Brine Field Conditions[J]. Journal of Nanoscience & Nanotechnology，2017.

[9] 范宇恒，肖勇军，郭兴午，等.清洁滑溜水压裂液在长宁 H26 平台的应用 [J].钻井液与完井液，2018，35（02）：122-125.

[10] 柳志齐，丁飞，张颖，等.页岩气用滑溜水压裂液体系的储层伤害与生物毒性对比研究 [J].长江大学学报（自科版），2018，15（5）：7，56-60.

[11] 余维初，吴军，韩宝航.页岩气开发用绿色清洁纳米复合减阻剂合成与应用 [J].长江大学学报（自科版），2015，12（8）：7，78-82

一种基于返排水的新型滑溜水压裂液体系

周东魁[1]，李宪文[2]，肖勇军[3]，郭兴午[3]，丁　飞[4]，余维初[1]

（1.长江大学；2.长庆油田公司油气工艺研究院；3.中国石油西南油气田分公司；
4.荆州市现代菲氏化工科技有限公司）

摘　要：页岩油气开发普遍采用大型体积压裂，返排液量大，处理技术难度大且成本高。为了实现返排水的循环利用，对减阻剂、助排剂、页岩抑制剂进行了研发或优选，形成了一种新型滑溜水压裂液体系：0.1% JHFR 减阻剂 +0.2% JHJZ 助排剂 +0.25% JHNW 页岩抑制剂。室内研究表明：该体系绿色环保、20s 速溶、减阻达 70%、高抗盐、与返排水配伍性良好。该体系在长宁 H7 平台的 3 口水平井成功应用，可满足现场连续混配的压裂要求，有利于节约水资源。

关键词：页岩油气；体积压裂；返排水循环利用；滑溜水压裂液；四川盆地

页岩油气资源的勘探和开发对缓解油气资源短缺及经济发展具有十分重要的意义[1]。四川盆地是目前中国页岩气勘探开发的重点地区，其中南部下志留统龙马溪组页岩气资源量极其丰富[2-3]。测井资料表明龙马溪组水平优质页岩厚度大，裂缝发育，长宁 H7 平台井水平段平均脆性指数达到 68%，水力压裂可以沿天然裂缝网络延伸，增强裂缝的导流能力，并有利于天然裂缝网络和井筒之间的连通性，有利于通过体积压裂形成复杂裂缝[4-8]。

滑溜水是大型体积压裂过程中主要的压裂液体系[9-12]，可降低施工摩阻，提高液体的携带能力，从而更有利于裂缝网络的形成，提高压裂效率和页岩气井产能。由于压裂过程中大液量造成水资源短缺问题，部分油田开始采用返排水配制滑溜水，既可实现返排液的循环利用，又可降低返排液的处理成本和对环境的污染程度[10-12]。魏松研发的 EM30 滑溜水在现场应用中返排水回收重复利用率达 85%，摩阻降低 50% 以上[13]；王娟娟采用 60% 的自来水稀释压裂返排水后，配制的 BCS 压裂液能达到原 130℃ 配方的标准[14]；刘宽研发了一种 GAF-RP 减阻剂能应用于 Ca^{2+}、Mg^{2+} 同时存在的高矿化度盐水中[15]。然而实现返排水的完全重复利用尚待研究。

为此，通过室内研发和性能测试，研究形成了一种具有高效减阻、速溶、绿色环保、返排液完全重复利用的滑溜水压裂体系。

1　滑溜水压裂液体系

根据四川盆地南部下志留统龙马溪组页岩的地质结构[15, 19]结合环保抗盐返排时重复利用需要，对滑溜水体系中减阻剂、助排剂及页岩抑制剂进行评价，研发一种适合长宁区块压裂形成复杂裂缝的绿色清洁滑溜水压裂液体系：0.1%JHFR 减阻剂 +0.2%JHJZ 助排剂 +0.25%JHNW 页岩抑制剂。

1.1 JHFR 减阻剂

JHFR 减阻剂其成分全部选取达到 FDAGRAS（generally regarded as safe）安全标准的物质，是一种密度为 1.0~1.3g/cm³、乳白色、无气味的微黏性液体，具有高效减阻、绿色环保、抗盐性能好、与返排水配伍性好的特点。

1.1.1 减阻性能

利用 JHJZ-1 高温高压动态减阻评价系统[20]，对 JHFR 减阻剂分别在清水、返排水（来自目标区块，高矿化度）和盐水（3%NaCl+2%CaCl$_2$）中的减阻性能进行评价。实验温度 31℃。实时动态读取实验数据，选取间隔 10s 的数据进行分析。

测试结果显示：JHFR 在 10s 减阻率为 64%（达到峰值的 86%），20s 内可达到 70%，说明 JHFR 溶解性好，起效快，完全满足长时间连续混配压裂施工要求；JHFR 在清水、盐水和返排水中的减阻率都在 72%~74%，说明 JHFR 在 3 种水质中都具有良好的减阻性能。

1.1.2 生物毒性

参考标准 SY/T 6788—2020《水溶性油田化学剂环境保护评价方法》，利用生物毒性指标 EC$_{50}$（半最大效应浓度）评价 JHFR 的生物毒性，其 EC$_{50}$ 值为 $1.25×10^6$mg/L（标准大于 $2.5×10^4$mg/L，该值越大毒性越小），说明其无毒（自来水 EC$_{50}$ 值为 $1.00×10^6$mg/L）。

1.2 JHJZ 助排剂

滑溜水压裂施工时用液量大，为了防止压裂液在地层中滞留产生液堵储层伤害，施工完成后需及时进行返排[21-22]。压裂液返排率往往和液体的表、界面张力成反比。优选出了 JHJZ 助排剂拥有较低的表界面张力，并参考国家能源行业标准 NB 14003.1—《页岩气压裂液第 1 部分：滑溜水性能指标及评价方法》对其降低表、界面张力的能力进行测试。实验中用自来水配制溶液，测试温度为 30℃，界面张力实验中所用油样为煤油。测试结果如表 1 所示，可以看出，JHJZ 助排剂可显著降低表、界面张力，有助于压裂液的快速、有效返排。

表 1 表界面张力实验结果

样品	表面张力 /（mN/m）	界面张力 /（mN/m）
0.2% JHJZ +0.1%JHFR	22.04	0.3
0.2% JHJZ	21.73	0.2

1.3 JHNW 页岩抑制剂

施工中，压裂液以小分子水溶性滤液进入孔隙，水溶性介质对堵塞油层有很大的影响。油气藏储层中大多存在黏土矿物，外来流体会堵塞岩石内部孔隙和喉道，造成严重的储层伤害[23]。页岩抑制剂主要作用是对黏土矿物进行防膨处理，防止黏土矿物因其水化膨胀导致的储层伤害[24]。参考 DB65/T 3483—2013《油田注水用黏土稳定剂通用技术条件》，对不同页岩抑制剂的防膨性能进行评价，并优选出了 JHNW 页岩抑制剂，实验参数及结果见表 2。根据要求，膨胀体积不高于 3mL 即可，由表 2 可见 JHNW 具有良好的页岩防膨性能，与减阻剂的配伍性良好。

表 2　黏土膨胀实验结果

所用土样	样品名称	膨胀体积 /mL
膨润土	0.2%JHNW +0.1% JHFR	2.5
膨润土	0.2%JHNW	2.75

1.4　滑溜水体系性能

所配滑溜水绿色环保，pH 值为 6.7。具有速溶、减阻性能优异、与多功能添加剂配伍性好，以及较低的表面张力以及较高的防膨性能等特性，有利于增产改造。滑溜水体系抗盐能力强，利用返排液配制时也能表现出很好的减阻效果，满足连续混配和可回收利用的要求。其主要参数见表 3。

表 3　滑溜水体系主要参数

序号	项目	测试结果
1	pH	6.7
2	密度 / (g/cm³)	1.1
3	运动黏度 / (mm²/s)	1.3
4	减阻率 /%	清水中 73.8，返排水中 73.2
5	生物毒性 / (mg/L)	$1.13×10^6$，无毒
6	表面张力 / (mN/m)	24.3
7	界面张力 / (mN/m)	0.7
8	膨胀体积 /mL	2.4

2　现场应用

该体系在长宁 H7 平台 4 井、5 井、6 井进行了多段加砂压裂施工应用，采用连续在线混配，均表现出良好的减阻性能，施工成功率 100%。

2.1　施工设计

长宁 H7 平台 4 井、5 井、6 井构造位置为长宁背斜构造中奥顶构造南翼，位于龙马溪组，3 口水平井压裂施工井段主要参数如表 4 所示。

表 4　压裂施工段主要参数

井号	井层	施工井段 /m	段长 /m	有效孔隙度 /%	矿物脆性	压力 /MPa	地层温度 /°C
4	龙马溪组	3680.0~5461.5	1781.5	6.2	68.7	2.0	98.0
5	龙马溪组	3514.0~5450.0	1936.0	6.2	68.8	2.0	99.4
6	龙马溪组	3450.0~5404.0	1954.0	5.4	70.4	2.0	105.3

3 口井分别设计压裂第 25 段、第 30 段、第 29 段，采用清洁滑溜水体系、大通径桥塞、分簇射孔分段压裂工艺。由于天然裂缝发育，酸液对于降低破裂压力具有一定作用，

第 1 段注酸 10m³，后续压裂段根据施工情况决定酸液使用量。注入一定量的胶液，采用 70/140 目石英砂与 40/70 目陶粒小粒径组合支撑剂，其中 70/140 目石英砂主要用于支撑微裂缝、降低滤失，40/70 目陶粒用于主体裂缝支撑。设计施工排量在 12m³/min 以上，控制施工压力 95MPa 以下，尽可能提高施工排量，采用段塞式加砂模式，单段液量设计 1800~2000m³，单段砂量 80~120t。

2.2 压裂施工

压裂液的配制工艺是连续在线混配注入工艺。

（1）平台 4 井：25 段压裂注入井筒液量 48017.93m³，其中盐酸 549.5m³，滑溜水 20042.52m³，滑溜水携砂液 21644.65m³，交联液 2386.6m³，线性胶 1310.29m³，顶替液 3718.09m³。施工参数：排量 10.98~12.57m³/min，压力 68~85MPa，最高施工压力 85MPa，停泵压力 43.88~50.95MPa，加入支撑剂 2156.19t，其中 70/100 目石英砂 1712.37t，40/70 目陶粒 254.98t，70/140 目陶粒 188.84t。平均单段注入液体 1920.717m³，平均加砂 86.2476t，最大加砂浓度达到 134kg/m³。施工减阻率可达 70%。图 1 为其第 12 段的压裂曲线，减阻率为 69.67%。

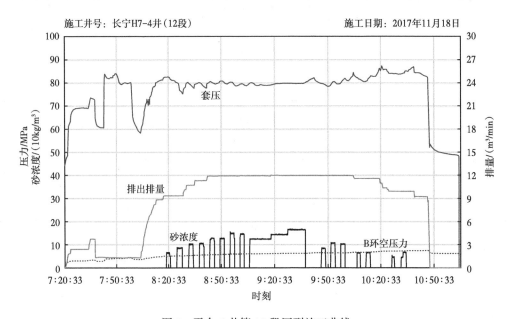

图 1　平台 4 井第 12 段压裂施工曲线

（2）平台 5 井：30 段压裂注入井筒液量 57264.6m³，其中盐酸 554.57m³，滑溜水 24380.21m³，滑溜水携砂液 26343.66m³，交联液 2411.72m³，线性胶 1381.06m³，顶替液 2203.38m³。施工参数：排量 9.06~14.14m³/min，压力 70~84MPa，最高施工压力 84MPa，停泵压力 41.7~55.51MPa，加入支撑剂 2539.08t，其中，70/100 目石英砂 1787.82t，40/70 目陶粒 701.21t，70/140 目陶粒 85.65t。平均单段注入液体 1908.82m³，平均加砂 84.636t，最大加砂浓度达到 127.9kg/m³。施工减阻率可达 70%。图 2 为其第 24 段的压裂曲线，减阻率为 68.47%。

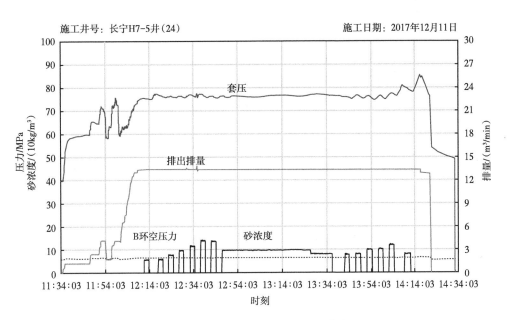

图2　平台5井第24段压裂施工曲线

（3）平台6井：29段压裂注入井筒液量54238.83m³，其中盐酸549.05m³，滑溜水21114.41m³，滑溜水携砂液28034.18m³，交联液1508.38m³，线性胶923.68m³，顶替液2109.13m³。施工参数，排量9.64~14.08m³/min，压力68~8MPa，最高施工压力84MPa，停泵压力42.84~55.3MPa，加入支撑剂2633.9t，其中，70/100目石英砂1742.596t，40/70目陶粒891.31t。平均单段注入液体1870.304m³，平均加砂90.82t，最大加砂浓度达到146.54kg/m³。减阻率可达75%。图3为其第10段的压裂曲线，减阻率为73.11%。

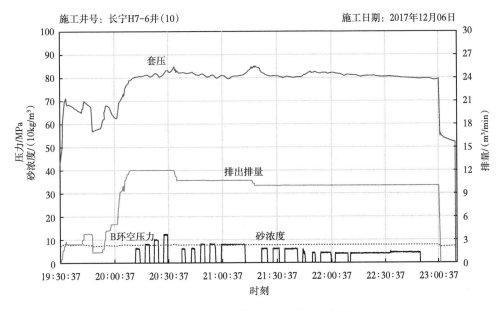

图3　平台6井第10段压裂施工曲线

2.3 效果评价

从长宁 H7 平台 3 口井压裂施工结果可以得出：

（1）连续在线混配注入工艺实现在线自动化配制滑溜水，连续施工在 3 口水平井成功应用，满足了压裂设计和在线混配的要求，减阻率可达到 70%，能保证在 10 m³/min 以上排量施工时，地面施工压力不超过 95mPa 的设备限压；（2）JHFR 减阻剂压裂液体系具有出色的降阻性能和稳定施工压力，满足页岩气井层现场压裂要求，降低了施工难度，利于节约压裂费用和施工安全；（3）压裂施工过程表现了良好的互配性和适应性，特别适应混砂车混砂槽中加入即成压裂液，无须单独配置设备。

3 结论

（1）研发的新型滑溜水体系具有速溶、高效减阻、与返排水配伍性良好、绿色环保等优点，具有较好的压裂增产效果。

（2）该新型滑溜水体系在长宁 H7 平台多井应用中可显著降低施工摩阻，溶解快，实现水的循环利用，满足连续在线混配施工要求，有利于增产改造。

参 考 文 献

[1] 李建忠，董大忠，陈更生，等．中国页岩气资源前景与战略地位 [J]．天然气工业，2009，29（5）：11-16，134.

[2] 李亚丁．长宁区块下古生界龙马溪及筇竹寺组页岩储层特征研究及评价 [D]．成都：西南石油大学，2017.

[3] 杨洪志，张小涛，陈满，等．四川盆地长宁区块页岩气水平井地质目标关键技术参数优化 [J]．天然气工业，2016，36（8）：60-65.

[4] 尹丛彬，叶登胜，段国彬，等．四川盆地页岩气水平井分段压裂技术系列国产化研究及应用 [J]．天然气工业，2014，34（4）：67-71.

[5] 唐颖，唐玄，王广源，等．页岩气开发水力压裂技术综述 [J]．地质通报，2011，30（2）：393-399.

[6] 邓长生，文凯，郭良良，等．页岩气储层体积压裂的可行性分析——以习页 1 井龙马溪组页岩气储层为例 [J]．科技信息，2014（15）：29-34.

[7] 吴奇，胥云，刘玉章，等．美国页岩气体积改造技术现状及对我国的启示 [J]．石油钻采工艺，2011，33（2）：1-7.

[8] 范宇恒，肖勇军，郭兴午，等．清洁滑溜水压裂液在长宁 H26 平台的应用 [J]．钻井液与完井液，2018，35（2）：122-125.

[9] 余维初，吴军，韩宝航．页岩气开发用绿色清洁纳米复合减阻剂合成与应用 [J]．长江大学学报（自然科学版），2015，12（8）：7，78-82.

[10] Gregory K B, Vidic R D, Dzombak D A. Water management challenges associated with the production of shale gas by hydraulic fracturing[J]. Elements, 2011, 7（3）：181-186.

[11] 何乐，王世彬，郭建春，等．高矿化度水基压裂液技术研究进展 [J]．油田化学，2015，32（4）：621-627.

[12] 杜凯，黄凤兴，伊卓，等．页岩气滑溜水压裂用降阻剂研究与应用进展 [J]．中国科学：化学，2014（11）：1696-1704.

［13］魏松，陈宇．EM30 降阻剂滑溜水压裂液在水平井中的应用［J］．中国化工贸易，2014（2）：253-253.

［14］王娟娟，刘翰林，刘通义，等．东北油气田可重复利用地层水基压裂液［J］．石油钻采工艺，2017，39（3）：338-343.

［15］刘宽，罗平亚，丁小惠，等．抗盐型滑溜水减阻剂的性能评价［J］．油田化学，2017，34（3）：444-448.

［16］聂海宽，边瑞康，张培先，等．川东南地区下古生界页岩储层微观类型与特征及其对含气量的影响［J］．地学前缘，2014，21（4）：331-343.

［17］薛冰，张金川，唐玄，等．黔西北龙马溪组页岩微观孔隙结构及储气特征［J］．石油学报，2015，36（2）：138-149，173.

［18］张金川，聂海宽，徐波，等．四川盆地页岩气成藏地质条件［J］．天然气工业，2008，28（2）：151-156，179-180.

［19］熊健，刘向君，梁利喜．四川盆地长宁构造地区龙马溪组页岩孔隙结构及其分形特征［J］．地质科技情报，2015，34（4）：70-77.

［20］余维初，丁飞，吴军．滑溜水压裂液体系高温高压动态减阻评价系统［J］．钻井液与完井液，2015，32（3）：90-92，109-110.

［21］柳志齐，丁飞，张颖，等．页岩气用滑溜水压裂液体系的储层伤害与生物毒性对比研究［J］．长江大学学报（自然科学版），2018，15（5）：7，56-60.

［22］贺承祖，华明琪．压裂液对储层的损害及其抑制方法［J］．钻井液与完井液，2003，20（1）：52-56，71-72.

［23］卢拥军．压裂液对储层的损害及其保护技术［J］．钻井液与完井液，1995（5）：36-43.

［24］岳前升，刘书杰，胡友林，等．黏土防膨剂性能评价的新方法研究［J］．石油天然气学报，2010，32（5）：129-131.

［25］杨帆，王琳，杨小华，等．压裂液防膨剂的研制与应用［J］．石油钻采工艺，2017，39（3）：344-348.

［26］孟磊，周福建，刘晓瑞，等．滑溜水用减阻剂室内性能测试与现场摩阻预测［J］．钻井液与完井液，2017，34（3）：105-110.

［27］王改红，廖乐军，郭艳萍．一种可回收清洁压裂液的研制和应用［J］．钻井液与完井液，2016，33（6）：101-105.

清洁滑溜水压裂液在长宁 H26 平台的应用

范宇恒[1]，肖勇军[2]，郭兴午[3]，余维初[1, 4]

（1.长江大学化学与环境工程学院；2.中国石油西南油气田长宁分公司；
3.中国石油西南油气田页岩气研究院；4.非常规油气湖北省协同创新中心）

摘　要： 目前使用的滑溜水压裂液存在着与返排水不适应以及对储层伤害大等缺点。根据四川盆地南部下志留统龙马溪组页岩特点及施工需要，研发出一种适合长宁区块的清洁滑溜水压裂液体系，进行了室内性能评价和现场应用。室内实验表明，该压裂液主剂 JHFR-2 的减阻性能好，使用现场返排液配制滑溜水时减阻率可达 70%，溶解时间在 30s 以内，最优加量为 0.07%~0.10%；对岩心渗透率恢复率为 91.9%；压裂液无毒，易返排。在长宁 H26-4 井的应用表明，清洁滑溜水压裂液的降阻性能好，能达到连续在线混配施工的要求，完全满足长时间大液量大砂量的页岩气井地层压裂。该压裂液配制工艺简单，可降低施工成本，有较好的应用前景。

关键词： 页岩气井；滑溜水压裂液；减阻剂；返排液；长宁区块

近年来，关于四川盆地南部下志留统龙马溪组页岩的研究越来越多，人们对页岩气的了解也更加深入，由中国石油建成投产的四川长宁—威远国家级页岩气示范区表明，中国对页岩气这一非常规能源的研究、开发已经走上正轨[1]。长宁区块龙马溪组页岩自生脆性矿物含量较高，其中，石英、长石平均含量为 51.1%，有机碳含量普遍大于 5%，页岩孔隙度平均为 4.07%，平均渗透率为 0.028mD，具备良好的压裂潜力，有利于通过体积压裂形成复杂裂缝[2, 3]。长宁 H26 平台钻探目的层为长宁龙马溪页岩层，井场周边人口密度大且位于山区，水资源宝贵。因此，在使用压裂液的过程中需考虑其对储层的伤害以及返排水的回收利用。在页岩气开采过程中，如果选用合适的滑溜水体系，既能有效降低施工摩阻提高施工效率，又能减少对页岩储层的伤害，有利于气井长期开发[4, 5]。鉴于长宁 H26 平台实际情况以及目前使用的滑溜水压裂液存在着没有充分考虑保护环境及储层、抗盐抗钙抗铁能力差的问题，笔者所在团队研发出一种具有保护环境及储层性能的清洁滑溜水压裂液体系，其对裂缝导流能力影响较小，黏度低，在返排液中减阻性能良好，可以大幅降低压裂施工摩阻，溶解速度快，实现即配即注的施工方案，可以大幅降低施工成本。

1　清洁滑溜水压裂液体系的优选

根据四川盆地南部下志留统龙马溪组页岩的特点[6, 7]，结合施工需要，在经过大量室内实验探索与研究后，最终研发出一种适合长宁区块的清洁滑溜水压裂液体系。

1.1　减阻剂

减阻剂作为滑溜水压裂液体系的核心助剂，在压裂液中的含量一般在千分之一以下，必须具有良好的降低井筒摩阻的性能，才能降低施工压力，满足体积压裂大排量施工以及加砂施工要求。因此，选用的减阻剂性能优劣对于压裂施工意义重大。在经过大量室内实验后，优选出一种适合长宁区块地层压力系数高、井口施工压力偏高地质特点的减阻剂JHFR-2，其由水溶性单体（丙烯酸类、丙烯酰胺类、丙烯酸酯类、丙烯酸盐类、磺酸盐类）、含氟丙烯酸酯、互溶剂（醇）、表面活性剂/分散剂（聚丙烯铵盐）和无机铵盐在水中通过自由基引发分散聚合而获得，减阻性能优异；减阻剂分子含有阳离子基团，与返排水中含有的阳离子互相排斥，从而能起到抗盐抗钙的作用，在海水和返排水中也能迅速起效；在合成减阻剂的成分选取上去除了对环境有害的物质，全部采用至少达到FDAGRAS（generally regarded as safe）安全标准的物质，尽可能地降低产品的毒性。JHFR-2减阻剂聚合物的分子链随着湍流的程度提高沿着流体运动方向发生拉伸变形，储存能量、释放后保持流体本应具备的动能，从而减少高速流动过程中溶液与管路的摩擦阻力，达到减阻效果。经过室内性能评价，最终确定剂量为0.1%。

1.1.1　返排液中减阻性能

为了节约水资源以及实现返排水的循环利用，油田目前多采用返排水配制滑溜水压裂液，因此需要考虑减阻剂在返排液中的减阻性能。在室内采用JHJZ-1高温高压动态减阻评价系统测试0.1%JHFR-2在长宁平台现场返排液中的减阻效果，测试时流量为30L/min，测试管径为10mm，返排水为氯化钙水型，总矿化度为21570mg/L，其中Ca^{2+}含量为161.45mg/L；Mg^{2+}含量为13.31mg/L；Na^+、K^+含量为8044.01mg/L；Cl^-含量为12435.34mg/L；SO_4^{2-}含量为27.84mg/L；HCO_3^-含量为792.83mg/L，结果如图1所示。测试结果表明，使用现场返排液配制的减阻剂溶液的减阻率最高能达70%，说明该减阻剂在返排水这种复杂水质环境条件下也能表现出良好的减阻性能。

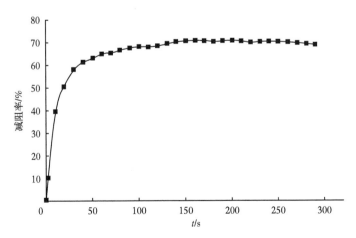

图1　返排水配制的滑溜水减阻率与时间的对应关系

1.1.2　岩心伤害

页岩气开发过程中，因减阻剂分子聚团沉积在压裂形成的新储层裂缝中，造成了严重的储层伤害，有可能导致油气产量下降。因此，在选用压裂液前，必须考虑对储层的伤害情况，需对压裂液体系进行人造岩心储层伤害实验。JHFR-2 分子中有分散剂存在，该分散剂在减阻剂分子聚合过程中能起到帮助成核的作用，在聚合后能起到稳定胶体的作用，在现场应用时使得其不需破胶剂即能自动返排，对储层渗透率几乎没有伤害。选择了 3 种不同类型减阻剂进行岩心伤害实验，结果见表 1。由表 1 可看出，粉末减阻剂和国外乳液减阻剂对岩心渗透率恢复率分别为 8.6% 和 0.30%，而 JHFR-2 减阻剂对岩心渗透率恢复率为 91.9%，对储层伤害极低。

表 1　不同减阻剂对岩心气相渗透率恢复值测试

减阻剂	原始渗透率 /mD	污染后渗透率 /mD	渗透率恢复率 /%
某粉末减阻剂	173.8	14.92	8.60
某油基乳液减阻剂	186.8	0.56	0.30
JHFR-2 减阻剂	151.4	139.11	91.9

1.1.3　生物毒性

依据标准 DB23/T 2750—2020《水质生物毒性的测定发光细菌快速测定法》和 SY/T 6787—2010《水溶性油田化学剂环境保护评价方法》，根据发光细菌法评价了滑溜水的生物毒性，结果见表 2。可以看出，JHFR-2 为无毒，而某油基乳液减阻剂和某粉末减阻剂分别为微毒与中毒。

表 2　减阻剂的生物毒性

减阻剂	EC_{50}/（mg/L）	毒性等级
清水	$1.0×10^6$	无毒
某油基乳液减阻剂	1 131	微毒
某粉末减阻剂	64.5	中等毒性
JHFR-2 减阻剂	$1.89×10^6$	无毒

1.2　滑溜水多功能处理剂

在滑溜水压裂液体系中，除了添加减阻剂核心助剂保证施工顺利外，通常还需加入黏土稳定剂和助排剂等添加剂，但目前市面常见的黏土稳定剂和助排剂在施工时需要分别加入，给施工带来不便。为此研究出一种新型的滑溜水多功能处理剂 JHFD-2，其由水溶性氟碳类表面活性剂和水溶性季铵盐类黏土稳定剂复配得到，同时具备防膨和助排的功能。其性能测试结果见表 3。

表 3　表面张力与膨胀体积

样品	表面张力 /（mN/m）	膨胀体积 /mL
0.2%JHFD-2	23.31	2.85
0.2%JHFD-2+0.1%JHFR-2	24.1	2.80

实验室测得清水的表面张力为 72mN/m，膨胀体积为 9.2mL，在加入 JHFD-2 后表面张力与膨胀体积降低明显，表明其具有良好的表面活性和防膨性能；滑溜水的表面张力和膨胀体积与 JHFD-2 溶液几乎相同，表明 JHFR-2 与 JHFD-2 配伍性良好。

1.3 滑溜水体系性能

经过室内实验，最终优选出来的滑溜水配方为：0.1%JHFR-2+0.2%JHFD-2。按照上述配方配制的滑溜水压裂液的 pH 值为 6.5；运动黏度为 1.3mm^2/s，黏度较低，有助于液体返排；表面张力为 24.1mN/m，膨胀体积为 2.80mL；返排水中降阻率为 70.1%；岩心渗透率保持率为 91.9%；生物毒性 EC$_{50}$ 值为 1.89×106mg/L；地层温度下，与返排水混合放置 12h 无沉淀物，无絮凝物，无悬浮物。

2 在长宁 H26 平台 4 井的应用

长宁 H26-4 水平井位于四川省宜宾市兴文县毓秀苗族乡鲵源村 6 组，构造位置为长宁背斜构造中奥顶构造南翼，完钻井深 4830m，完钻层位为龙马溪组，采用 φ139.7mm 套管完井，水平段长 1500m。该井设计压裂 23 段，压裂施工井段为 3220~4768m，段长 1548m，有效孔隙度为 5.0%，矿物脆性为 57%，压力系数为 1.9，地层温度为 106.70℃（4820m），采用大通径桥塞作为分段工具，采用 JHFR 清洁滑溜水压裂液体系，支撑剂采用 70/140 目石英砂与 40/70 目陶粒组合，设计施工排量大于 13.5m^3/min，采用段塞式加砂模式，单段液量设计 1800~2000m^3，单段砂量为 80~120t。

H26-4 井于 2017 年 9 月 22 日开始进行第一段压裂施工，2017 年 11 月 3 日进行第 23 段压裂施工，压裂液的配制工艺是连续在线混配注入工艺。该井注入压裂液及酸 43821.62m^3，其中滑溜水 43162.62m^3，线性胶 459m^3，交联液 180m^3，12% 盐酸 20m^3；加入支撑剂 2396.96t，其中 70/100 目石英砂 749.6t，40/70 目陶粒 1647.25t。施工排量为 12.0~14.1m^3/min，施工压力为 63.3~78.2MPa，最高施工压力为 84.3MPa，破裂压力为 69.1~84.3MPa，停泵压力为 47.0~54.3MPa。

H26-4 井总计压裂 23 段，平均单段注入液体 1905.29m^3，单段加砂量为 63.57~125.17t，平均为 104.2t。由于压裂过程中加入浓度不同，导致表现出的降阻率为 60.3%~79.3%，如在第 2 段压裂施工中表现出了 79.3% 的降阻率，第 2 段压裂施工曲线如图 2 所示。施工过程中，因第 2 段压裂后套管变形，不能下入桥塞分段工具，故第 3 段、第 4 段、第 5 段、第 6 段采用了投球和暂堵 7 次 8 个段塞的加砂压裂，如图 3 所示。第 3 段、第 4 段、第 5 段、第 6 段合压压裂连续施工近 12h，8 个段塞加砂压裂注入压裂液 7880.11m^3（其中滑溜水 7820.11m^3，线性胶 60m^3），加入支撑剂 400.43t，加砂浓度最大为 180kg/m^3，平均为 133.55kg/m^3，施工排量为 12.0~14.1m^3/min，压力为 69.7~76.3MPa，其降阻率达到 73.9%。

在长宁 H26-4 水平井压裂过程中，施工压力降低明显，且压力平稳，有助于大排量压裂施工；通过在线由混砂车比例泵按比例抽取减阻剂与多功能添加剂于混砂槽中加入即成压裂液，实现了在线自动化配制滑溜水，提高了压裂施工效率；该体系完全满足长时间大液量大砂量的页岩气井压裂。

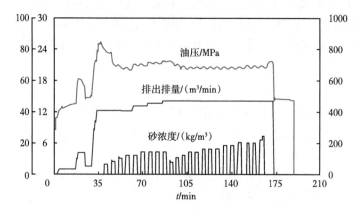

图 2 平台 4 井第 2 段压裂施工曲线

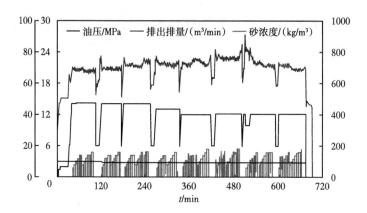

图 3 平台 4 井第 3 段、第 4 段、第 5 段、第 6 段合压压裂施工曲线

3 结论

（1）清洁滑溜水压裂液体系具有降阻率高，能有效降低施工摩阻；溶解速度快，满足连续在线混配施工的要求；与返排水相适应等优点。

（2）长宁 H26-4 水平井的现场施工情况表明，清洁滑溜水压裂液体系能适应长宁区块页岩储层渗透率低、厚度大及地层压力高等特点，并能够完全满足大液量大砂量的页岩气井压裂施工。

参 考 文 献

[1] 王玉满，董大忠，李建忠，等.川南下志留统龙马溪组页岩气储层特征 [J].石油学报，2012，33（4）：551-561.

[2] 邹才能，董大忠，王社教，等.中国页岩气形成机理、地质特征及资源潜力 [J].石油勘探与开发，2010，37（6）：641-653.

[3] Zou Caineng, Dong Dazhong, Wang Shejiao, et al. Shale gas formation mechanism, geological

characteristics and resource potential in China[J]. Petroleum Exploration and Development，2010，37（6）：641-653.

[4] 李玉喜，聂海宽，龙鹏宇．我国富含有机质泥页岩发育特点与页岩气战略选区 [J]. 天然气工业，2009，29（12）：115-118，152-153.

[5] Li Yuxi，Nie Haikuan，Long Pengyu. Developmental characteristics of shale rich in organic matter and shale gas strategic constituency in China[J].Natural Gas Industry，2009，29（12）：115-118.

[6] 陈作，薛承瑾，蒋廷学，等．页岩气井体积压裂技术在我国的应用建议 [J]. 天然气工业，2010，30（10）：30-32，116-117.

[7] 钱伯章，李武广．页岩气井水力压裂技术及环境问题探讨 [J]. 天然气与石油，2013，31（1）：4，48-53.

[8] 刘红磊，熊炜，高应运，等．方深 1 井页岩气藏特大型压裂技术 [J]. 石油钻探技术，2011，39（3）：46-52.

[9] 薛冰，张金川，唐玄，等．黔西北龙马溪组页岩微观孔隙结构及储气特征 [J]. 石油学报，2015，36（2）：138-148.

查干凹陷致密砂岩油藏"两大一低"深度压裂技术

李垚璐[1]，戴彩丽[2]，姜学明[3]，杨　欢[1]，聂建华[4]，余维初[1]

（1.长江大学化学与环境工程学院；2.中国石油大学（华东）；3.中国石化中原油田分公司工程技术管理部；4.中国石化中原油田分公司内蒙古探区勘探开发指挥部）

摘　要： 内蒙古查干凹陷苏一段致密砂岩油藏地质特征复杂，断块小，储层矿物成熟度低、结构成熟度低和胶结物质量分数高，储层物性整体偏差。储层孔隙和裂缝不均匀分布，储层浅层以低孔、低渗为主。查干凹陷苏一段采用中或高黏度瓜尔胶压裂液和小液量（200~300m³）、小排量（3.0~4.5m³/min）、高砂比（20%~25%）的常规压裂工艺，存在井筒周围改造规模小、压裂液返排率低、储层伤害大、油井产量低、稳产期短等问题。针对此问题，通过室内实验优选出快速溶解、低黏度、高效减阻与低伤害的滑溜水压裂液体系，并实施大液量（600~900m³）、大排量（8~12m³/min）、低砂比（8%~16%）段塞加砂的深度压裂工艺技术（简称"两大一低"），增加了压裂改造范围，提高了增产效果。

关键词： 低黏度压裂液；储层伤害；深度压裂；增产增效；查干凹陷

银额盆地位置偏远，地质特征复杂，导致油气勘探程度较低[1]。自2009年以来，查干凹陷的致密砂岩油藏勘探不断获得突破，已探明石油地质储量约 $0.5×10^8t$[2]，目前主要开发苏红图组、巴音戈壁组。早期查干凹陷苏一段的油井基本采用常规压裂工艺（施工排量为3.0~4.5m³/min、黏度为100~200mPa·s压裂液量200~300m³、砂比为20%~25%、压裂缝长50~60m），油井压裂后呈现出产油量低、产量递减快、稳产能力较差等问题。为解决上述问题，结合前期压裂井效果评价和地质特征分析研究，提出了低黏度滑溜水，大液量（600~900m³）、大排量（8~12m³/min）、低砂比（8%~16%）（简称"两大一低"）的深度压裂工艺技术。"两大一低"的深度压裂工艺技术在X22井应用后，该井具有较高的产量和较长的稳产期，表明此技术应用前景广阔。

1　地质概况

查干凹陷中苏红图组主要是火山岩，由安山岩和玄武岩构成[3]。苏红图组火山岩的3个沉积夹层，由下到上岩石粒度逐渐变细，由含砾粗砂岩变为中细粉砂岩，最终变为粉砂质泥岩。该套碎屑岩储层具有"两低一高"的特征，即矿物成熟度低、结构成熟度低和胶结物质量分数高。储层物性整体偏差，浅层以中孔、中渗为主，中深层以特低孔特低渗、超低孔超低渗为主[4-6]，孔隙以原生孔隙、次生孔隙、原生裂缝为主，孔隙和裂缝分布不均匀，因此，部分储层浅层以低孔、低渗为主。

X22 井属于查干凹陷虎勒洼陷带东翼苏亥构造，苏一段 2 砂组油迹显示 2.0m/1 层、荧光显示 1.0m/1 层，压裂井段为 1612.8~1653.1m，声波时差为 247.4~262.9μs/m，电阻率为 21.0~27.1Ω·m。电测解释油层 8.4m/3 层，3 层中，上部 1 层泥质质量分数低（7.6%），下部 2 层泥质质量分数较高（18.1%~20.8%），孔隙度为 12.9%~14.7%，平均渗透率为 6.17mD，含油饱和度为 38.7%~48.6%。X22 井距离周围断层较近，受断层分割，属于典型的致密砂岩油藏。

2 压裂工艺技术

致密砂岩油藏早期主要采用瓜尔胶压裂液体系，单井压裂液量一般为 200~300m³，排量为 3.0~4.5 m³/min，平均砂比为 20%~25%。油井压裂后，初期产量低、递减快、生产时间短，迫切需要选择新的压裂液与压裂工艺技术。

2.1 滑溜水压裂液

滑溜水压裂液是在清水中加入一定量减阻剂、表面活性剂、黏土稳定剂等添加剂的一种新型压裂液[7]。结合查干凹陷苏一段孔隙结构致密、孔隙度低、泥质质量分数高及敏感性等地质特征，通过室内实验，筛选出滑溜水体系配方：0.1%JHFR-2 减阻剂 +0.2%JHFD-2 多功能添加剂 +0.05%JHS 杀菌剂 + 水。与瓜尔胶压裂液进行对比，本文滑溜水压裂液在减轻储层伤害、裂缝穿透等方面具有明显技术优势。

2.1.1 储层伤害对比

在压裂过程中，外来入井液体携带的固体微粒进入储层，若其与地层流体不配伍，则产生沉淀或黏土矿物的膨胀和运移，堵塞孔隙通道，使渗透率降低，从而不同程度地伤害储层的生产能力[8]。储层伤害程度可以通过储层渗透率变化情况来判断，渗透率降低越大，储层伤害越严重。

根据标准 SY/T 5107—2016《水基压裂液性能评价方法》，用多功能岩心驱替实验装置，对不同压裂液进行岩心驱替实验。在室温 25℃ 下用 2 组孔隙度、渗透率、直径等大致相同的人造岩心，分别用瓜尔胶和滑溜水压裂液进行岩心流动实验，测量 2 种压裂液驱替前后渗透率数值，并通过岩心压裂前后的渗透率的伤害程度来表征 2 种体系的储层伤害（表 1）。由表 1 可以看出，滑溜水压裂液比瓜尔胶压裂液对岩心渗透率伤害小。

表 1 岩心基质渗透率伤害程度

岩心编号	压裂液类型	原始渗透率 /mD	驱替后渗透率 /mD	渗透率伤害率 /%
12#	滑溜水	196.27	180.96	7.80
9#	滑溜水	163.24	149.53	8.34
6#	瓜尔胶	187.33	56.97	69.59
13#	瓜尔胶	169.47	48.84	72.36

在压裂过程中，压裂液引起储层伤害因素众多，包括压裂液残渣质量浓度、储层的黏土矿物等。本文重点研究压裂液残渣。残渣颗粒堵塞裂缝中部分孔隙喉道，导致流动能力

降低。残渣质量浓度越高，对致密油气藏储层微裂缝伤害越大[9]，因此，减少压裂液残渣质量浓度，就会减少对储层造成的伤害。

依据标准 NB/T 14003.3—2017《页岩气压裂液第 3 部分：连续混配压裂液性能指标及评价方法》对配方为 0.3% 瓜尔胶 +0.5%KCl+0.3% 助排剂 +0.1% 杀菌剂 +0.1% 引发剂 +0.5% 硼砂 +1% 过硫酸铵的瓜尔胶压裂液和滑溜水压裂液进行残渣质量浓度测定，结果见表 2。

表 2　压裂液残渣质量浓度

压裂液类型	残渣质量浓度 / (mg/L)				
	12# 岩心	9# 岩心	6# 岩心	13# 岩心	平均
滑溜水	0.01	0	0.01	0	0
瓜尔胶	99.87	98.92	99.21	99.68	99.42

由表 1、表 2 可看出，瓜尔胶压裂液对储层伤害大，不适用于目前油藏绿色环保压裂要求，滑溜水压裂液在储层伤害方面具有明显的优势，值得推广应用。

2.1.2　减阻率对比

滑溜水压裂液中的 JHFR-2 减阻剂为直链线性高分子水溶性聚合物，其减阻作用是由溶液黏弹性和湍流旋涡发生相互作用的结果。现场将滑溜水泵入井筒，当流速增大到一定程度后，形成漩涡向四周散开，此时水的质点相互碰撞，速度在方向和大小上不断地变化，形成湍流。其中湍流旋涡的一部分动能被线性聚合物高分子吸收，以弹性能量形式储存起来，使得旋涡动能减少，旋涡消耗的能量也随之减少，达到减阻效果。

依据标准 NB/T 14003.2—2016《页岩气压裂液第 2 部分：降阻剂性能指标及测试方法》，选择减阻率测试仪，分别对 0.1% 瓜尔胶压裂液和 0.1%JHFR-2 减阻剂进行减阻率测定，即在 10mm 管径及流量为 40L/min（如现场施工外径 139.7mm、内径 121.32mm 的套管所对应的流量为 6m³/min）、温度为 30℃ 的清水和地层水中进行测定，结果见图 1。

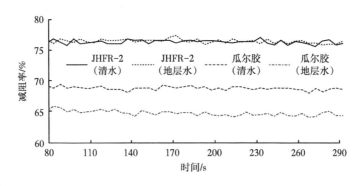

图 1　JHFR-2 和瓜尔胶压裂液在清水与地层水中的减阻率

在清水或地层水中，0.1%JHFR-2 减阻率都比瓜尔胶压裂液的减阻率高。在地层水中，0.1%JHFR-2 减阻剂的减阻率没有受到影响，减阻率依然保持在 76% 左右，而瓜尔胶压裂液的减阻率降低，主要是因为地层水中含有多种离子，影响瓜尔胶压裂液的减阻效果。从上述分析得出，JHFR-2 减阻剂与瓜尔胶压裂液相比，具有容易溶解、溶解时间短、减阻效果不受地层中离子质量浓度影响等优点，因此，滑溜水压裂液体系具有优良的减阻性能，可以在大液量、大排量压裂施工条件下发挥重要作用。

2.1.3　生物毒性对比

依据标准 DB23/T 2750—2020《水质生物毒性的测定发光细菌快速测定法》和 SY/T 6787—2010《水溶性油田化学剂环境保护技术评价方法》，用发光细菌法评价了滑溜水压裂液及瓜尔胶压裂液的生物毒性[10]。实验发现，滑溜水压裂液与瓜尔胶压裂液为无毒。

2.1.4　黏度对比

参照标准 NB/T 14003.3—2017《页岩气压裂液第 3 部分：连续混配压裂液性能指标及评价方法》，用 LVDV-S 旋转黏度计测得瓜尔胶交联冻胶动力黏度为 123mPa·s，破胶后其动力黏度为 4.3mPa·s。该配方的滑溜水动力黏度仅为 1.37mPa·s，属于低黏度滑溜水。瓜尔胶压裂液，中高砂比连续性加砂，进入天然裂缝困难，难以形成复杂的裂缝网，储层改造体积小；低黏度滑溜水更容易进入到天然裂缝，增加裂缝穿透深度，沟通更多天然裂缝成为裂缝形态，且波及体积大，形成复杂的裂缝网[11]，对油井产量贡献大。低黏度滑溜水黏度低，所以需要利用动能提高携砂能力，因此，选用大液量、大排量深度压裂施工工艺。

2.2　技术参数

苏一段致密砂岩油藏，砂体比较发育，存在砾石，所以影响压裂液的携砂性能，导致裂缝延伸困难[12]。为达到深度压裂目的，采用的压裂工艺参数如下。

2.2.1　射孔参数

射孔是确保压裂起裂和深度压裂的保障之一，采用分簇射孔和有限分布射孔，孔密为 2~4 孔 /m，一次压裂射孔总孔为 24~36 孔，孔径不小于 12mm，穿深不小于 700mm。

2.2.2　压裂施工大排量

根据美国致密油气藏大型压裂实践的经验，压裂施工泵注排量一般选择 8~12m³/min，大排量最大限度发挥低黏度滑溜水压裂液动态携砂能力，增加机械能，增强裂缝穿透能力，有利于沟通天然裂缝，形成复杂的裂缝形态和支撑剂在裂缝中有效铺置[13]，实现深部沟通更多油层，提高扫油效率。

2.2.3　压裂施工大液量

对于苏一段致密砂岩油藏压裂，压裂缝长与压裂液量模拟分析结果见图 2 所示。由图 2 可以看出，随着压裂液量增加，压裂缝长也随之增加，后期增加幅度减缓，但是整体呈现递增趋势。为增大储层的改造深度，实现油田增产，滑溜水压裂液总液量设计在 500~1000m³，压后缝长可达 80~110m。

2.2.4　压裂低砂比

滑溜水压裂液黏度低，相较于瓜尔胶压裂液携砂能力弱，应采用低砂比加砂压裂。现场压裂采用低砂比（8%~15%），大大降低了施工砂堵的可能性。由于压裂程度高、液量大，其加入支撑剂的总量并不比瓜尔胶压裂液少，满足了支撑裂缝最佳导流能力的需要，提高储层的改造动用效果。

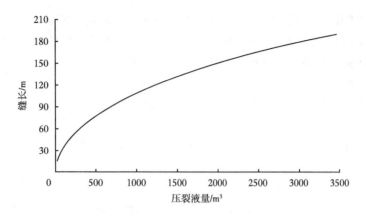

图 2　压裂缝长与液体量的关系

2.3　压裂加砂工艺

滑溜水携砂能力相对较弱，为避免砂堵，提出多台阶柱状式段塞加砂工艺。多台阶柱状式加砂工艺机理为，通过诊断地层加砂敏感性，逐渐增加砂比。先以2%的小砂比加砂，用以造缝，形成复杂的体积缝网；再在低砂比的范围内，以多台阶形式逐渐提高砂比，逐渐加入更多的支撑剂，用以支撑裂缝。为了更好地支撑裂缝，防止其闭合，在多台阶柱状式加砂工艺的基础上，还结合了段塞加砂工艺，即前一段塞注入，形成砂堤，后一段塞注入过程中，逐步向前推进[14]，推进到地层裂缝深部，进一步充填远端裂缝，使得裂缝有效缝高和裂缝宽度同时加大，从而增加造缝效果，使导流能力趋于最大化。

支撑剂粒径降低一个级别后，其沉降速度可降低 1/3~1/2，小粒径支撑剂与大粒径支撑剂导流能力也具有差异，因此，为使加砂效果达到最优化，选择合适的支撑剂也是至关重要的[15]。X22井地层闭合应力梯度、地层闭合应力约为38MPa，因而选用2种（40/70目、30/50目）粒径低密度陶粒作为支撑剂，以满足复杂多级裂缝充填支撑。

2.4　压裂裂缝参数优化

根据油藏特点和 X22 井储层及相关数据，采用大液量滑溜水、大排量、多台阶柱状间断加砂工艺。通过模拟优化设计计算，得出最佳裂缝集合形态参数及剖面（图3）。压裂裂缝发

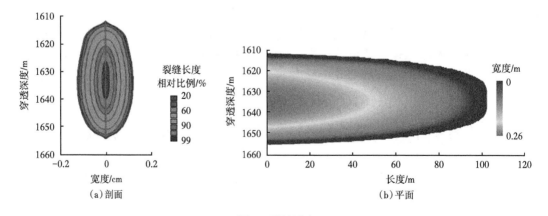

图 3　裂缝形态

育深度 1615~1655m，缝高约 40m，半缝长度达到 100m，裂缝宽度在 0.12~0.24cm。排量为 10m³/min、液量为 750m³、砂比为 5%~16% 时，裂缝参数最好，即压裂效果为最优状态。

3 现场应用情况

X-12 及 X-1 井采用常规的压裂方式和瓜尔胶压裂液体系，加砂强度在 1.4~2.9m³/m。X-12 井采用油管注入、合层压裂的方式压裂，一般排量为 4~5m³/min，压力达到 85MPa，注入活性水 40m³、瓜尔胶压裂液 270m³，加入交联剂 800kg，小陶粒（粒径 300~600μm）30.0m³。苏一段压裂井压裂施工参数见表 3。

表 3　苏一段压裂井压裂施工参数

井号	层位	井段深度 / m	层厚 / m	层数 / m	压裂方式	前置液量 / m³	携砂液量 / m³	排量 / m³/min	平均砂 / %
X-1	苏一段	1541.5~1590.8	32.1	9	油管注入，合压	180	199.3	5.1	24.6
X-12	苏一段	1569.9~1645.8	36.9	21	单封分压，两层	97/ 97	119/105	4.9/4.8	23.5/25.0
X22	苏一段	1612.8~1653.1	8.4	33	套管注入，合压	223	468	10.0	5.5

X22 井应用滑溜水压裂液体系与大液量、大排量、低砂比压裂工艺技术。现场制备 750m³ 低黏度滑溜水压裂液，采用套管注入方式施工，排量 10m³/min，破裂压力 38.6MPa，加砂压力 32.7MPa，注入清孔酸液 8m³，滑溜水 691m³，加入支撑剂 38.1m³（其中，212~425μm 细陶粒 14.88m³，300~600μm 小陶粒 23.22m³），加砂强度达到 4.5m³/m，起到了深度压裂效果，其压裂施工曲线见图 4。焖井 10d，压力由 24.2MPa 下降至 10.6MPa，下降 13.6MPa。

摩阻分析表明：有效控制射孔数量，产生一定孔眼摩阻，能确保分散的目的层均有效压开，即滑溜水大排量施工能达到裂缝复杂化的目的。

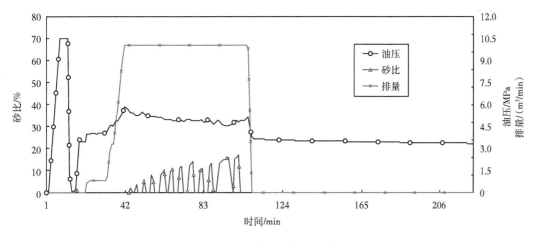

图 4　X22 井压裂施工曲线

苏一段前期压裂井采用常规压裂工艺方式，受含油丰度低、储层物性差、油质偏稠影响，压裂效果较差，表现为压后初期产量低，累计增产量小，经济效益差。X22 井采用新的压裂液和压裂工艺技术，使压后初期产量高，增加了经济效益。X22 井和采用常规压裂的邻井 X-1 井、X-12 井生产情况见图 5。压后初期 X22 井的平均日产液量、日产油量要明显高于用常规压裂的 X-1，X-12 井；压后中后期，X22 井虽然平均日产液量、日产油量有所降低，但也是高于其他井，产量较邻井有大幅度提升。对 X22 井压后排液及生产情况分析得出，X22 井见油快，压裂液返排率达到 12.35% 就开始见油，压后初期日产油量逐渐增加至平稳，产油总量大，中后期日产油量平缓下降且最终持续稳定生产。

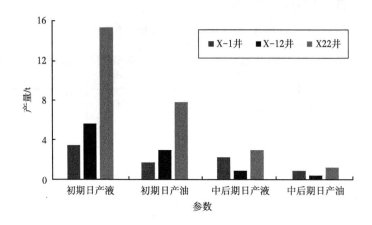

图 5   X22 井与邻井生产情况

以上对比分析得出，大液量、大排量、低砂比、低黏度滑溜水压裂工艺技术，可使储层形成复杂裂缝，又提高了储层改造动用程度，油井增产以及稳产效果得到明显提高。

4   结束语

与瓜尔胶压裂液体系进行综合对比可知，绿色清洁滑溜水压裂液在保护环境、保护储层、减阻性能等方面具有明显优势。对于苏一段致密砂岩油藏，应用滑溜水压裂液体系，实施多台阶柱状式段塞加砂工艺，在避免砂堵的同时，能够形成复杂的缝网形态，获得与储层匹配的最优化的人工裂缝导流能力。现场应用表明，滑溜水和多台阶柱状式段塞加砂工艺技术，可以有效满足致密砂岩油藏压裂需要，为查干凹陷致密砂岩油藏经济效益开发提供了一种新的技术方法。

参 考 文 献

[1] 沈禄银，康婷婷，陈波，等．查干凹陷苏一段储层成岩作用及其对物性的影响 [J]．非常规油气，2016，3（2）：27-32.

[2] 吴陈冰洁，朱筱敏，魏巍，等．查干凹陷下白垩统巴二段储层特征及孔隙演化 [J]．岩性油气藏，2017，29（1）：71-80.

[3] 庞尚明，李杪，彭君，等．查干凹陷苏红图组火山岩特征及测井识别 [J]．断块油气田，2019，26(3)：314-318.

[4] 房倩，国殿斌，徐怀民. 银额盆地查干凹陷苏红图组火山岩储层特征 [J]. 地层学杂志，2014，38（4）：454-460.

[5] 王生朗，史朋，张放东，等. 查干凹陷油气地质特征与勘探发现 [J]. 中国石油勘探，2016，21（3）：108-115.

[6] 高霞，蒋飞虎，曾令平，等. 查干凹陷下白垩统碎屑岩储层特征 [J]. 科学技术与工程，2014，14（36）：21-28.

[7] 余维初，吴军，韩宝航. 页岩气开发用绿色清洁纳米复合减阻剂合成与应用 [J]. 长江大学学报（自科版），2015，12（8）：72-82.

[8] 王胜利. 油气储层伤害评价与保护技术 [J]. 内江科技，2010，31（3）：61，118.

[9] 卢拥军. 压裂液对储层的损害及其保护技术 [J]. 钻井液与完井液，1995，22（5）：39-46.

[10] 范宇恒，肖勇军，郭兴午，等. 清洁滑溜水压裂液在长宁 H26 平台的应用 [J]. 钻井液与完井液，2018，35（2）：122-125.

[11] 李鹏程，章倩倩，李宇驰，等. 定边油田致密油水平井增产方式研究 [J]. 地下水，2017，39（6）：127-129.

[12] 王昊. 砂砾岩油藏砾石对压裂裂缝延伸的影响研究 [D]. 东营：中国石油大学（华东），2011.

[13] 王晓蕾. 支撑剂嵌入及其对裂缝导流能力影响实验研究 [J]. 内蒙古石油化工，2015，41（13）：153-155.

[14] 许江文，李建民，邬元月，等. 玛湖致密砾岩油藏水平井体积压裂技术探索与实践 [J]. 中国石油勘探，2019，24（2）：241-249.

[15] 蒋廷学，卞晓冰，王海涛，等. 深层页岩气水平井体积压裂技术 [J]. 天然气工业，2017，37（1）：90-96.

大液量大排量低砂比滑溜水分段
压裂工艺应用实践

李　平[1]，樊平天[1]，郝世彦[2]，郑忠文[3]，余维初[4]

（1.延长油田股份有限公司南泥湾采油厂；2.陕西延长石油（集团）有限责任
公司研究院；3.延长油田股份有限公司；4.长江大学）

摘　要： 随着油田开发的不断深入，南泥湾油田新建产能主要以常规井扩边开发为主，开发效果不理想，平均单井日产油0.4t。为了提高储量的有效动用程度，开展了水平井压裂开发研究。针对长6储层地质特征，采用减小段间距（60~80m减小到20m）、增加簇数（2~3簇增加到5簇）等措施对水平段进行均匀有效的压裂，以增加排量与液量的方式使储层改造体积增大，并开展了现场优化试验。N199平2井现场施工及地面、井下裂缝监测表明，采用大液量大排量低砂比滑溜水分段压裂，利用主体段塞及变粒径加砂方式，入地液量为7957.9m³，是其他压裂方式的2.5~3.5倍，油井稳定日产油达到了9.5t/d，是其他压裂方式的2倍多。现场应用结果表明，优化后的水平井压裂参数合理，大液量大排量低砂比滑溜水分段压裂工艺具有良好的推广应用前景。

关键词： 水平井压裂；滑溜水压裂液；大液量；大排量；低砂比；裂缝监测；油井产量

滑溜水体积压裂是在清水压裂的基础上发展完善起来的一项适合非常规油气藏的增产工艺。相对于常规交联压裂，滑溜水压裂可以形成复杂的网状裂缝，与水平井配套使用，可以形成大范围的泄油（气）面积，并且可以解决支撑剂的传输、携带问题，同时由于其在裂缝中独特的铺置机理，从而提供非常规油气流动所需的导流能力[1-4]。例如吐哈油田三塘湖马56区块条湖组为致密灰岩储层，在裂缝方位和油藏多裂缝预测的基础上，利用滑溜水＋弱交联液体系沟通天然裂缝，实施大排量、低砂比的分段压裂技术，使该区块致密油藏水平井多段压裂改造取得技术突破，为油田的高效开发提供了新思路[5]。川西深层DY气藏，采用常规压裂技术，施工中经常出现砂堵和泵压异常偏高的情况，导致施工失败。采用大液量、大排量和低砂比滑溜水加砂压裂改造技术，DY2-C1单井现场试验施工成功率为100%[6]。

南泥湾油田前期水平井开发压裂选段参数设计主要依赖经验，段间距长（60~80m）、排量小（6~8m³）、液量小（400~600m³），采用瓜尔胶压裂主体连续加砂方式。水平井压后投产间隔喷油，喷油次数与压裂段数大体相同，各段之间为独立的压力系统，未形成整体压力系统。段与段之间压裂改造油层不充分，各段不连通，段簇间距有待优化。借鉴非常规页岩油气开发的成功经验，开展大液量大排量低砂比滑溜水分段压裂工艺参数优化研究，并在现场应用中达到了提高单井产量的预期效果[7]。

1　N199 井区油藏概况

　　N199 井区位于南泥湾采油厂河庄坪—李渠区域，河庄坪地区及周边地区延长组储层中天然垂直裂缝十分发育，无论是地面露头、还是井下岩心中均可直观见到较多天然裂缝，利用地层倾角测井解释技术，在延长组地层中也识别出较多天然裂缝，且均以垂直缝为主。该井区构造为一平缓的西倾单斜、内部构造简单、局部发育差异压实形成的鼻状构造。长 6_1 砂体发育，平均砂体厚度 17m，平均油层厚度 15m，油层中深 552m，平均孔隙度 8.5%，渗透率 0.88mD，含油饱和度 36%。N199 平 2 井井身结构为二开增斜单稳水平井，完钻井深 1461m，水井段长 735m，水平方位 143°，完井方式为套管完井。水平井水平段的测井解释，只代表井孔穿过砂体处的油藏物性，并不能由此看出砂体在垂向方向的油层变化情况（图 1）。即便是解释为水层或者差油层，并不能说明垂向砂体上下部位油层。除了避开明显的砂泥岩隔层外，各处均可射孔，包括水层、致密层，以求压裂连通好油层。

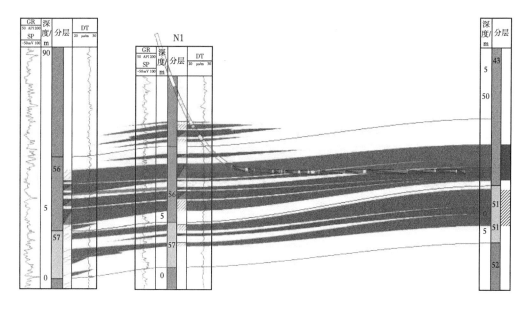

图 1　N199-N61 油藏剖面图

2　水平井压裂参数优化

2.1　水平井压裂段数

　　大液量大排量低砂比滑溜水压裂能产生更多有效支撑裂缝，适应延长组油藏的地层特征，对地层进行有效压裂并提高油井产量。段间距、簇间距是水平井压裂的重要参数，射孔簇间距如果太大，每段簇数少，压裂裂缝间互不连通，留下未压裂砂层，会造成油藏资源浪费[8]。因此，有必要对段间距、簇间距等进行参数优选。

　　延长油田前期水平井压裂选段一般段间距 60~80m，簇间距 20m，每段 2~3 簇，总孔数按每孔不低于 0.3m³/min 排量计算，6m³/min 排量约需 20 孔，每段 2 簇射孔，每簇 10 孔，射孔密度 10 孔 /m，压裂投产后效果不理想。N199 平 2 的现场试验采用了减小段间距、增加簇数的措施，簇、段间距均为 20m 左右，使段、簇间距在水平段中均匀分布能使压裂流量均匀，各处均得到有效压裂，12m³/min 排量约需 40 孔，每段 5 簇射孔，每簇 8 孔，射孔密度 8 孔 /m。

2.2 排量

压裂施工排量的大小决定了压裂施工的效率，储层裂缝中的净压力随着施工压力的增大而增大，主裂缝与次生裂缝可以更好地沟通，有助于复杂裂缝的形成[9]。针对南泥湾油田长 6 致密砂岩储层，确保在其他影响因子恒定的状态下，逐步增加施工排量，用 FracproPT 软件模拟分析，得到不同排量下裂缝长、宽、高的数据。并计算储层改造体积 SRV 的大小（表 1）。

表 1　不同排量下的缝网模拟参数

排量 /（m³/min）	裂缝半长 /m	储层改造体积 /（10⁶m³）
4	120	2.3
5	127	2.7
6	132	3.0
7	136	3.3
8	140	3.5
9	144	3.7
10	147	4.0
11	149	4.3
12	152	4.5

分析表 1 中的数据可知，增加排量后，裂缝的缝长和储层改造体积都随之增加。因此，在其他施工参数不变的前提下，增加施工排量有助于储层改造体积的增加。

2.3 液量

压裂施工的总泵入液量对储层改造体积有着重要影响，在进行压裂施工时，大液量更能获得缝长较大的理想裂缝[10]。针对南泥湾油田长 6 致密砂岩储层，确保在其他影响因子恒定的状态下，改变压裂液的总量，得到不同总液量下的裂缝特性和 SRV（表 2）。

表 2　不同液量下缝网模拟参数

总液量 /m³	裂缝半长 /m	储层改造体积 /（10⁶m³）
400	111	2.1
600	125	2.8
800	136	3.3
1000	144	3.9
1200	152	4.5

从表2可以看出，在不改变其他施工条件的前提下，增加压裂液总量有助于增大储层改造体积，改善压裂效果。

3　现场应用

3.1　施工设计

N199P2井的压裂裂缝模拟见表3。大液量大排量低砂比压裂可形成复杂缝网，达到体积压裂效果，设计方案可以满足施工要求，如图2所示。

表3　裂缝几何形态参数

支撑缝长 /m	支撑裂缝总高度 /m	裂缝顶部的深度 /m	裂缝底部的深度 /m	平均缝宽 /m
196.4	51.1	529.5	581.6	1.7
186.1	47.1	531.3	578.5	1.7
182.1	49.8	530.2	580.0	1.7

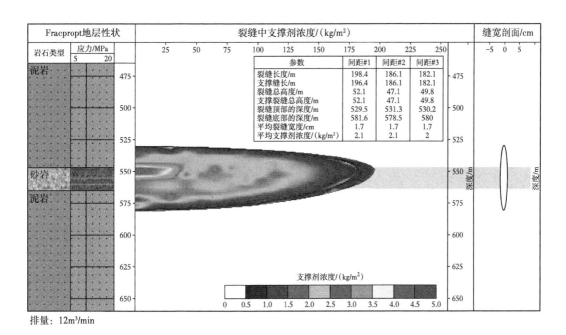

图2　N199P2井1-2段压裂裂缝剖面模拟图

为了验证模拟参数的可行性，现场通过优化的施工方案进行体积压裂，加砂方式一是用小阶梯式（少量加砂5m³左右，占总加砂量的8%，打磨地层，沟通天然裂缝）；二是主体段塞式（变粒径，由大到小，前置液使用40/70目陶粒，携砂液使用30/50目石英砂）。小阶梯式先用低砂比3%，分段按照2%的比例逐渐增加砂比，目的与加大前置液一样，让造缝的压裂液含砂量少一点，以减少阻力和沉降。主体段塞式加砂实际是更进一步降低砂比，重 新从 8% 的砂比增加到 15%，注入一个段塞后用滑 溜水将砂段塞向地层裂缝深部推进。

现场施工时，第 2 段采用簇式射孔 + 速钻桥塞分段压裂，施工排量 12.0m³/min，施工地面最高泵压 40mPa，破裂压力 31.8mPa，工作压力 17~20mPa，停泵压力 8.4mPa，最大砂比 15%，总入地支撑剂量 60m³，液量 1175.8m³。施工压力平稳，完成设计加砂 100%。主要参数如图 3 所示。

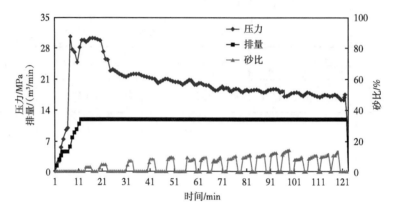

图 3 N199 平 2 井长 6 油层第 2 段压裂施工曲线

3.2 裂缝监测

为了全方位识别人工裂缝的形态，优化水平井井网井距，验证设计参数的合理性，通过地面和井下 2 种不同手段进行裂缝实时监测。如表 4 和图 4 所示，第 1 段水力压裂的人工裂缝方向是北东 78°，裂缝总长度 207m；第 2 段水力压裂的人工裂缝方向是北东 72°，裂缝总长度 275m；第 5 段水力压裂的人工裂缝方向是北东 77°，裂缝总长度 346m；第 6 段水力压裂的人工裂缝方向是北东 71°，裂缝总长度 346m；第 7 段水力压裂的人工裂缝方向是北东 68°，裂缝总长度 239m。2 种监测结果基本一致，整体来看压裂裂缝东西两翼基本相等，改造较为充分。各段微地震事件紧密相连但又没有重复改造现象，从目前监测结果看段间距簇间距设计较为合理。如图 4 所示，监测井 N199 直井已经投产，要求在射孔段上方打桥塞隔断射孔处产出的气泡，以避免气泡产生的噪声干扰对微地震事件的监测。根据现有条件，采用 12 级 Maxiwave 三分量检波器接收，检波器级间距定为 20m，并综合考虑 N199 直井已进行射孔，检波器下井安全且位置尽可能靠近压裂目的层上下，所以 12 级三分量检波器实际下放测深位置为 305~525m，间距 20m，检波器和压裂位置的距离在 166~987m 左右，满足接收条件。本次工作对南 199 平 2 井 8 层的压裂进行了微地震井中监测 7 段 316 个事件点，分别展示了微地震事件定位的俯视图及侧视图。井下裂缝监测距离超过 600m 时，微地震事件越来越少，4~7 段微地震信号较多，监测效果较好。由于埋深较浅，压力系数较低，岩石破裂能量较低，震级较小，为 -3.56~ -2.66。

表 4 裂缝监测统计结果

序号	井下裂缝监测结果						地面裂缝监测结果					
---	裂缝网络长 /m		裂缝网络宽 /m	裂缝网络高 /m	裂缝网络走向 /（°）（北东）	改造体积 / 10^4m³	裂缝长 /m		裂缝高 /m	裂缝网络走向 /（°）（北东）	主缝走向 /（°）（北东）	支缝走向
	西翼	东翼					西翼	东翼				
1	84	123	82	29	78	131.85	110.9	190.3	27	69.4	42	近东西向
2	141	134	86	32	72	181.12	170.5	190.8	34	77.4	75	北东 76°、北东 78°、近东西向
5	161	185	111	33	77	251.77	172.4	187.8	33	70.9	70	北东 41°、北西 65°、近东西向
6	192	154	104	35	71	248.17	153.4	149.4	34	66.8	37	北东 75°、北西 15°、北西 78°
7	103	136	101	32	68	191.25	131.8	150.6	30	75.2	30	北东 85°、北东 40°

注：表格数据来源于东方地球物理公司新兴物探开发处及延安科思若恩石油工程技术服务有限公司。

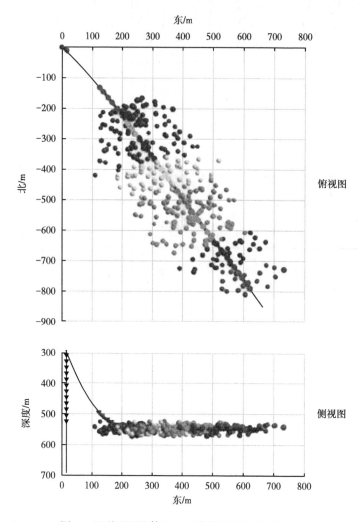

图 4 压裂监测整体微地震事件俯视图及侧视图

如图 5 所示，统计分析 4~7 段微地震事件扩展与液量关系，当进入地层液量从 100m³ 到 700m³ 时，总体裂缝延伸明显，缝长、缝高及缝宽在图中呈上升趋势。第 4 段在 400~800 变化最为剧烈呈 3 段阶梯状，裂缝长度由 100m 增加到 291m 后趋于稳定，第 5 段相比第 4 段变化相对较缓也呈三段式阶梯状，裂缝长度由 209m 增加到 346m 后趋于稳定，第 6 段在 300~900m 时变化明显呈四段阶梯状，裂缝长度由 102m 增加到 346m 后趋于稳定，第 7 段相对前面变化较为平缓。液量达到 800~900m³ 时，持续增加液量，裂缝向外扩展较少，建议同等地质条件、同等射孔方式、排量情况下，总液量控制在 800~900m³。

3.3 效果评价

如表 5 所示，大液量大排量低砂比滑溜水压裂入地液量是其他压裂的 2.5~3.5 倍，压后返排率低于 10%，大量液体进入地层未返出，一定程度上弥补了地层亏空，有利于后期稳产。

表 5　N199 井区压裂参数对比

井号	压裂方式	段数	段间距 / m	簇间距 / m	簇数	排量 / m³/min	最大砂比 / %	平均加砂量 / m³	破裂压力 / MPa	停泵压力 / MPa	总加砂量 / m³	入地液量 / m³	平均每段入地液量 / m³	放喷液量 / m³	返排率 / %
N199 平 2	大液量滑溜水压裂	8	23	20	5	12	16	57	32.45	8.6	456	7957.9	995	726	9.12
N199 平 4	瓜尔胶桥塞体积压裂	5	72	20	3~4	10	35	50	16.8	9.3	250	2368	474	305	12.88
N199 平 1	TDY 体积压裂	8	76	20	1	8	35	46	21.4	9.42	364	3219.6	402	742	23.05
N199 平 3	TDY 体积压裂	8	76	20	1	8	35	46	16.06	8.5	364	3159.4	395	1209	38.27

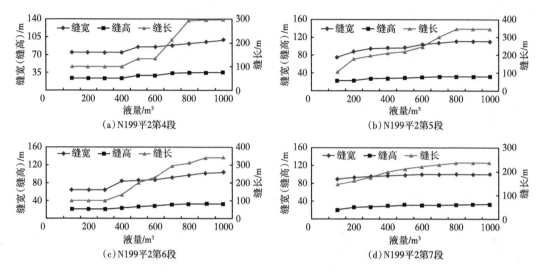

图5　N199平2第4~7段施工液量与裂缝扩展分析

　　如表6所示，同一井组地质条件基本相同情况下，采用人液量大排量低砂比滑溜水压裂的N199P2井初周月的日产油是采用TDY压裂的N199P3井的1.7倍，是桥塞压裂的1.2倍。随着投产时间的延续，油井含水下降，产量趋于稳定。大液量大排量低砂比滑溜水压裂稳定日产油达到9.5t/d是其他压裂方式的2倍多。N199试验井采用大规模压裂，增大与储层的接触面积，提高单井产量。因为大排量大液量有利于形成复杂的裂缝形态，使支撑剂在裂缝中有效地铺展，从而使有效裂缝与储层的接触面积最大化。与此同时，砂比越高，使更多的支撑剂沉降，沿着井口形成环形砂堆，不利于携砂液快速进入已经形成的裂缝中。试验结果表明，大液量大排量低砂比滑溜水分段压裂工艺具有良好的推广应用前景。

表6　N199井区不同压裂方式产量对比

井号	第一个月			累计产量情况					稳定产量情况		
	日产液/m³	日产油/t	含水/%	累计生产时间/d	累计产液/m³	累计产油/t	含水/%	平均日产油/t	日产液/m³	日产油/t	含水/%
N199P2	20.76	7.53	57.33	73	1504	636.80	50.18	8.75	18.92	9.5	40.7
N199P4	19.88	6.5	61.53	72	1136	435.84	54.88	6.09	9.2	4.7	40.0
N199P1	16.64	4.33	69.39	74	1162	406.00	58.89	5.46	8.1	4.4	35.9
N199P3	16.59	4.41	68.73	74	1166	400.26	59.6	5.4	8.17	4.4	37.1

4　结论

　　（1）大排量滑溜水造缝时由于黏度低，在地层中所遇阻力小于瓜尔胶液，可造成更长、更复杂的裂缝，增加了改造体积；压裂液的泵入液总量增大也有助于增加储层改造体积，改善压裂效果。

（2）地面与井下 2 种手段同时进行裂缝实时监测，得出人工裂缝形态解释结论基本相同，微地震事件紧密相连，无重复改造，压裂改造较为充分，段间距及簇间距均匀分布，段间距 20 m，每段 5 簇射孔较为合理。

（3）大液量大排量的滑溜水压裂利用主体段塞及变粒径加砂方式，当进入地层的液量达到 800~900m³ 时，持续增加液量，总体裂缝向外扩展较少。大液量大排量低砂比分段压裂技术投产效果好于其他压裂方式，油井稳定日产油 9.5t/d，是其他压裂方式的 2 倍多，增产效果显著。

参 考 文 献

[1] 隋阳，刘建伟，郭旭东，等.体积压裂技术在红台低含油饱和度致密砂岩油藏的应用 [J].石油钻采工艺，2017，39（3）：349-355.

[2] 陈挺，邹清腾，卢伟，等.海安凹陷阜二段致密油藏体积压裂技术 [J].石油钻采工艺，2018，40（3）：375-380.

[3] 雷林，张龙胜，熊炜，等.武隆区块常压页岩气水平井分段压裂技术 [J].石油钻探技术，2019，47（1）：76-82.

[4] 隋阳，刘德基，刘建伟，等.低成本致密油层水平井重复压裂新方法——以吐哈油田马 56 区块为例 [J].石油钻采工艺，2018，40（3）：369-374.

[5] 王勇，马宁望，危建新，等.三塘湖凝灰岩储层分段压裂技术研究与应用 [J].石油地质与工程，2015，29（4）：123-124，158.

[6] 宋燕高，王兴文.基于"极限缝宽"理论的压裂工艺优化与应用 [J].天然气技术与经济，2016，10（4）：44-46，83.

[7] 孙敏，樊平天，李新，等.鄂尔多斯盆地南泥湾异常低压油藏成因及异常低压对油藏开发的影响 [J].西安石油大学学报（自然科学版），2013，28（6）：7，22-26，45.

[8] 李平，李宽亮，周国信，等.致密岩性油藏射孔工艺优选 实验研究 [J].延安大学学报（自然科学版），2012，31（1）：52-55.

[9] 范宇恒，肖勇军，郭兴午，等.清洁滑溜水压裂液在长宁 H26 平台的应用 [J].钻井液与完井液，2018，35（2）：122-125.

[10] 周东魁，李宪文，肖勇军，等.一种基于返排水的新型滑溜水压裂液体系 [J].石油钻采工艺，2018，40（4）：503-508.

乌里雅斯太凹陷砂砾岩油藏压裂三采一体化技术与应用

邢继钊[1]，张　颖[1]，周东魁[1]，余维初[1]，戴彩丽[2]，雷盼盼[3]

（1.长江大学化学与环境工程学院；2.中国石油大学（华东）石油工程学院；
3.陕西榆林康隆能源有限公司）

摘　要： 中康油田内蒙古乌里雅斯太凹陷腾一中段砂砾岩油藏地质特征复杂，渗透率低，物性较差，井区产能主要以常规压裂（压裂液为瓜尔胶压裂液）为主，产量不理想，单井累计产出油量少，XX井先前用常规压裂方式从压裂后至关井，累计产液32.9t，累计产油7.4t。针对XX井的储层地质特征，现采用压裂三采一体化的压裂技术，选用一种低伤害、减阻效果好的滑溜水压裂液体系，配方为0.1%减阻剂JHFR-2 + 0.2%多功能添加剂JHFD-2+ 0.05%杀菌剂JHS+ 0.5%生物驱油剂HE-BIO + 水，并结合大液量大排量低砂比压裂工艺及间断柱状加砂模式与生物驱油剂HE-BIO的特殊洗油驱油功效，增大与储层的接触面积和改造体积，补充低压层和新层地层能量，提高单井产量和累计采出油量。运用压裂三采一体化技术经现场施工后，XX井7个月累计产液781.7t，含油548.9t，大大提高了产油效益。
关键词： 压裂三采一体化；砂砾岩油藏；增产；瓜尔胶压裂液；滑溜水压裂液

中康油田是中原油田与陕西康隆公司合作开发的区块，位置在内蒙古自治区锡林郭勒盟东乌珠穆沁旗境内，区域构造上位于内蒙古二连盆地乌里雅斯太凹陷，是二连盆地资源量过亿吨的3个凹陷之一，具有很大的勘探前景[1]。中康17块是一个主力区块[2]，该区块应用常规压裂工艺即压裂液为瓜尔胶压裂液和小液量小排量高砂比的压裂方式进行了压裂，有一定的初期产液量，但由于含水率高、含油比例低、单井累计产出油少、地层压力下降快等原因，不能维持正常生产。XX井是中康17区块的一口油井，于2016年9月用常规压裂工艺压裂施工后，11月低效关井，累计产液32.9t，累计产油7.4t，剩余储量超2×10^4t，增产潜力大。为解决上述问题，结合前期压裂效果的评价和地质特征的分析，有针对性地提出了压裂三采一体化新理念新技术，即绿色清洁滑溜水压裂液体系结合大液量大排量低砂比压裂工艺和间断柱状加砂模式与植入生物驱油剂HE-BIO的综合作用。在中康17区块XX井实施压裂三采一体化技术，实现了油井的增产，同时又为乌里雅斯太凹陷低渗致密砂砾岩油藏的高效开发和稳定增产奠定了基础。

1　乌里雅斯太凹陷储层特征

二连盆地乌里雅斯太凹陷储层岩性为砾岩、砂砾岩、中粗砂岩、粉细砂岩等多种类型，但以砾岩、砂砾岩为主，是典型的砂砾岩油藏[3]。砂砾岩砾石成分较复杂，以石英为主，长石次之，富含暗色矿物质，砾石粒径一般约 1~3mm 和 3~5mm，颗粒呈次棱角状 ~ 半圆状，分选中等，泥质或灰质胶结，成岩较疏松。乌里雅斯太凹陷构造类型复杂，具有相变快的特点，岩性、渗透性变化大，孔隙不发育，渗透率低，物性较差，分选和连通性较差，非均质性和各向异性严重，属低孔低渗砂砾岩储层[4]。通过分析 XX 井的储层敏感性试验数据，结果表明：水敏损害程度为中等偏强，酸敏损害程度为中等偏弱（酸敏损害率为 30.9%），碱敏损害程度为弱，速敏损害程度为弱。

中康 XX 井位于内蒙古自治区锡林郭勒盟东乌珠穆沁旗满都镇，构造位置为内蒙古二连盆地乌里雅斯太凹陷北洼槽西南斜坡带中康 17 区块，完钻井深 2760m，完钻层位为腾一中。根据测井解释结果，压裂井段分为 2 段：第 1 段为 2633.0~2650.1m，声波时差 213.2~233.2μm/s，电阻率 26.3~31.8Ω·m，泥质质量分数 14.8%~24.3%，孔隙度 7.9%~14.0%，渗透率 0.76~9.23mD，含油饱和度 0~40.1%；第 2 段为 2419.0~2460.0m，声波时差 216.9~224.8μm/s，电阻率 60.57~127.7Ω·m，泥质质量分数 15.0%~18.8%，孔隙度 7.8%~11.1%，渗透率 0.73~3.34mD，含油饱和度 30.1%~62.0%。

2 室内试验评价

2.1 试验药品与仪器

（1）药品。①减阻剂 JHFR-2；②多功能添加剂 JHFD-2D，兼具防膨与助排功效；③生物驱油剂 HE-BIO；④瓜尔胶（中康油田）。

（2）仪器。①#Z-I 减阻性能测试装置（荆州市现代石油科技有限公司）；②智能化生物毒性测试仪（中国科学院南京土壤研究所）；③ LDZ4-1.8 平衡离心机（北京雷勃尔离心机有限公司）；④多功能岩心驱替装置（荆州市现代石油科技有限公司）；⑤ TX500™ 旋转滴超低界面张力仪（美国科诺工业有限公司）；⑥动态/静态接触角仪（美国科诺工业有限公司）；⑦品氏黏度计（上海晖创化学仪器有限公司）。

2.2 试验方法

（1）减阻率测试方法。减阻率测试系统由试验装置和数据采集处理装置 2 部分构成，试验装置的核心为测试管路，管长 2m、内径为 10mm 的模拟管道以及循环泵。模拟管道采用耐压材料制成，能经受得住高流速下液体对管路的冲击。数据采集处理装置包括差压传感器、压力传感器、流量计。

首先，将配制好的待测液体倒入减阻率测试系统的配料罐中；打开电脑操作界面，通过软件控制系统打开相应阀门，使待测液体进入加热罐，如需进行高温试验，则打开温度控制系统进行加热；待达到预设定的条件后，将循环泵打开，使待测液体在测试管路中正常运行；通过电脑操作界面设定流量与测试时间，待流量稳定后，开始采集相应测试管路的差压传感器的数据，并由软件控制系统自动进行处理，计算出减阻率，结合系统记录的流量、温度以及压差，对待测液体的减阻效果进行评价。

减阻率的计算公式如下

$$\eta = \frac{p_0 - p}{p_0} \times 100\%$$（1）

式中：η 为减阻率，%；p_0 为加入待测液体前清水的摩阻压降，kPa；p 为加入待测液体后的摩阻压降，kPa。

（2）残渣含量测试方法。依据标准 NB/T 14003.3—2017《页岩气压裂液第 3 部分：连续混配压裂液性能指标及评价方法》测试残渣含量。

（3）生物毒性测试方法。依据标准 DB23/T 2750—2020《水质生物毒性的测定发光细菌快速测定法》和 SY/T 6787—2010《水溶性油田化学剂环境保护评价方法》测定生物毒性。

（4）表界面张力测试方法。依据标准 SY/T 5370—2018《表面及界面张力测定方法》中的挂片法测定表面张力、旋转滴法测量油水界面张力。

（5）润湿性测试方法。依据标准 SY/T 5153—2017《油藏岩石润湿性测定方法》中的润湿性接触角法进行测定。

3 压裂三采一体化滑溜水压裂液体系

滑溜水压裂液是指在清水中加入一定量的减阻剂、表面活性剂、黏土稳定剂等添加剂的一种新型压裂液，又叫减阻水压裂液[5]。减阻剂是其中最关键的添加剂，其作用主要是阻止层流向湍流的转变或减弱湍流程度。中康 17 区块是低渗致密砂砾岩油藏，以往都采用瓜尔胶压裂液进行压裂，瓜尔胶压裂液存在减阻效果差、残渣含量高的问题，残渣在致密储层孔隙中滞留、吸附，造成严重的储层损害，影响压后效果。同时，瓜尔胶稠化剂溶胀速度慢，大排量施工下，无法在短时间内达到最佳减阻效果。结合乌里雅斯太凹陷腾一中段渗透率低、孔隙不发育、泥质质量分数高及敏感性等地质特征和压裂三采一体化工艺技术要求，又通过室内试验筛选出滑溜水体系，最终确定配方为：0.1% 减阻剂 JHFR-2 + 0.2% 多功能添加剂 JHFD-2 + 0.05% 杀菌剂 JHS + 0.5% 生物驱油剂 HE-BIO + 水。该压裂液体系以减阻剂 JHFR-2 配制的滑溜水压裂液为主，是绿色环保低伤害滑溜水压裂液体系，具有低伤害、环保、速溶、减阻效果好、绿色清洁、无生物毒性等优点，但携砂能力不如瓜尔胶压裂液，因此需要以大排量注入，用机械动能来弥补浮力的不足，JHFD-2 为多功能添加剂，在压裂液体系中起到兼具防膨与助排的两种效果，以生物驱油剂 HE-BIO 为核心添加剂，有较高的界面活性，能有效降低油水界面张力。

3.1 减阻性能

压裂液是压裂施工的血液，它的性能除了直接影响到压裂的成功率外，还会对压后油气层改造效果产生很大的影响[6]，所以压裂液必须具有优良的减阻性能。XX 井此前用瓜尔胶压裂液，减阻性能不佳。现选用由减阻剂 JHFR-2（直链线性高分子水溶性聚合物）和其他助剂配制而成的滑溜水压裂液，其减阻作用是由溶液黏弹性和湍流旋涡发生相互作用的结果。

利用滑溜水减阻率测试仪，分别对瓜尔胶压裂液和滑溜水压裂液在排量为 30L/min、温度为 30℃ 的自来水、地层水、净化水和返排水中，其他条件一致的情况下进行减阻率测定，结果如图 1 所示。由图 1 可见，无论是在自来水、地层水、净化水或返排水中，滑溜水压裂液的减阻率都要比瓜尔胶压裂液的减阻率高，其原因主要是地层水和返排水等中含有多种离子，影响瓜尔胶压裂液的减阻效果，且瓜尔胶压裂液配制时间长，因为原胶液溶解时间长，需待其完全溶解之后才能够开始计算减阻率。而滑溜水压裂液配制时间短，因为减阻剂 JHFR-2 溶解速度快，且减阻效果不受地层中离子含量影响，使压裂液具有良好的减阻性能，从而保证了压裂施工的成功率，并提高了压裂施工的效率。

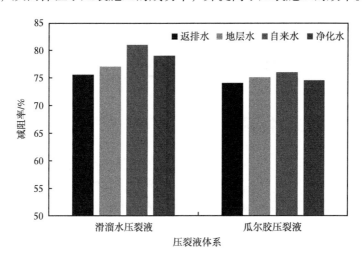

图 1　滑溜水压裂液和瓜尔胶压裂液在不同水中的减阻率

3.2　储层伤害

在压裂过程中可能会产生储层伤害，引起储层伤害的主要原因是压裂过程中入井液侵入储层，在导致黏土膨胀和运移的同时，破胶不彻底的胶液残渣还会堵塞渗流通道，降低其导流能力。水相的侵入导致近井地带含水饱和度上升，孔隙中油水界面张力上升，使原油流动阻力增大，造成水锁伤害[7-9]。储层渗透率的变化情况可以反映压裂液对储层伤害的程度。为了保护储层，压裂液需尽可能减少对储层的伤害。

在室温 25℃ 下采用直径、渗透率等大致相同的人造岩心，保持其他条件一致的情况下，分别测量瓜尔胶压裂液和滑溜水压裂液驱替前后渗透率的数值，结果见表 1。通过表1 中的渗透率伤害率可以看出 2 种压裂液体系对储层的伤害程度：相较于瓜尔胶压裂液，滑溜水压裂液对岩心伤害率低，表明滑溜水压裂液对储层伤害程度更小。

表 1　瓜尔胶压裂液和滑溜水压裂液对岩心基质渗透率伤害程度

岩心编号	压裂液类型	原始渗透率 /mD	伤害后渗透率 /mD	渗透率伤害率 /%
11#	滑溜水压裂液	2.87	2.361	17.80
8#	滑溜水压裂液	7.87	6.43	18.34
5#	瓜尔胶压裂液	1.4	1.63	88.59
12#	瓜尔胶压裂液	6.3	6.70	89.36

3.3　残渣质量浓度

压裂液的残渣质量浓度会影响滑溜水对储层的伤害：残渣质量浓度越高，对储层或裂缝导流能力伤害越大。通过室内试验多次测量取其平均值后，得到瓜尔胶压裂液残渣质量浓度为 98.84 mg/L，而滑溜水压裂液的残渣质量浓度为零。从测得的残渣质量浓度可以表明，瓜尔胶压裂液对储层的伤害要比滑溜水压裂液大，绿色清洁的滑溜水压裂液适应目前绿色环保的要求。

3.4 生物毒性

用发光细菌法对滑溜水压裂液的生物毒性进行评价，结果生物毒性指标 $EC_{50}=1.89×10^6mg/L$，其中 EC_{50} 越大即毒性越小，当 $EC_{50} > 20000mg/L$ 时为无毒，且蒸馏水的生物毒性指标 $EC_{50}=1.00×10^6mg/L$，说明该滑溜水压裂液体系的生物毒性指标与蒸馏水相当，绿色环保，返排液可以重复使用，降低了生产成本。

4 压裂三采一体化生物驱油剂

"压裂三采一体化"施工工艺的核心就是在压裂的过程中便能够进行三次采油过程中的驱油过程，以此来提高采收率。核心理念是要求引入的驱油剂与压裂液共同配制成体系。要求引入的驱油剂必须能够使压裂液具有优异的界面活性张力、稳定性等性能。生物表面活性剂是由人体或自然界微生物代谢过程产生的一种集亲水极性和其他亲油非极性基团于一体的两亲性有机化合物，驱油的效率和稳定性较一般化学表面活性剂高 3 倍以上 [10]。主要特点是:(1)表面活性更高，界面张力小，可以将表面张力降至 30mN/m 以下，将油水界面张力降低到 $10^{-2}mN/m$;(2)能有效降低原油黏度并且对油砂有很好的清洗效果，具有较强的乳化储层原油的能力，具有改善地层润湿性的作用;(3)对储层的温度、矿化度、pH 及其适应作用范围广，对储层无毒、无害，100% 可通过生物活性降解，对储层和环境无任何污染。

4.1 表界面张力

测得 0.5% 生物驱油剂 HE-BIO 的表面张力为 27.45mN/m。测定界面张力时，试验温度设置为 60℃，试验转速设置为 5000r/min，采用 XX 井油样，待稳定后读数见图 2，测得模拟油在 0.5% 生物驱油剂 HE-BIO 中的界面张力为 0.02585mN/m。

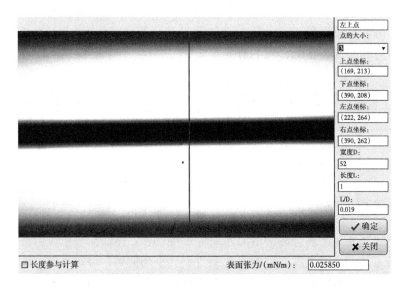

图 2 模拟油在 0.5% 生物驱油剂 HE-BIO 中的界面张力

4.2　润湿性

润湿性对驱油过程具有很大的影响[11]。对生物驱油剂 HE-BIO 单剂以及压裂液体系进行了润湿接触角测量。所用岩心切片来自中康 17 区块 XX 井，先利用视频光学接触角测量仪对各个岩心切片的接触角进行 3 次测量，测量完成并记录数据后将试验组岩心分别浸泡在质量分数为 0.5% 的普通驱油剂 A 剂溶液、总质量分数为 0.5% 生物驱油剂 HE-BIO 溶液、以 0.5% 生物驱油剂 HE-BIO 配制的绿色清洁压裂液体系中，对照组不做处理，仅使用蒸馏水浸泡与试验组相同时间，在浸泡 48h 后将岩心切片取出干燥并再次测量 3 次接触角并取平均值，结果见表 2。从表 2 中可以看出生物驱油剂 HE-BIO 与功能性压裂液体系的兼容性良好，同时能够表现出具有良好的亲水性能，有利于储层岩石表面的润湿反转，提高整体采收率。

表 2　不同液体处理下的岩心接触角改变率

编号	处理方式	处理前岩心接触角 /(°)	处理后岩心接触角 /(°)	接触角改变率 /%
1	蒸馏水浸泡	102.7	89.4	-12.95
2	0.5% 驱油剂 A 浸泡	100.6	67.9	-32.5
3	0.5%HE-BIO 浸泡	98.5	46.1	-53.2
4	绿色清洁压裂液体系浸泡	105.1	53.9	-48.7

5　应用

以中康 XX 井为例，其完钻井深 2760m，完钻层位为腾一中，采用直径 139.7mm 套管完井，该井泥质含量较高，渗透率低。该井设计压裂 2 层，压裂施工井层第一段为 2633.0~2650.1m，地层温度 123℃；第二段为 2419.0~2460.0m，地层温度 113℃。地层压力系数 1.04。

根据现场设备和环境情况，设计采用 JHFR-2 绿色清洁滑溜水压裂液体系与大液量、大排量、低砂比的压裂三采一体化技术。总泵入液量在压裂施工时对储层改造体积有很大的影响，在压裂施工时，液量越大，往往就更能得到缝长较大的理想裂缝[12]。利用大液量解决了之前改造规模小的问题，增大了储层改造的体积。压裂施工时排量的大小决定了压裂施工的效率，随着压裂施工排量的增大其施工压力也会随之增大，从而令储层裂缝中的净压力也随之增大，可以让主裂缝和次生裂缝更好地沟通，有助于复杂裂缝的形成[13]，有助于增加储层改造体积。XX 井腾一中段是致密砾岩油藏，且为低孔低渗储层，组成成分较复杂，加砂及支撑剂嵌入难度较大，影响裂缝的导流能力[14]。加入压裂液后易形成多裂缝，多裂缝在大规模加砂后易形成砂堵，导致产油量减少[15]，但配合较大的排量和液量及间断柱状加砂的方式，能够使支撑剂有效地铺置，可以避免支撑剂在近井裂缝内沉降后形成沙丘，从而提高储层改造的效果。间断柱状加砂，可以诊断地层的敏感性，从而降低砂堵的可能性。一是间断少量加砂，先用低砂比，然后逐渐增加砂比，有利于打磨地层，更好地沟通天然裂缝，同时能够使支撑剂更好地推进到地层裂缝深部，进一步充填无效裂缝，使得裂缝有效缝高和裂缝宽度同时加大，从而增加造缝效果，使导流能力趋于最大化，提高压裂成功率。二是变粒径加砂，小粒径支撑剂与大粒径支撑剂的导流能力具有差异，因此选择合适的支撑剂也是至关重要的[16]。砂砾岩组成成分以石英为主，低密度石英砂作为支撑剂以满足复杂多级裂缝充填支撑。所以由大到小，在加入前置液、携砂液与后置液期间，逐步使用40/70目石英砂、20/40目石英砂。这种加砂方式，可以减少阻力和沉降，让造缝的压裂液含砂量少一点[17]。

现场以0.1%减阻剂JHFR-2+0.2%多功能添加剂JHFD-2+0.05%杀菌剂JHS+0.5%生物驱油剂HE-BIO+水为配方制备第一段压裂用2307m³低黏度滑溜水压裂液与第二段压裂用2308m³低黏度滑溜水压裂液。支撑剂采用40/70目石英砂+20/40目石英砂组合，施工排量在10m³/min左右，采用间断柱状加砂模式，第一段总砂量为72.18m³，第二段总砂量为74.14m³。在前置液、压裂过程中间和后置液中各加入100m³生物驱油剂HE-BIO。

XX井于2019年10月2日开始进行第一段压裂施工，压裂液的配制工艺采用连续在线混配注入工艺。该井两段共注入滑溜水压裂液4615m³，其中滑溜水4015m³，加入支撑剂共146.32m³，40/70目石英砂61.15m³，20/40目石英砂85.17m³。施工排量为10m³/min，第一段施工压力为35~43MPa，最高施工压力为44MPa，停泵压力为27MPa，砂比由5%逐渐提升至24%，其压裂曲线见图3（a）。第二段施工压力为36~40MPa，最高施工压力为43MPa，停泵压力为25.9MPa，砂比由3%逐渐提升至24%，其压裂施工曲线见图3（b）。

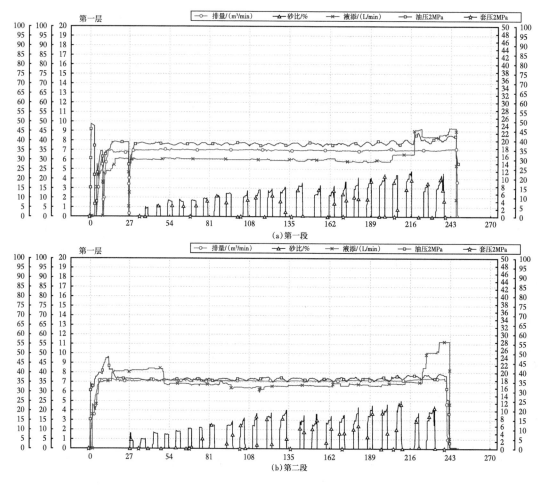

图3　XX井第一段和第二段压裂施工曲线

压裂时排量已达 10m³/min，但由于压裂时设备连接问题导致压裂施工曲线排量显示未达 10m³/min。通过 XX 井压裂施工曲线可知，在压裂过程中施工压力明显降低且压力平稳，该压裂液体系有助于提高压裂成功率。

XX 井采用压裂三采一体化技术进行压裂后的生产曲线见图 4。压后焖井 36d，于 2019 年 11 月 9 日开始放喷，放喷初期井口压力为 14.4MPa，日产液量 10.8t、含油 6.5t、含水率 40%。截至 2020 年 5 月 31 日，井口压力为 0MPa、日产液量 0.2t、含油 0.2t、含水率 0。累计排出液量 781.7t，含油 548.9t。可知与常规压裂方式相比，压裂三采一体化技术产生的动能更大，可以更好地沟通天然裂缝，形成更多复杂的裂缝，既能增大与储层的接触面积和改造体积，又能补充地层能量，使得油井增产及稳产效果显著提高。

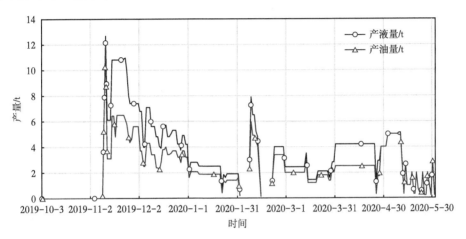

图 4　XX 井采用压裂三采一体化技术进行压裂后的生产曲线

6　结论

（1）乌里雅斯太凹陷以砾岩、砂砾岩为主，是典型的砂砾岩油藏。岩性、渗透性变化大，孔隙不发育，渗透率低，物性较差，分选和连通性较差，非均质性和各向异性严重，属低孔低渗砂砾岩储层。

（2）清洁滑溜水压裂液生物毒性评价结果为 $EC_{50}=1.89\times10^6$ mg/L，远超无毒标准，其减阻率可达 75%，能够有效地降低摩阻，黏度为 1mPa·s 左右，跟清水黏度相近，更易沟通天然裂缝，有利于增大改造体积并提高产油量。生物驱油剂 HE-BIO 具有较高的界面活性能力，可将油水界面张力降低到 1×10^{-2}mN/m。

（3）采用压裂三采一体化施工工艺，压裂施工过程泵压平稳，滑溜水减阻效果好，初期日产液量 10.8t、含油 6.5t、含水率 40%。后期日产液量 0.2t、含油 0.2t、含水率 0。累计 7 个月排出液量 781.7t，含油 548.9t，相比于常规压裂方式后的累计产液 32.9t，累计产油 7.4t，产油效益远大于常规压裂。

参 考 文 献

[1] 胡先庆，施雨新，唐闻斌，等.二连盆地乌里雅斯太凹陷特低渗透储层特征 [J].科技资讯，2010

（11）：40.

[2] 郭昆，鲍玉杰，张少清，等.二连盆地乌里雅斯太凹陷油气成藏特征 [J].石化技术，2015，22（7）：199.

[3] 李先军.二连盆地乌里雅斯太凹陷北洼构造特征及成藏规律研究 [D].兰州：西北大学，2015.

[4] 吕传炳.乌里雅斯太凹陷砂砾岩油藏储层改造理论与应用技术研究 [D].成都：西南石油大学，2006.

[5] 余维初，吴军，韩宝航.页岩气开发用绿色清洁纳米复合减阻剂合成与应用 [J].长江大学学报（自然科学版），2015，12（8）：7，78-82.

[6] 李元灵，杨甘生，朱朝发，等.页岩气开采压裂液技术进展 [J].探矿工程（岩土钻掘工程），2014，41（10）：13-16.

[7] Wang J, Huang Y X, Zhou F J, et al. Study on reservoir damage during acidizing for high-temperature and ultra-deep tight sandstone[J]. Journal of Petroleum Science and Engineering, 2020, 191: 107231.

[8] Shinji Tamano, Hiroki Ikarashi, Yohei Morinishi, et al. Drag reduction and degradation of nonionic surfactant solutions with organic acid in turbulent pipe flow[J]. Journal of Non-Newtonian Fluid Mechanics. 2015, 215: 1-7.

[9] 许诗婧.致密砂岩油藏增产过程中储层伤害机理 [J].科学技术与工程，2019，19（23）：92-99.

[10] 陈金兰，张颖，余维初.微生物采油技术应用现状 [J].广州化工，2018.46（4）：19-21.

[11] Li X, Huang W A, Sun J S, et al. Wettability alteration and mitigating aqueous phase trapping damage in tight gas sandstone reservoirs using mixed cationic surfactant/nonionic fluoro-surfactant solution[J]. Journal of Petroleum Science and Engineering, 107490.

[12] 周东魁，李宪文，肖勇军，等.一种基于返排水的新型滑溜水压裂液体系 [J].石油钻采工艺，2018，40（4）：503-508.

[13] 范宇恒，肖勇军，郭兴午，等.清洁滑溜水压裂液在长宁 H26 平台的应用 [J].钻井液与完井液，2018，35（2）：122-125.

[14] 王晓蕾.支撑剂嵌入及其对裂缝导流能力影响实验研究 [J].内蒙古石油化工，2015，41（13）：153-155.

[15] 吴亚红，李明志，张劲，等.查干凹陷苏一段储层提高压裂效果技术研究与应用 [J].钻采工艺，2016，39（3）：60-63，130.

[16] 蒋廷学，卞晓冰，王海涛，等.深层页岩气水平井体积压裂技术 [J].天然气工业，2017，37（1）：90-96.

[17] 李平，樊平天，郝世彦，等.大液量大排量低砂比滑溜水分段压裂工艺应用实践 [J].石油钻采工艺，2019，41（4）：534-540.

页岩气环保变黏压裂液的研究与应用

范宇恒[1]，周 丰[2]，蒋廷学[3]，张士诚[4]，白 森[5]，

张晓锋[2]，杨 泉[5]，余维初[1,6]

（1.长江大学化学与环境工程学院；2.中国石油集团长城钻探工程有限公司；

3.中石化石油工程技术研究院有限公司；4.中国石油大学（北京）石油工程学院；

5.中国石油长城钻探工程有限公司四川页岩气项目部；6.油气田清洁生产与

污染物控制湖北省工程研究中心）

摘 要： 为解决深层页岩气开发中常规压裂液储层伤害大、携砂能力差、变黏度工序复杂等技术难题，结合威远区块深层页岩储层特点及施工需求，研发了一种环保变黏压裂液体系，并进行了室内性能研究与现场应用。研究表明：该环保压裂液体系可以在30s内完全溶解，压裂液可在2~150mPa·s黏度范围实时可调；使用返排水配制的低黏度压裂液与高黏度压裂液减阻率均大于70%，线性胶减阻率大于65%；低黏度压裂液与高黏压裂液岩心损害率均小于15%，线性胶岩心损害率为15.47%；环保变黏压裂液生物毒性均为无毒；环保变黏压裂液携砂性能良好，较清水携砂性能最大提高65倍。在威远H21-5井的应用表明，环保变黏压裂液溶解速度快、减阻性能优异、携砂性能优良，可在线实时改变黏度以满足不同压裂工况，满足减阻携砂一体化压裂施工设计的技术需求，具有较好应用前景。

关键词： 页岩气；保护环境；保护储层；可变黏度；压裂液

　　川渝地区页岩气资源丰富，借鉴北美页岩气开发模式，以滑溜水压裂液为核心的体积压裂技术已成为页岩储层的主要改造技术[1-5]。近年来，川渝页岩气开发逐步转向深层开发，常用滑溜水压裂液体系已不能完全满足现场携砂、造缝等要求，具体表现为：（1）深层页岩气温度及地层压力系数高，大排量泵入低黏度滑溜水携砂效果不佳；（2）常规滑溜水压裂液形成裂缝的缝口较窄，难以满足深层页岩气造长裂缝的要求；（3）常规滑溜水压裂液在页岩储层滤失量大，易砂堵[6]。因此，在深层页岩气压裂施工中采用高、低2种黏度的压裂液交替注入方式，提高压裂液携砂能力和裂缝复杂程度是目前的技术发展方向之一。深层页岩储层结构复杂，要求压裂液具有实时调整黏度的能力，以应对施工中可能遇到的复杂问题。但目前使用的高黏度压裂液需要提前配制，无法实现连续混配与实时切换高低黏度压裂液；此外，高黏度压裂液存在破胶不彻底、损害储层及污染地下水系统的风险，并需用清水配制，不能实现返排水重复利用，进一步加剧了压裂用水紧张程度[7-9]。

　　针对上述技术难题，结合威远区块深层页岩气减阻携砂一体化开发需求，需要开发一种可实时变黏，具有良好减阻性能、携砂性能和储层保护性能，且可利用返排水配制的压裂液体系。具体研究思路为：研发一种新型减阻剂，仅通过调整减阻剂用量即可实现压裂液黏度自由切换，并可使用返排水配制压裂液。对减阻剂和环保变黏压裂液（简称变黏压裂液）性能进行了评价，并在现场进行了实际应用。

1 实验部分

1.1 实验材料与仪器

实验材料：丙烯酰胺、丙烯酸、丙烯酸酯、2-丙烯酰胺-2-甲基丙磺酸、1，2-丙二醇、聚甲基丙烯酰氧乙基三甲基氯化铵、氯化铵、2，2-偶氮双（2-甲基丙脒）二盐酸盐，分析纯，国药集团化学试剂有限公司；人造岩心，江苏博锐思科研仪器有限公司；70/140目石英砂，工业级，石家庄辰兴实业有限公司；明亮发光杆菌，北京海富达科技有限公司；氯化钠、氯化钙，化学纯，国药集团化学试剂有限公司；去离子水，自制；返排水，矿化度为 10852.68mg/L，长城钻探工程有限公司提供，离子组成见表 1。

表 1 返排水离子组成

组分	Ca^{2+}	Mg^{2+}	Na^+、K^+	Cl^-	SO_4^{2-}
含量 /（mg/L）	156.15	23.92	2686.37	4552.10	668.36

实验仪器：JBQ-10 机械搅拌器，北京中兴伟业世纪仪器有限公司；JHJZ 高温高压动态减阻评价系统、JHCQ 岩心动态损害评价装置，荆州市现代石油科技发展有限公司；DXY-3 生物毒性评价仪，中科院南京土壤研究所；六速旋转黏度计，青岛海通达专用仪器有限公司；QBZY 表面张力仪，上海方瑞仪器有限公司。

1.2 减阻剂的制备

准确称取一定量丙烯酰胺、丙烯酸、丙烯酸酯、2-丙烯酰胺-2-甲基丙磺酸，溶于适量去离子水中（单体质量分数为 25%），并置于 250mL 三口烧瓶中。向烧瓶中加入适量 1，2-丙二醇、聚甲基丙烯酰氧乙基三甲基氯化铵和氯化铵溶液，将三口烧瓶置于恒温水浴中，在室温下通入 N_2 30min 除去溶解氧。将水浴升温至 42℃，注入引发剂 2，2-偶氮双（2-甲基丙脒）二盐酸盐（引发剂占单体总质量的 0.03%），将三口烧瓶密封并进行 6h 的共聚反应（反应始终处于 N_2 氛围中），反应结束后得到乳白色液体即减阻剂 JHFR-2。

2 结果与讨论

2.1 减阻剂性能评价

2.1.1 分散性能

压裂时施工排量较高，泵注的滑溜水压裂液一般在几分钟内便会到达井底。因此，压裂施工现场要求滑溜水压裂液中减阻剂的分散时间短，其分子链能迅速发生弹性形变吸收能量，降低流体湍流程度，保证滑溜水压裂液到达目标层位时仍能保持较大动能，实现对储层的有效压裂。测试不同质量分数的 JHFR-2 的完全分散时间，结果见表 2。由表 2 可知：不同质量分数的 JHFR-2 均可以在 30s 内完全溶解，且其溶液外观均为澄清透明状。说明 JHFR-2 分散性能较强，可满足现场压裂施工即配即注需要，有利于提高施工效率。

表2 JHFR-2分散性能评价实验结果

质量分数 /%	完全分散时间 /s			
	第1次测试值	第2次测试值	第3次测试值	平均值
0.08	18.0	19.0	18.0	18.3
0.25	22.0	21.0	22.0	21.7
0.5	26.0	25.0	25.0	25.3

2.1.2 增黏性能

压裂液黏度改变是通过调节减阻剂用量来实现的，因此，有必要测试减阻剂用量对压裂液黏度的影响，测试条件为常温，剪切速率为170/s，测试结果如图1所示。可看出，当JHFR-2用量为0.05%~0.08%（质量分数，下同）时，黏度为2~3mPa·s，为低黏度滑溜水压裂液；JHFR-2用量为0.12%~0.25%时，黏度为6~9mPa·s，为高黏度滑溜水压裂液；JHFR-2用量为0.4%~0.5%时，黏度为21~33mPa·s，为线性胶压裂液，另外JHFR-2可结合交联剂发生交联，交联后黏度可达150mPa·s。整体来看，减阻剂JHFR-2用量为0.05%~1.0%时，减阻剂JHFR-2溶液黏度与其用量大致呈线性关系，通过控制减阻剂用量，可以得到不同黏度压裂液，从而在滑溜水与线性胶之间自由切换，满足现场压裂施工液体实时切换需求。

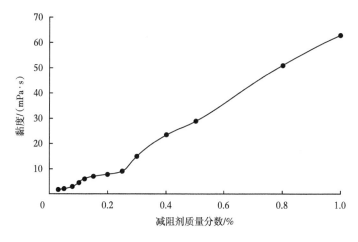

图1 减阻剂用量对压裂液黏度的影响

2.2 变黏压裂液性能评价

调整JHFR-2的用量，得到低黏度压裂液（JHFR-2质量分数为0.08%）、高黏度压裂液（JHFR-2质量分数为0.25%）、线性胶压裂液（JHFR-2质量分数为0.50%）3种压裂液，对3种压裂液的减阻性能、携砂性能、破胶性能、岩心损害率以及生物毒性进行对比评价。

2.2.1 减阻性能

实验流程参照SY/T 5107—2016《水基压裂液性能评价方法》，实验仪器为JHJZ高温高压动态减阻评价系统，实验管径为10 mm，实验流速为50L/min。分别用清水、返排水、盐水（质量分数为3%氯化钠+2%氯化钙）3种液体配制的压裂液的减阻性能实验结果见表3。由表3可知:(1)配液水相同时，3种压裂液的减阻性能均随减阻剂用量增大而下降。其原因为：在一定质量分数范围内，减阻剂分子线性结构可以充分发生弹性形变储存能量，超过一定质量分数范围后，减阻剂分子链互相缠绕形成空间聚集体，阻碍流体流动，黏度增大的同时导致减阻性能下降[10, 11]。（2）减阻剂用量相同时，3 种压裂液的减阻性能均随配液水矿化度增加而降低。其原因为：减阻剂长分子链遇到盐水会卷曲蜷缩，导致减阻性能出现一定幅度的下降。通过在减阻剂合成过程中引入耐盐基团，可使其具备一定抗盐性能，返排水配制的低黏度压裂液和高黏度压裂液减阻率为 70%~75%，具有良好减阻效果，可满足现场应用要求，可实现返排水重复利用。后续实验中的配液水均为返排水。

表 3   变黏压裂液减阻性能评价实验结果

压裂液	减阻率 /%		
	清水	返排水	盐水
低黏度压裂液	75.8	74.5	73.6
高黏度压裂液	71.1	70.1	68.9
线性胶压裂液	69.1	68.5	66.4

2.2.2 携砂性能

支撑剂在压裂液中沉降速度越慢，越有利于支撑剂在裂缝中均匀填充，支撑剂沉降速度过快则易形成砂堵，导致施工失败。因此，需对变黏压裂液的携砂性能进行考察。利用清水和返排水配制变黏压裂液（清水为对比样），加入 70/140 目石英砂（石英砂与变黏压裂液体积比为 3∶10）搅拌均匀，迅速倒入量筒静置，记录石英砂完全沉降时间，结果如图 2 至图 5 所示。由图 2 至图 5 可知：清水中石英砂的沉降时间为 2s。低黏度压裂液携砂性能为清水携砂性能的 10 倍，沉降时间为 20s；高黏度压裂液携砂性能为清水携砂性能的 43 倍，沉降时间为 86s；线性胶压裂液携砂性能为清水携砂性能的 65 倍，沉降时间为 130s。总体上压裂液携砂性能与压裂液黏度呈正相关关系。这主要是因为随着压裂液中减阻剂质量分数增加，分子间相互作用力增大，减阻剂分子链互相缠绕形成三维网状结构，压裂液携砂性能得到有效增强[12-13]。

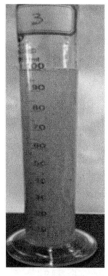 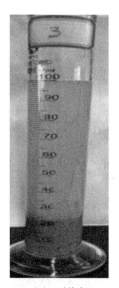

（a）初始状态　　　　　　（b）2s时状态

图 2   清水携砂情况

（a）初始状态　　　　　（b）10s时状态　　　　　（c）20s时状态

图3　低黏度压裂液携砂情况

（a）初始状态　　　　　（b）60s时状态　　　　　（c）86s时状态

图4　高黏度压裂液携砂情况

（a）初始状态　　　　　（b）60s时状态　　　　　（c）130s时状态

图5　线性胶压裂液携砂情况

2.2.3 破胶性能

压裂后返排时，若压裂液破胶不彻底会造成破胶液黏度增加从而滞留地层，进一步堵塞裂缝造成储层损害[14]。因此，有必要对压裂液破胶液性能进行测试。实验流程参照 SY/T 5107—2016《水基压裂液性能评价方法》，向变黏压裂液中加入质量分数为 0.02%（NH$_4$）$_2$S$_2$O$_8$，用保鲜膜密封，置于 90℃ 水浴锅水浴破胶，2h 后取出压裂液，冷却后测定压裂液黏度及表面张力，实验结果见表 4。由表 4 可知：变黏压裂液破胶后的黏度均低于 5mPa·s，表面张力均低于 28.00mN/m，符合压裂返排液行业标准，说明变黏压裂液在破胶后易返排，不会堵塞岩石孔隙及填砂裂缝。

表 4　变黏压裂液破胶性能评价实验结果

压裂液	破胶后黏度 /（mPa·s）	表面张力 /（mN/m）
低黏度压裂液	2.5	27.42
高黏度压裂液	2.7	27.16
线性胶压裂液	3.1	27.58

2.2.4 储层损害率

压裂液与储层中的黏土接触，会引起黏土矿物的膨胀或运移，使储层渗透率降低[15]。因此，需对压裂液的储层损害率进行评价。实验流程参照 SY/T 5107—2016《水基压裂液性能评价方法》，将 3 种压裂液经过前文所述破胶处理后进行储层损害率评价实验，结果如表 5 所示。由表 5 可知：3 种压裂液的储层损害率由大到小为线性胶压裂液、高黏度压裂液、低黏度压裂液，渗透率损害率均低于 16%，具有较好的储层保护性能。

表 5　变黏压裂液储层损害率评价实验结果

压裂液	岩心损害前渗透率 /mD	岩心损害后渗透率 /mD	渗透率损害率 /%
低黏度压裂液	135.83	122.57	9.76
高黏度压裂液	151.42	131.98	12.84
线性胶压裂液	146.75	124.05	15.47

2.2.5 生物毒性评价

油气开发过程中使用的各种化学药剂会随着流体进入储层，存在污染地层水的风险。因此，需对进入储层的化学药剂进行生物毒性检测，避免水资源污染[16]。实验流程参照 DB23/T 2750—2020《水质生物毒性的测定发光细菌快速测定法》和 SY/T 6787—2010《水溶性油田化学剂环境保护技术评价方法》，测试结果见表 6（EC$_{50}$ 为发光细菌的发光能力降至 1/2 时样品的质量浓度）。由表 6 可知：变黏压裂液的 EC$_{50}$ 值均较高，对应生物毒性等级均为无毒。表明变黏压裂液体系不具备生物毒性，具有保护环境的功能。

表 6　变黏压裂液生物毒性评价实验结果

压裂液	EC$_{50}$/（mg/L）	毒性等级
低黏度压裂液	1.86×10^6	无毒
高黏度压裂液	1.52×10^6	无毒
线性胶压裂液	1.24×10^6	无毒

3 现场应用

威 204H21-5 井位于四川省内江市威远县龙会镇窑湾村 3 组和 12 组，构造位置为四川盆地威远中奥顶构造南翼。该井完钻井深为 5550m，完钻层位为龙马溪组，采用 φ139.7mm 套管完井，水平段长度为 1600m。计划通过长段多簇、控液提砂、簇间暂堵等措施提高储层动用程度。该井设计压裂 20 段，压裂施工井段为 3710~5550m，压裂段长度为 1561m，压力系数 2.0~2.2，地层温度为 119℃，第 11 段至第 18 段采用变黏压裂液体系，主要施工参数设计见表 7。第 17 段压裂施工曲线见图 4，该段注入液体 1973.7m³，加砂量 250.58t，加砂强度 2.61 t/m，施工排量最高为 14.0m³/min，施工压力稳定在 85.6~97.0MPa。

表 7 威 204H21-5 井关键施工参数

施工参数	施工设计
射孔参数	主体井段单段射孔簇数为 8 簇，簇间距为 7~10m，单段射孔数为 48 孔，单孔流量大于 0.25m³/min，孔径为 10.5mm，相位为 60°
施工排量	主体井段排量为 14~17m³/min，天然裂缝发育段排量为 14~16m³/min
压裂规模	单段压裂液量为 2200~2500m³，单段砂量为 145~170 m³
变黏压裂液体系	低黏度压裂液：减阻剂质量分数为 0.08%~0.15%，黏度 2.0~3.0mPa·s； 高黏度压裂液：减阻剂质量分数为 0.12%~0.25%，黏度为 6.0~9.0mPa·s； 线性胶压裂液：减阻剂质量分数为 0.40%~0.60%，黏度为 21.0~33.0mPa·s
酸化液	15.00%HCl+2.00% 缓蚀剂 +1.50% 助排剂 +1.00% 黏土稳定剂 +1.50% 铁离子稳定剂
支撑剂	70/140 目石英砂 +40/70 目陶粒组合

威 204H21-5 井于 2022 年 8 月 4 日至 8 月 26 日进行第 11 段至第 18 段压裂施工，8 段压裂施工总计注入低黏度压裂液 8310.5m³，高黏度压裂液 5633.0m³，线性胶压裂液 1473.3m³；加入支撑剂 1700.19t，其中，70/100 目石英砂为 1133.45t，40/70 目陶粒为 566.74t；平均单段注入液体 1927.1m³，平均单段加砂 212.52t，施工过程井口压力最低为 68.5MPa。与该井使用常规滑溜水压裂液压裂井段对比，第 1 段至第 10 段压裂施工中平均单段注入液体 1875.1m³，平均单段加砂 205.46t，均低于变黏压裂液体系，减阻剂用量约为变黏压裂液的 2 倍，施工过程井口压力最低为 75.7MPa，比变黏压裂液体系高出 10.5%。在应用变黏压裂液体系过程中，施工排量、施工压力、加砂强度、注入地层液量等压裂施工参数基本达到压裂设计施工工艺要求，同时，可实时改变黏度，低黏度压裂液切换过程对压裂施工泵压影响不大，既提高了加砂强度又能兼顾较好的减阻效果，保证了施工顺利进行。

4 结论

（1）环保变黏压裂液溶解速度快、减阻性能优异、携砂性能优良，具有保护储层及保护环境功能，能实时变黏以满足不同施工要求，可实现返排水重复利用，有利于降本增效。

（2）威 204H21-5 井的施工情况表明，环保变黏压裂液施工过程中，施工排量大，施工压力平稳，加砂强度高，注入地层液量大，高黏度、低黏度压裂液切换过程对压裂施工影响较小，满足减阻携砂—体化压裂施工设计技术需求，保证了施工顺利进行。该技术既能有效降低摩阻保证加砂强度，又能保护储层及保护环境，可为四川盆地复杂深层页岩气高效低成本开发提供重要技术保障，应用前景广泛。

参 考 文 献

[1] 王冠男，张成龙．页岩气开采技术与我国页岩气开发建议 [J]．石化技术，2022，29（2）：64-65，67.

[2] 史建勋，王红岩，董大忠，等．中国页岩气产业发展的特点与经验 [J]．油气与新能源，2022，34（1）：25-30，35.

[3] 吴奇，胥云，刘玉章，等．美国页岩气体积改造技术现状及对我国的启示 [J]．石油钻采工艺，2011，33（2）：1-7.

[4] 熊颖，刘友权，梅志宏，等．四川页岩气开发用耐高矿化度滑溜水技术研究 [J]．石油与天然气化工，2019，48（3）：62-65，71.

[5] 曾波，王星皓，黄浩勇，等．川南深层页岩气水平井体积压裂关键技术 [J]．石油钻探技术，2020，48（5）：77-84.

[6] 刘雨舟，张志坚，王磊，等．国内变黏滑溜水研究进展及在川渝非常规气藏的应用 [J]．石油与天然气化工，2022，51（3）：76-81，90.

[7] 李嘉，李德旗，孙亚东，等．可变黏多功能压裂液体系及应用 [J]．钻采工艺，2020，43（4）：12，105-107.

[8] 钱斌，张照阳，尹丛彬，等．适用于页岩气井压裂的超分子增黏滑溜水 [J]．天然气工业，2021，41（11）：97-103.

[9] 余维初，周东魁，张颖，等．环保低伤害滑溜水压裂液体系研究及应用 [J]．重庆科技学院学报（自然科学版），2021，23（5）：1-5，15.

[10] Liu Kerui, Sheng James J. Experimental study of the effect of water-shale interaction on fracture generation and permeability change in shales under stress anisotropy [J]. Journal of Natural Gas Science and Engineering, 2022, 100: 104474-104489.

[11] 田浩．压裂减阻剂性能研究分析 [J]．中外能源，2022，27（7）：37-41.

[12] 贾长贵．页岩气高效变黏滑溜水压裂液 [J]．油气田地面工程，2013，32（11）：1-2.

[13] 张亚东，吴文刚，敬显武，等．适用于致密气藏的可变黏压裂液体系性能评价及现场应用 [J]．石油与天然气化工，2022，51（1）：73-77.

[14] 魏娟明．滑溜水—胶液—体化压裂液研究与应用 [J]．石油钻探技术，2022，50（3）：112-118.

[15] 张伟，任登峰，周进，等．耐温耐盐低伤害压裂液聚合物稠化剂的研制及应用 [J]．特种油气藏，2022，29（6）：159-164.

[16] 张颖，余维初，李嘉，等．非常规油气开发用滑溜水压裂液体系生物毒性评价实验研究 [J]．钻采工艺，2020，43（5）：11，106-109.

可变黏多功能压裂液体系及应用

李　嘉[1]，李德旗[2]，孙亚东[1]，李　然[2]，张祥枫[1]

（1.中国石油川庆钻探工程有限公司井下作业公司；2.中国石油浙江油田公司）

摘　要： 针对中深层页岩气井常规压裂液加砂泵压高、米加砂量低，裂缝性储层易砂堵，变黏工序复杂、时效性差等困难，采用靶向聚合手段研发了一种多功能降阻剂，通过改变降阻剂浓度，实现滑溜水、线性胶、交联液（加入交联剂）在线自由转换，对其性能实验评价。相同黏度下，可变黏多功能压裂液降阻率较常规滑溜水提高7%，携砂距离提高30%，损害率为常规的47.2%；其交联液在180℃下仍具有良好的携砂性能，深层页岩气井中应用，相同情况下，泵压较常规压裂液降低约10MPa，最高米加砂量5.56t，最高砂浓度260kg/m³，创下深层页岩气井加砂记录；推广应用65口井，平均单井测试日产气量为31.6×10⁴m³，可变粘多功能压裂液为经济高效开发中深层页岩气井提供了液体技术支撑。

关键词： 中深层页岩气；一剂多能；可变黏压裂液；强携砂；现场应用

研究表明，应力越低，外力破坏复杂程度越高，应力越高，外力作用下破坏复杂程度越低，因此，对于中深层页岩气井，尤其是水平两向应力差异大、天然裂缝和水平层理发育的储层，采用高低黏度压裂液交替注入，压后形成以主缝、分支缝及天然裂缝构成的多尺度裂缝并有效支撑是提高产量的关键[1-6]。常规滑溜水加砂压裂，通常米加砂量约1.5t，深层储层施工压力高、加砂困难，天然裂缝发育的储层易因加砂困难而造成砂堵，同时，常规压裂液须提前配液，时效低、费用高，不利于大规模体积压裂施工[7-9]。对此研发了一种一剂多能降阻剂，无须提前配液，通过调整降阻剂浓度实现滑溜水、线性胶、交联液在线自由转换，较常规降阻剂具备更好的降阻性，携砂性，并在中深层页岩气井中得到了推广应用。

1　可变黏多功能压裂液

1.1　一剂多能降阻剂

引入分子片段设计理念，即引入刚性耐盐侧基，研发了一种一剂多能降阻剂，有效屏蔽钙镁离子对聚合物链解缠绕的作用[10-11]，聚合物链段在高矿化度水条件下更加舒展，同时，引入超分子结构侧基进一步增加水动力学体积，使其无论是在淡水还是含盐量30000mg/L内的盐水溶液中，均具有良好的水溶性及增稠性。

改变一剂多能降阻剂的浓度，即可实现滑溜水、线性胶、交联液不同压裂液体系间的自由转换，从而形成可变黏多功能压裂液，其黏度如表1所示。

表 1　不同浓度下一剂多能降阻剂的液体黏度

项目	低黏度滑溜水	中—高黏度滑溜水	线性胶	交联液基液
浓度 /%	0.05~0.1	0.12~0.2	0.25~0.3	0.35~1.0
黏度 /mPa·s	2.87~4.65	5.16~12	18~21	27.5~85

当一剂多能降阻剂浓度小于 0.10% 时，压裂液的黏度低于 4.65mPa·s，此时液体为低黏度滑溜水；浓度 0.12%~0.2% 时，压裂液的黏度 5.16~12mPa·s，此时液体为中—高黏度滑溜水；浓度 0.25%~0.30% 时，压裂液的黏度 18~21mPa·s，此时液体为线性胶；当一剂多能降阻剂浓度增加到 0.35%，基液黏度大于 27.5mPa·s，加入一定浓度的交联剂即可交联成冻胶。

1.2　滑溜水性能评价

1.2.1　降阻性能

使用 MZ-II 型摩阻仪评价 0.1% 的一剂多能降阻剂和常规乳液降阻剂滑溜水的降阻性能，测试结果如图 1。实验数据表明，可变黏多功能压裂液滑溜水降阻率超过 80%，剪切 10min 降阻率保持率大于 95%，常规稠化剂降阻率初期约 73%，但剪切 2min 后，降阻率呈显著下降趋势，剪切 10min 后降阻率下降到 47% 左右。

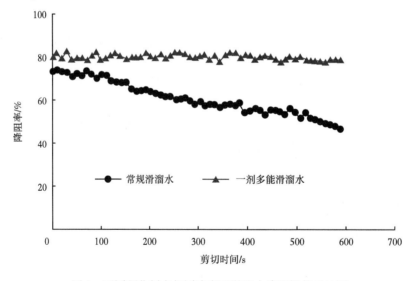

图 1　不同稠化剂在相同浓度下滑溜水降阻性能对比图

1.2.2　携砂性能

采用可视化平板装置，对比相同条件（黏度 3mPa·s，10% 砂比的 30/50 目陶粒，排量 0.8m³/h）下可变黏多功能压裂液滑溜水与常规滑溜水的携砂能力，实验结果见图 2~ 图 3。常规压裂液在井筒附近堆积高，可变黏多功能压裂液滑溜水达到平衡，比常规压裂液沉砂高度低 40%，表明可变黏多功能压裂液悬砂性能优于常规压裂液。

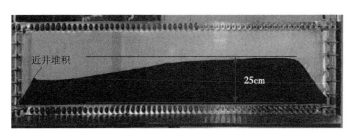

图 2　常规滑溜水形成的支撑剂剖面（3mPa·s）

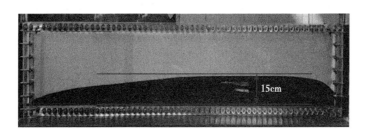

图 3　一剂多能滑溜水形成的支撑剂剖面（3mPa·s）

1.2.3　岩心损害率

按照石油行业标准 SY/T 5107—2016《水基压裂液性能评价方法》，对比测试可变黏多功能压裂液滑溜水和常规滑溜水体系对页岩填砂管的损害情况。质量浓度为 0.1% 的可变黏多功能压裂液滑溜水对岩心的损害率约为 8.86%，仅为常规乳液滑溜水（18.78%）的 47.2%（表 2）。

表 2　不同滑溜水对岩心损害测试结果

压裂液体系	初始渗透率 /mD	污染后渗透率 /mD	损害率 /%	平均损害率 /%
0.1% 一剂多能降阻剂滑溜水	16.67	15.23	8.64	8.86
	20.05	18.23	9.08	
0.1% 常规乳液滑溜水	28.09	23.00	18.12	18.78
	23.6	19.01	19.45	

1.3　交联液及破胶性能评价

使用 HAAKE MARS4 型流变仪测试可变黏多功能压裂液交联液（1% 一剂多能降阻剂 +0.3% 交联剂）在剪切速率 170/s、160℃，剪切 120min 下的流变性能。测试初期随着温度升高，剪切时间增加，交联液的表观黏度逐渐降低，剪切 120min 后，压裂液的表观黏度大于 80mPa·s，见图 4，表明可变黏多功能压裂液具有较强的耐温耐剪切性能，在超高温下压裂液具备良好的携砂性能。

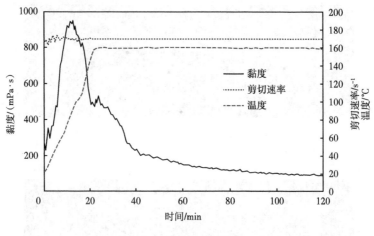

图 4　交联液流变曲线

该交联液体系配方中加入破胶剂后破胶彻底，95℃ 下，2h 破胶液黏度小于 3mPa·s，残渣含量低，见表 3。

表 3　交联液破胶测试结果

交联液配方	破胶状态		
	2h	破胶液黏度 / (mPa·s)	残渣含量 / (mg/L)
1% 稠化剂 + 0.3% 交联剂 + 0.08% 破胶剂	完全破胶	2.26	167
1% 稠化剂 + 0.3% 交联剂 + 0.1% 破胶剂	完全破胶	1.95	101
1% 稠化剂 + 0.3% 交联剂 + 0.12% 破胶剂	完全破胶	1.82	90

2　在中深层页岩气井的应用

2.1　现场应用模式

按照滑溜水、线性胶或交联液配方，将一剂多能降阻剂和其他添加剂直接泵入混砂车搅拌池，降阻剂在搅拌池中 21s 即可起黏，45s 溶胀率可达到 95%，满足现配用施工要求，如需将液体调整为冻胶，根据黏度要求调整一剂多能降阻剂浓度至 0.35% 或以上，并加入一定量的交联剂即可。极大程度简化了现场配制流程，施工中可在不同压裂液体系自由切换，避免了施工过程中的流程倒换，提高了作业时效性。

2.2 现场应用

X-1井位于四川盆地川南低褶带得胜向斜区，是以龙马溪组为主要目的层的一口深层页岩气水平井，垂深约4070m，水平段长2030m，裂缝相对发育，水平主应力差约13MPa，平均脆性指数48.6%，较难形成缝网压裂。设计主体采用可变黏多功能压裂液滑溜水体系，以形成主缝+分支缝的复杂裂缝为目标，采用"大排量、多簇、高强度加砂（单段米加砂量3.0~5.0t）"压裂工艺，支撑剂为70/140目粉砂+70/140目粉陶+40/70目陶粒，粉砂用于支撑微细裂缝、降低滤失，粉陶、陶粒分别用于分支缝和主缝的支撑、提高导流能力，以实现主缝、支缝和天然微细裂缝的有效支撑。

该井主要采用小于3mPa·s的低黏度变黏滑溜水，施工排量16m³/min，泵压76~84MPa，各段降阻率均超过81.5%，40/70陶粒最高砂浓度260kg/m³，最高米加砂强度5.56t（图5），远高于常规深层页岩气井1.5t/m的加砂强度，该井加砂强度和最高砂浓度均创下了深层页岩气井滑溜水加砂的最高纪录，同时，节省配液成本约170万元。

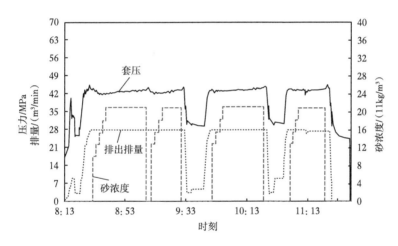

图5 X-1井第28段加砂压裂施工曲线

3 结论

（1）可变黏多功能压裂液通过调整一剂多能降阻剂浓度，实现不同黏度滑溜水、线性胶和交联液在线自由转换的功能，节省场地、液罐和配液费用，降阻性、携砂性好、损害低，满足各种加砂工艺及施工调整的要求，适用于大规模体积压裂施工。

（2）现场应用表明相同加量下的可变黏多功能压裂液滑溜水较常规滑溜水降阻性好，携砂能力强、加砂强度高、增产效果显著。

参 考 文 献

[1] 孟磊，周福建，刘晓瑞，等. 滑溜水用减阻剂室内性能测试与现场摩阻预测 [J]. 钻井液与完井液，2017，34（3）：105-111.

［2］王静仪. 适用于页岩气开发的高效滑溜水压裂液体系研究［J］. 能源化工, 2019, 40（2）: 51-55.

［3］魏娟明, 刘建坤, 杜凯, 等. 反相乳液型减阻剂及滑溜水体系的研发与应用［J］. 石油钻探技术, 2015, 43（1）: 27-32.

［4］王海燕, 霍丙夏, 郭丽梅, 等. 快速增黏滑溜水降阻剂的性能研究［J］. 应用化工, 2016, 45（12）: 2229-2233.

［5］杜凯, 黄凤兴, 伊卓, 等. 页岩气滑溜水压裂用降阻剂研究与应用进展［J］. 中国科学: 化学, 2014, 44（11）: 1698-1704.

［6］蒋官澄, 许伟星, 李颖颖, 等. 国外减阻水压裂液技术及其研究进展［J］. 特种油气藏, 2013, 20（1）: 1-4, 151.

［7］曹学军, 王明贵, 康杰, 等. 四川盆地威荣区块深层页岩气水平井压裂改造工艺［J］. 天然气工业, 2019, 39（7）: 81-87.

［8］姚奕明, 魏娟明, 杜涛, 等. 深层页岩气压裂滑溜水技术研究与应用［J］. 精细石油化工, 2019, 36（4）: 15-19.

［9］霍小鹏, 焦艳军, 李烨楠, 等. 川南页岩气开发的环保形势及对策建议［J］. 油气田环境保护, 2019, 29（3）: 1-3, 60.

［10］王改红, 李泽锋, 高燕, 等. 一种功能型滑溜水体系开发及应用［J］. 钻井液与完井液, 2019, 36（2）, 257-260.

［11］何静, 王满学, 吴金桥, 等. 多功能滑溜水减阻剂的制备及性能评价［J］. 油田化学, 2019, 36（1）: 48-52.

一剂多能乳液聚合物压裂液的制备与应用

孙亚东，李　嘉，于世虎

（中国石油川庆钻探工程公司井下作业公司）

摘　要：以丙烯酰胺（AM）、二甲基二烯丙基氯化铵（DMDAAC）、2- 丙烯酰胺 -2- 甲基丙磺酸（AMPS）、2- 丙烯酰胺基烷基磺酸（AMCS）为单体，制备了反相乳液聚合物 AADS，将其与有机锆复合交联剂配合使用可形成一剂多能乳液聚合物压裂液。研究了合成 AADS 的适宜条件，考察了它的性能及现场应用情况。实验结果表明，合成 AADS 的适宜条件为：n（AM）：n（AMPS）：n（DMDAAC）：n（AMCS）=6：3：1：0.1、油水体积比为 5：5、单体用量占乳液总质量的 30%。该条件下合成的 AADS 分散溶解性好，起黏快，满足在线连续混配施工需求。通过调整 AADS 的加量可实现滑溜水、线性胶或冻胶的在线自由切换。AADS 具有优良的抗盐性能和耐温耐剪切性能。AADS 体系为低黏度高弹流体和低伤害压裂液体系。AADS 压裂液在页岩气、苏里格气田取得了良好的应用效果，满足返排液重复配液施工需求。

关键词：压裂液；一剂多能；乳液聚合物；页岩气；滑溜水

压裂是当前油气开发最主要的增产措施，压裂液直接影响施工的成败和改造效果。目前，水基压裂液主要分为三类[1]：（1）以瓜尔胶为代表的植物胶压裂液体系；（2）以聚丙烯酰胺为代表的聚合物体系；（3）以黏弹性表面活性剂压裂液（VES）为代表的压裂液。瓜尔胶压裂液体系具有耐温耐剪切性能好，交联可调可控，携砂能力强，滤失量低等优点，在目前压裂液体系中仍占主导地位。该体系的缺点是残渣含量高[2-3]，对储层伤害大，尤其对低渗透、低压、低丰度的"三低"储层伤害更大，影响储层改造效果，而且瓜尔胶体系返排液重复配液施工难度大，难以满足油气田清洁化开发需求[4]。VES 的耐温性能差、成本高，难以规模化推广[5]。聚合物压裂液具有摩阻低、残渣低、伤害小等优点，主要用于页岩气压裂滑溜水体系，在致密砂岩储层应用较少。随着对致密气开发力度的加大，瓜尔胶压裂液越来越难以满足高质量和清洁化开发的需求，而聚合物压裂液有望成为接替者。粉剂聚合物难以满足在线连续混配需求，不适合大排量、大规模、现配现用的施工工艺；滑溜水用乳液聚合物增黏能力有限，溶液黏度低，携砂能力差，难以满足高强度加砂需求[6-7]。因此，急需开发出低伤害、可变黏、高携砂、高抗盐，满足现配现用和返排液重复利用的压裂液体系。

聚合物因具有分子结构可设计，性能可优化的独特优势成为了研究热点。何大鹏等[8]研制出一种反相微乳液聚合物压裂液体系，可用于高矿化度水、处理后的返排液配液，同时满足连续混配施工要求及在线施工模式。张晓虎等[9]研制出一种页岩气井用乳液型超分子压裂液 SMF-1，无须其他添加剂，仅通过调整加量就实现了滑溜水、线性胶及冻胶的无缝切换。该体系不需提前配液，直接通过混砂车现配现用完成施工。马喜平等[10]以 3- 丙烯酰胺丙基二甲基十六烷基溴化铵、丙烯酰胺（AM）和二甲基二烯丙基氯化铵（DMDAAC）为单体，在水溶液中通过自由基聚合得到三元共聚物，再以乙酰丙酮锆为交联剂，当交联比为 0.1%（质量分数）时，交联后聚合物黏度最高为 313mPa·s，耐温达 123℃，抗剪切性好，具有良好的悬砂能力，能满足油田使用需要。

在连续混配乳液聚合、可变黏乳液聚合物和可交联乳液聚合的基础上[1, 8~10]，本工作以 AM、DMDAAC、2-丙烯酰胺-2-甲基丙磺酸（AMPS）、2-丙烯酰胺基烷基磺酸（AMCS）为单体，白油为连续相，复合表面活性剂为乳化剂，制备了反相乳液聚合物 AADS，并将其与有机锆复合交联剂配合使用形成一剂多能乳液聚合物压裂液体系。利用正交实验确定了合成 AADS 的适宜条件，研究了 AADS 的性能并对 AADS 的现场应用情况进行了考察。

1 实验部分

1.1 主要原料与仪器

AM、AMPS：分析纯，国药集团化学试剂有限公司制；AMCS：分析纯，实验室自制；DMDAAC、白油：工业级，成都方正化工有限公司制；过硫酸铵、亚硫酸氢钠、氢氧化钠：分析纯，南京化工制药集团制；复合表面活性剂、有机锆复合交联剂、聚合物破胶剂：自制。

E3500 型十二速旋转黏度计：千德乐仪器公司；HAAKEMARS40 型流变仪：赛默飞世尔科技（中国）有限公司；A601 型全自动表面张力仪：上海梭伦信息科技有限公司；CDMZ-IV 型管路摩阻测试仪：成都岩心科技有限公司。

1.2 AADS 分子设计原理

乳液聚合物 AADS 的分子结构设计见图 1。聚丙烯酰胺主链可提供良好的降阻性能，引入不同功能性单体使聚合物具备一剂多能功效[11-15]：引入酰胺基提供可交联基团；引入阳离子季铵盐能够抑制黏土膨胀起到防膨作用，同时利用阳离子基团对支撑剂（石英砂、陶粒）的强吸附性来提高压裂液的携砂性；引入长链疏水单体 AMCS，可通过疏水缔合作用大幅增加基液黏度，实现变黏，同时利用磺酸基团能提高抗盐耐温性能。采用反相乳液聚合制备油包水乳状液，以满足在线连续混配需求。

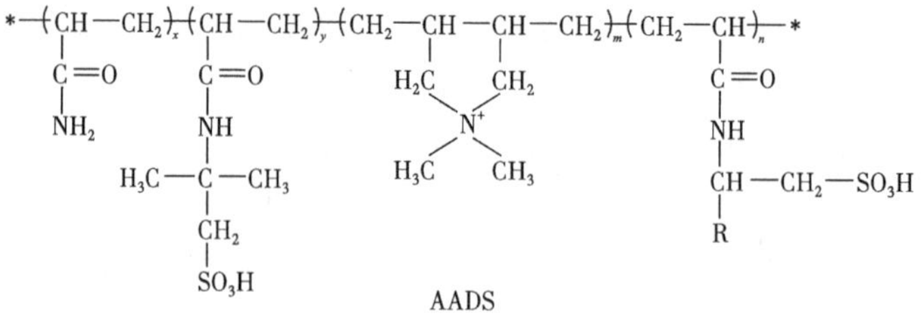

图 1 乳液聚合物 AADS 的分子结构式

1.3 AADS 的制备

将白油、复合表面活性剂加入带搅拌装置、温度计、氮气接口的三口烧瓶中，通入氮气，室温下以 500~800r/min 的转速搅拌 20~30min 得到均匀的油相体系，缓慢升至 45℃。按一定的摩尔比将 AM，AMPS，DMDAAC，AMCS 充分溶于水中，加入氢氧化钠调节 pH 为 7~8 得到水相。通入氮气，然后用恒压滴液漏斗将水相逐滴滴加至油相中，边滴加边搅拌，控制滴加速度，25~30min 内滴毕，控制搅拌转速，保持油包水乳液状态稳定。在 45~50℃ 下，向乳液中缓慢加入引发剂（过硫酸铵、亚硫酸氢钠），搅拌转速 300~500r/min，保持乳液稳定，在氮气下恒温反应 3h 左右得到白色乳状液 AADS。

2 结果与讨论

2.1 AADS 合成条件的优化

单体摩尔比、油水体积比（简称油水比）、单体用量等聚合条件会影响乳液稳定性，以及体系的表观黏度、溶胀性能、耐温抗剪切性等理化性能及工程技术指标[16, 17]。

2.1.1 单体摩尔比

疏水单体含量较低时无法形成分子间缔合作用，增黏效果不明显；疏水单体含量较高时易形成分子内缔合，分子链不能完全伸展，反而降低黏度；疏水单体价格较高，从成本角度考虑应减少疏水单体用量。设计 L9（3^4）正交实验，以 0.5% JUHEWU 水溶液黏度为指标，优选最佳单体摩尔比为：n（AM）：n（AMPS）：n（DMDAAC）：n（AMCS）=6：3：1：0.1，增黏效果影响大小顺序为：AMCS > DMDAAC > AM > AMPS，其中，疏水单体 AMCS 对增黏效果影响最大，与理论分析一致。

2.1.2 油水比

不同油水比对乳液性能的影响见表 1。

表 1 油水比对乳液性能的影响

油水比	形态	稳定性	表观黏度	溶解时间
2：8	水包油	稳定	—	—
3：7	油包水	不稳定，反相破乳	> 450	<20
4：6	油包水	稳定	320~400	20~25
5：5	油包水	稳定	250~280	25~30
6：4	油包水	稳定	220~260	40~50

由表 1 可知，油水比低于 3：7 时，不易形成油包水型乳液或形成的乳液不稳定，随着油水比的增大，乳液本体黏度降低，乳液溶解时间延长。从现场应用方面考虑，乳液本体黏度越低越易抽吸，溶解越快越好。因此，综合考虑，油水比为 5：5 较佳。

2.1.3 单体用量

一般单体用量越高越好，但随着单体用量的增大，会出现乳化不均匀的现象，局部反应较快易形成大颗粒聚集体，导致乳液颗粒不均匀、易分层，同时产品性能不稳定。单体用量对乳液性能的影响见表 2。从表 2 可看出，当单体用量占乳液总质量的 30% 时，乳液性能较佳。

表 2　单体用量对乳液性能的影响

单体用量 /%	稳定性	聚合物溶液黏度 / (mPa·s)
25	稳定	24
28	稳定	30
30	稳定	33
32	48h 后稍有分层	36
35	48h 后分层	39

2.2　AADS 的性能

2.2.1　溶解增黏性能

溶解增黏性能是评价稠化剂的重要指标之一，决定是否满足连续混配工艺和返排液施工需求。分别使用清水、威远返排液（矿化度 6000~10000mg/L）、苏里格返排液（8000~12000mg/L）配制溶液，测量起黏时间和溶液黏度，结果见表 3。

表 3　AADS 在清水和返排液中的溶解增黏效果

AADS 加量 /%	液体 类型	黏度 / (mPa·s)			溶解时间 /s		
		清水	威远返排液	苏里格返排液	清水	威远返排液	苏里格返排液
0.08	滑溜水	2.6	2.3	2.1	27	33	37
0.10	滑溜水	4.7	4.2	3.9	25	29	30
0.20	滑溜水	10.5	9.3	8.7	21	26	26
0.30	线性胶	18.0	17.1	16.5	20	25	25
0.40	线性胶	27.0	25.8	25.2	18	24	23
0.50	交联冻胶	33.0	31.5	30.6	16	22	22
0.60	交联冻胶	39.0	37.5	37.2	15	20	22

由表 3 可知，AADS 在清水中 30s 内起黏，在不同的返排液中 20~37s 起黏，且分散均匀，溶解起黏快；在清水和返排液中都能满足在线连续混配施工需求。

AADS 加量为 0.08%~0.10% 时，溶液黏度为 2.1~4.7mPa·s，属于滑溜水范畴，可作为页岩气压裂用滑溜水；加量为 0.30%~0.40% 时，溶液黏度为 16.5~27.0mPa·s，符合线性胶需求，可作为页岩气压裂用线性胶；当加量大于 0.5% 时，溶液黏度大于 30mPa·s，可与交联剂作用形成交联冻胶。说明通过调整 AADS 的加量可实现变黏，得到滑溜水、线性胶或冻胶，满足"复杂缝网 + 高填充率"的改造需求。AADS 在返排液中的黏度与在清水中的黏度接近，说明产品具有一定抗盐性，能满足现场返排液重复利用施工的需求。

2.2.2　AADS 配制滑溜水的降阻性能

分别使用不同矿化度的返排液与 AADS 配制滑溜水，并测量滑溜水在不同流量下的降阻率，以评价矿化度对 AADS 滑溜水降阻性能的影响，结果见图 2。由图 1 可知，滑溜水的降阻率随着流量的增加而增大，当流量为 40L/min（模拟施工排量约 8m³/min）时，降阻率大于 70%；当流量为 60L/min（模拟施工排量约 12m³/min）时，降阻率均超过 75%；

当流量为 80L/min（模拟施工排量约 16m³/min）时，清水配制的滑溜水的降阻率接近 80%，说明 AADS 具有很好的降阻性能，配制的滑溜水满足页岩气压裂施工需求。不同矿化度返排液配制的滑溜水的降阻性能与清水配制的接近，说明 AADS 具有优良的抗盐性能，能够满足返排液重复利用需求，其中，苏里格返排液矿化度高达 8000~12000mg/L，即该滑溜水体系抗盐能力高达 12000mg/L。

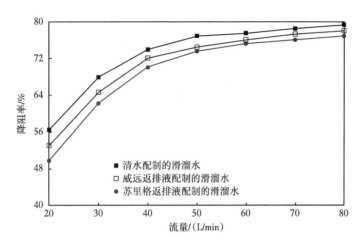

图 2　不同矿化度的水与 AADS 配制的滑溜水的降阻率

2.2.3　AADS 溶液的交联性能

AADS 分子中的酰胺基可与 Zr⁴⁺、Al³⁺ 等金属离子形成多核羟桥络离子结构，发生化学交联。将 AADS 溶液与有机锆复合物交联剂进行交联，结果见表 4。由表 4 可知，有机锆复合交联剂用量为 0.2%~0.4% 的条件下，当 AADS 含量大于 0.4% 时，AADS 发生明显的交联，交联时间 40~200s，且延迟效果好，交联时间可调范围宽，因此可根据施工需要灵活调整用量和交联比，在保证施工顺利的情况下，延长交联时间，降低施工摩阻。

表 4　AADS 溶液与有机锆复合物交联剂的交联性能

AADS 加量 /%	黏度 /（mPa·s）	交联时间 /s	交联状态
0.4	21	120~200	可以悬挂
0.5	33	80~150	可以悬挂
0.6	39	60~90	可以持久悬挂
0.7	42	40~80	可以持久悬挂

2.2.4　AADS 冻胶体系的流变性能

AADS 溶液充分溶胀起黏后，按 0.3% 交联比加入有机锆复合物交联剂形成冻胶，测试冻胶在 110℃，170s⁻¹ 速率下剪切 90min 的流变曲线，结果见图 3。由图 3 可知，0.4%~0.6%AADS 冻胶的初始黏度为 206~292mPa·s，黏弹性良好；随温度的升高，黏度逐渐降低，当温度升至 110℃ 时，黏度为 100~150mPa·s；恒温恒速连续剪切 90min 后，0.6%，0.5%，0.4%AADS 冻胶的黏度分别在 120，90，65mPa·s 左右，说明 AADS 冻胶体系具有良好的耐温耐剪切性能，且冻胶黏度可调可控，可以根据施工参数实时调整 AADS 加量。

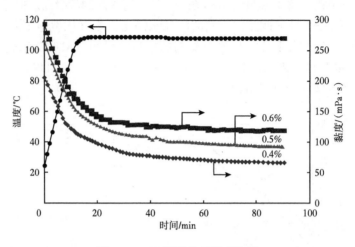

图 3　AADS 冻胶体系流变性能

2.2.5　AADS 体系的黏弹性

黏弹性可以吸收流体湍流漩涡的部分能量，以弹性能储存并转化为轴向流能量，减少流体能量损失；流体弹性越高，动态携砂性能就越好，因此，黏弹性是评价压裂液的重要指标之一。在室温下对 0.6%AADS 溶液进行频率扫描，结果见图 4。由图 4 可知，在 0.1~10Hz 扫描范围内，随振荡频率的增大，储能模量（G'）和耗能模量（G''）均线性增加，但 G' 始终大于 G''，即弹性大于黏性。说明 AADS 体系为低黏度高弹流体，具有优良的悬砂能力和低摩阻性。

2.2.6　岩心伤害评价

按 SY/T 5107—2016[18] 规定的方法，分别测定 0.1%AADS 滑溜水、常规滑溜水、AADS 冻胶破胶液、瓜尔胶冻胶破胶液的岩心损害率，结果见表 5。由表 5 可知，0.1%AADS 滑溜水对岩心的损害率与常规滑溜水一致，AADS 冻胶破胶液对岩心伤害率为 18.9%，较瓜尔胶冻胶破胶液的损害降低 40%，属于低伤害压裂液体系。

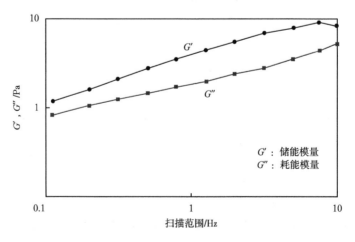

图 4　0.6% AADS 溶液的黏弹性

表5　不同压裂液体系的岩心损害率

岩心来源	液体类型	K_1/mD	K_2/mD	岩心伤害率/%
威远	0.1% AADS 滑溜水	0.0915	0.0835	8.7
	常规滑溜水	0.1077	0.0984	8.6
苏里格	AADS 冻胶	0.1216	0.0986	18.9
	瓜尔胶冻胶	0.1163	0.0797	31.5

注：K_1：岩心伤害前渗透率；K_2：岩心伤害后渗透率。

2.2.7　破胶性能

按 SY/T 5107—2016[18] 规定的方法对破胶性能进行评价。使用自制的聚合物破胶剂大幅降低 AADS 体系压裂后聚合物稠化剂的相对分子质量，以减少残渣，降低伤害。聚合物破胶剂用量为 0.005%~0.02%，在 60~90℃ 下，破胶时间为 20~200min，可调可控，AADS 压裂液体系破胶性能见表 6。

表6　AADS 压裂液体系破胶性能

液体类型	破胶黏度/（mPa·s）	残渣含量/（mg/L）	表面张力/（mN/m）	界面张力/（mN/m）
0.1% AADS 滑溜水	1.1	14.1	24.3	1.7
常规滑溜水	1.2	13.8	24.7	1.7
AADS 冻胶	1.9	89.6	25.1	1.8
瓜尔胶冻胶	2.7	316.2	25.8	2.1

由表 6 可知，1%AADS 滑溜水破胶性能与常规滑溜水一致；AADS 冻胶的破胶液黏度、表/界面张力远低于瓜尔胶冻胶；AADS 冻胶破胶液的残渣含量仅为 89.6mg/L，远低于瓜尔胶体系；与瓜尔胶体系相比，AADS 冻胶破胶更彻底，更易返排，伤害更低。

3　AADS 现场应用情况

3.1　页岩气应用情况

页岩气应用情况见图 5。

从图 5 可看出，在 Y101H-7 井第 4 段全程使用 AADS 体系压裂液，施工排量 15~17m³/min，平均降阻率为 70.8%~73.1%，注入液量 2421m³，加砂量 210.7m³。在 100 目石英砂加砂阶段使用 0.1%AADS 滑溜水，液体黏度 4.3~4.8mPa·s；在 100 目陶粒加砂阶段 AADS 加量为 0.15%~0.20%，液体黏度 8.0~10.2mPa·s；在 40/70 目陶粒加砂阶段 AADS 加量为 0.2%~0.3%，液体黏度 10.0~17.7mPa·s。通过调整 AADS 加量实现了无缝变黏，满足不同的加砂需求，操作简单方便，具备一剂多能功效。该段施工采用河水和返排液混合（混合体积比约 7:3）施工，最高矿化度达 5100mg/L，液体性能稳定，说明该体系抗盐性能较好，满足返排液重复利用施工要求。

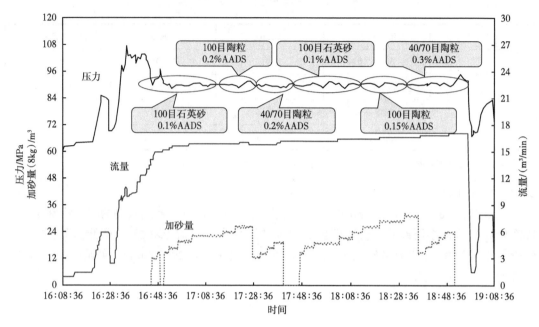

图 5　Y101H-7 井第 4 段使用 AADS 变黏滑溜水施工曲线

3.2　苏里格气田应用情况

苏里格气田为典型的"三低"致密砂岩气藏，储层非均质性强、厚度较薄、水锁敏感、地层温度高，压裂施工要求排量低、砂浓度高、压裂后快速排液。在 T7-22-3X1 井全程使用 AADS 冻胶施工，施工井段 3537~3548m，地层温度 105℃，砂体厚度 11m，有效厚度 3.5m，属于Ⅲ类储层，施工排量 2.4~2.8m^3/min，注入液量 200m^3（清水与返排液的体积比 1∶1），总砂量 20m^3，最高砂含量为 420kg/m^3。前置液阶段采用 0.6%AADS+0.3% 交联剂，携砂液阶段采用 0.5%AADS+0.3% 交联剂，施工压力为 44~50MPa（比瓜尔胶压裂液低 5~10MPa），摩阻低。压裂后 40min 排液，返排液性能正常，满足快速排液需求。AADS 体系在苏里格气田的成功应用，对Ⅲ类储层的大规模开发和返排液的资源化利用具有重要意义。

4　结论

（1）合成反相乳液聚合物 AADS 的适宜条件为：n(AM)∶n(AMPS)∶n(DMDAAC)∶n(AMCS)=6∶3∶1∶0.1、油水比为 5∶5、单体用量占乳液总质量的 30%。该条件下合成的 AADS 分散溶解性好，起黏快，满足在线连续混配施工需求。

（2）通过调整 AADS 的加量可实现变黏，得到滑溜水、线性胶或冻胶。AADS 具有优良的抗盐性能、耐温耐剪切性能。AADS 体系为低黏度高弹流体和低伤害压裂液体系。AADS 冻胶破胶比瓜尔胶体系彻底，更易返排。

（3）AADS 压裂液体系应用在页岩气时，通过调整 AADS 加量实现无缝变黏，满足不同加砂需求，现场操作简便，具备一剂多能功效。苏里格气田应用了 AADS 交联液，它的摩阻低，携砂能力好，满足快速排液需求，返排液可重复配液使用。

参考文献

[1] 杜涛，姚奕明，蒋廷学，等.合成聚合物压裂液最新研究及应用进展[J].精细石油化工进展，2016，17（1）：1-5.

[2] 王明磊，张遂安，关辉，等.致密油储层特点与压裂液伤害的关系——以鄂尔多斯盆地三叠系延长组长 7 段为例[J].石油与天然气地质，2015，36（5）：848-854.

[3] 曾东初，陈超峰，毛新军，等.低渗储层改造低伤害压裂液体系研究[J].当代化工，2017，46（9）：1841-1844.

[4] 于世虎，张晓虎，李倚云.苏里格气田压裂返排液的处理及循环利用技术[J].化工环保，2019，39（3）：360-366.

[5] 潘一，夏晨，杨双春，等.耐高温水基压裂液研究进展[J].化工进展，2019，38（4）：1913-1920.

[6] 彭瑀，赵金洲，林啸，等.页岩储层压裂工作液研究进展及启示[J].钻井液与完井液，2016，33（4）：8-13.

[7] 周仲建，于世虎，张晓虎.页岩气用复合增效压裂液的研究与应用[J].钻采工艺，2019，42（4）：89-92.

[8] 何大鹏，刘通义，郭庆，等.可在线施工的反相微乳液聚合物压裂液[J].钻井液与完井液，2018，35（5）：103-108.

[9] 张晓虎，于世虎，周仲建，等.页岩气井用乳液型超分子压裂液制备与应用[J].钻井液与完井液，2019，36（1）：120-125.

[10] 喜平，杨立，张蒙，等。疏水聚合物压裂液稠化剂 PDAM-16 的合成与评价[J].化学研究与应用，2017，29（9）：1362-1369.

[11] 林蔚然，黄凤兴，伊卓.合成水基压裂液增稠剂的研究现状及展望[J].石油化工，2013，42（4）：451-456.

[12] 路遥，康万利，吴海荣，等.丙烯酰胺基聚合物压裂液研究进展[J].高分子材料科学与工程，2018，34（12）：156-162.

[13] 陈效领，李帅帅，苏盈豪，等.一种油田压裂用耐高温聚合物增稠剂 PAS-1 研制[J].油田化学，2016，33（2）：224-229，253.

[14] 周成裕，萧瑛，段培珍，等.聚合物压裂液性能的影响因素及研究方向[J].精细石油化工，2008，25（1）：68-71.

[15] 刘阳阳，黄文章，吴柯颖，等.耐温抗盐型丙烯酰胺类聚合物的研究进展[J].石油与天然气化工，2015，44（3）：99-103.

[16] 张林.聚合物压裂液的合成及压裂关键技术研究[D].西安：陕西科技大学，2014.

[17] 宋昭峥，杨军，周书宇.反相乳液体系制备及稳定性研究[J].石油化工高等学校学报，2012，25（5）：44-47.

[18] 国家能源局.SY/T 5107—2016 水基压裂液性能评价方法[S].北京：石油工业出版社，2017.

作者简介

余维初，安徽肥西人，博士毕业于中国石油大学（北京）油气井工程专业，现为长江大学二级教授，博士生导师。全国化工优秀科技工作者，国家"百千万人才工程"国家级人选，享国务院特殊津贴。是我国油气田储层保护与非常规油气压裂液领域方面的知名专家，获国家科技进步奖三等奖1项（排名第1）、国家科技进步二等奖1项（排名第2）；省部级一等奖3项（2项排名第1，1项排名第2），省部级二等奖8项。著有《石油工程师指南》《钻井流体工艺原理》产生广泛影响，为我国油气工业持续发展做出了突出贡献。

蒋廷学，博士，正高级工程师。中国石化集团公司首席专家，享受国务院政府特殊津贴。采油采气行业专标委委员，《天然气工业》等六家杂志编委。中国石油大学（华东）及中国石油大学（北京）校外工程博士导师。工作32年来一直从事水力压裂理论及技术研究，在水力压裂机理、设计方法、工艺方法及评估方法等方面，具有独到见解，对中国石化页岩油气高导流复杂缝网压裂及超深碳酸盐岩体积酸压等方面，做出了重要贡献。获省部级一等奖以上科技成果10项，二等奖及三等奖17项；发表国内外论文268篇，其中第一作者102篇，国外英文论文30多篇；获授权发明专利166件，其中第一发明人103件；获实用新型专利16件，其中第一发明人3件；以第一作者身份出版专著7本。